考研数一、数二、数三，大学伴学通用

超形象考研数学讲义
（2023 版）·答案

小元老师　心一学长　郭　伟　梁　辰　编

中国石化出版社

内 容 提 要

本书内容是围绕考试大纲和历年真题编写的，分为高等数学、线性代数、概率论与数理统计三部分，其中每个章节都由知识讲解部分和题型总结部分构成，包含考研数学数一、数二、数三所有知识点、题型。本书尽量多用图像、顺口溜、趣味性比喻等超形象的方法讲解知识点，易于理解掌握，夯实基础；书中例题含金量高，解题思路与方法完整，总结细致，实用性强。通过本书学习可以帮助读者建立完善的理论体系和方法体系，缩短学习时间，让数学不再可怕和晦涩难懂。

本书文中重要知识点附有二维码，可以微信扫描进入视频课程，帮助读者学懂、弄透。

本书既适合考研数学考生应试备考，也适合有数学课的本科生、数学爱好者学习参考。

图书在版编目（CIP）数据

超形象考研数学讲义：考研数一、数二、数三，大学伴学通用／小元老师等编．—2版．—北京：中国石化出版社，2021.3（2022.3 重印）
ISBN 978-7-5114-6163-6

Ⅰ．①超… Ⅱ．①小… Ⅲ．①高等数学-研究生-入学考试-自学参考资料 Ⅳ．①O13

中国版本图书馆 CIP 数据核字（2021）第 039347 号

中国石化出版社出版发行

地址:北京市东城区安定门外大街 58 号
邮编:100011 电话:(010)57512500
发行部电话:(010)57512575
http://www.sinopec-press.com
E-mail:press@ sinopec.com
北京富泰印刷有限责任公司印刷
全国各地新华书店经销

*

787×1092 毫米 16 开本 35.75 印张 885 千字
2022 年 3 月第 2 版第 2 次印刷
定价:88.00 元(共两册)

目　录
CONTENTS

高等数学答案

第一讲　函数、极限、连续 ··· （343）

　　题型一　函数的概念与性质 ··· （343）

　　题型二　夹逼定理 ··· （343）

　　题型三　单调有界准则 ··· （345）

　　题型四　无穷小的比较 ··· （346）

　　题型五　普通未定式求极限 ·· （346）

　　题型六　必须考察左、右极限的几种函数 ·· （348）

　　题型七　已知极限值，极限中待求常数的求法 ······································ （349）

　　题型八　无限项之积的极限的求法 ·· （350）

　　题型九　讨论分段函数在分段点处的连续性 ·· （351）

　　题型十　讨论极限函数的连续性 ·· （351）

　　题型十一　间断点的判断 ··· （353）

　　题型十二　闭区间上连续函数性质的应用 ·· （354）

第二讲　导数与微分 ·· （356）

　　题型一　导数的概念与定义 ·· （356）

　　题型二　求导法则 ··· （356）

　　题型三　分段函数可导性的判别及其导数的求法 ···································· （357）

　　题型四　绝对值函数的可导性判断及导数求法 ······································ （358）

　　题型五　高阶导数 ··· （358）

第三讲　微分学中值定理及其应用 ··· （360）

　　题型一　出现一个中值的中值等式命题的证法 ······································ （360）

　　题型二　两个或两个以上中值的中值等式证法 ······································ （362）

　　题型三　中值不等式命题的证法 ·· （363）

　　题型四　区间上成立的函数不等式的证法 ·· （365）

　　题型五　利用函数的性态讨论方程根的个数 ·· （366）

　　题型六　利用洛必达法则求极限 ·· （367）

　　题型七　利用泰勒公式求极限 ·· （369）

　　题型八　求最值 ··· （369）

　　题型九　凹凸性与拐点 ··· （369）

　　题型十　渐近线 ··· （370）

第四讲　不定积分 ··· （373）

　　题型一　原函数问题 ·· （373）

　　　题型二　第一换元法(凑微分法)的常见类型 ……………… (373)

　　　题型三　用分部积分法求不定积分的技巧 …………………… (374)

　　　题型四　有理函数积分的计算(数一、数二) ………………… (376)

　　　题型五　无理函数的不定积分的求法 ………………………… (377)

第五讲　定积分及应用 ………………………………………………… (379)

　　　题型一　利用定积分定义求极限 ……………………………… (379)

　　　题型二　奇偶函数的积分性质 ………………………………… (379)

　　　题型三　变限积分的导数 ……………………………………… (380)

　　　题型四　变限积分性质的讨论与证明 ………………………… (380)

　　　题型五　极限变量仅含在被积函数中的定积分极限的
　　　　　　　求证法 …………………………………………………… (381)

　　　题型六　与定积分或变限积分有关的方程, 其根存在性
　　　　　　　的证法 …………………………………………………… (382)

　　　题型七　用定积分的换元积分法结论计算 …………………… (384)

　　　题型八　分部积分 ……………………………………………… (384)

　　　题型九　反常积分敛散性的判别 ……………………………… (385)

　　　题型十　反常积分求解 ………………………………………… (385)

　　　题型十一　平面图形的面积 …………………………………… (387)

　　　题型十二　体积求解 …………………………………………… (388)

　　　题型十三　弧长求解 …………………………………………… (389)

　　　题型十四　定积分的物理应用 ………………………………… (390)

第六讲　常微分方程 …………………………………………………… (391)

　　　题型一　可分离变量与齐次微分方程 ………………………… (391)

　　　题型二　一阶线性方程的解法 ………………………………… (391)

　　　题型三　可降阶微分方程(数一、数二) ……………………… (393)

　　　题型四　二阶常系数线性齐次方程的解法 …………………… (394)

　　　题型五　二阶常系数非齐次线性微分方程的解法 …………… (394)

　　　题型六　叠加原理的运用 ……………………………………… (396)

　　　题型七　特殊的微分方程 ……………………………………… (396)

　　　题型八　已知微分方程的解, 反求其微分方程 ……………… (396)

　　　题型九　利用微分方程求解几类函数方程 …………………… (397)

　　　题型十　微分方程在几何上应用举例 ………………………… (398)

　　　题型十一　微分方程在物理上应用举例 ……………………… (399)

第七讲　向量代数与空间解析几何(仅数一) ……………………… (401)

　　　题型一　向量 …………………………………………………… (401)

　　　题型二　平面方程与直线方程 ………………………………… (402)

　　　题型三　位置关系 ……………………………………………… (403)

　　　题型四　距离 …………………………………………………… (405)

　　　题型五　旋转曲面方程 ………………………………………… (405)

　　　题型六　空间曲线的切线与法平面及曲面的切平面与法线的
　　　　　　　求法 …………………………………………………… (405)

题型七　投影 ……………………………………………… (406)
第八讲　多元函数微分法及其应用 ……………………… (408)
题型一　用一元函数极限方法求解多元函数极限 ……… (408)
题型二　用夹逼准则求解多元函数极限 ………………… (409)
题型三　多元显函数的一阶偏导数的求法 ……………… (409)
题型四　多元复合函数高阶导数的计算 ………………… (409)
题型五　隐函数的偏导数求法 …………………………… (411)
题型六　由方程组确定的隐函数,其偏导数的求法 …… (411)
题型七　偏导数结合方程关系的问题 …………………… (412)
题型八　验证是否可微 …………………………………… (413)
题型九　多元函数的全微分求法 ………………………… (413)
题型十　方向导数与梯度 ………………………………… (414)
题型十一　多元函数的无条件极值的求法 ……………… (415)
题型十二　多元函数的条件极值的求法 ………………… (416)
第九讲　重积分 …………………………………………… (419)
题型一　在哪些情况下需调换二次积分的次序 ………… (419)
题型二　二重积分需分区域积分的几种情况 …………… (420)
题型三　极坐标与变量替换 ……………………………… (422)
题型四　利用奇偶对称,轮换对称求解 ………………… (423)
题型五　被积函数不是初等函数 ………………………… (424)
题型六　利用二重积分的几何意义或物理意义简化计算 … (425)
题型七　二重积分(或可化为二重积分)的等式和
　　　　不等式证法 ……………………………………… (425)
题型八　由重积分定义的函数的求法 …………………… (428)
题型九　由重积分定义的函数的极限的求法 …………… (429)
题型十　二重积分中值定理(考纲新增) ………………… (429)
题型十一　三重积分用先二后一法计算 ………………… (432)
题型十二　计算三重积分如何选择坐标系 ……………… (433)
题型十三　利用奇偶对称性简化三重积分的计算 ……… (434)
题型十四　利用轮换对称性简化计算 …………………… (435)
题型十五　重积分应用:立体体积的算法 ……………… (435)
题型十六　重积分应用:曲面面积的求法 ……………… (436)
题型十七　重积分应用:求重心(形心) ………………… (437)
题型十八　重积分应用:求转动惯量 …………………… (438)
第十讲　无穷级数(数一、数三) ………………………… (439)
题型一　正项级数敛散性的判别方法 …………………… (439)
题型二　交错级数敛散性的判别方法 …………………… (441)
题型三　任意项级数敛散性的判别法 …………………… (442)
题型四　常数项级数敛散性的证法 ……………………… (443)
题型五　幂级数收敛域的求法 …………………………… (443)
题型六　不是幂级数的函数项级数,其收敛域的求法 …… (445)

题型七　幂级数的和函数的求法　·················· (445)

题型八　函数展为幂级数的方法　·················· (448)

题型九　收敛的常数项级数的和的求法　·················· (450)

题型十　与傅里叶级数有关的几类问题的解法　·················· (453)

第十一讲　曲线积分与曲面积分(仅数一)　·················· (457)

题型一　计算第一类曲线积分的方法与技巧　·················· (457)

题型二　利用对称性简化积分计算　·················· (458)

题型三　第二类曲线积分的算法　·················· (459)

题型四　计算第一类曲面积分的方法与技巧　·················· (459)

题型五　利用对称性简化计算　·················· (461)

题型六　计算第二类曲面积分的方法与技巧　·················· (463)

题型七　曲线积分的应用　·················· (464)

题型八　积分与路径无关　·················· (465)

题型九　正确应用格林公式　·················· (466)

题型十　全微分方程　·················· (469)

题型十一　如何应用高斯公式计算曲面积分　·················· (471)

题型十二　梯度、散度、旋度的综合计算　·················· (474)

题型十三　第二类(对坐标的)空间曲线积分的算法　·················· (474)

第十二讲　数学的经济应用(仅数学三)　·················· (477)

题型一　差分方程　·················· (477)

题型二　边际与弹性　·················· (477)

题型三　价值与利息　·················· (478)

线性代数答案

第一讲　行　列　式　·················· (479)

题型一　行列式的定义与性质　·················· (479)

题型二　抽象行列式的计算　·················· (479)

题型三　行列式与方程结合的问题　·················· (479)

题型四　行列式的展开计算　·················· (480)

题型五　几种特殊的行列式　·················· (480)

题型六　范德蒙行列式　·················· (481)

题型七　克莱姆法则　·················· (481)

第二讲　矩　　阵　·················· (483)

题型一　矩阵的运算　·················· (483)

题型二　矩阵的行列式　·················· (483)

题型三　逆矩阵直接求解　·················· (483)

题型四　伴随矩阵问题　·················· (484)

题型五　恒等变形求逆矩阵　·················· (484)

题型六　求解矩阵方程　·················· (486)

题型七　初等矩阵的运算　·················· (486)

题型八　分块矩阵的计算　·················· (487)

第三讲　向　　量 ·· (488)

　　题型一　判断线性相关、线性无关 ·················· (488)

　　题型二　判断能否线性表出 ···························· (488)

　　题型三　向量组的秩，矩阵的秩 ······················ (490)

　　题型四　已知秩，求待定常数 ························· (491)

　　题型五　正交矩阵 ·· (492)

　　题型六　向量空间 ·· (492)

第四讲　线性方程组 ·· (495)

　　题型一　判断齐次线性方程组解的情况 ·············· (495)

　　题型二　基础解系相关讨论 ···························· (495)

　　题型三　已知解，反求方程组 ························· (495)

　　题型四　非齐次线性方程组的解的结构 ·············· (496)

　　题型五　非齐次线性方程组求解 ······················ (497)

　　题型六　方程组与向量结合的问题 ··················· (498)

　　题型七　方程组公共解、同解问题 ··················· (498)

第五讲　特征值、特征向量、相似对角化 ·············· (502)

　　题型一　特征值与特征向量的概念与性质 ··········· (502)

　　题型二　特征值与特征向量的计算 ··················· (502)

　　题型三　相关矩阵的特征值、特征向量 ·············· (503)

　　题型四　判断是否可对角化 ···························· (504)

　　题型五　判断两个矩阵是否相似 ······················ (505)

　　题型六　对角化的计算 ·································· (505)

　　题型七　用对角阵求高次幂 ···························· (507)

　　题型八　已知特征值、特征向量，反求矩阵 ········· (508)

第六讲　二　　型 ·· (510)

　　题型一　二次型的定义 ·································· (510)

　　题型二　化二次型为标准型、规范型 ·················· (510)

　　题型三　已知标准型，确定二次型 ··················· (511)

　　题型四　判断两个矩阵是否合同 ······················ (512)

　　题型五　判别或证明具体二次型的正定性 ··········· (512)

　　题型六　判别或证明抽象二次型的正定性 ··········· (512)

　　题型七　确定参数的取值范围使其正定 ·············· (513)

概率论与数理统计(数一、数三)答案

第一讲　随机事件和概率 ···································· (514)

　　题型一　古典概型 ·· (514)

　　题型二　几何概型 ·· (515)

　　题型三　事件的关系与运算律 ························· (515)

　　题型四　和、差、积事件的概率 ······················ (516)

　　题型五　条件概率 ·· (518)

　　题型六　全概率公式与贝叶斯公式 ··················· (518)

题型七　事件的独立性 ·· （518）

第二讲　一维随机变量及其分布 ·· （520）

题型一　一维随机变量分布函数的概念及性质 ·············· （520）

题型二　离散型随机变量分布律 ······························· （521）

题型三　连续型随机变量的概念与计算 ······················· （521）

题型四　用常见分布计算有关事件的概率 ···················· （522）

题型五　二次方程有根、无根的概率 ·························· （522）

题型六　一维随机变量函数的分布 ···························· （523）

第三讲　二维随机变量及其分布 ·· （525）

题型一　二维离散型随机变量的分布律 ······················· （525）

题型二　二维连续型随机变量概率密度 ······················· （526）

题型三　二维连续型随机变量分布函数 ······················· （527）

题型四　条件概率密度 ··· （527）

题型五　两个连续型随机变量函数的分布 ···················· （528）

题型六　卷积公式的运用 ······································· （530）

题型七　离散型与连续型函数的分布 ·························· （531）

第四讲　随机变量的数字特征 ·· （532）

题型一　期望与方差的计算 ····································· （532）

题型二　随机变量函数的期望与方差 ·························· （533）

题型三　随机变量最大、最小值的期望与方差 ·············· （534）

题型四　已知期望，求概率 ····································· （536）

题型五　协方差与相关系数 ····································· （536）

题型六　不相关与独立 ··· （537）

第五讲　大数定律和中心极限定理 ·· （538）

题型一　用切比雪夫不等式估计事件的概率 ·················· （538）

题型二　大数定律 ··· （539）

题型三　中心极限定理 ··· （539）

第六讲　数理统计的基本概念 ·· （541）

题型一　求统计量分布有关的基本概念问题 ·················· （541）

题型二　求统计量的分布及其分布参数 ······················· （541）

题型三　求统计量取值的概率 ································· （543）

第七讲　参数估计与假设检验 ·· （544）

题型一　矩估计与最大似然估计 ······························· （544）

题型二　估计量的评选标准 ····································· （545）

题型三　区间估计 ··· （548）

题型四　两类错误 ··· （549）

题型五　假设检验 ··· （550）

高等数学答案

第一讲 函数、极限、连续

题型一 函数的概念与性质

【例1】解：设 $g(x) = \sqrt{x/(2x-1)}$，则 $f = \arccos g(x)$ 为复合函数.

由 $\begin{cases} x/(2x-1) \geqslant 0; \\ x \neq 1/2, \end{cases}$ 得到 $x > \dfrac{1}{2}$ 或 $x \leqslant 0$，故 $D_g = (-\infty, 0] \cup (1/2, +\infty)$.

而 $\{x \mid g(x) = \sqrt{x/(2x-1)} \in D_f\}$

$\qquad = \{x \mid -1 \leqslant \sqrt{x/(2x-1)} \leqslant 1\}$

$\qquad = \{x \mid 0 \leqslant \sqrt{x/(2x-1)} \leqslant 1\}$.

不等式 $0 \leqslant \sqrt{x/(2x-1)} \leqslant 1$ 的解集易求得为 $(-\infty, 0]$ 或 $[1, +\infty)$，

故 $\{x \mid g(x) \in D_f\} = (-\infty, 0] \cup [1, +\infty)$.

因 $D_g \cap \{x \mid g(x) \in D_f\} = \{(-\infty, 0) \cup (1/2, +\infty)\} \cap \{(-\infty, 0] \cup [1, +\infty)\} = (-\infty, 0] \cup [1, +\infty)$.

故 $f(x)$ 的定义域为 $x \geqslant 1$ 或 $x \leqslant 0$.

【例2】解：（1）中函数为自变量带有相反符号的两同名函数之和，故为偶函数；

（2）中函数为 $\lg(1-x) - \lg(1+x)$，它是自变量带有相反符号的两名函数之差，故为奇函数.

【例3】解：因 $g(-x) = g(x)$，$f(-x) = -f(x)$，故

$f[g(-x)] = f[g(x)]$，$g[f(-x)] = g[-f(x)] = g[f(x)]$，

所以 $f[g(x)]$ 与 $g[f(x)]$ 均为偶函数.

题型二 夹逼定理

【例4】解：因 $\dfrac{n}{n+\pi} \leqslant n\left(\dfrac{1}{n^2+\pi} + \dfrac{1}{n^2+2\pi} + \cdots + \dfrac{1}{n^2+n\pi}\right) \leqslant \dfrac{n^2}{n^2+\pi}$，

而 $\lim\limits_{n\to\infty} \dfrac{n}{n+\pi} = 1$，$\lim\limits_{n\to\infty} \dfrac{n^2}{n^2+\pi} = 1$，由定理准则，即得证.

【例5】解：因为 $\dfrac{1}{n^2+n+n} \leqslant \dfrac{1}{n^2+n+i} \leqslant \dfrac{1}{n^2+n+1}$ $(i = 1, 2, \cdots, n)$，

所以 $\dfrac{\frac{1}{2}n(n+1)}{n^2+n+n} \leqslant \dfrac{1}{n^2+n+1} + \dfrac{2}{n^2+n+2} + \cdots + \dfrac{n}{n^2+n+n} \leqslant \dfrac{\frac{1}{2}n(n+1)}{n^2+n+1}$，

又因为 $\lim\limits_{n\to\infty} \dfrac{\frac{1}{2}n(n+1)}{n^2+n+n} = \lim\limits_{n\to\infty} \dfrac{\frac{1}{2}n(n+1)}{n^2+n+1}$，所以由夹逼定理得原式 $= \dfrac{1}{2}$.

【例6】解： 显然 $\dfrac{1}{n+1}\sum\limits_{i=1}^{n}\sin\dfrac{\pi i}{n} \leqslant \dfrac{\sin\dfrac{\pi}{n}}{n+1} + \dfrac{\sin\dfrac{2\pi}{n}}{n+\dfrac{1}{2}} + \cdots + \dfrac{\sin\dfrac{n\pi}{n}}{n+\dfrac{1}{n}} \leqslant \dfrac{1}{n}\sum\limits_{i=1}^{n}\sin\dfrac{\pi i}{n}$

且 $\lim\limits_{n\to\infty}\dfrac{1}{n+1}\sum\limits_{i=1}^{n}\sin\dfrac{\pi i}{n} = \lim\limits_{n\to\infty}\dfrac{n}{n+1}\cdot\dfrac{1}{n}\sum\limits_{i=1}^{n}\sin\dfrac{\pi i}{n} = \lim\limits_{n\to\infty}\dfrac{1}{n}\sum\limits_{i=1}^{n}\sin\dfrac{\pi i}{n} = \int_{0}^{1}\sin\pi x\,\mathrm{d}x$

$$= \dfrac{1}{\pi}\int_{0}^{\pi}\sin x\,dx = \dfrac{2}{\pi}\int_{0}^{\frac{\pi}{2}}\sin x\,dx = \dfrac{2}{\pi}$$

所以由夹逼定理得 $\lim\limits_{n\to\infty}\left(\dfrac{\sin\dfrac{\pi}{n}}{n+1} + \dfrac{\sin\dfrac{2\pi}{n}}{n+\dfrac{1}{2}} + \cdots + \dfrac{\sin\dfrac{n\pi}{n}}{n+\dfrac{1}{n}}\right) = \dfrac{2}{\pi}$.

【例7】解： 令 $f(x) = \dfrac{1}{(n^x+1)^{\frac{1}{x}}}$，则 $\ln f(x) = \dfrac{-1}{x}\ln(n^x+1)$，两边对 x 求导，得

$$f'(x) = f(x)\left[\dfrac{1}{x^2}\ln(n^x+1) - \dfrac{1}{x}\dfrac{n^x\ln n}{n^x+1}\right] > f(x)\cdot\left[\dfrac{1}{x^2}\ln n^x - \dfrac{1}{x}\ln n\right] = 0$$

因此 $f(x)$ 是单调增加函数，从而有

$$f(1) = \dfrac{1}{n+1} < f(2) = \dfrac{1}{(n^2+1)^{1/2}} < \cdots < f(n) = \dfrac{1}{(n^n+1)^{1/n}},$$

故 $nf(1) < f(1) + f(2) + \cdots + f(n) < nf(n)$，

即 $\dfrac{n}{n+1} < \dfrac{1}{n+1} + \dfrac{1}{(n^2+1)^{1/2}} + \cdots + \dfrac{1}{(n^n+1)^{1/n}} < \dfrac{n}{(n^n+1)^{1/n}}$.

由于 $\lim\limits_{n\to\infty}\dfrac{n}{n+1} = 1$，$\lim\limits_{n\to\infty}\dfrac{n}{(n^n+1)^{\frac{1}{n}}} = \lim\limits_{n\to\infty}\dfrac{1}{(1+1/n^n)^{\frac{1}{n}}} = 1$，

由夹逼准则知原式 $= 1$.

【例8】解： $5 = (5^n)^{\frac{1}{n}} \leqslant (1^n + 2^n + 3^n + 4^n + 5^n)^{\frac{1}{n}} \leqslant (5\cdot5^n)^{\frac{1}{n}} = 5\cdot5^{\frac{1}{n}}$，

且 $\begin{cases}\lim\limits_{n\to\infty}5 = 5 \\ \lim\limits_{n\to\infty}(5\cdot5^{\frac{1}{n}}) = 5\end{cases}$，利用夹逼定理，所以有 $\lim\limits_{n\to\infty}(1^n + 2^n + 3^n + 4^n + 5^n)^{\frac{1}{n}} = 5$.

可以用下面的图片说明其规律：

【例9】解： $\lim\limits_{n\to\infty}\sqrt[n]{1 + x^n + \left(\dfrac{x^2}{2}\right)^n} = \lim\limits_{n\to\infty}\left[1 + x^n + \left(\dfrac{x^2}{2}\right)^n\right]^{\frac{1}{n}}$

$$= \max\left\{1, x, \dfrac{x^2}{2}\right\} = \begin{cases} 1, & 0\leqslant x < 1 \\ x, & 1\leqslant x < 2 \\ \dfrac{x^2}{2}, & x\geqslant 2 \end{cases}.$$

【例10】解： 当 $x\in[0,1]$ 时，$0\leqslant\sin x\leqslant x$，则 $0\leqslant\dfrac{\sin^n x}{1+x}\leqslant x^n$，

积分得 $0\leqslant\int_{0}^{1}\dfrac{\sin^n x}{1+x}dx \leqslant \dfrac{1}{n+1}$，由夹逼定理得 $\lim\limits_{n\to\infty}\int_{0}^{1}\dfrac{\sin^n x}{1+x}dx = 0$.

【例11】解： 当 n 充分大时，$1 < \arctan n < \dfrac{\pi}{2} \Rightarrow \sqrt[n]{n \cdot 1} < \sqrt[n]{n \arctan n} < \sqrt[n]{n \cdot \dfrac{\pi}{2}}$，

由夹逼定理得 $\lim\limits_{n\to\infty} \sqrt[n]{n \arctan n} = 1$

题型三　单调有界准则

【例12】解： 已知 $x_{n+1} = \sqrt{2 + x_n}\,(n \in N_+)$，$x_1 = \sqrt{2}$，先证数列 $\{x_n\}$ 有界：

$n = 1$ 时，$x_1 = \sqrt{2} < 2$；假定 $n = k$ 时，$x_k < 2$；当 $n = k + 1$ 时，$x_{k+1} = \sqrt{2 + x_k} < \sqrt{2 + 2} = 2$.

故 $x_n < 2\,(n \in N_+)$.

再证数列 $\{x_n\}$ 单调增加：

因 $x_{n+1} - x_n = \sqrt{2 + x_n} - x_n = \dfrac{2 + x_n - x_n^{\,2}}{\sqrt{2 + x_n} + x_n} = -\dfrac{(x_n - 2)(x_n + 1)}{\sqrt{2 + x_n} + x_n}$，

由 $0 < x_n < 2$，得 $x_{n+1} - x_n > 0$，即 $x_{n+1} > x_n\,(n \in N_+)$.

由单调有界准则，即知 $\lim\limits_{n\to\infty} x_n$ 存在.

记 $\lim\limits_{n\to\infty} x_n = a$，由 $x_{n+1} = \sqrt{2 + x_n}$，得 $x_{n+1}^{\,2} = 2 + x_n$. 两端同时取极限得

$a^2 = 2 + a \Rightarrow a^2 - a - 2 = 0 \Rightarrow a_1 = 2$，$a_2 = -1$(舍去). 即 $\lim\limits_{n\to\infty} x_n = 2$.

【例13】解： 该数列为单调增加数列，事实上因 $(1 - x_n)^2 \geq 0$，故 $1 + x_n^2 \geq 2x_n$. 因而有

$$x_{n+1} = (1 + x_n^2)/2 \geq x_n\,(n = 1, 2, \cdots).$$

下用归纳法证其有上界，事实上，$n = 1$ 时，$x_1 = 1/2 < 1$，设 $x_n < 1$，则

$$x_{n+1} = (1 + x_n^2)/2 \leq (1 + 1)/2 = 1.$$

可见 $(x_n)_{n=1}^{\infty}$ 有上界 1，由单调有界收敛准则知此数列必有极限. 设此极限为 A，对等式 $x_n = (1 + x_n^2)/2$ 取极限得到 $A = (1 + A^2)/2$，即 $A^2 - 2A + 1 = (A - 1)^2 = 0$，故 $A = 1$，即所求极限值为 1.

【例14】解： 由 $x_n = 1 + \dfrac{x_{n-1}}{1 + x_{n-1}} > 0$，$x_1 = 1$ 得到 $x_2 = 1 + \dfrac{x_1}{1 + x_1}$，又 $x_2 - x_1 = \dfrac{x_1}{1 + x_1} = \dfrac{1}{2} > 0$，故 $x_2 > x_1$.

设 $x_k > x_{k-1}$，下证 $x_{k+1} > x_k$. 事实上

$x_{k+1} - x_k = \left(1 + \dfrac{x_k}{1 + x_k}\right) - \left(1 + \dfrac{x_{k-1}}{1 + x_{k-1}}\right) = \dfrac{x_k}{1 + x_k} - \dfrac{x_{k-1}}{1 + x_{k-1}} = \dfrac{x_k - x_{k-1}}{(1 + x_k)(1 + x_{k-1})} > 0$，

故 $(x_n)_{n=1}^{\infty}$ 为单调增加数列.

又 $x_n = 1 + \dfrac{x_{n-1}}{1 + x_{n-1}} = 2 - \dfrac{1}{1 + x_{n-1}} < 2$，

故 $(x)_{n=1}^{\infty}$ 有上界，所以 $\lim\limits_{n\to\infty} x_n$ 存在. 设 $\lim\limits_{n\to\infty} x_n = a$，则 $a \geq 0$.

对 $x_n = 1 + \dfrac{x_{n-1}}{1 + x_{n-1}}$ 两边取 $n \to \infty$ 时的极限得到 $a = 1 + \dfrac{a}{1 + a}$.

解得 $a = (1 + \sqrt{5})/2$(已舍去负根)，故 $\lim\limits_{n\to\infty} x_n = (1 + \sqrt{5})/2$.

注意一般项(通项)为和式得形式时，常用考察相邻两项之差的方法证其单调.

【例15】解： 先证单调性. 由 $x_n + (x_n - 4)x_{n-1} = 3$，得 $x_n = \dfrac{3 + 4x_{n-1}}{1 + x_{n-1}}$，又 $x_1 = 2$，

所以，$x_2 = \dfrac{3 + 4x_1}{1 + x_1} = \dfrac{11}{3} > x_1$，

设 $x_k > x_{k-1}$，则 $x_{k+1} - x_k = \left(\dfrac{3 + 4x_k}{1 + x_k}\right) - \left(\dfrac{3 + 4x_{k-1}}{1 + x_{k-1}}\right) = \dfrac{x_k - x_{k-1}}{(1 + x_k)(1 + x_{k-1})} > 0$

故 $x_{k+1} > x_k$ ，即数列 $\{x_n\}$ 单调增加；

再证明其有界．又 $x_n = \dfrac{3 + 4x_{n-1}}{1 + x_{n-1}} = 3 + \dfrac{x_{n-1}}{1 + x_{n-1}} < 3 + 1 = 4$ ，所以 $\{x_n\}$ 有上界；

故 $\lim\limits_{n \to \infty} x_n$ 存在．设 $\lim\limits_{n \to \infty} x_n = A$ ，令 $n \to \infty$ ，由 $x_n = \dfrac{3 + 4x_{n-1}}{1 + x_{n-1}}$ ，得 $A = \dfrac{3 + 4A}{1 + A}$ ，

解得 $A = \dfrac{3 \pm \sqrt{21}}{2}$ ，由题设， $x_n > 0$ ，根据极限保号性 $A \geqslant 0$ ，故 $\lim\limits_{n \to \infty} x_n = \dfrac{3 + \sqrt{21}}{2}$ ．

题型四　无穷小的比较

【例 16】解： 由等价无穷小代换： $\sqrt[3]{1 + x + x^2} - 1 \sim (x + x^2)/3$ ， $\sin 2x \sim 2x$ $(x \to 0)$

得到 $\lim\limits_{x \to 0} \dfrac{\sqrt[3]{1 + x + x^2}}{\sin 2x} = \lim\limits_{x \to 0} \dfrac{(x + x^2)/3}{2x} = \dfrac{1}{6}$ ，故 $f(x)$ 与 $g(x)$ 是同阶无穷小．

【例 17】解法 1：（1）因 $\sqrt[3]{1 + \sqrt[3]{x}} - 1 \sim \sqrt[3]{x}/3$ ，故 $\sqrt[3]{1 + \sqrt[3]{x}} - 1$ 为 x 的 1/3 阶无穷小 $(x \to 0)$ ．

（2） $\sqrt{1 + \tan x} - \sqrt{1 - \sin x} = \sqrt{1 + \tan x} - 1 - (\sqrt{1 - \sin x} - 1)$ ，

而 $\sqrt{1 + \tan x} - 1 \sim \tan x/2 \sim x/2$ ， $\sqrt{1 + \tan x} - 1$ 为 x 的 1 阶无穷小 $(x \to 0)$ ，

$\sqrt{1 - \sin x} - 1 \sim -\sin x/2 \sim -x/2$ ， $\sqrt{1 - \sin x} - 1$ 为 x 的 1 阶无穷小 $(x \to 0)$ ，

又 $t = \min(1, 1) = 1$ ，故 $\sqrt{1 + \tan x} - \sqrt{1 - \sin x}$ 为 x 的 1 阶无穷小 $(x \to 0)$ ．

（3） $\arcsin(\sqrt{4 + x^2} - 2) \sim \sqrt{4 + x^2} - 2 = 2(\sqrt{1 + x^2/4} - 1) \sim 2 \cdot x^2/8 = x^2/4$ ，

即 $\arcsin(\sqrt{4 + x^2} - 2)$ 为 x 的 2 阶无穷小 $(x \to 0)$ ．

（4） $e^{x^2} - \cos x = (e^{x^2} - 1) + (1 - \cos x)$ ，

而 $e^{x^2} - 1 \sim x^2$ ， $1 - \cos x \sim x^2/2$ ， $t = \min(2, 2) = 2$ ，

故 $e^{x^2} - \cos x$ 为 x 的 2 阶无穷小 $(x \to 0)$ ．

解法 2： 也可用定义求之，自行补充．

题型五　普通未定式求极限

【例 18】解： 原式 $= \lim\limits_{x \to 0} \dfrac{e^{\sin x}(e^{\tan x - \sin x} - 1)(\sqrt{4 + x^3} + 2)}{(\sqrt{4 + x^3} - 2)(\sqrt{4 + x^3} + 2)}$

$= \lim\limits_{x \to 0} [e^{\sin x}(\sqrt{4 + x^3} + 2)] \lim\limits_{x \to 0} \left(\dfrac{e^{\tan x - \sin x} - 1}{x^3} \right)$

$= 4 \lim\limits_{x \to 0} \dfrac{\tan x - \sin x}{x^3} = 4 \lim\limits_{x \to 0} \dfrac{x^3}{2x^3} = 2.$

【例 19】解： 注意到 $\dfrac{\sin 6x + xf(x)}{x^3} = \dfrac{\sin 6x - 6x + 6x + xf(x)}{x^3}$

$= \dfrac{-(6x - \sin 6x)}{x^3} + \dfrac{6 + f(x)}{x^2}$ ，

而 $6x - \sin 6x \sim (6x)^3/6 \, (x \to 0)$ ，因而

$\lim\limits_{x \to 0} \dfrac{\sin 6x + xf(x)}{x^3} = -\lim\limits_{x \to 0} \dfrac{6x - \sin 6x}{x^3} + \lim\limits_{x \to 0} \dfrac{6 + f(x)}{x^2}$

$= -\lim\limits_{x \to 0} \dfrac{(6x)^3}{6x^3} + \lim\limits_{x \to 0} \dfrac{6 + f(x)}{x^2}$ ，

故 $\lim\limits_{x \to 0} \dfrac{6 + f(x)}{x^2} = \lim\limits_{x \to 0} \dfrac{\sin 6x + xf(x)}{x^3} + \lim\limits_{x \to 0} \dfrac{36x^3}{x^3} = 36.$

仅(C)入选.

【例20】解: 令 $t = x - 1$，则 $\cos\pi x = \cos[\pi(1+t)] = -\cos\pi t$ 且 $x \to 1$ 时，$t \to 0$，故

$$原式 = \lim_{t \to 0} \frac{1 - \cos\pi t}{t^2} = \frac{1}{2}\lim_{t \to 0} \frac{\pi^2 t^2}{t^2} = \frac{\pi^2}{2}.$$

【例21】解: 当 $x \to 0$ 时，$1 + \cos x \to 2$，$\ln(1+x) \sim x$. 于是

$$原式 = \frac{1}{2}\lim_{x \to 0} \frac{3\sin x + x^2\cos(1/x)}{\ln(1+x)}$$

$$= \frac{1}{2}\lim_{x \to 0} \frac{3\sin x + x^2\cos(1/x)}{x}$$

$$= \frac{1}{2}\lim_{x \to 0}\left[\frac{3\sin x}{x} + x\cos\frac{1}{x}\right].$$

由于有界变量乘无穷小量仍为无穷小量，故 $\lim_{x \to 0} x\cos(1/x) = 0$，因而原式 $= 3/2$.

【例22】解法1: $x \to 1$ 时，$1 - x \to 0$，$\arcsin(1-x) \sim 1-x$，故

$$原式 = \lim_{x \to 1} \frac{1-x}{\ln x} = \lim_{x \to 1} \frac{1-x}{\ln[1+(x-1)]} = \lim_{x \to 1} \frac{1-x}{x-1} = -1.$$

解法2: 令 $\arcsin(1-x) = t$，则 $x = 1 - \sin t$，且 $x \to 1$ 时，$t \to 0$，

$$原式 = \lim_{t \to 0} \frac{t}{\ln(1-\sin t)} = \lim_{t \to 0} \frac{t}{-\sin t} = -1.$$

解法3: 令 $t = 1 - x$，则 $x = 1 - t$，$x \to 1$ 时，$t \to 0$.

$$原式 = \lim_{t \to 0} \frac{\arcsin t}{\ln(1-t)} = \lim_{t \to 0} \frac{t}{(-t)} = -1.$$

【例23】解: 原式 $= \lim_{x \to 0} \dfrac{(1+x)^a - 1 - [(1+x)^b - 1]}{x}$

$$= \lim_{x \to 0} \frac{(1+x)^a - 1}{x} - \lim_{x \to 0} \frac{(1+x)^b - 1}{x}$$

$$= \lim_{x \to 0} \frac{ax}{x} - \lim_{x \to 0} \frac{bx}{x} = a - b.$$

【例24】解: 因 $\lim_{n \to \infty} \tan(\pi/4 + 2/n) = \tan(\pi/4) = 1$，故所求极限为 1^∞ 型，即得

$$原式 = \lim_{n \to \infty}\left[\frac{1 + \tan(2/n)}{1 - \tan(2/n)}\right]^n = \lim_{n \to \infty}\left[1 + \frac{2\tan(2/n)}{1 - \tan(2/n)}\right]^n = e^{\lim_{n \to \infty}\left[\frac{2\tan(2/n)}{1 - \tan(2/n)}\right]\cdot n},$$

而 $\lim_{n \to \infty}\left[\dfrac{2\tan(2/n)}{1 - \tan(2/n)}\right] \cdot n = 4\lim_{n \to \infty}\left[\dfrac{\tan(2/n)}{2/n} \cdot \dfrac{1}{1 - \tan(2/n)}\right] = 4(1 \cdot 1) = 4,$

故 $\lim_{n \to \infty} \tan^n(\pi/4 + 2/n) = e^4$.

【例25】解: 原式 $= \lim_{x \to \infty}\left(1 + \dfrac{a_1^{1/x} - 1}{n} + \dfrac{a_2^{1/x} - 1}{n} + \cdots + \dfrac{a_n^{1/x} - 1}{n}\right)^{nx}.$

而 $\lim_{x \to \infty}\left[\left(\dfrac{a_1^{1/x} - 1 + a_2^{1/x} - 1 + \cdots + a_n^{1/x} - 1}{n}\right)nx\right]$

$$= \lim_{x \to \infty}\left(\frac{a_1^{1/x} - 1}{1/x} + \frac{a_2^{1/x} - 1}{1/x} + \cdots + \frac{a_n^{1/x} - 1}{1/x}\right)$$

$$= \lim_{x \to \infty} \frac{a_1^{1/x} - 1}{1/x} + \lim_{x \to \infty} \frac{a_2^{1/x} - 1}{1/x} + \cdots + \lim_{x \to \infty} \frac{a_n^{1/x} - 1}{1/x}$$

$$= \lim_{x \to \infty} \frac{(1/x)\ln a_1}{1/x} + \lim_{x \to \infty} \frac{(1/x)\ln a_2}{1/x} + \cdots + \lim_{x \to \infty} \frac{(1/x)\ln a_n}{1/x}$$

$$= \ln a_1 + \ln a_2 + \cdots + \ln a_n = \ln(a_1 a_2 \cdots a_n).$$

故原式 $= e^{\lim\limits_{x\to\infty}\left[\left(\dfrac{a_1^{1/x}-1+a_2^{1/x}-1+\cdots+a_n^{1/x}-1}{n}\right)nx\right]} = e^{\ln a_1a_2\cdots a_n} = a_1a_2\cdots a_n.$

【例26】解：$I = \lim\limits_{x\to 0}\dfrac{f(\sin^2 x + \cos x)\cdot 3x}{\ln^2(1+x) - x^2} = 3\lim\limits_{x\to 0}\dfrac{f(\sin^2 x + \cos x) - f(1)}{\sin^2 x + \cos x - 1}\cdot\dfrac{x(\sin^2 x + \cos x - 1)}{\ln^2(1+x) - x^2}.$

其中，$\lim\limits_{x\to 0}\dfrac{f(\sin^2 x + \cos x) - f(1)}{\sin^2 x + \cos x - 1} = f'(1)$；

$\lim\limits_{x\to 0}\dfrac{x(\sin^2 x + \cos x - 1)}{\ln^2(1+x) - x^2} = \lim\limits_{x\to 0}\dfrac{\sin^2 x + \cos x - 1}{x^2}\cdot\dfrac{x^3}{\ln^2(1+x) - x^2}$

$= \lim\limits_{x\to 0}\left(\dfrac{\sin^2 x}{x^2} + \dfrac{\cos x - 1}{x^2}\right)\cdot\dfrac{x^3}{\ln^2(1+x) - x^2} = \dfrac{1}{2}\lim\limits_{x\to 0}\dfrac{x^3}{\ln^2(1+x) - x^2}$

$= \dfrac{1}{2}\lim\limits_{x\to 0}\dfrac{x}{\ln(1+x) + x}\cdot\dfrac{x^2}{\ln(1+x) - x} = \dfrac{1}{2}\cdot\dfrac{1}{2}\cdot(-2) = -\dfrac{1}{2},$

所以 $I = 3f'(1)\cdot\left(-\dfrac{1}{2}\right) = -\dfrac{3}{2}f'(1).$

【注】 $\lim\limits_{x\to 0}\dfrac{x(\sin^2 x + \cos x - 1)}{\ln^2(1+x) - x^2}$ 也可用下列泰勒公式求得.

$\lim\limits_{x\to 0}\dfrac{x(\sin^2 x + \cos x - 1)}{\ln^2(1+x) - x^2} = \lim\limits_{x\to 0}\dfrac{x\left[(x^2 + o(x^2)) + \left(-\dfrac{1}{2}x^2 + o(x^2)\right)\right]}{\left[x - \dfrac{1}{2}x^2 + o(x^2)\right]^2 - x^2} = \lim\limits_{x\to 0}\dfrac{\dfrac{1}{2}x^3 + o(x^3)}{-x^3 + o(x^3)} = -\dfrac{1}{2}$

另外，$\lim\limits_{x\to 0}\dfrac{\sin^2 x + \cos x - 1}{x^2}$，$\lim\limits_{x\to 0}\dfrac{x}{\ln(1+x) + x}$，$\lim\limits_{x\to 0}\dfrac{x^2}{\ln(1+x) - x}$ 等也可用洛必达法则求得.

由于 $f(x)$ 没有提出在去心邻域可导，所以本题不可以在第一步对 $f(x)$ 使用洛必达法则.

题型六　必须考察左、右极限的几种函数

【例27】解：注意到当 $x\to +0$ 与 $x\to -0$ 时，$e^{\frac{1}{x}}$ 的极限不一样，应先求出所求极限的左、右极限.

$\lim\limits_{x\to +0}\left(\dfrac{2 + e^{\frac{1}{x}}}{1 + e^{\frac{4}{x}}} + \dfrac{\sin x}{|x|}\right) = \lim\limits_{x\to +0}\left[\dfrac{e^{-\frac{4}{x}}(2 + e^{\frac{1}{x}})}{e^{-\frac{4}{x}} + 1} + \dfrac{\sin x}{x}\right] = \lim\limits_{x\to +0}\dfrac{2e^{-\frac{4}{x}} + e^{-\frac{3}{x}}}{e^{-\frac{4}{x}} + 1} + \lim\limits_{x\to +0}\dfrac{\sin x}{x}.$

因为 $\lim\limits_{x\to +0}e^{-3/x} = \lim\limits_{x\to +0}e^{-4/x} = 0$，所以 $\lim\limits_{x\to +0}\left(\dfrac{2 + e^{\frac{1}{x}}}{1 + e^{\frac{4}{x}}} + \dfrac{\sin x}{|x|}\right) = \lim\limits_{x\to +0}\dfrac{\sin x}{x} = 1$，

$\lim\limits_{x\to -0}\left(\dfrac{2 + e^{\frac{1}{x}}}{1 + e^{\frac{4}{x}}} + \dfrac{\sin x}{|x|}\right) = \lim\limits_{x\to -0}\left(\dfrac{2 + e^{\frac{1}{x}}}{1 + e^{\frac{4}{x}}} - \dfrac{\sin x}{x}\right).$

因为 $\lim\limits_{x\to -0}e^{\frac{1}{x}} = \lim\limits_{x\to -0}e^{\frac{4}{x}} = 0$，所以 $\lim\limits_{x\to -0}\left(\dfrac{2 + e^{\frac{1}{x}}}{1 + e^{\frac{4}{x}}} + \dfrac{\sin x}{|x|}\right) = 2 - 1 = 1.$

$\lim\limits_{x\to 0}\left(\dfrac{2 + e^{\frac{1}{x}}}{1 + e^{\frac{4}{x}}} + \dfrac{\sin x}{|x|}\right) = 1.$

【例28】解：因为 $\lim\limits_{x\to +\infty}x(\sqrt{x^2+1} - x) = \lim\limits_{x\to +\infty}\dfrac{x}{\sqrt{x^2+1} + x}$

$= \lim\limits_{x\to +\infty}\dfrac{1}{\sqrt{1 + 1/x^2} + 1} = \dfrac{1}{2},$

$\lim\limits_{x\to -\infty}x(\sqrt{x^2+1} - x) = \lim\limits_{x\to -\infty}\dfrac{x}{\sqrt{x^2+1} + x} = \lim\limits_{x\to -\infty}\dfrac{x}{(-x)\sqrt{1 + 1/x^2} + x}$

$$= \lim_{x \to -\infty} \frac{1}{-\sqrt{1 + 1/x^2} + 1} = \infty,$$

故所求极限不存在.

【例29】解：原式 $= \lim_{x \to 0} \dfrac{x}{\sqrt{2\sin^2(ax/2)}}$.

$a > 0$ 时，$\lim\limits_{x \to -0} \dfrac{x}{\sqrt{2\sin^2(ax/2)}} = \lim\limits_{x \to -0}\left[-\dfrac{x}{\sqrt{2}\sin(ax/2)} \right] = -\sqrt{2}/a$,

$\lim\limits_{x \to +0} \dfrac{x}{\sqrt{2\sin^2(ax/2)}} = \lim\limits_{x \to +0} \dfrac{x}{\sqrt{2}\sin(ax/2)} = \dfrac{\sqrt{2}}{a}$.

$a < 0$ 时，$\lim\limits_{x \to -0} \dfrac{x}{\sqrt{2\sin^2(ax/2)}} = \lim\limits_{x \to -0} \dfrac{x}{\sqrt{2}\sin(ax/2)} = \sqrt{2}/a$,

$\lim\limits_{x \to +0} \dfrac{x}{\sqrt{2\sin^2(ax/2)}} = \lim\limits_{x \to +0} \dfrac{-x}{\sqrt{2}\sin(ax/2)} = -\dfrac{\sqrt{2}}{a}$.

因左、右极限不等，故所求极限不存在.

题型七　已知极限值，极限中待求常数的求法

【例30】解：因 $\lim\limits_{x \to \infty}(1/x) = 0$，将此极限等式两端分别与所给极限等式两端相乘得到

$\lim\limits_{x \to \infty} \dfrac{1}{x} \lim\limits_{x \to \infty}\left(\dfrac{x^2}{1 + x} - ax + b \right) = 1 \cdot 0 = 0,$

即 $\lim\limits_{x \to \infty}\left(\dfrac{1}{x} \dfrac{x^2}{1 + x} - a + \dfrac{b}{x} \right) = \lim\limits_{x \to \infty}\left(\dfrac{x}{1 + x} - a + \dfrac{b}{x} \right) = 0,$

故 $a = \lim\limits_{x \to \infty}[x/(1 + x) + b/x] = 1$. 将 $a = 1$ 代入原式，得到

$$b = 1 - \lim_{x \to \infty}\left(\dfrac{x^2}{1 + x} - x \right) = 1 + \lim_{x \to \infty} \dfrac{x}{1 + x} = 2.$$

【例31】解：将所给极限等式两端与另一个极限等式 $\lim\limits_{x \to 0} x^2 = 0$ 的两端分别相乘，消去待求系数 a 前的变量部分 $1/x^2$，先求出 a，事实上，由 $\lim\limits_{x \to 0}\left(\dfrac{\sin 3x}{x} + a + bx^2 \right) = 0$，得到 $a = -\lim\limits_{x \to 0} \dfrac{\sin 3x}{x} = -3$. 将 $a = -3$ 代入所给极限等式，即可求出 b：

$$-b = \lim_{x \to 0}\left(\dfrac{\sin 3x}{x^3} - \dfrac{3}{x^2} \right) = \lim_{x \to 0} \dfrac{\sin 3x - 3x}{x^3}.$$

注意到 $\sin 3x - 3x = -(3x - \sin 3x) \sim -(3x)^3/6$，$-b = \lim\limits_{x \to 0}[-(3x)^3/(6x^3)] = -9/2$，即 $b = 9/2$.

【例32】解：因分母为 x^2，将 $\ln(1 + x)$ 展至 2 阶带佩亚诺余项的麦克劳林公式：

$$\ln(1 + x) = x - (1/2)x^2 + o(x^2),$$

则原式 $= \lim\limits_{x \to 0} \dfrac{x - (1/2)x^2 + o(x^2) - (ax + bx^2)}{x^2}$

$= \lim\limits_{x \to 0} \dfrac{(1 - a)x - (1/2 + b)x^2 + o(x^2)}{x^2} = 2.$

于是必有 $1 - a = 0$，$-(1/2 + b) = 2$，解之得 $a = 1$，$b = -5/2$.

【例33】解法1：原式 $\left(\dfrac{0}{0} \right) = \lim\limits_{x \to 0} \dfrac{a/\cos^2 x + b\sin x}{-2c/(1 - 2x) - 2xde^{-x^2}} = -\dfrac{a}{2c} = 2$，即 $a = -4c$. 仅 (D) 入选.

解法2：将函数展成带有佩亚诺余项的麦克劳林公式

$$\tan x = x + x^3/3 + o(x^3)，\cos x = 1 - x^2/2! \; + o(x^2)$$

$$\ln(1 - 2x) = (-2x) - (-2x)^2/2 + o(x^2)\,,\ e^{-x^2} = 1 + (-x^2) + o(x^2)$$

代入原式作运算，并把所有比 x 高阶的无穷小的代数和记为 $o(x)$，则

$$原式 = \lim_{x \to 0} \frac{ax + b - b + o(x)}{(-2c)x + d - d + o(x)} = -\frac{a}{2c} = 2.$$

因而 $a = -4c$，(D) 入选.

【例 34】解法 1：令 $x = 1/t$，则原式化为 $\lim\limits_{t \to +0}\left[\,(\sqrt{1 - t + t^2} - a - bt)/t\,\right] = 0.$

得到 $\lim\limits_{t \to +0}(\sqrt{1 - t + t^2}) - a - bt = 0$，即 $a = 1.$

代回原极限式，由极限值等于 0 得到

$$b = \lim_{t \to +0} \frac{\sqrt{1 - t + t^2} - 1}{t} = \lim_{t \to +0} \frac{1 - t + t^2 - 1}{t(\sqrt{1 - t + t^2} + 1)} = -\frac{1}{2}.$$

解法 2：原式 $= \lim\limits_{x \to +\infty} \dfrac{\sqrt{1 - 1/x + 1/x^2} - a - b/x}{1/x} = 0$，因 $\lim\limits_{x \to +\infty} \dfrac{1}{x} = 0$，因此，必有 $\lim\limits_{x \to +\infty}(\sqrt{1 - 1/x + 1/x^2} -$

$a - b/x) = 0.$

即 $a = \lim\limits_{x \to +\infty} \sqrt{1 - 1/x + 1/x^2} = 1,$

$$b = \lim_{x \to +\infty}(\sqrt{x^2 - x + 1} - x) = \lim_{x \to +\infty} \frac{1 - x}{\sqrt{x^2 - x + 1} + x} = -\frac{1}{2}.$$

解法 3：原式 $= \lim\limits_{x \to +\infty} \dfrac{x^2 - x + 1 - (ax + b)^2}{\sqrt{x^2 - x + 1} + (ax + b)}$

$$= \lim_{x \to +\infty} \frac{(1 - a^2)x^2 - (2ab + 1)x + (1 - b^2)}{\sqrt{x^2 - x + 1} + ax + b} = 0.$$

* 因分母中 x 的最高次幂为一次，为使上式成立，必有 $1 - a^2 = 0, 2ab + 1 = 0$ 解之得 $a = 1, b = -1/2.$
而 $a = -1, b = 1/2$ 验证后舍掉

题型八　无限项之积的极限的求法

【例 35】解：因 $(1 - x)(1 + x)(1 + x^2)(1 + x^4)\cdots(1 + x^{2^n})$

$= (1 - x^2)(1 + x^2)(1 + x^4)\cdots(1 + x^{2^n})$

$= (1 - x^4)(1 + x^4)\cdots(1 + x^{2^n})$

$= \cdots = (1 - x^{2^n})(1 + x^{2^n}) = 1 - x^{2^{n+1}},$

故当 $|x| < 1$ 时，原式 $= \lim\limits_{n \to \infty} \dfrac{1}{1 - x}(1 - x^{2^{n+1}}) = \dfrac{1}{1 - x}.$

【例 36】解：因 $\cos\dfrac{x}{2}\cos\dfrac{x}{2^2}\cdots\cos\dfrac{x}{2^n} = \dfrac{1}{\sin(x/2^n)}\cos\dfrac{x}{2}\cos\dfrac{x}{2^2}\cdots\cos\dfrac{x}{2^n}\sin\dfrac{x}{2^n}$

$= \dfrac{1}{2\sin(x/2^n)}\cos\dfrac{x}{2}\cos\dfrac{x}{2^2}\cdots\cos\dfrac{x}{2^{n-1}}\sin\dfrac{x}{2^{n-1}}$

$= \dfrac{1}{2^2\sin(x/2^n)}\cos\dfrac{x}{2}\cos\dfrac{x}{2^2}\cdots\cos\dfrac{x}{2^{n-2}}\sin\dfrac{x}{2^{n-2}} = \cdots = \dfrac{\sin x}{2^n\sin(x/2^n)},$

所以 $\lim\limits_{n \to \infty}\cos\dfrac{x}{2}\cos\dfrac{x}{2^2}\cdots\cos\dfrac{x}{2^n} = \lim\limits_{n \to \infty}\dfrac{\sin x}{2^n\sin(x/2^n)}$

$= \lim\limits_{n \to \infty}\left[\dfrac{\sin x}{x} \Big/ \dfrac{\sin(x/2^n)}{x/2^n}\right] = \dfrac{\sin x}{x}\lim\limits_{n \to \infty}1\Big/\left[\dfrac{\sin(x/2^n)}{x/2^n}\right] = \dfrac{\sin x}{x}.$

因而原式 $= \lim\limits_{x \to 0}\dfrac{\sin x}{x} = 1.$

【例37】解： 先将 n 项乘积化为下述形式：

$$\sqrt{2} \cdot \sqrt[4]{2} \cdot \sqrt[8]{2} \cdots \sqrt[2^n]{2} = 2^{1/2+1/4+\cdots+1/2^n} = 2^{[1-(1/2)^n]}.$$

再在上式两端求极限，得到

$$\lim_{n\to\infty}(\sqrt{2} \cdot \sqrt[4]{2} \cdot \sqrt[8]{2} \cdots \sqrt[2^n]{2}) = \lim_{n\to\infty}2^{[1-(1/2)^n]} = 2$$

【例38】解： 原式 $= \lim_{n\to\infty}\left[\dfrac{2^2}{1\cdot 3} \cdot \dfrac{3^2}{2\cdot 4} \cdot \dfrac{4^2}{3\cdot 5} \cdot \dfrac{5^2}{4\cdot 6} \cdots \dfrac{n^2}{(n-1)(n+1)} \cdot \dfrac{(n+1)^2}{n(n+2)}\right].$

注意到上式右端分子中的平方项分别与其左、右相邻两项中分母的因式相约了，剩下的只有第一项与最后一项中的两个因式，所以，原式 $= \lim_{n\to\infty}\left(\dfrac{2}{1} \cdot \dfrac{n+1}{n+2}\right) = 2.$

【例39】解： $x\to 0$ 时，由 $1 - \cos^a x \sim \dfrac{a}{2}x^2$ 得

$$1 - \cos x \sim \frac{x^2}{2},\ 1 - \sqrt{\cos 2x} \sim \frac{2}{2}x^2,\ 1 - \sqrt[3]{\cos 3x} \sim \frac{3}{2}x^2,\ \cdots,\ 1 - \sqrt[n]{\cos nx} \sim \frac{n}{2}x^2,$$

$$\lim_{x\to 0}\frac{1 - \cos x\sqrt{\cos 2x}\cdots\sqrt[n]{\cos nx}}{x^2}$$

$$= \lim_{x\to 0}\left[\frac{1-\cos x}{x^2} + \cos x\frac{1-\sqrt{\cos 2x}}{x^2} + \cos x\sqrt{\cos 2x}\frac{1-\sqrt[3]{\cos 3x}}{x^2} + \cdots + \cos x\sqrt{\cos 2x}\right.$$

$$\left.\cdots\sqrt[n-1]{\cos(n-1)x}\frac{1-\sqrt[n]{\cos nx}}{x^2}\right] = \frac{1}{2} + \frac{2}{2} + \frac{3}{2} + \cdots + \frac{n}{2} = \frac{n(n+1)}{4}.$$

题型九 讨论分段函数在分段点处的连续性

【例40】解： 由于 $x = -2k\pi(k\in N^*)$ 不在定义域之内，可不予讨论．只需考察 $f(x)$ 在 $x = 0$ 处的连续性，又由于 $f(x)$ 在 $x = 0$ 的左、右两侧的表示式不同，须用其在 $x = 0$ 处的左、右极限考察之．

$$f(0+0) = \lim_{x\to+0}\frac{1}{x}\big[\ln x - \ln(x^2 + x)\big] = \lim_{x\to+0}\frac{1}{x}\ln\frac{1}{1+x}$$

$$= -\lim_{x\to+0}\ln(1+x)^{\frac{1}{x}} = -\ln\big[\lim_{x\to+0}(1+x)^{\frac{1}{x}}\big] = -1;$$

$$f(0-0) = \lim_{x\to-0}\frac{\sin ax}{\sqrt{1-\cos x}} = \lim_{x\to-0}\frac{ax}{\sqrt{2\sin^2(x/2)}}$$

$$= \lim_{x\to-0}\frac{ax}{\sqrt{x^2/2}} = \lim_{x\to-0}\frac{\sqrt{2}ax}{-x} = -\sqrt{2}a.$$

为使 $f(x)$ 在 $x = 0$ 处连续必有 $f(0+0) = f(0-0) = f(0)$，

即 $-1 = -\sqrt{2}a = b$，即 $b = -1, a = \sqrt{2}/2.$

显然 $f(x)$ 在其定义域内的其他处处处连续，故当 $a = \dfrac{\sqrt{2}}{2}, b = -1$ 时，$f(x)$ 在其定义域内处处连续．

题型十 讨论极限函数的连续性

【例41】解： 先求分段函数 $f(x)$ 的表示式．

(1) 当 $|x| = 1$ 时，$f(x) = \lim_{n\to\infty}\dfrac{1-x^{2n}}{1+x^{2n}} = 0$，因 $\lim_{n\to\infty}(1-x^{2n}) = 0.$

(2) 当 $|x| < 1$ 时，因 $\lim_{n\to\infty}x^{2n} = \lim_{n\to\infty}(x^n)^2 = 0$，故 $f(x) = x\lim_{n\to\infty}\dfrac{1-x^{2n}}{1+x^{2n}} = x.$

(3) 当 $|x| > 1$ 时，因 $\lim_{n\to\infty}(1/x^{2n}) = 0$，故 $f(x) = \lim_{n\to\infty}x\dfrac{1/x^{2n}-1}{1/x^{2n}+1} = x\lim_{n\to\infty}\dfrac{1/x^{2n}-1}{1/x^{2n}+1} = -x$

所以 $f(x) = \begin{cases} x, & |x| < 1; \\ 0, & |x| = 1; \\ -x, & |x| > 1. \end{cases}$

显然 $f(x)$ 在区间 $(-\infty, -1)$，$(1, +\infty)$ 及 $-1 < x < 1$ 内连续，而在 $x = \pm 1$ 处，因

$f(-1-0) = \lim\limits_{x \to -1-0} f(x) = \lim\limits_{x \to -1-0} (-x) = 1 \neq f(-1) = 0.$

$f(1+0) = \lim\limits_{x \to 1+0} f(x) = \lim\limits_{x \to 1+0} (-x) = -1 \neq f(1) = 0.$

故在 $x = \pm 1$ 处，$f(x)$ 不连续，其连续区间为 $(-\infty, -1)$，$(-1, 1)$，

$(1, +\infty)$，$x = \pm 1$

为其第一类间断点，其图形如右图所示．

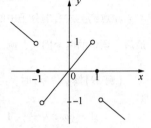

【例 42】解：首先求出 $f(x)$ 的表示式，注意到极限号下函数中指数函数的底数为 e，由 $n(x-1) = 0$，得到 $x_0 = 1$. 于是下分三种情况：$x = 1$，$x > 1$，$x < 1$ 分别求出上述极限．

当 $x < 1$ 时，由于 $\lim\limits_{n \to \infty} e^{n(x-1)} = 0$，

$f(x) = \lim\limits_{n \to \infty} \dfrac{x^2 e^{n(x-1)} + ax + b}{e^{n(x-1)} + 1} = ax + b.$

当 $x = 1$ 时，将 $x = 1$ 代入 $f(x)$ 中得到 $f(x) = (1 + a + b)/2$.

当 $x > 1$ 时，$\lim\limits_{n \to \infty} e^{n(x-1)} = \infty$，故分子、分母用 $e^{n(x-1)}$ 除之，即得 $f(x) = x^2$.

于是 $f(x) = \begin{cases} ax + b, & x < 1; \\ (1+a+b)/2, & x = 1; \\ x^2, & x > 1 \end{cases}$

下面讨论 $f(x)$ 的连续性，为此考察 $x = 1$ 分段点处 $f(x)$ 的连续性．

因 $f(1-0) = \lim\limits_{x \to 1-0} f(x) = \lim\limits_{x \to 1-0} (ax+b) = a + b$，$f(1+0) = \lim\limits_{x \to 1+0} x^2 = 1$. 而 $f(1) = (1+a+b)/2$，由 $f(1-0) = f(1+0) = f(1)$ 得到

$$a + b = 1 = (1 + a + b)/2.$$

如果 $a + b = 1$ 时，$f(x)$ 在 $x = 1$ 处连续，因而 $f(x)$ 在 $(-\infty, +\infty)$ 内连续．

如果 $a + b \neq 1$，$x = 1$ 为 $f(x)$ 的第一类跳跃型间断点．

【例 43】解：因 $x > 0$，$|e/x| = e/x$，下分 $e/x = 1$，$e/x > 1$，$e/x < 1$ 即分 $0 < x \leq e$ 及 $x > e$ 两种情况分别求出 $f(x)$.

(1) 当 $0 < x \leq e$ 时

$f(x) = \lim\limits_{n \to \infty} \dfrac{\ln e^n [1 + (x/e)^n]}{n} = \lim\limits_{n \to \infty} \dfrac{n + \ln[1 + (x/e)^n]}{n}$

$\qquad = \lim\limits_{n \to \infty} \left\{ 1 + \dfrac{\ln[1 + (x/e)^n]}{n} \right\} = 1,$

当 $e < x$ 时，$f(x) = \lim\limits_{n \to \infty} \dfrac{\ln x^n \cdot [1 + (e/x)^n]}{n} = \lim\limits_{n \to \infty} \dfrac{n\ln x + \ln[1 + (e/x)^n]}{n} = \ln x$.

由上可得 $f(x) = \begin{cases} 1, & 0 < x \leq e; \\ \ln x, & e < x. \end{cases}$

(2) 因 $\lim\limits_{x \to e+0} f(x) = \lim\limits_{x \to e+0} \ln x = 1$，$\lim\limits_{x \to e-0} f(x) = \lim\limits_{x \to e-0} 1 = 1$，且 $\lim\limits_{x \to e} f(x) = 1 = f(e)$，故 $f(x)$ 在 $x = e$ 处连续，由此可知 $f(x)$ 在定义域 $(0, +\infty)$ 内都是连续的．

【例 44】解：因当 $2k\pi < \pi x < (2k+1)\pi$，$(2k+1)\pi < \pi x < (2k+2)\pi$，即 $2k < x < 2k+1$，$2k+1 < x < 2k+2$（k 为任意整数）时，分别有 $0 < \sin\pi x < 1$，$-1 < \sin\pi x < 0$. 因而有

$$1 < 1 + \sin\pi x < 2, \ 0 < \sin\pi x + 1 < 1.$$

于是所找的分段区间为 $(2k, 2k+1)$，$(2k+1, 2k+2)$．

(1) $2k < x < 2k+1$ 时，因为 $1 < 1 + \sin\pi x < 2$，$\lim\limits_{n\to\infty}[1/(1+\sin\pi x)^n] = 0$，

故 $f(x) = \lim\limits_{n\to\infty}\dfrac{1-[1/(1+\sin\pi x)^n]}{1+[1/(1+\sin\pi x)^n]} = 1$；

(2) $2k+1 < x < 2k+2$ 时，因 $0 < 1 + \sin\pi x < 1$，$\lim\limits_{n\to\infty}(1+\sin\pi x)^n = 0$，

故 $f(x) = \lim\limits_{n\to\infty}\dfrac{(1+\sin\pi x)^n - 1}{(1+\sin\pi x)^n + 1} = -1$；

(3) $x = 2k+1$ 时，$\sin\pi x = 0$，故 $f(x) = 0$．

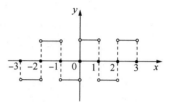

于是 $f(x) = \begin{cases} 1, & 2k < x < 2k+1; \\ 0, & x = 2k+1; \quad (k\text{ 为整数}) \\ -1, & 2k+1 < x < 2k+2. \end{cases}$

显然有 $\lim\limits_{x\to(2k+1)-0} f(x) = 1$，$\lim\limits_{x\to(2k+1)+0} f(x) = -1$，因而 $\lim\limits_{x\to 2k+1} f(x)$ 不存在，同法可证 $\lim\limits_{x\to 2k} f(x)$ 也不存在．故对于 x 的一切整数值，$f(x)$ 不连续，其图像如右图所示．

题型十一 间断点的判断

【例45】解：$f(x)$ 的间断点是来自两方面．一方面是使 $f(x)$ 无定义的点，即使 $\tan(x - \pi/4)$ 等于 0 的点，这样的点为 $x - \pi/4 = k\pi$．由于 $x \in (0, 2\pi)$，即 $x = k\pi + \pi/4 \in (0, 2\pi)$，$k$ 只能取 $k = 0, 1$，相应的间断点为 $x_1 = \pi/4$，$x_2 = 5\pi/4$．

因为 $\lim\limits_{x\to\pi/4}\dfrac{x}{\tan(x-\pi/4)} = \infty$，$\lim\limits_{x\to 5\pi/4}\dfrac{x}{\tan(x-\pi/4)} = \infty$，

故 $\lim\limits_{x\to\pi/4} f(x) = \lim\limits_{x\to\pi/4} e^{[x/\tan(x-\pi/4)][\ln(1+x)]} = \infty$，$\lim\limits_{x\to 5\pi/4} f(x) = \lim\limits_{x\to 5\pi/4} e^{[x/\tan(x-\pi/4)]\ln(1+x)} = \infty$，

所以 $x_1 = \pi/4$，$x_2 = 5\pi/4$ 为 $f(x)$ 的第二类（无穷）间断点．

$f(x)$ 的间断点还来自使 $\tan(x-\pi/4)$ 无定义的点．这样的点为 $(2k+1)\pi/2$，即 $x - \pi/4 = (2k+1)\pi/2$．由于 $x \in (0, 2\pi)$，$k = 0, 1$．因而 $x_3 = 3\pi/4$，$x_4 = 7\pi/4$ 也为 $f(x)$ 的间断点．

由于 $\lim\limits_{x\to 3\pi/4}\dfrac{x}{\tan(x-\pi/4)} = 0$，$\lim\limits_{x\to 7\pi/4}\dfrac{x}{\tan(x-\pi/4)} = 0$，

因此有 $\lim\limits_{x\to 3\pi/4} f(x) = \lim\limits_{x\to 3\pi/4}(1+x)^{x/\tan(x-\pi/4)} = 1$，$\lim\limits_{x\to 7\pi/4} f(x) = \lim\limits_{x\to 7\pi/4}(1+x)^{x/\tan(x-\pi/4)} = 1$，

因而 $x_3 = 3\pi/4$，$x_4 = 7\pi/4$ 为 $f(x)$ 的可去间断点．

【例46】解：(1) 若 $x = 0$ 是 $f(x)$ 的无穷间断点，则 $\lim\limits_{x\to 0}\dfrac{e^x - b}{(x-a)(x-1)} = \infty$，

即 $\lim\limits_{x\to 0}\dfrac{(x-a)(x-1)}{e^x - b} = \dfrac{(-a)(-1)}{e^0 - b} = \dfrac{a}{1-b} = 0$．

因此，当 $a = 0$，$b \neq 1$ 时，$x = 0$ 是 $f(x)$ 的无穷间断点．

(2) 若 $x = 1$ 是 $f(x)$ 的可去间断点，则 $\lim\limits_{x\to 1}\dfrac{e^x - b}{(x-a)(x-1)}$ 存在，

因为 $\dfrac{e^x - b}{(x-a)(x-1)} = e\left(e^{x-1} - \dfrac{b}{e}\right)\Big/[(x-a)(x-1)]$．

又当 $x \to 1$ 时，$x - 1 \to 0$，$e^{x-1} - 1 \sim x - 1$，所以当 $b = e$ 时，有

$\lim\limits_{x\to 1}\dfrac{e^x - b}{(x-a)(x-1)} = \lim\limits_{x\to 1}\dfrac{e(e^{x-1}-1)}{(x-a)(x-1)} = \lim\limits_{x\to 1}\dfrac{e(x-1)}{(x-a)(x-1)} = \lim\limits_{x\to 1}\dfrac{e}{x-a} = \dfrac{e}{1-a}$．

因此当 $a \neq 1$，$b = e$ 时，$x = 1$ 是 $f(x)$ 的可去间断点．

综合 (1) 与 (2) 知：当 $a = 0$，$b = e$ 时，$f(x)$ 有无穷间断点 $x = 0$ 及可去间断点 $x = 1$．

题型十二　闭区间上连续函数性质的应用

【例 47】证：设 $f(x) = \sin x + x + 1$. 因 $f(0) = 1 > 0$，$f(-\pi/2) = -\sin(\pi/2) - \pi/2 + 1 = -\pi/2 < 0$. 根据连续函数的零点定理知，$f(x)$ 在 $(-\pi/2, 0)$ 内至少存在一根，因而 $f(x) = \sin x + x + 1$ 存在实根．

【例 48】证：将 $f(\xi) = f(\xi + a)$ 化为 $f(\xi) - f(\xi + a) = 0$，将 ξ 改为 x，等式变方程，得到 $f(x) - f(x + a) = 0$. 令 $F(x) = f(x) - f(x + a)$，则 $F(x)$ 在 $[0, a]$ 上连续，且

$F(0) = f(0) - f(a)$，

$F(a) = f(a) - f(2a) = f(a) - f(0) = -[f(0) - f(a)]$，

(1) 若 $f(0) = f(a)$，则 $F(0) = F(a) = 0$，于是有 $\xi \in [0, a]$ 使 $f(\xi) = f(\xi + a)$．

(2) 若 $f(0) \neq f(a)$，则 $F(0) \cdot F(a) < 0$，由零点定理知，至少存在一点 $\xi \in (0, a)$，使 $F(\xi) = 0$ 即 $f(\xi) = f(\xi + a)$．

【例 49】证明 1：因题设 $f(x)$ 在开区间 (a, b) 内连续，不能直接利用闭区间上连续函数的性质．因给出开区间 (a, b) 内的 n 个有限点，不妨设

$$c = \min\{x_1, x_2, \cdots, x_n\}, \quad d = \max\{x_1, x_2, \cdots, x_n\}.$$

因 $[c, d] \subset (a, b)$，故 $f(x)$ 在闭区间 $[c, d]$ 上连续，$f(x)$ 在 $[c, d]$ 上存在最大值 M，最小值 m. 从而有

$m \leqslant f(x_1) \leqslant M$，$m \leqslant f(x_1) \leqslant M$，$m \leqslant f(x_2) \leqslant M$，$2m \leqslant 2f(x_2) \leqslant 2M$，$\cdots$，$\cdots$，$m \leqslant f(x_n) \leqslant M$，$nm \leqslant nf(x_n) \leqslant nM$，

因而 $(1 + 2 + \cdots + n)m \leqslant f(x_1) + 2f(x_2) + \cdots + nf(x_n) \leqslant (1 + 2 + \cdots + n)M$，

即 $m \leqslant \dfrac{f(x_1) + 2f(x_2) + \cdots + nf(x_n)}{1 + 2 + \cdots + n} \leqslant M$，

即 $m \leqslant \dfrac{2[f(x_1) + 2f(x_2) + \cdots + nf(x_n)]}{n(n + 1)} \leqslant M$．

根据介值定理知，至少存在一点 $\xi \in [c, d] \subset (a, b)$，使

$$f(\xi) = \frac{2[f(x_1) + 2f(x_2) + \cdots + nf(x_n)]}{n(n + 1)}.$$

证明 2：构造函数 $F(x) = f(x) - \dfrac{2}{n(n + 1)}[f(x_1) + 2f(x_2) + \cdots + nf(x_n)]$．

若有一点 x_k，$1 \leqslant k \leqslant n$，使得 $F(x_k) = 0$，取 $\xi_k = x_k \in (a, b)$，则例得证．

若对所有的 $x_j(j = 1, 2, \cdots, n)$ 都有 $F(x_j) \neq 0$，则因 $F(x)$ 在 $[c, d]$（c，d 含义见证明 1）上连续，由连续函数的最大值、最小值定理得到至少有两点 η_1，$\eta_2 \in (c, d)$，$f(x)$ 在 $[c, d]$ 上分别取得最大值、最小值即 $f(\eta_1) = m$、$f(\eta_2) = M$. 不妨设 $\eta_1 < \eta_2$，则有 $[\eta_1, \eta_2] \subset [c, d] \subset (a, b)$．

注意到 $m \leqslant \dfrac{2}{n(n + 1)}[f(x_1) + 2f(x_2) + \cdots + nf(x_n)] \leqslant M$，

即 $f(\eta_1) \leqslant \dfrac{2}{n(n + 1)}[f(x_1) + 2f(x_2) + \cdots + nf(x_n)] \leqslant f(\eta_2)$，

有 $F(\eta_1) = f(\eta_1) - \dfrac{2}{n(n + 1)}[f(x_1) + 2f(x_2) + \cdots + nf(x_n)] \leqslant 0$，

$F(\eta_2) = f(\eta_2) - \dfrac{2}{n(n + 1)}[f(x_1) + 2f(x_2) + \cdots + nf(x_n)] \geqslant 0$．

如果 $F(\eta_1) = 0$，或 $F(\eta_2) = 0$，取 $\xi = \eta_1$ 或取 $\xi = \eta_2$，则存在 ξ 使 $F(\xi) = F(\eta_1) = 0$，或 $F(\xi) = F(\eta_2) = 0[\xi \in (c, d) \subset (a, b)]$，例得证．如 $F(\eta_1) \neq 0$，$F(\eta_2) \neq 0$，则 $F(\eta_1) < 0$，$F(\eta_2) > 0$. 由零点定理知，至少存在一点 $\xi \in (c, d) \subset (a, b)$，使 $F(\xi) = 0$. 例得证．

【例 50】证：(1) 对任意 $x \in [-a, a]$，有

$$f(x) = f(0) + f'(0)x + f''(\xi)x^2/2 = f'(0)x + f''(\xi)x^2/2 \qquad ①$$

其中 ξ 在 0 与 x 之间.

（2）因 $f''(x)$ 连续，如能证明：$m \le \dfrac{3}{a^3} \displaystyle\int_{-a}^{a} f(x)\,\mathrm{d}x \le M$ ，

其中 m、M 分别为 $f''(x)$ 的最小值、最大值. 由介值定理知，必存在 $\eta \in (-a, a)$ 使所证等式成立.
由式①得到

$$\int_{-a}^{a} f(x)\,\mathrm{d}x = \int_{-a}^{a} f'(0)x\,\mathrm{d}x + \int_{-a}^{a} \frac{f''(\xi)x^2}{2!}\,\mathrm{d}x = \frac{1}{2}\int_{-a}^{a} x^2 f''(\xi)\,\mathrm{d}x ,$$

故 $m\displaystyle\int_{0}^{a} x^2\,\mathrm{d}x \le \int_{-a}^{a} f(x)\,\mathrm{d}x = \frac{1}{2}\int_{-a}^{a} x^2 f''(\xi)\,\mathrm{d}x \le M\int_{0}^{a} x^2\,\mathrm{d}x ,$

即 $m \le \mu = \dfrac{3}{a^3}\displaystyle\int_{-a}^{a} f(x)\,\mathrm{d}x \le M$.

由介值定理知，在 $[-a, a]$ 上至少存在一点 η ，使 $f''(\eta) = \mu = \dfrac{3}{a^3}\displaystyle\int_{-a}^{a} f(x)\,\mathrm{d}x$ ，

即 $a^3 f''(\eta) = 3\displaystyle\int_{-a}^{a} f(x)\,\mathrm{d}x$.

【例51】证： 记 $M = \max\limits_{0\le x\le 1}|f'(x)|$ ，则当 $0 \le x \le 1$ 时，有 $-M \le f'(x) \le M$.

令 $F(x) = \displaystyle\int_{0}^{x} f(t)\,\mathrm{d}t - \frac{1}{2}Mx(1-x)$ ，则

$$F'(x) = f(x) - M\left(\frac{1}{2} - x\right) , \quad F''(x) = f'(x) + M \ge 0$$

由于 $F(0) = F(1) = 0$ ，所以由凹凸性知，当 $0 \le x \le 1$ 时，有 $F(x) \le 0$ ，即 $\displaystyle\int_{0}^{x} f(t)\,\mathrm{d}t \le \frac{1}{2}Mx(1-x)$

令 $G(x) = \displaystyle\int_{0}^{x} f(t)\,\mathrm{d}t + \frac{1}{2}Mx(1-x)$ ，则

$$G'(x) = f(x) + M\left(\frac{1}{2} - x\right) , \quad G''(x) = f'(x) - M \le 0$$

同理，$G(0) = G(1) = 0$ ，所以由凹凸性知，当 $0 \le x \le 1$ 时，有 $G(x) \ge 0$ ，即 $\displaystyle\int_{0}^{x} f(t)\,\mathrm{d}t \ge -\frac{1}{2}Mx(1-x)$.

因此，当 $0 \le x \le 1$ 时，有 $-\dfrac{1}{2}Mx(1-x) \le \displaystyle\int_{0}^{x} f(t)\,\mathrm{d}t \le \frac{1}{2}Mx(1-x)$ ，故 $\left|\displaystyle\int_{0}^{x} f(t)\,\mathrm{d}t\right| \le \frac{1}{2}Mx(1-x)$.

第二讲　导数与微分

题型一　导数的概念与定义

【例1】解：$f'(1) = \lim\limits_{x \to 1} \dfrac{f(x) - f(1)}{x - 1} = \lim\limits_{x \to 1} \dfrac{(x-2)(x-3)\cdots(x-n)}{(x+1)(x+2)\cdots(x+m)} = \dfrac{(-1)^{n-1}(n-1)!}{(m+1)!}$.

【例2】证：当 $x = 1$，$y = 1$ 时，有 $f(1 \cdot 1) = f(1) + f(1) = 2f(1)$，因此 $f(1) = 0$，由导数定义，得

$$f'(x) = \lim\limits_{h \to 0} \frac{f(x+h) - f(x)}{h} = \lim\limits_{h \to 0} \frac{f[x(1 + h/x)] - f(x)}{h}$$

$$= \lim\limits_{h \to 0} \frac{f(x) + f(1 + h/x) - f(x)}{h} = \lim\limits_{h \to 0} \frac{f(1 + h/x)}{h}$$

$$= \lim\limits_{h \to 0} \frac{f(1 + h/x) - f(1)}{h} = \lim\limits_{h \to 0} \frac{1}{x} \cdot \frac{f(1 + h/x) - f(1)}{h/x}$$

$$= \frac{1}{x} \lim\limits_{h \to 0} \frac{f(1 + h/x) - f(1)}{h/x} = \frac{f'(1)}{x} = \frac{a}{x}.$$

题型二　求导法则

【例3】 $\ln y = \dfrac{1}{2}\left[\ln x + \ln\ln x + \dfrac{1}{2}\ln(1 - \sin x)\right]$，两边求导数得到：

$$\frac{y'}{y} = \frac{1}{2}\left[\frac{1}{x} + \frac{1}{x\ln x} + \frac{1}{2}\frac{(-\cos x)}{1 - \sin x}\right],$$

故 $y' = \sqrt{x\ln x}\sqrt{1 - \sin x}\left[\dfrac{1}{2x} + \dfrac{1}{2x\ln x} - \dfrac{\cos x}{4(1 - \sin x)}\right]$.

【例4】解：$\ln y = x\ln\dfrac{a}{b} + a\ln\dfrac{b}{x} + b\ln\dfrac{x}{a} = x(\ln a - \ln b) + a(\ln b - \ln x) + b(\ln x - \ln a)$.

等式两边对 x 求导得到 $y'/y = (\ln a - \ln b) - a/x + b/x$，即

$$y' = y\left[\ln\frac{a}{b} - \frac{a}{x} + \frac{b}{x}\right] = \left(\frac{a}{b}\right)^x \left(\frac{b}{x}\right)^a \left(\frac{x}{a}\right)^b \left(\ln\frac{a}{b} - \frac{a}{x} + \frac{b}{x}\right).$$

【例5】解：本题先取对数再求导数比较简单. 方程两边取对数，得

$$\ln x + f(y) = y.$$

对 x 求导，得 $\dfrac{1}{x} + y'f'(y) = y'$，从而 $y' = \dfrac{1}{x[1 - f'(y)]}$.

故 $y'' = -\dfrac{1 - f'(y) - xf''(y)y'}{x^2[1 - f'(y)]^2} = -\dfrac{[1 - f'(y)]^2 - f''(y)}{x^2[1 - f'(y)]^3}$.

【例6】解：在所给方程两边取对数得到 $y\ln x = x\ln y$.

对 x 求导得到 $y'\ln x + y \cdot (1/x) = \ln y + x \cdot (1/y) \cdot y'$.

解之得 $y' = \dfrac{\ln y - y/x}{\ln x - x/y} = \dfrac{y^2 - xy\ln y}{x^2 - xy\ln x} = \dfrac{y(y - x\ln y)}{x(x - y\ln x)}$.

【例7】解：令 $x = \rho\cos\varphi$，$y = \rho\sin\varphi$，则 $\varphi = \arctan(y/x)$，$\rho = \sqrt{x^2 + y^2}$.

由题设得到 $\varphi = \ln\rho$，即 $\rho = e^\varphi$，故 $\rho' = e^\varphi = \rho$.

$$\frac{\mathrm{d}y}{\mathrm{d}x} = \frac{\mathrm{d}(\rho\sin\varphi)}{\mathrm{d}(\rho\cos\varphi)} = \frac{(\rho'\sin\varphi + \rho\cos\varphi)\mathrm{d}\varphi}{(\rho'\cos\varphi - \rho\sin\varphi)\mathrm{d}\varphi} = \frac{\rho\sin\varphi + \rho\cos\varphi}{\rho\cos\varphi - \rho\sin\varphi} = \frac{x + y}{x - y}(x \neq y).$$

$$\frac{d^2y}{dx^2} = \frac{d}{dx}\left(\frac{x+y}{x-y}\right) = \frac{2(xy'-y)}{(x-y)^2} = 2\left(x \cdot \frac{x+y}{x-y} - y\right)/(x-y)^2 = \frac{2(x^2+xy-yx+y^2)}{(x-y)^3} = \frac{2(x^2+y^2)}{(x-y)^3}.$$

或 $\dfrac{d^2y}{dx^2} = \dfrac{d}{d\varphi}\left(\dfrac{dy}{dx}\right)/\dfrac{dx}{d\varphi} = \dfrac{d}{d\varphi}\left(\dfrac{\cos\varphi + \sin\varphi}{\cos\varphi - \sin\varphi}\right)/(\rho'\cos\varphi - \rho\sin\varphi)$

$$= \frac{(\cos\varphi - \sin\varphi)^2 + (\cos\varphi + \sin\varphi)^2}{(\cos\varphi - \sin\varphi)^3 \cdot e^\varphi} = \frac{2(\cos^2\varphi + \sin^2\varphi)}{\rho(\cos\varphi - \sin\varphi)^3}$$

$$= \frac{2(\rho^2\cos^2\varphi + \rho^2\sin^2\varphi)}{(\rho\cos\varphi - \rho\sin\varphi)^3} = \frac{2(x^2+y^2)}{(x-y)^3} \ (x \neq y).$$

【例8】解： $\dfrac{dy}{dx} = \dfrac{dy}{dt}\dfrac{dt}{dx} = \dfrac{dy}{dt}/\dfrac{dx}{dt} = [f'(t) + tf''(t) - f'(t)]/f''(t) = t,$

$$\frac{d^2y}{dx^2} = \frac{d}{dt}\left(\frac{dy}{dx}\right)\frac{dt}{dx} = \frac{d}{dt}(t)/\frac{dx}{dt} = 1/f''(t).$$

【例9】解： $\dfrac{dx}{dt} = \dfrac{1}{1+t^2}$. 由隐函数求导法则，得到

$$2\frac{dy}{dt} - y^2 - 2ty\frac{dy}{dt} + e^t = 0, \ \ 即 \ \frac{dy}{dt} = \frac{y^2 - e^t}{2(1-ty)}.$$

因而 $\dfrac{dy}{dx} = \dfrac{dy}{dt}\dfrac{dt}{dx} = \dfrac{dy}{dt}/\dfrac{dx}{dt} = \dfrac{(y^2-e^t)(1+t^2)}{2(1-ty)}.$

【例10】解： 由 $x = \varphi(t) = 3t^2 + 2t + 3$, 得到 $\varphi'(t) = 6t + 2$, $\varphi''(t) = 6$. 因而 $\varphi'(0) = 2$, $\varphi''(0) = 6$.
再在 $e^y\sin t - y + 1 = 0$ 两边对 t 求导，得到

$$e^y \cdot y'_t \cdot \sin t + e^y\cos t - y'_t = 0 \qquad\qquad ①$$

将 $y(0) = 1$ 代入上式即得 $\psi'(0) = y'_t(0) = e^{y(0)} = e$.

即得 $\quad \dfrac{dy}{dx}\Big|_{t=0} = \dfrac{\psi'(0)}{\varphi'(0)} = \dfrac{e}{2}.$

在式①两边对 t 求导，且将 $y(0) = 1$, $y'_t(0) = e$ 代入得 $\psi''(0) = y''_t(0) = 2e^2$,

得到 $\dfrac{d^2y}{dx^2}\Big|_{t=0} = \dfrac{\psi''(0)\varphi'(0) - \psi'(0)\varphi''(0)}{[\varphi'(0)]^3} = \dfrac{2e^2 \cdot 2 - 6 \cdot e}{2^3} = \dfrac{e(2e-3)}{4}.$

(2) $K = \left|\dfrac{d^2y}{dx^2}\right|\left[1 + \left(\dfrac{dy}{dx}\right)^2\right]^{-3/2}\Big|_{t=0} = \dfrac{e(2e-3)}{4}\left[1 + \left(\dfrac{e}{2}\right)^2\right]^{-3/2} = \dfrac{2e(2e-3)}{(4+e^2)^{3/2}}.$

题型三　分段函数可导性的判别及其导数的求法

【例11】解： 先将 y 中绝对值符号去掉，改写成下列形式：

$$y = f(x) = \begin{cases} (-1)^\alpha x^\alpha\sin(1/x), & x < 0; \\ 0, & x = 0; \\ x^\alpha\sin(1/x), & x > 0. \end{cases}$$

(1) 讨论在 $x = 0$ 处的连续性. 注意到 $f(0) = 0$, 当 $\alpha > 0$ 时有 $f(0+0) = \lim\limits_{x\to+0}x^\alpha\sin\dfrac{1}{x} = 0$ (x^α 为无穷

小, $\sin\dfrac{1}{x}$ 为有界变量), $f(0-0) = \lim\limits_{x\to-0}(-1)^\alpha x^\alpha\sin(1/x) = 0$ (理由同上).

故 $f(0+0) = f(0-0) = f(0)$, 当 $\alpha > 0$ 时, $f(x)$ 在 $x = 0$ 处连续. 当 $\alpha \leqslant 0$ 时, 由于上述极限不存在, $f(x)$ 在 $x = 0$ 处不连续.

(2) 当 $\alpha > 1$ 时, $f'_-(0) = \lim\limits_{x\to-0}\dfrac{f(x) - f(0)}{x - 0} = \lim\limits_{x\to-0}(-1)^\alpha x^{\alpha-1}\sin(1/x) = 0,$

$f'_+(0) = \lim\limits_{x\to+0}\dfrac{f(x) - f(0)}{x - 0} = \lim\limits_{x\to+0}x^{\alpha-1}\sin\dfrac{1}{x} = 0,$

故 $f'_-(0) = f'_+(0) = 0$，当 $\alpha > 1$ 时，$f(x)$ 在 $x = 0$ 处可导，于是有

$$f'(x) = \begin{cases} (-1)^{\alpha}\alpha x^{\alpha-1}\sin(1/x) - (-1)^{\alpha}x^{\alpha-2}\cos(1/x), & x < 0; \\ 0, & x = 0; \\ \alpha x^{\alpha-1}\sin(1/x) - x^{\alpha-2}\cos(1/x), & x > 0. \end{cases}$$

(3) 当 $0 < \alpha \le 1$ 时，由于 $f'_-(0)$ 与 $f'_+(0)$ 不存在，$f(x)$ 在 $x = 0$ 处不可导.

(4) 当 $\alpha > 2$ 时，利用有界量与无穷小量之乘积为无穷小量，得到

$$f'(0-0) = \lim_{x\to-0}f'(x) = \lim_{x\to-0}\left[(-1)^{\alpha}x^{\alpha-1}\sin(1/x) - (-1)^{\alpha}x^{\alpha-2}\cos(1/x)\right] = 0,$$

$$f'(0+0) = \lim_{x\to+0}f'(x) = \lim_{x\to+0}\left[\alpha x^{\alpha-1}\sin(1/x) - x^{\alpha-2}\cos(1/x)\right] = 0.$$

因而 $f'(0-0) = f'(0+0) = f'(0)$，故 $\alpha > 2$ 时，$f'(x)$ 在 $x = 0$ 处连续.

题型四　绝对值函数的可导性判断及导数求法

【例 12】解法 1: $f(x) = (x^2 - x - 2)|x^3 - x|$

$$= (x-2)(x+1)|x(x-1)(x+1)|$$
$$= (x-2)|x||x-1|[(x+1)|x+1|]$$
$$= (x-2)|x||x-1|f_1(x).$$

而由结论知，$f_1(x) = (x+1)|x+1|$ 在 $x = -1$ 处可导；$|x|$，$|x-1|$ 分别在 $x = 0$，$x = 1$ 处不可导，故 $f(x)$ 不可导点的个数为 2. 应选(B).

解法 2: 利用结论解之.

$f(x) = (x-2)(x+1)|x||x-1||x+1|$.

因 $g_1(x) = (x-2)(x+1)|x||x-1|$，$g_1(-1) = 0$，故 $f(x)$ 在 $x = -1$ 处可导；

$g_2(x) = (x-2)(x+1)|x||x+1|$，$g_2(1) \ne 0$，故 $f(x)$ 在 $x = 1$ 处不可导；

$g_3(x) = (x-2)(x+1)|x-1||x+1|$，$g_3(0) \ne 0$，故 $f(x)$ 在 $x = 0$ 处不可导.

因而 $f(x)$ 不可导点的个数为 2，(B)入选.

解法 3: 去掉绝对值符号，用分段函数表示 $f(x)$，易证明 $x = 0$，$x = 1$ 为 $f(x)$ 的不可导点. 读者自行补充.

【例 13】解: 令 $f(x) = |1 - 2x|g(x)$，其中 $g(x) = \sin x$，且 $g(1/2) = \sin(1/2) \ne 0$. 由结论知，$f(x)$ 在 $x = 1/2$ 处不可导.

由 $f(x) = \begin{cases} (1-2x)\sin x, & x < 1/2; \\ (2x-1)\sin x, & x \ge 1/2. \end{cases}$ 得到 $f'(x) = \begin{cases} (1-2x)\cos x - 2\sin x, & x < 1/2; \\ 2\sin x + (2x-1)\cos x, & x > 1/2. \end{cases}$

题型五　高阶导数

【例 14】解: 由 $(\sin 2x)^{(n)} = 2^n\sin(2x + n\pi/2)$.

注意到 x^2 的三阶及三阶以上的导数为 0，使用莱布尼兹公式得到

$$y^{(50)} = x^2(\sin 2x)^{(50)} + 50(x^2)'(\sin 2x)^{(49)} + \frac{50(50-1)}{2}(x^2)''(\sin 2x)^{(48)}$$

$$= 2^{50}x^2\sin\left(2x + \frac{50\pi}{2}\right) + 2^{50}\cdot 50\cdot x\sin\left(2x + \frac{49\pi}{2}\right) + 2\cdot 2^{48}\frac{50(50-1)}{2}\sin\left(2x + \frac{48\pi}{2}\right)$$

$$= 2^{50}\cdot x^2\sin(2x + 25\pi) + 2^{50}\cdot 50x\cos 2x + 2^{50}\frac{50(50-1)}{4}\sin 2x$$

$$= 2^{50}\left[50x\cos 2x - x^2\sin 2x + (1225/2)\sin 2x\right].$$

【例 15】解法 1: 由 $y = \arctan x$ 得到 $y' = 1/(1 + x^2)$. 因而 $y|_{x=0} = 0$，$y'|_{x=0} = 1$. 如这样对 y 依次求导，并以 $x = 0$ 代入，虽然可算出 y 在 $x = 0$ 的各阶导数值，但要总结归纳出各阶导数值与 n 的关系，进而求出 $y^{(n)}(0)$ 是十分困难的.

但由 $y' = (\arctan x)' = 1/(1 + x^2)$ 得到 $y'(1 + x^2) = 1$，注意到因子函数 $1 + x^2$ 的三阶和三阶以上导数均为 0，利用莱布尼兹公式对上式两边求 n 阶导数可建立导数方程：

$$(y')^{(n)}(1 + x^2) + n(y')^{(n-1)}(1 + x^2)' + \frac{n(n-1)}{2!}(y')^{(n-2)}(1 + x^2)'' = 0$$

即 $(1 + x^2)y^{(n+1)} + 2nxy^{(n)} + n(n-1)y^{(n-1)} = 0$.

当 $x = 0$ 时，有 $y^{(n+1)}(0) + n(n-1)y^{(n-1)}(0) = 0$，

即 $y^{(n+1)}(0) = -n(n-1)y^{(n-1)}(0)$.

此为一个递推公式. 如果知道了 y 在 $x = 0$ 处的 n 阶导数，就容易算出它在点 $x = 0$ 处的 $n + 2$ 阶导数值.

由上式知，当 $n = 1$ 时，$y^{(2)}(0) = 0$，又已知 $y(0) = 0, y'(0) = 1$. 故

$y^{(3)}(0) = y^{(1 \cdot 2 + 1)}(0) = y^{(2+1)}(0) = -2(2-1)y^{(2-1)}(0) = -2(2-1)y'(0) = -2(2-1) \cdot 1 = -2$,

$y^{(5)}(0) = y^{(2 \cdot 2 + 1)}(0) = y^{(4+1)}(0) = -4(4-1)y^{(4-1)}(0) = -4(4-1)y^{(3)}(0)$

$\qquad\qquad = (-1) \cdot 4 \cdot 3 \cdot (-2)$

$\qquad\qquad = (-1)^2 \cdot 4!$,

$y^{(7)}(0) = y^{(2 \cdot 3 + 1)}(0) = y^{(6+1)}(0) = -6(6-1)y^{(6-1)}(0) = (-1)(-1)^2 4! \, 6(6-1) = (-1)^3 \cdot 6!$,

一般有 $y^{(2n+1)}(0) = (-1)^n (2n)!$ （$n = 0, 1, 2, \cdots; 0! = 1$）.

再计算偶数阶导数值：

$y^{(2)}(0) = y^{(1+1)}(0) = -1(1-1)y^{(1-1)}(0) = -1(1-1)y(0) = 0$,

$y^{(4)}(0) = y^{(3+1)}(0) = y^{(3-1)}(0) = y^{(2)}(0) = 0, \cdots$,

一般 $y^{(2n)}(0) = 0$（$n = 1, 2, 3, \cdots$）.

注意：应用莱布尼兹公式导出导数间递推公式，再逐项计算各阶导数在某点的值. 这是求高阶导数值常用的手法之一.

解法 2：用麦克劳林公式求之. 因

$$\arctan x = x - \frac{1}{3}x^3 + \frac{1}{5}x^5 + \cdots + \frac{(-1)^n}{2n+1}x^{2n+1} + o(x^{2n+2}) \ (x \to 0),$$

$$f(x) = f(0) + f'(0)x + \frac{f''(0)}{2!}x^2 + \cdots + \frac{f^{(2n+1)}(0)}{(2n+1)!}x^{2n+1} + o(x^{2n+2}),$$

由 $f(x) = \arctan x$ 得到 $\dfrac{f^{(2n+1)}(0)}{(2n+1)!} = \dfrac{(-1)^n}{2n+1}, \dfrac{f^{(2n)}(0)}{(2n)!} = 0(n = 0, 1, 2, \cdots)$.

于是得到 $f^{(n)}(0) = \begin{cases} 0, & n = 2k; \\ (-1)^k(2k)!, & n = 2k+1. \end{cases}$ （$k = 0, 1, 2, \cdots$）

第三讲 微分学中值定理及其应用

题型一 出现一个中值的中值等式命题的证法

【例1】解： 因为 $f(1)=f(2)=f(3)=f(4)=0$，而 $f(x)$ 在 $[1, 2]$，$[2, 3]$，$[3, 4]$ 上分别满足罗尔定理条件，故在 $(1, 2)$ 内存在 ξ_1，使得 $f'(\xi_1)=0$；在 $(2, 3)$ 内存在 ξ_2，使得 $f'(\xi_2)=0$；在 $(3, 4)$ 内存在 ξ_3，使得 $f'(\xi_3)=0$，即 ξ_1，ξ_2，ξ_3 为 $f'(x)$ 的三个不同实根.

又 $f'(x)$ 是三次多项式，至多只有三个实根，即 ξ_1，ξ_2，ξ_3 恰是 $f'(x)$ 的三个不同实根.

【例2】证： 因 $f(x)$ 在 $[x_1, x_2]\subset[a, b]$ 上连续，在 (x_1, x_2) 内可导，又 $f(x_1)=f(x_2)$，由罗尔定理知，在 $(x_1, x_2)\subset(x_1, x_3)$ 内至少有一点 ξ_1，使 $f'(\xi_1)=0$.

同法可证，在 (x_2, x_3) 内至少有一点 ξ_2，使 $f'(\xi_2)=0$.

对 $f'(x)$ 在 $(\xi_1, \xi_2)\subset(x_1, x_3)$ 内使用罗尔定理，得到在 (ξ_1, ξ_2) 内即在 (x_1, x_3) 内至少存在一点 ξ，使 $f''(\xi)=0$.

【例3】证： (1) 令 $F(X)=f(x)-x$. 显然 $F(x)$ 在 $[1/2, 1]$ 上连续，且 $F(1)=f(1)-1=-1<0$，$F(1/2)=f(1/2)-1/2=1-1/2=1/2>0$，由闭区间上连续函数的零点定理得，存在 $\eta\in(1/2, 1)$，使得 $F(\eta)=0$，结论成立.

(2) 为证存在 $\xi\in(0, \eta)$，使 $f'(\xi)-\lambda[f(\xi)-\xi]=1$，只需证 $f'(x)-\lambda[f(x)-x]=1$ 有零点，

即证 $[f(x)-x]'-\lambda[f(x)-x]=0$ 有零点.

令 $F(x)=[f(x)-x]e^{-\lambda x}$. 则由 (1) 有令 $F(\eta)=[f(\eta)-\eta]e^{-\lambda\eta}=0$；又由题设知，$F(0)=[f(0)-0]e^{\lambda 0}=0$，因而由罗尔定理得到，存在 $\xi\in(0, \eta)$，使 $F'(\xi)=0$，即 $-\lambda e^{-\lambda\xi}[f(\xi)-\xi]+e^{-\lambda\xi}[f'(\xi)-1]=0$.

解之得 $f'(\xi)-\lambda[f(\xi)-\xi]=1$.

【例4】证： (1) 令 $\varphi(x)=e^{-x}\int_0^x f(x)\mathrm{d}x$，$x\in[0, 1]$，

则 $\varphi(0)=\varphi(1)=0$，由罗尔中值定理，存在 $\xi\in(0, 1)$，使得 $\varphi'(\xi)=0$，得 $f(\xi)=\int_0^\xi f(x)\mathrm{d}x$.

(2) 令 $\psi(x)=\left[f(x)-\int_0^x f(x)\mathrm{d}x\right]e^x$，$x\in[0, 1]$，则 $\psi(0)=\psi(\xi)=0$，再由罗尔中值定理，存在 $\eta\in(0, \xi)\subset(0, 1)$，使得 $\psi'(\eta)=0$，得 $f'(\eta)=\int_0^\eta f(x)\mathrm{d}x$.

【例5】证： 令

$$K=\left[\frac{4}{(a-b)^2}\right]\left[f(b)-2f\left(\frac{a+b}{2}\right)+f(a)\right]$$

作

$$F(x)=f(x)-2f\left(\frac{a+x}{2}\right)+f(a)-\frac{(x-a)^2}{4}K$$

可得

$$F(a)=F(b)=0$$

应用罗尔定理可知：$\exists\eta\in(a, b)$，$F'(\eta)=0$

即

$$f'(\eta)-f'\left(\frac{a+\eta}{2}\right)-\frac{(\eta-a)}{2}K=0$$

从而

$$K=\frac{f'(\eta)-f'\left(\frac{a+\eta}{2}\right)}{\frac{\eta-a}{2}}$$

应用拉格朗日定理得 $\dfrac{f'(\eta)-f'\left(\frac{a+\eta}{2}\right)}{\frac{\eta-a}{2}}=f''(\xi)$，$\xi\in\left(\frac{a+\eta}{2}, \eta\right)$

原式得证.

【例6】证：(1) 需证对任一 $x(\neq 0)\in(-1,1)$，存在 $\theta(x)$，使 $\dfrac{f(x)-f(0)}{x-0}=f'(\theta(x)x)$，其中 $0<\theta(x)<1$. 显然由拉格朗日定理即得. 下证 $\theta(x)$ 的唯一性. 为此证 $f'(x)$ 在 $(-1,1)$ 内严格单调.

事实上因 $f''(x)$ 在 $(-1,1)$ 内连续，且 $f''(x)\neq 0$，故 $f''(x)$ 在 $(-1,1)$ 内不变号. 不妨设 $f''(x)>0$，因而 $f'(x)$ 在 $(-1,1)$ 严格单调增加. 因此是唯一的.

(2) 将 $f(x)$ 在 $x=0$ 处展成一阶泰勒公式 $f(x)=f(0)+f'(0)x+f''(\xi)x^2/2$，

则 $f(0)+xf'(\theta(x)x)=f(x)=f(0)+f'(0)+f''(\xi)x^2/2$，

即 $[f'(\theta(x)x)]-f'(0)=\dfrac{xf''(\xi)}{2}$，

亦即 $x\theta(x)\dfrac{f'(\theta(x)x)-f'(0)}{x\theta(x)}=\dfrac{xf''(\xi)}{2}$.

因而 $\lim\limits_{x\to0}\theta(x)\lim\limits_{x\to0}\dfrac{f'(\theta(x)x)-f'(0)}{x\theta(x)}=\lim\limits_{x\to0}\dfrac{f''(\xi)}{2}$，

故 $\lim\limits_{x\to0}\theta(x)\cdot f''(0)=f''(0)/2$，所以 $\lim\limits_{x\to0}\theta(x)=1/2$.

【例7】证：令 $G(x)=\begin{vmatrix}f(a)&f(x)\\g(a)&g(x)\end{vmatrix}$，则 $G(a)=0$. 在 $[a,b]$ 上使用拉格朗日中值定理得到，存在 $\xi\in(a,b)$，使

$$G(b)-G(a)=G(b)=G'(\xi)(b-a)=(b-a)[f(a)g'(\xi)-g(a)f'(\xi)].$$

即 $\begin{vmatrix}f(a)&f(b)\\g(a)&g(b)\end{vmatrix}=(b-a)\begin{vmatrix}f(a)&f'(\xi)\\g(a)&g'(\xi)\end{vmatrix}$.

【例8】证：由 $\dfrac{f(b)-f(a)}{\ln b-\ln a}=\xi f'(\xi)$ 易知，不含 ξ 的部分为两函数 $f(x)$ 与 $\ln x$ 在区间端点值得差比. 因而可对这两函数在 $[a,b]$ 上使用柯西中值定理证之. 它们显然满足定理的条件，由该定理得到：在 (a,b) 内存在一点 ξ，使

$$\dfrac{f(b)-f(a)}{\ln b-\ln a}=\dfrac{f'(\xi)}{\ln'x|_{x=\xi}}=\dfrac{f'(\xi)}{1/\xi}，\quad 即\ f(b)-f(a)=\xi f'(\xi)\ln\dfrac{b}{a}.$$

【例9】证明1：所证等式右端易化为 $\xi^2[f(\xi)+\xi f'(\xi)]=\dfrac{f(\xi)+\xi f'(\xi)}{1/\xi^2}=\dfrac{[xf(x)']}{[-1/x]'}\Big|_{x=\xi}$.

显然上式右端为两函数 $G(x)=xf(x)$ 与 $F(x)=-1/x$ 的导数之比. 因而可用柯西中值定理证之. 由该定理得到

$$\dfrac{G(b)-G(a)}{F(b)-F(a)}=\dfrac{bf(b)-af(a)}{-1/b+1/a}=\dfrac{G'(\xi)}{F'(\xi)}，\quad \xi\in(a,b).$$

即 $\begin{vmatrix}b&a\\f(a)&f(b)\end{vmatrix}\Big/\left(\dfrac{b-a}{ab}\right)=\xi^2[f(\xi)+\xi f'(\xi)]，\quad \xi\in(a,b)$.

证明2：如果将所证等式化为 $\dfrac{ab}{b-a}\begin{vmatrix}b&a\\f(a)&f(b)\end{vmatrix}\dfrac{1}{\xi^2}=f(\xi)+\xi f'(\xi)$，

即 $\dfrac{ab}{b-a}\begin{vmatrix}b&a\\f(a)&f(b)\end{vmatrix}\left(-\dfrac{1}{x}\right)'\Big|_{x=\xi}=f(\xi)+\xi f'(\xi)=[xf(x)]|_{x=\xi}$，

易知，应令 $F(x)=\dfrac{ab}{b-a}\begin{vmatrix}b&a\\f(a)&f(b)\end{vmatrix}\left(-\dfrac{1}{x}\right)-xf(x)$，则

$$F(a)=\dfrac{b}{b-a}\begin{vmatrix}b&a\\f(a)&f(b)\end{vmatrix}-af(a)=\dfrac{b^2f(b)-a^2f(a)}{b-a}，$$

$$F(b)=-\dfrac{a}{b-a}\begin{vmatrix}b&a\\f(a)&f(b)\end{vmatrix}-bf(b)=\dfrac{b^2f(b)-a^2f(a)}{b-a}，$$

即 $F(a)=F(b)$. 又 $F(x)$ 在 $[a,b]$ 上连续，在 (a,b) 内可导，因此 $F(x)$ 满足罗尔定理之条件，于是在 (a,b) 内至少存在一点 ξ，使 $F'(\xi)=0$，即

$$\frac{ab}{a-b}\begin{vmatrix} b & a \\ f(a) & f(b) \end{vmatrix}=\xi^2[f(\xi)+\xi f'(\xi)].$$

【例10】证： 由麦克劳林公式得

$$f(x)=f(0)+f'(0)x+\frac{1}{2!}f''(0)x^2+\frac{1}{3!}f'''(\eta)x^3,$$

其中 η 介于 0 与 x 之间，$x\in[-1,1]$，令 $x=-1$，$x=1$，分别得到

$$0=f(-1)=f(0)+f''(0)/2-f'''(\eta_1)/6, \quad -1<\eta_1<0,$$
$$1=f(1)=f(0)+f''(0)/2+f'''(\eta_2)/6, \quad 0<\eta_2<1.$$

两式相减，可得 $f'''(\eta_1)+f'''(\eta_2)=6.$

由 $f'''(x)$ 的连续性，$f'''(x)$ 在闭区间 $[\eta_1,\eta_2]$ 上有最大值 M 和最小值 m，则有 $m\leq f'''(\eta_1)\leq M$，$m\leq f'''(\eta_2)\leq M.$ 两式相加，有

$$m\leq[f'''(\eta_1)+f'''(\eta_2)]/2\leq M.$$

再由连续函数的介值定理知，至少存在一点 $\xi\in[\eta_1,\eta_2]\subset(-1,1)$，使

$$f'''(\xi)=[f'''(\eta_1)+f'''(\eta_2)]/2=3.$$

【例11】解：（1）$\varphi(x)\xlongequal{u=x-t}\int_x^0(x-u)f(u)(-du)=x\int_0^x f(u)du-\int_0^x uf(u)du,$

故 $\varphi'(x)=\int_0^x f(u)du$，$\varphi''(x)=f(x)$，$\varphi'''(x)=f'(x)$，$x\in[0,1].$

（2）由（1）得 $\varphi(0)=0$，$\varphi'(0)=0$，$\varphi''(0)=0$，当 $0<x\leq1$ 时，由泰勒公式，

$$\varphi(x)=\varphi(0)+\varphi'(0)x+\frac{1}{2!}\varphi''(0)x^2+\frac{1}{3!}\varphi'''(\xi)x^3=\frac{1}{6}f'(\xi)x^3,$$

其中，$\xi\in(0,x).$ 令 $x=1$，有 $\varphi(1)=\frac{1}{6}f'(\xi)$，即

$$\int_0^1 tf(1-t)dt=\frac{1}{6}f'(\xi),\xi\in(0,1).$$

题型二　两个或两个以上中值的中值等式证法

【例12】证： 为证上式成立，只需证 $f'(\eta)/2\eta=f'(\xi)/(a+b)$ 成立.

上式左端可看成函数 $f'(x)/(x^2)'$ 在 $x=\eta$ 处的值. 因而令 $F(x)=f(x)/x^2$. 因 $0<a<b$，显然 $F(x)$ 满足柯西中值定理的全部条件. 由该定理知，存在 $\eta\in(a,b)$，使

$$\frac{f(b)-f(a)}{b^2-a^2}=\frac{f'(\eta)}{2\eta},\quad 即\quad \frac{f(b)-f(a)}{b-a}=(b+a)\frac{f'(\eta)}{2\eta} \qquad ①$$

又 $f(x)$ 在 $[a,b]$ 上满足拉格朗日中值定理的条件，故由此定理得到：存在 $\xi\in(a,b)$，使

$$\frac{f(b)-f(a)}{b-a}=f'(\xi) \qquad ②$$

由①，②两式有 $f'(\xi)=(a+b)f'(\eta)/(2\eta).$

【例13】证： 只需证 $e^\eta[f(\eta)+f'(\eta)]=e^\xi$，应作辅助函数 $F(x)=e^x f(x)$，这里 $\lambda=1$. 由题设知 $F(x)$ 在 $[a,b]$ 上满足拉格朗日中值定理诸条件. 注意到 $F(a)=e^a\cdot f(a)=e^a$，$F(b)=e^b\cdot f(b)=e^b$，由该定理得到：

存在 $\eta\in(a,b)$，使 $\dfrac{F(b)-F(a)}{b-a}=\dfrac{e^b-e^a}{b-a}=F'(\eta)=e^\eta[f(\eta)+f'(\eta)].$

显然 $g(x)=e^x$ 在 $[a,b]$ 上满足拉格朗日中值定理之条件，由该定理知，

存在 $\xi\in(a,b)$，使 $\dfrac{e^b-e^a}{b-a}=g'(\xi)=e^x|_{x=\xi}=e^\xi$，$\xi\in(a,b).$

于是存在 $\xi,\eta\in(a,b)$，使 $e^\eta[f(\eta)+f'(\eta)]=e^\xi$，即 $e^{\eta-\xi}[f(\eta)+f'(\eta)]=1.$

【例14】证： 设 $F(x)=\dfrac{1}{I}\int_0^x f(t)dt$，$x\in[0,1]$，则 $F'(x)=\dfrac{1}{I}f(x)$，且 $F(0)=0$，$F(1)=1$，由介值定理，存在 $\xi\in(0,1)$，使得 $F(\xi)=\dfrac{1}{2}.$

下面对 $F(x)$ 在 $[0, \xi]$ 和 $[\xi, 1]$ 上分别运用拉格朗日中值定理.

$F(\xi) - F(0) = F'(x_1)(\xi - 0)$，得 $\dfrac{1}{f(x_1)} = \dfrac{2}{I}\xi$，$x_1 \in (0, \xi)$；

$F(1) - F(\xi) = F'(x_2)(1 - \xi)$，得 $\dfrac{1}{f(x_2)} = \dfrac{2}{I}(1 - \xi)$，$x_2 \in (\xi, 1)$，

所以 $\dfrac{1}{f(x_1)} + \dfrac{1}{f(x_2)} = \dfrac{2}{I}\xi + \dfrac{2}{I}(1 - \xi) = \dfrac{2}{I}$.

题型三　中值不等式命题的证法

【例 15】证： 因 $f(x)$ 在 $[a, b]$ 上不为常数，故存在点 $c \in (a, b)$，有 $f(c) \neq f(a) = f(b)$. 下分两种情况讨论：

(1) 若 $f(c) > f(a)$，则在区间 $[a, c]$ 上对 $f(x)$ 使用拉格朗日中值定理得到，

存在 $\xi \in (a, c)$ 使 $f'(\xi) = \dfrac{f(c) - f(a)}{c - a} > 0$.

(2) 若 $f(c) < f(b) = f(a)$，则在区间 $[c, b]$ 上应用拉格朗日中值定理得到，存在 $\xi \in (c, b)$ 使 $f'(\xi) = \dfrac{f(b) - f(c)}{b - c} > 0$.

【例 16】证： 由于 $f(c) > f(a) = f(b)$，在区间 $[a, c]$ 与 $[c, b]$ 上分别用拉格朗日中值定理，即

$\exists \xi_1 : a < \xi_1 < c$，满足 $f'(\xi_1) = [f(c) - f(a)]/(c - a) > 0$，

$\exists \xi_2 : c < \xi_2 < b$，满足 $f'(\xi_2) = f(b) - f(c)/(b - c) < 0$.

对函数 $f'(x)$ 在区间 $[\xi_1, \xi_2]$ 上再用一次拉格朗日中值定理，则存在 $\xi \in (\xi_1, \xi_2)$，使得

$$f''(\xi) = \frac{f'(\xi_2) - f'(\xi_1)}{\xi_2 - \xi_1} < 0.$$

同理可证当 $f(c) < f(a)$ 时，有 $f''(\xi) > 0$.

【例 17】解： (1) 由 *Lagrange* 中值定理知

$$\frac{f(x) - f(x - h)}{h} = f'(\xi_1)，\frac{f(x + h) - f(x)}{h} = f'(\xi_2)，x - h < \xi_1 < x < \xi_2 < x + h，$$

因为 $f'(x)$ 单调增加，故 $f'(\xi_1) < f'(x) < f'(\xi_2)$，即

$$\frac{f(x) - f(x - h)}{h} < f'(x) < \frac{f(x + h) - f(x)}{h};$$

(2) 在 (1) 中令 $h = x$ 得 $\dfrac{f(x) - f(0)}{x} < f'(x) < \dfrac{f(2x) - f(x)}{x}$，且

$\displaystyle\lim_{x \to +\infty} \frac{f(x) - f(0)}{x} = \lim_{x \to +\infty}\left[\frac{f(x)}{x} - \frac{f(0)}{x}\right] = \lim_{x \to +\infty}\frac{f(x)}{x} - \lim_{x \to +\infty}\frac{f(0)}{x} = 1 - 0 = 1$，

$\displaystyle\lim_{x \to +\infty} \frac{f(2x) - f(x)}{x} = 2\lim_{x \to +\infty}\frac{f(2x)}{2x} - \lim_{x \to +\infty}\frac{f(x)}{x} = 2 - 1 = 1$，

由夹逼定理知 $\displaystyle\lim_{x \to +\infty} f'(x) = 1$.

【例 18】证： (1) 由柯西中值定理知，存在 $\xi_1 \in (0, x)$，使得

$$\frac{\ln(x + \sqrt{1 + x^2})}{\arctan x} = \frac{\dfrac{1}{\sqrt{1 + \xi_1^2}}}{\dfrac{1}{1 + \xi_1^2}} = \sqrt{1 + \xi_1^2} < \sqrt{1 + x^2}，所以 \ln(x + \sqrt{1 + x^2}) < \sqrt{1 + x^2}\arctan x.$$

(2) 再由柯西中值定理知，存在 $\xi_2 \in (0, x)$，使得

$$\frac{\ln(x + \sqrt{1 + x^2})}{x - \arctan x} = \frac{\dfrac{1}{\sqrt{1 + \xi_2^2}}}{1 - \dfrac{1}{1 + \xi_2^2}} = \frac{\sqrt{1 + \xi_2^2}}{\xi_2^2} = \frac{1}{\xi_2}\sqrt{1 + \frac{1}{\xi_2^2}} > \frac{1}{x}\sqrt{1 + \frac{1}{x^2}} = \frac{\sqrt{1 + x^2}}{x^2}，$$

所以 $\dfrac{\sqrt{1+x^2}}{x^2}(x-\arctan x) < \ln(x+\sqrt{1+x^2})$.

【例 19】证: 因题设中出现 $f(x)$ 在 $x_0=a,b$ 两点的导数值, 又在特征不等式中出现 $f(x)$ 在 $x_0=a,b$ 处的函数值及高阶导数值, 故可用泰勒展开证明之. 在 $x_0=a,x_0=b$ 分别展为一阶泰勒公式:

$$f(x)=f(a)+f'(a)(x-a)+\frac{f''(\xi_1)}{2!}(x-a)^2, \qquad ①$$

$$f(x)=f(b)+f'(b)(x-b)+\frac{f''(\xi_2)}{2!}(x-b)^2, \qquad ②$$

其中 ξ_1、ξ_2 分别在 x 与 a、x 与 b 之间. 又因为在所证的不等式中出现 $(b-a)^2$, 如令 $(a+b)/2$ 代替 x 时, 将会产生 $[(b-a)/2]^2$ 事实上,

$$(x-a)^2\big|_{x=\frac{a+b}{2}}=(x-b)^2\big|_{x=\frac{a+b}{2}}=(a-b)^2/4.$$

在①, ②两式中分别令 $x=(a+b)/2$, 注意 $f'(a)=f'(b)=0$, 得到

$$f\left(\frac{a+b}{2}\right)=f(a)+\frac{f''(\xi_1)}{2!}\left(\frac{b-a}{2}\right)^2, \quad a<\xi_1<\frac{a+b}{2},$$

$$f\left(\frac{a+b}{2}\right)=f(b)+\frac{f''(\xi_2)}{2!}\left(\frac{b-a}{2}\right)^2, \quad \frac{a+b}{2}<\xi_2<b.$$

上两式相减, 并取绝对值, 得到

$$|f(b)-f(a)|=\frac{1}{8}(b-a)^2|f''(\xi_1)-f''(\xi_2)|\leqslant\frac{1}{8}(b-a)^2(|f''(\xi_1)|+|f''(\xi_2)|)$$

取 $\max\{|f''(\xi_1)|,|f''(\xi_2)|\}=|f''(\xi)|$ (如果 $|f''(\xi_1)|\geqslant|f''(\xi_2)|$, 取 $|f''(\xi)|=|f''(\xi_1)|$, 这时 $\xi=\xi_1$; 如果 $|f''(\xi_1)|\leqslant|f''(\xi_2)|$, 取 $|f''(\xi)|=|f''(\xi_2)|$, 这时 $\xi=\xi_2$), 则

$$|f(b)-f(a)|\leqslant[(b-a)^2/8](|f''(\xi)|+|f''(\xi)|)=[(b-a)^2/4]|f''(\xi)|,$$

故存在 $\xi\in(a,b)$, 使 $|f''(\xi)|\geqslant 4\dfrac{|f(a)-f(b)|}{(b-a)^2}\geqslant 4\dfrac{f(b)-f(a)}{(b-a)^2}$

对上例注意以下四点:

(1) 对不同的展开点 x_0, $f(x)$ 的泰勒公式中的 ξ 一般不会相同, 因此 ξ_1, ξ_2 不能用同一字母表示, 否则会得出错误结果.

(2) 含有二阶导数的不等式, 如果用拉格朗日中值定理证明较困难, 常用一阶泰勒公式证之.

(3) 证明上例的关键在于在上述两个展式①与②中选择合适的展开点 $x=(b+a)/2$. 如果不取 $x=(b+a)/2$, 直接将上面两个展式相减, 只能得到

$$|f(b)-f(a)|=\left|\frac{1}{2!}f''(\xi_2)(x-b)^2-\frac{1}{2!}f''(\xi_1)(x-a)^2\right|,$$

到此就做不下去了, 或只能证得 $|f''(\xi)|\geqslant\dfrac{2}{(b-a)^2}|f(b)-f(a)|$.

(4) 导数的不等式中出现两点差的平方 $(b-a)^2$ 因子时, 一般常将 $f(x)$ 在 a 或在 b 展开, 然后用令 $x=(a+b)/2$ 代入.

【例 20】证法一: 由 *Taylor* 公式知

$$f(x-h)=f(x)-f'(x)h+\frac{1}{2}f''(x)h^2+o(h^2),$$

$$f(x+h)=f(x)+f'(x)h+\frac{1}{2}f''(x)h^2+o(h^2).$$

将两式相加得 $f(x+h)+f(x-h)=2f(x)+f''(x)h^2+o(h^2)$,

由于 $f(x+h)+f(x-h)-2f(x)\geqslant 0$, 所以 $f''(x)h^2+o(h^2)\geqslant 0$, 得

$$f''(x)+\frac{o(h^2)}{h^2}\geqslant 0.$$

令 $h \to 0^+$，即得 $f''(x) \geq 0$.

证法二： 由 Taylor 公式知

$$f(x-h) = f(x) - f'(x)h + \frac{1}{2}f''(\xi_1)h^2,\ f(x+h) = f(x) + f'(x)h + \frac{1}{2}f''(\xi_2)h^2,$$

其中，$x - h < \xi_1 < x < \xi_2 < x + h$. 将两式相加得

$$f(x+h) + f(x-h) = 2f(x) + \frac{1}{2}[f''(\xi_1) + f''(\xi_2)]h^2,$$

由于 $f(x+h) + f(x-h) - 2f(x) \geq 0$，所以 $f''(\xi_1) + f''(\xi_2) \geq 0$.

由夹逼定理知 $\lim\limits_{h \to 0^+}\xi_1 = \lim\limits_{h \to 0^+}\xi_2 = x$，且 $f''(x)$ 连续，所以

$$\lim\limits_{h \to 0^+}f''(\xi_1) = \lim\limits_{h \to 0^+}f''(\xi_2) = f''(x).$$

因此令 $h \to 0^+$，得 $2f''(x) \geq 0$，即 $f''(x) \geq 0$.

证法三： 由于 $f''(x)$ 连续，由洛必达法则得

$$\lim\limits_{h \to 0^+}\frac{f(x+h) + f(x-h) - 2f(x)}{h^2} = \lim\limits_{h \to 0^+}\frac{f'(x+h) - f'(x-h)}{2h}$$

$$= \lim\limits_{h \to 0^+}\frac{f''(x+h) + f''(x-h)}{2} = f''(x),$$

又 $f(x+h) + f(x-h) - 2f(x) \geq 0$，所以 $f''(x) \geq 0$.

【例21】证： 因 $f(\xi)f'(\xi) = [f^2(x)/2]'\,|_{x=\xi}$，作辅助函数 $F(x) = f^2(x)/2$. 又因 $F(0) = f^2(0)/2 = 0$，故可用拉格朗日中值定理证之. 事实上，存在 $a \in (0, 1)$，使 $F(a) = f^2(a)/2 > 0$. 显然 $F(x)$ 在 $[0, a]$ 上满足拉格朗日中值定理之条件，所以存在 $\xi \in (0, 1)$，使 $aF'(\xi) = F(a) - F(0) = F(a) > 0$，即 $F'(\xi) = f(\xi)f'(\xi) > 0$.

题型四　区间上成立的函数不等式的证法

【例22】证： 所证不等式得等价不等式为 $1/a < (\ln a - \ln b)/(a-b) < 1/b$，因而令 $f(x) = \ln x$. $f(x)$ 在 $[b, a]$ $(b > 0)$ 上连续且可导，又 $f'(x) = 1/x$. 由拉格朗日中值定理得到：存在 $\xi \in (b, a)$，使 $\dfrac{\ln a - \ln b}{a-b} = f'(\xi) = \dfrac{1}{\xi}$ $(b < \xi < a)$.

由 $b < \xi < a$ 得到 $\dfrac{1}{a} < \dfrac{1}{\xi} < \dfrac{1}{b}$，故 $\dfrac{1}{a} < \dfrac{\ln a - \ln b}{a-b} < \dfrac{1}{b}$.

又 $a - b > 0$，将上式去分母，即得所证不等式.

【例23】证： 欲证 $\dfrac{\tan x_2}{\tan x_1} > \dfrac{x_2}{x_1}$，因 $x_2 > x_1 > 0$，只需证 $\dfrac{\tan x_2}{x_2} > \dfrac{\tan x_1}{x_1}$.

令 $f(x) = \dfrac{\tan x}{x}$，归结证明 $f(x_2) - f(x_1) = \dfrac{\tan x_2}{x_2} - \dfrac{\tan x_1}{x_1} > 0$.

因 $x_2 > x_1 > 0$，在区间 $[x_1, x_2]$ 上 $f(x)$ 连续，可导. 由拉格朗日中值定理得到

$$f(x_2) - f(x_1) = f'(\xi)(x_2 - x_1),\ 0 < x_1 < \xi < x_2 < \pi/2.$$

为证 $f'(\xi) > 0$，先证 $f'(x) = \left(\dfrac{\tan x}{x}\right)' = \dfrac{x - \cos x \sin x}{x^2 \cos^2 x} > 0$.

注意到 $0 < x < \pi/2$ 时，有 $x > \sin x$，即得 $x - \cos x \sin x > \sin x(1 - \cos x) > 0$，

因而 $f'(x) > 0$，故 $f'(\xi) > 0$，所以 $f(x_2) - f(x_1) > 0$.

【例24】证： 下用函数的单调性证之，为此先作变量代换，令 $x = 1/t$.

于是归结证明：当 $t > 0$ 时，有 $\ln(1+t) < t/\sqrt{1+t}$.

令 $f(t) = t/\sqrt{1+t} - \ln(1+t)$，则 $f(0) = 0$. 下证 $t > 0$ 时有 $f'(t) > 0$.

因 $f'(t) = \dfrac{\sqrt{1+t} - t/(2\sqrt{1+t})}{1+t} - \dfrac{1}{1+t}$

$$= \frac{\sqrt{t+1} - t/(2\sqrt{1+t}) - t}{1+t} = \frac{t+2-2\sqrt{1+t}}{2\sqrt{1+t}(1+t)}$$

$$= \frac{(\sqrt{1+t})^2 - 2\sqrt{1+t} + 1}{2\sqrt{1+t}(1+t)} = \frac{(\sqrt{t+1} - 1)^2}{2\sqrt{1+t}(1+t)},$$

显然当 $t>0$ 时，有 $f'(t)>0$. 因而 $f(t)$ 为 $[0, +\infty)$ 上的单调增加函数.

而 $f(0)=0$，故 $t>0$ 时，有 $f(t)>f(0)=0$，即

$t/\sqrt{1+t} - \ln(1+t)>0$，亦即 $x>0$ 时有 $\ln(1+1/x)<1/\sqrt{x^2+x}$.

题型五　利用函数的性态讨论方程根的个数

【例25】证明 1： 先证 $f(x)=x^5+x-1=0$ 至少有一个正根. 由正根可知，根所在区间应为 $[0, b]$，如何确定 b，因 $f(0)=-1<0$，故所求得 b 应有 $f(b)>0$.

因为 $\lim\limits_{x\to+\infty} f(x) = \lim\limits_{x\to+\infty} (x^5+x-1) = +\infty$，（证明在其他点函数值大于零也可，比如 1 点）

故在 $(0, +\infty)$ 上总存在一点 b，使 $f(b)>0$，因而在区间的端点处函数值异号.

又因 $f'(x)=5x^4+1>0$，$x\in(0, b)$，故 $f(x)$ 在 $(0, b)$ 单调增加. 因此，$f(x)=0$ 在 $[0, b]$ 上只有一个正根，即在 $(0, +\infty)$ 内只有一个正根，由单调性知，此根是唯一根.

证明 2： 也可用反证法证之. 如果 $f(x)$ 有两个正根 x_1, x_2，不妨假设 $0<x_1<x_2$，则 $f(x_1)=0$, $f(x_2)=0$，又显然 $f(x)$ 在 $[x_1, x_2]$ 上连续，在 (x_1, x_2) 内可导.

由罗尔定理知，在 (x_1, x_2) 内至少存在一点 ξ，使 $f'(\xi)=0$. 但由 $f'(x)=5x^4+1=0$ 解得 $x=\sqrt[4]{-1/5}$，因而导函数 $f'(x)$ 没有实根，更没有正实根，与上述结论矛盾，故 $f'(x)$ 只有一个正根.

又例： 求证方程 $x+p+q\cos\lambda$，$q\in(-1, 1)$，则 $\lim\limits_{x\to+\infty} f(x)=+\infty$，$\lim\limits_{x\to-\infty} f(x)=-\infty$，且 $f'(x)=1-q\sin x>0$，即 $f(x)$ 在 $(-\infty, +\infty)$ 内单调增加，因此，所给方程有且仅有一实根.

注意： 证实系数方程根的唯一性常转化为证明函数的单调性.

【例26】解： 解：令 $f(x)=|x|^{\frac{1}{4}}+|x|^{\frac{1}{2}}-\cos x$. 由 $f(-x)=f(x)$，$f(x)$ 为偶函数，

因此只需考虑 $f(x)=0$ 在 $(0, +\infty)$ 内的实根情况，当 $x\geq 0$ 时，

$$f(x)=x^{\frac{1}{4}}+x^{\frac{1}{2}}-\cos x, \quad f'(x)=\frac{1}{4}x^{-\frac{3}{4}}+\frac{1}{2}x^{\frac{1}{2}}+\sin x.$$

可见，当 $x\in(0, \pi/2)$ 时，$f'(x)>0$，$f(x)$ 在 $(0, \pi/2)$ 内单调增加，且 $f(0)=-1$，$f(\pi/2)>1$.

因此 $f(x)=0$ 在 $(0, \pi/2)$ 上有唯一实根. 当 $x\geq\pi/2$ 时，$f(x)>0$，故在 $(0, +\infty)$ 上 $f(x)$ 存在唯一实根. 根据 $f(x)$ 关于 y 轴对称的性质，$f(x)=0$ 在 $(-\infty, +\infty)$ 上有且仅有二个实根，因而仅（C）入选.

【例27】证： (1) $f'(x) = -1 + x - \dfrac{x^2}{2!} + \dfrac{x^3}{3!}$，$f'(0) = -1 < 0$，$f'(2) = \dfrac{1}{3} > 0$，

由零点定理知存在 $\xi \in (0, 2)$，$f'(\xi) = 0$，即 $-1 + \xi - \dfrac{\xi^2}{2!} + \dfrac{\xi^3}{3!} = 0$.

又因为 $f''(x) = 1 - x + \dfrac{x^2}{2!} = \dfrac{(x-1)^2 + 1}{2} > 0$，所以 $f'(x)$ 单调增加，

故方程 $f'(x) = 0$ 只有一个实根.

(2) 由于 $f'(x)$ 单调增加，当 $x > \xi$ 时，$f'(x) > f'(\xi) = 0$，$f(x)$ 单调增加，$f(x) > f(\xi)$；

当 $x < \xi$ 时，$f'(x) < f'(\xi) = 0$，$f(x)$ 单调下降，$f(x) > f(\xi)$；所以 $f(x)$ 取得最小值

$$f(\xi) = 1 - \xi + \frac{\xi^2}{2!} - \frac{\xi^3}{3!} + \frac{\xi^4}{4!}.$$

由于 $-1 + \xi - \dfrac{\xi^2}{2!} + \dfrac{\xi^3}{3!} = 0$，且 $\xi \in (0, 2)$，故 $f(\xi) = \dfrac{\xi^4}{4!} > 0$，因此 $f(x)$ 有正的最小值.

(3) 由 (2) 知 $f(x) > 0$，所以方程 $f(x) = 0$ 没有实根.

【例28】解：令 $g(x)=kx+1/x^2-1$，则所给方程在 $(0，+\infty)$ 内仅有一解，问题可转化为曲线 $g(x)$ 与横轴在 $(0，+\infty)$ 内仅有一个交点的问题．

(1)当 $k<0$ 时，$\lim\limits_{x\to\infty}g(x)=-\infty$，$\lim\limits_{x\to+0}g(x)=+\infty$，而 $g'(x)<0$，$g(x)$ 在 $(0，+\infty)$ 单调减少．

因此，$g(x)$ 与 $y=0$ 仅有一个交点，即所给方程在 $(0，+\infty)$ 内有且仅有一解．

(2)当 $k=0$ 时，$\lim\limits_{x\to+\infty}g(x)=-1<0$，$\lim\limits_{x\to+0}g(x)=+\infty$，而 $g'(x)<0$，$g(x)$ 在 $(0，+\infty)$ 单调减少，故 $g(x)$ 与 $y=0$ 仅有一交点，所给方程在 $(0，+\infty)$ 内有且仅有一解．

(3)$k>0$ 时，$\lim\limits_{x\to+0}g(x)=+\infty$，$\lim\limits_{x\to+\infty}g(x)=+\infty$，$g(x)$ 有最小值．其唯一驻点 $x_0=\sqrt[3]{2/k}$，且为极小值点，即为最小值点，因此得

(i)当最小值 $g(\sqrt[3]{2/k})=0$ 时，曲线 $g(x)$ 与 $y=0$ 仅有一交点，而由

$$g(\sqrt[3]{2/k})=k\sqrt[3]{2/k}+1/\sqrt[3]{(2/k)^2}-1=0$$

易求出 $k=2\sqrt{3}/9$，故当 $k=2\sqrt{3}/9$ 时，原方程有且仅有一解；

(ii)当最小值 $g(\sqrt[3]{2/k})>0$ 时，曲线 $g(x)$ 与 $y=0$ 无交点，而由

$$g(\sqrt[3]{2/k})=k\sqrt[3]{2/k}+1/\sqrt[3]{(2/k)^2}-1>0$$

易求出 $k>2\sqrt{3}/9$，故当 $k>2\sqrt{3}/9$ 时，原方程无解；

(iii)当最小值 $g(\sqrt[3]{2/k})<0$ 时，曲线 $g(x)$ 与 $y=0$ 有两个交点，而由

$$g(\sqrt[3]{2/k})=k\sqrt[3]{2/k}+1/\sqrt[3]{(2/k)^2}-1<0$$

易求出 $0<k<2\sqrt{3}/9$，故当 $0<k<2\sqrt{3}/9$ 时，原方程有两个解．

综上所述，当 $k=2\sqrt{3}/9$ 或 $k\le0$ 时，原方程在 $(0，+\infty)$ 仅有一解．

讨论方程 $f(x)=k$ 的实根个数如何随参数 k 的变化而变化，利用下述命题，可转化为讨论曲线 $f(x)=k$ 与直线 k 的交点个数如何随 k 的变化而变化．

题型六　利用洛必达法则求极限

【例29】解：所求极限为 $\dfrac{\infty}{\infty}$ 未定式，如按下述方法多次使用洛必达法则：

$$\lim_{x\to\pi/2+0}\frac{\tan x}{\tan3x}\left(\frac{\infty}{\infty}\right)=\lim_{x\to\pi/2+0}\frac{\sec^2x}{3\sec^23x}\left(\frac{\infty}{\infty}\right)=\lim_{x\to\pi/2+0}\frac{2\sec^2x\tan x}{18\sec^33x\tan3x}=\cdots\cdots$$

其结果越算越繁，无法求出结果，但若改变解题方向，将所求极限变形为 $\lim\limits_{x\to\pi/2+0}\dfrac{\cot3x}{\cot x}$，只用一次洛必达法则即可求出极限：

$$\text{原式}=\lim_{x\to\pi/2+0}\frac{\cot3x}{\cot x}\left(\frac{0}{0}\right)=\lim_{x\to\pi/2+0}\frac{-3\csc^23x}{-\csc^2x}=3\lim_{x\to\pi/2+0}\frac{\sin^2x}{\sin^23x}=3.$$

【例30】解：因 $\lim\limits_{x\to+\infty}x^2\left(\arctan\dfrac{a}{x}-\arctan\dfrac{a}{x+1}\right)$

$$=\lim_{x\to+\infty}\frac{\arctan(a/x)-\arctan[a/(x+1)]}{1/x^2}\left(\frac{0}{0}\right)$$

$$=\lim_{x\to+\infty}\frac{\dfrac{1}{1+(a/x)^2}\left(-\dfrac{a}{x^2}\right)-\dfrac{1}{1+[a/(x+1)]^2}\left[-\dfrac{a}{(x+1)^2}\right]}{-2/x^3}$$

$$=\frac{a}{2}\lim_{x\to+\infty}\frac{x^3(1+2x+x^2+a^2-x^2-a^2)}{(a^2+x^2)[(x+1)^2+a^2]}$$

$$=\frac{a}{2}\lim_{x\to+\infty}\frac{x^3(1+2x)}{(a^2+x^2)[(x+1)^2+a^2]}=(a/2)\cdot2=a$$

故原式 $\lim\limits_{x\to+\infty} x^2\{\arctan\dfrac{a}{x} - \arctan[a/(x+1)]\} = a$.

【例31】解：原式 $= \lim\limits_{x\to1}\dfrac{x(1-x^{x-1})}{1-x+\ln x} = \lim\limits_{x\to1}\dfrac{x[1-e^{(x-1)\ln x}]}{1-x+\ln x}$

$= -\lim\limits_{x\to1}\dfrac{x[e^{(x-1)\ln x}-1]}{1-x+\ln x} = \lim\limits_{x\to1}\dfrac{-x(x-1)\ln x}{1-x+\ln x}$

$\left[\text{因 } e^{(x-1)\ln x}-1\sim(x-1)\ln x,\ x\to1 \text{ 时}\right]\left(\dfrac{0}{0}\right)$

$= -\lim\limits_{x\to1}\dfrac{(2x-1)\ln x + (x-1)}{(1/x)-1}$

$= -\lim\limits_{x\to1}\left[\dfrac{(2x^2-x)\ln x + (x-1)}{1-x}\right] = 1 - \lim\limits_{x\to1}\dfrac{(2x^2-x)\ln x}{1-x}\left(\dfrac{0}{0}\right)$

$= 1 - \lim\limits_{x\to1}\dfrac{(4x-1)\ln x + (2x-1)}{-1} = 1 + \lim\limits_{x\to1}[(4x-1)\ln x + (2x-1)]$

$= 1+1 = 2$.

【例32】解：因 $\lim\limits_{x\to\infty}x\ln\left(\sin\dfrac{2}{x}+\cos\dfrac{1}{x}\right)\xrightarrow{\text{令 } x=1/t}\lim\limits_{t\to0}\dfrac{\ln(\sin2t+\cos t)}{t}\left(\dfrac{0}{0}\right)$

$= \lim\limits_{t\to0}\dfrac{2\cos2t - \sin t}{\sin2t + \cos t} = 2$,

故，原式 $= e^{\lim\limits_{x\to\infty}x\ln[\sin(2/x)+\cos(1/x)]} = e^2$.

【例33】解：(1) 原式 $\lim\limits_{x\to0}\left[\dfrac{\tan^3(2x)}{(2x)^3}\dfrac{8}{x}\dfrac{e^x-1-x}{e^x-1}\right]$

$= \lim\limits_{x\to0}\dfrac{\tan^3(2x)}{(2x)^3}\cdot\lim\limits_{x\to0}\dfrac{8(e^x-1-x)}{x(e^x-1)}$

$= \lim\limits_{x\to0}\dfrac{8(e^x-1-x)}{x^2}\left(\dfrac{0}{0}\right)$

$= 8\cdot\lim\limits_{x\to0}\dfrac{e^x-1}{2x} = 8\cdot\lim\limits_{x\to0}\dfrac{x}{2x} = 4$.

(2) 原式 $\left(\dfrac{0}{0}\right) = \lim\limits_{x\to0}[(1+x)^{1/x}]' = \lim\limits_{x\to0}[e^{(1/x)\ln(1+x)}]'$

$= \lim\limits_{x\to0}\left[(1+x)^{1/x}\cdot\dfrac{x/(1+x)-1\cdot\ln(1+x)}{x^2}\right]$

$= \lim\limits_{x\to0}(1+x)^{1/x}\cdot\lim\limits_{x\to0}\dfrac{x/(1+x)-\ln(1+x)\cdot1}{x^2}\left(\dfrac{0}{0}\right)$

$= e\cdot\lim\limits_{x\to0}\dfrac{1/(1+x)^2 - 1/(1+x)}{2x}$

$= \dfrac{e}{2}\lim\limits_{x\to0}\dfrac{-x/(1+x)^2}{x}$

$= (-e/2)\lim\limits_{x\to0}[1/(1+x)^2] = -e/2$.

【例34】解：显然 $f(0-0) = \lim\limits_{x\to-0}f(x) = \lim\limits_{x\to-0}e^{-\frac{1}{2}} = f(0)$.

为求 $f(0+0) = \lim\limits_{x\to+0}f(x)$，先将 $f(x)$ 的表示式恒等变形使对数函数成为分子和式中的单独一项：

$$f(x) = \left[\dfrac{(1+x)^{\frac{1}{x}}}{e}\right]^{\frac{1}{x}} = \left[\dfrac{e^{\ln(1+x)^{\frac{1}{x}}}}{e}\right]^{\frac{1}{x}} = \left[e^{\frac{\ln(1+x)}{x}-1}\right]^{\frac{1}{x}} = e^{[\ln(1+x)-x]/x^2}$$

而 $\lim\limits_{x\to+0}\dfrac{\ln(1+x)-x}{x^2}\left(\dfrac{0}{0}\right) = \lim\limits_{x\to+0}\dfrac{1/(1+x)-1}{2x}$

$$= \lim_{x \to +0} \frac{-1}{2(1+x)} = -\frac{1}{2},$$

故 $\lim_{x \to +0} f(x) = \lim_{x \to +0} e^{[\ln(1+x)-x]/x^2} e^{-\frac{1}{2}} = f(0).$

因 $f(0+0) = f(0-0) = f(0)$，故 $f(x)$ 在 $x = 0$ 处连续.

注意：若将 $f(x)$ 化为 $f(x) = e^{\frac{\ln(1+x)}{x}-1}$，直接使用洛必达法则，求 $\lim_{x \to +0} \dfrac{\frac{\ln(1+x)}{x}-1}{x}$，其运算就很复杂.

题型七　利用泰勒公式求极限

【例35】解：本例连续使用 4 次洛必达法则后可求出其结果，但若用麦克劳林公式则可很快得出结果.

将式中的 $\cos x$，$e^{-x^2/2}$ 展开为带佩亚诺余项的麦克劳林公式：

$$\cos x = 1 - \frac{x^2}{2!} + \frac{x^4}{4!} + o(x^4) \ (x \to 0),$$

$$e^{-x^2/2} = 1 + \left(-\frac{x^2}{2}\right) + \frac{1}{2!}\left(-\frac{x^2}{2}\right)^2 + o(x^4) \ (x \to 0).$$

于是 $\cos x - e^{-x^2/2} = \left(\dfrac{1}{4!} - \dfrac{1}{2! \cdot 4}\right) x^4 + o(x^4) - o(x^4) = -\dfrac{x^4}{12} + o(x^4)$

故原式 $= \lim\limits_{x \to 0} \dfrac{-x^4/12 + o(x^4)}{x^4} = \lim\limits_{x \to 0}\left[-\dfrac{1}{12} + \dfrac{o(x^4)}{x^4}\right] = -\dfrac{1}{12}.$

题型八　求最值

【例36】解：$y' = \dfrac{(x^2+1) - x \cdot 2x}{(x^2+1)^2} = \dfrac{1-x^2}{(x^2+1)^2}$，令 $y' = 0$，得 $x = \pm 1$，$-1 \notin (0, +\infty)$，

故在区间 $(0, +\infty)$ 上函数只有一个驻点 $x = 1$.

因 $\lim\limits_{x \to +0} y = 0$，$\lim\limits_{x \to +\infty} y = 0$，单侧极限值最小，故该函数 y 在区间 $(0, +\infty)$ 内没有最小值.

又当 $0 \leqslant x < 1$ 时，$y' > 0$；当 $x > 1$ 时，$y' < 0$，故 $x = 1$ 为函数的极大值点，

因而也是函数 y 在 $(0, +\infty)$ 上的最大值点，其最大值为 $y(1) = 1/2$.

【例37】解：因待求哪一点处的曲率半径 ρ 最小，就选 ρ 为因变量，点的横坐标 x 为自变量 $(x > 0)$.

因 $y' = 1/x$，$y'' = -1/x^2$. 曲率半径为

$$\rho = \frac{(1 + y'^2)^{3/2}}{|y''|} = x^2 \cdot (1 + 1/x^2)^{3/2} = \frac{(1+x^2)^{3/2}}{x} \ (x > 0).$$

ρ 对 x 求导得：$\dfrac{d\rho}{dx} = \left[\dfrac{(1+x^2)^{3/2}}{x}\right]' = \dfrac{(1+x^2)^{1/2}(2x^2-1)}{x^2}.$

令 $\dfrac{d\rho}{dx} = 0$，得 $x_1 = \dfrac{\sqrt{2}}{2}$，$x_2 = -\dfrac{\sqrt{2}}{2}$（负值不在定义域内，舍去），在 $x = \dfrac{\sqrt{2}}{2}$ 的邻域内，当 $x < \dfrac{\sqrt{2}}{2}$ 时，$\dfrac{d\rho}{dx} < 0$；

当 $x > \dfrac{\sqrt{2}}{2}$ 时，$\dfrac{d\rho}{dx} > 0$，故曲线在点 $(\sqrt{2}/2, -\ln 2/2)$ 的曲率半径最小，其值为 $\rho = 3\sqrt{3}/2$.

题型九　凹凸性与拐点

【例38】解法 1：易求得 $y'' = 4(3x^2 - 12x + 11)$，则 $y''\left(2 + \dfrac{\sqrt{3}}{3}\right) = 0$，$y''\left(2 - \dfrac{\sqrt{3}}{3}\right) = 0$. 且当 $x < 2 + \dfrac{\sqrt{3}}{3}$

与 $x > 2 + \dfrac{\sqrt{3}}{3}$ 时，$f''(x)$ 异号，故 $\left(2 + \dfrac{\sqrt{3}}{3}, y\left(2 + \dfrac{\sqrt{3}}{3}\right)\right)$ 为该曲线的一拐点.

同法可证 $(2-\frac{\sqrt{3}}{3}, y(2-\frac{\sqrt{3}}{3}))$ 也为该曲线的一拐点, 因而该曲线的拐点个数有且仅有两个.（C）入选.

解法 2: 因 y 在 $x=2\pm\frac{\sqrt{3}}{3}$ 处三阶可导, 且 $y''(2\pm\frac{\sqrt{3}}{3})=0$, 而 $y'''(2\pm\frac{\sqrt{3}}{3})\neq 0$, 由充分性判断条件知这两点均为曲线 y 的拐点.

【例 39】证: y 的定义域为 $(-\infty, +\infty)$, 将 y'' 写成因式的连乘积:

$$y'=\frac{-x^2+2x+1}{(x^2+1)^2},$$

$$y''=\frac{2x^3-6x^2-6x+2}{(x^2+1)^3}=\frac{2(x+1)[(x-2)^2-3]}{(x^2+1)^3}.$$

由 $y''=0$, 得可能拐点的横坐标 $x_1=-1$, $x_2=2-\sqrt{3}$, $x_3=2+\sqrt{3}$, 相应地有 $y_1=-1$, $y_2=(-1-\sqrt{3})/4$, $y_3=(\sqrt{3}-1)/4$.

x	$(-\infty, x_1)$	x_1	(x_1, x_2)	x_2	(x_2, x_3)	x_3	$(x_3, +\infty)$
y''	$-$	0	$+$	0	$-$	0	$+$
y	凸	拐点	凹	拐点	凸	拐点	凹

由上表可知, 拐点为 $A(x_1, y_1)$, $B(x_2, y_2)$, $C(x_3, y_3)$. 因 $\frac{y_2-y_1}{x_2-x_1}=\frac{y_3-y_2}{x_3-x_2}=\frac{1}{4}$,

故 A、B、C 三点共线, 即三个拐点在一直线上.

【例 40】解: 由于对任意 $x>0$, 对应两个参数 $t=\pm\sqrt{x}$, 于是对应两个 y 值, 即 y 是 x 的双值函数. 因此所给曲线实质上是两个单值函数 $y=y_1(x)$ 与 $y=y_2(x)$ 的曲线, 下面求出这两条曲线上的拐点.

由 $\frac{dy}{dx}=\frac{dy}{dt}\frac{dt}{dx}=\frac{dy}{dt}/\frac{dx}{dt}=\frac{3+3t^2}{2t}=\frac{3}{2t}+\frac{3}{2}t$, 得到

$$\frac{d^2y}{dx^2}=\frac{d}{dx}(\frac{dy}{dx})=\frac{d}{dt}(\frac{dy}{dx})\frac{dt}{dx}=\frac{d}{dt}(\frac{3}{2t}+\frac{3t}{2})\cdot\frac{dt}{dx}$$

$$=(-\frac{3}{2t^2}+\frac{3}{2})/\frac{dx}{dt}=\frac{3(t^2-1)}{4t^3}.$$

$t=0$ 时, 不可导, 但此时 $x=0$ 位于端点, 舍掉。

令 $\frac{d^2y}{dx^2}=0$, 得 $t=\pm 1$, 即得点 $(1, \pm 4)$, 此为两条曲线上的点.

对点 $P_1(1, 4)$, 相应有 $t=1$, 于是当 $x<1$ 即 $t=\sqrt{x}<1$ 时, 有 $\frac{d^2y}{dx^2}<0$; 当 $x>1$, 即 $t=\sqrt{x}>1$ 时, 有 $\frac{d^2y}{dx^2}>0$, $P_1(1, 4)$ 是拐点.

对点 $P_2(1, -4)$, 对应于 $t=-1$, 于是当 $x<1$ 即 $t=-\sqrt{x}>-1$ 时, 有 $\frac{d^2y}{dx^2}<0$; 当 $x>1$ 即 $t=\sqrt{x}<-1$ 时, 有 $\frac{d^2y}{dx^2}>0$, 故 $P_2(1, -4)$ 也是拐点.

注意: 拐点是位于 xOy 平面上曲线图形上的点, 若曲线用参数表示, 仍应以在 y'' 的零点 x_0 的两侧 y'' 的符号来判定 $(x_0, f(x_0))$ 是否为拐点, 不能用参数的大小来判定.

题型十　渐近线

【例 41】解: (1) 因 $\lim_{x\to+\infty}e^{-x}=0$, 故 $y=x$ 为一条斜渐近线.

(2) 因 $y=\frac{x^3}{1+x^2}=\frac{x^3+x-x}{1+x^2}=\frac{x(1+x^2)-x}{1+x^2}=x-\frac{x}{1+x^2}$, 且 $\lim_{x\to\infty}\frac{x}{1+x^2}=0$, 故 $y=x$ 为曲线 y 的一条斜渐近线.

【例42】解：$\lim\limits_{x\to\infty}e^{1/x^2}\arctan\dfrac{x^2+x+1}{(x-1)(x+2)}=e^0\cdot\arctan 1=\dfrac{\pi}{4}$，由此可知此曲线有一条水平渐近线．又

$\lim\limits_{x\to0}e^{1/x^2}=+\infty$，$\lim\limits_{x\to0}\arctan\dfrac{x^2+x+1}{(x-1)(x+2)}=\arctan(-\dfrac{1}{2})$，

故 $\lim\limits_{x\to0}e^{1/x^2}\arctan\dfrac{x^2+x+1}{(x-1)(x+2)}=\infty$．

因而 $x=0$ 为其铅直渐近线．又因 $x\to1$，$x\to-2$ 时，y 的极限为有限数，故没有其他铅直渐近线．

由 $\lim\limits y=\pi/4$ 可知，y 与 x 不是同阶无穷大，曲线 y 没有斜渐近线．因而该曲线只有两条渐近线，仅（B）入选．

【例43】解：先求 y 的定义域．由 $e+1/x>0$，且 $x>0$ 时，有 $ex+1>0$，即 $x>-e^{-1}$．将其与 $x>0$ 求交，即求 $(-e^{-1},+\infty)\cap(0,+\infty)$ 得到 $(0,+\infty)$．

由 $e+1/x>0$，且 $x<0$ 时，有 $ex+1<0$，即 $x<-e^{-1}$．将其与 $x<0$ 求交，即求 $(-\infty,-e^{-1})\cap(-\infty,0)$ 得到 $(-\infty,-e^{-1})$，故其定义域为 $(-\infty,-e^{-1})\cup(0,+\infty)$．

因 $\lim\limits_{x\to+0}y=+\infty$，故 $x=0$ 为所求的一条铅直渐近线；又 $x\to(-e^{-1})-0$，即 $e+1/x\to+0$ 时，有 $\lim\limits_{x\to(-e^{-1})-0}y=-\infty$，故 $x=-1/e$ 也是所求的一条铅直渐近线．又 $\lim\limits_{x\to\infty}\ln(e+1/x)=\ln e=1$，故 $y=1$ 为所求的一条水平渐近线．

又因 y 不是 x 的同阶无穷大，故曲线 y 没有斜渐近线．

注意：由上例函数的铅直渐近线可看出，求出 x 的既约分式使其分母为零的 x 之值 x_0，则直线 $x=x_0$ 必为其一条铅直渐近线；而求出对数函数使其真数为零的 x 之值 x_1，则直线 $x=x_1$ 必为该曲线的一条铅直渐近线．

【例44】解：函数 $y=x^2/\sqrt{x^2-1}$，当 $x=\pm1$ 时，分母为 0，因此 $\lim\limits_{x\to\pm1}y=+\infty$．所以 $x=\pm1$ 为铅直渐近线．
因 y 与 x 是同阶无穷大，y 可能有斜渐近线．事实上，

$a_1=\lim\limits_{x\to+\infty}(y/x)=\lim\limits_{x\to+\infty}(x^2/x\sqrt{x^2-1})=1$，

$b_1=\lim\limits_{x\to+\infty}(y-ax)=\lim\limits_{x\to+\infty}[(x^2-x\sqrt{x^2-1})/\sqrt{x^2-1}]=0$，

所以曲线有右渐近线 $y=x$；注意到 $\lim\limits_{x\to-\infty}\sqrt{x^2-1}=\lim\limits_{x\to-\infty}(-x)\sqrt{1-1/x^2}$，有

$a_2=\lim\limits_{x\to-\infty}(y/x)=\lim\limits_{x\to-\infty}x^2/[x\cdot(-x)\sqrt{1-1/x^2}]=-1$．

$b_2=\lim\limits_{x\to-\infty}(y-a_2x)=\lim\limits_{x\to-\infty}(y+x)=\lim\limits_{x\to-\infty}\left[\dfrac{x^2}{\sqrt{x^2-1}}+\dfrac{x\sqrt{x^2-1}}{\sqrt{x^2-1}}\right]$

$=\lim\limits_{x\to-\infty}\left[\dfrac{x^2}{(-x)\sqrt{1-1/x^2}}+\dfrac{(-x)x\sqrt{1-1/x^2}}{(-x)\sqrt{1-1/x^2}}\right]$

$=\lim\limits_{x\to-\infty}\left[\dfrac{x^2(1-\sqrt{1-1/x^2})}{(-x)\sqrt{1-1/x^2}}\right]$

$=\lim\limits_{x\to-\infty}\left[\dfrac{x^2(1-\sqrt{1-1/x^2})(1+\sqrt{1-1/x^2})}{(-x)\sqrt{1-1/x^2}(1+\sqrt{1-1/x^2})}\right]$

$=\lim\limits_{x\to-\infty}\dfrac{1}{(-x)\sqrt{1-1/x^2}(1+\sqrt{1-1/x^2})}=0$．

故曲线 y 有左渐近线 $y=-x$（如右图）．
注意：本题也可根据偶函数的特性，只研究一半的情况．

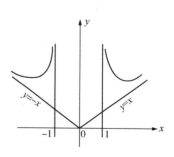

【例45】解：因 $y=(2x-1)e^{\frac{1}{x}}$ 与 x 为同阶无穷大，曲线 y 可能有斜渐近线，事实上曲线 y 有一条斜渐近线 $y=2x+1$，这是因为

$a=\lim\limits_{x\to\pm\infty}(y/x)=\lim\limits_{x\to\pm\infty}[(2-1/x)e^{1/x}]=2$，

$$b = \lim_{x \to \pm\infty}(y - ax) = \lim_{x \to \pm\infty}\left[(2x-1)e^{\frac{1}{x}} - 2x\right]$$

$$= \lim_{x \to \pm\infty}\left[2x(e^{1/x} - 1) - e^{1/x}\right]$$

$$= \lim_{x \to \pm\infty}\left[\frac{(e^{1/x}-1) \cdot 2}{1/x} - e^{\frac{1}{x}}\right] = 2 - 1 = 1.$$

另外由于 y 的定义区间为 $(-\infty, 0) \cup (0, +\infty)$，还应考虑 y 是否有铅垂渐近线、水平渐近线. 因为

$$\lim_{x \to +0}y = \lim_{x \to +0}(2x-1)e^{\frac{1}{x}} = \pm\infty, \quad \lim_{x \to -0}y = \lim_{x \to -0}(2x-1)e^{\frac{1}{x}} = 0,$$

故只有一条铅垂渐近线 $x = 0$.

又因为 $\lim_{x \to \pm\infty}y = \lim_{x \to \pm\infty}(2x-1)e^{\frac{1}{x}} = \pm\infty$，故曲线 y 没有水平渐近线.

【例46】解： y 的定义域为 $(-\infty, -2) \cup (-2, -1) \cup (-1, 0) \cup [0, +\infty)$.

因 y 在 $x = -1$ 处左连续，在 $x = 0$ 处右连续，故不必考虑 $x \to (-1)-0$ 及 $x \to +0$ 时 y 的极限. 又 $\lim\limits_{x \to (-1)+0}y = e$，故渐近线只可能在下述五个端点的极限之中出现.

（1）$\lim\limits_{x \to -\infty}y = \lim\limits_{x \to -\infty}\ln x^2/(x+2) = 0$，故 $y = 0$ 为 y 的一条水平渐近线.

（2）易看出 $x = 0$ 及 $x = -2$ 为 y 的两条铅垂渐近线，这是因为

$$\lim_{x \to -0}y = +\infty, \quad \lim_{x \to (-2)-0}y = -\infty, \quad \lim_{x \to (-2)+0}y = +\infty.$$

而 $\lim\limits_{x \to +\infty}x\sin x$ 不存在，故 $x \to +\infty$ 时无水平渐近线.

（3）因 $\lim\limits_{x \to -\infty}\dfrac{y}{x} = \lim\limits_{x \to -\infty}\dfrac{2\ln x}{x(x+2)} = 0$，而 $\lim\limits_{x \to +\infty}\dfrac{y}{x} = \lim\limits_{x \to -\infty}\sin x$ 不存在，故 y 与 x 不是同阶无穷大，因而曲线 y 不可能有斜渐近线.

【例47】解： 答案选 C

①由于 $\lim\limits_{x \to -\infty}y = \lim\limits_{x \to -\infty}e^{-\frac{1}{x}} = 1$，所以当 $x \to -\infty$ 时，该曲线有水平渐近线 $y = 1$；

②由于 $\lim\limits_{x \to 0^-}y = \lim\limits_{x \to 0^-}e^{-\frac{1}{x}} = +\infty$，所以当 $x \to 0^-$ 时，该曲线有垂直渐近线 $x = 0$；

③ 由于 $\lim\limits_{x \to +\infty}\dfrac{y}{x} = \lim\limits_{x \to +\infty}\dfrac{x^x}{(1+x)^x} = \lim\limits_{x \to +\infty}\dfrac{1}{\left(1+\dfrac{1}{x}\right)^x} = \dfrac{1}{e}$，

$$\lim_{x \to +\infty}\left(y - \frac{1}{e}x\right) = \lim_{x \to +\infty}\left(\frac{x^{1+x}}{(1+x)^x} - \frac{1}{e}x\right)$$

$$= \frac{1}{e}\lim_{x \to +\infty}x\left[e^{1-x\ln(1+\frac{1}{x})} - 1\right] = \frac{1}{e}\lim_{x \to +\infty}x\left[1 - x\ln(1+\frac{1}{x})\right]$$

$$= \frac{1}{e}\lim_{x \to +\infty}x\left[\frac{1}{2x} + o(\frac{1}{x})\right] = \frac{1}{2e},$$

所以当 $x \to +\infty$ 时，该曲线有斜渐近线 $y = \dfrac{1}{2e}(2x + 1)$.

第四讲　不定积分

题型一　原函数问题

【例1】解：不是，因为函数 $F(x)$ 在 $x=0$ 处不连续，当然也就不可导，谈不上 $F'(0)=f(0)$，于是不是对任意 $x\in(-\infty,+\infty)$ 都有 $F'(x)=f(x)$ 所以 $F(x)$ 不是 $f(x)$ 在区间 $(-\infty,+\infty)$ 上的原函数.

但当 $x>0$ 时，有 $F'(x)=f(x)$；$x<0$ 时，有 $F'(x)=f(x)$，可以说 $F(x)$ 是 $f(x)$ 在区间 $(-\infty,0)$ 及区间 $(0,+\infty)$ 上的原函数.

【例2】解：$F(x)$ 是 $f(x)$ 的原函数，这是因为当 $x\neq0$ 时，$F'(x)=f(x)$，且

$$F'(0)=\lim_{x\to0}\frac{F(x)-F(0)}{x-0}=\lim_{x\to0}\frac{x^2\sin(1/x)}{x}=\lim_{x\to0}x\sin(1/x)=0=f(0)$$

因而 x 无论取何值均有 $F'(x)=f(x)$，根据定义知：$F(x)$ 是 $f(x)$ 的原函数，但 $f(x)$ 却不是连续函数. 事实上，极限 $\lim_{x\to0}=f(x)$ 不存在，函数 $f(x)$ 在 $x=0$ 处不连续，且此间断点是第二类间断点.

【例3】解：由于 $F(x)$ 是 $f(x)$ 的原函数，$F'(x)=f(x)$. 为求 $f(x)$，只需求出 $F(x)$，由题设有：

$$F'(x)F(x)=\frac{\arctan\sqrt{x}}{\sqrt{x}(1+x)}$$

$$\int F(x)F'(x)\mathrm{d}x=\int F(x)\mathrm{d}F(x)=\int\frac{\arctan\sqrt{x}}{\sqrt{x}(1+x)}\mathrm{d}x$$

$$F^2(x)/2=(\arctan\sqrt{x})^2+C$$

又 $F(1)=\sqrt{2}\pi/4$，故 $C=0$，因而由 $x>0$ 得到：

$$F(x)=\sqrt{2}\arctan\sqrt{x}\ (x>0),$$

故：$f(x)=F'(x)=1/\sqrt{2x}(1+x)$]

题型二　第一换元法(凑微分法)的常见类型

【例4】解：原式 $=\dfrac{1}{2}\int(2x+5)^{10}\mathrm{d}(2x+5)\underline{\underline{u=2x+5}}\dfrac{1}{2}\int u^{10}\mathrm{d}u=\dfrac{1}{2}\dfrac{1}{11}u^{11}+C=\dfrac{1}{22}(2x+5)^{11}+C$

【例5】解：原式 $=-\dfrac{1}{6}\int\dfrac{(-6x)\mathrm{d}x}{\sqrt{2-3x^2}}=-\dfrac{1}{6}\int\dfrac{\mathrm{d}(2+3x^2)}{\sqrt{2-3x^2}}=-\sqrt{2-3x^2}/3+C$

【例6】解：原式 $=2\int\sin\sqrt{t}\,\mathrm{d}\sqrt{t}=-2\cos\sqrt{t}+C$

【例7】解：原式 $=\dfrac{1}{2}\int[(2x-5)+5](2x-5)^5\mathrm{d}x$

$$=\dfrac{1}{2}\Big[\int\dfrac{1}{2}(2x-5)^6\mathrm{d}(2x-5)+\dfrac{5}{2}\int(2x-5)^5\mathrm{d}(2x-5)\Big]$$

$$=\dfrac{1}{28}(2x-5)^7+\dfrac{5}{24}(2x-5)^6+C$$

【例8】解：原式 $=-\dfrac{1}{2}\int\sin\dfrac{1}{x^2}\mathrm{d}\dfrac{1}{x^2}=\dfrac{1}{2}\int\mathrm{d}\cos\dfrac{1}{x^2}=\dfrac{1}{2}\cos\dfrac{1}{x^2}+C$

【例9】解：原式 $=\int\dfrac{(x+\sin x)'}{x+\sin x}\mathrm{d}x=\int\dfrac{\mathrm{d}(x+\sin x)}{x+\sin x}=\ln|x+\sin x|+C$

【例10】解：原式 $=\int \dfrac{\mathrm{d}\ln x}{\ln x \ln(\ln x)} = \int \dfrac{\mathrm{d}\ln(\ln x)}{\ln(\ln x)} = \ln|\ln(\ln x)| + C$

【例11】解：（1）原式 $=\int \dfrac{\mathrm{d}(1+e^x)}{1+e^x} = \ln(1+e^x) + C$

（2）联想到（1）中积分很好算，为计算（2）中积分能否在被积函数的分子上产生一个 e^x 呢？有下面一些产生的方法：

① 原式 $= \int \dfrac{1+e^x-e^x}{1+e^x}\mathrm{d}x = \int \mathrm{d}x - \int \dfrac{e^x}{1+e^x}\mathrm{d}x = x - \ln(1+e^x) + C$；

② 原式 $= \int \dfrac{e^x \mathrm{d}x}{e^x(1+e^x)} = \int \left(\dfrac{1}{e^x} - \dfrac{1}{1+e^x}\right)\mathrm{d}e^x = \ln\dfrac{e^x}{1+e^x} + C$；

③ 原式 $= \int \dfrac{\mathrm{d}x}{e^x(1+e^{-x})} = -\int \left(\dfrac{1}{1+e^{-x}}\right)\mathrm{d}e^{-x} = -\ln(1+e^{-x}) + C$；

④ 原式 $= \int \dfrac{e^{-x}}{e^{-x}(1+e^x)}\mathrm{d}x = \int \left(\dfrac{e^{-x}}{1+e^{-x}}\right)\mathrm{d}x = -\ln(1+e^{-x}) + C$；

另外，计算 $\int \dfrac{1}{1+e^x}\mathrm{d}x$ 的难处在于被积函数的分母不好办，而 $\int \dfrac{\mathrm{d}u}{u}$ 或 $\int \dfrac{\mathrm{d}u}{1+u}$ 是好积分的，于是又想到将分母作代换变形，可令 $e^x=u$（或令 $1+e^x=u$），则

原式 $= \int \dfrac{\mathrm{d}u}{u(1+u)} = \int \dfrac{\mathrm{d}u}{u} - \int \dfrac{\mathrm{d}u}{1+u} = \ln\dfrac{u}{1+u} = \ln\dfrac{e^x}{1+e^x} + C$

（3）原式 $= \int e^{-e^x} \cdot e^x \mathrm{d}x = \int e^{-e^x}\mathrm{d}e^x = -e^{-e^x} + C$

【例12】解：原式 $= \int \tan^{10}x\, \mathrm{d}\tan x = \dfrac{1}{11}\tan^{11}x + C$.

【例13】解：原式 $= 2\int \arctan\sqrt{x}\, \dfrac{\mathrm{d}\sqrt{x}}{1+(\sqrt{x})^2} = 2\int \arctan\sqrt{x}\, \mathrm{d}\arctan\sqrt{x} = (\arctan\sqrt{x})^2 + C$

【例14】解：由 $\dfrac{x\mathrm{d}x}{\sqrt{1+x^2}} = \mathrm{d}\sqrt{1+x^2}$，得到

原式 $= \int \tan\sqrt{1+x^2}\,\mathrm{d}\sqrt{1+x^2} = -\ln\left|\cos\sqrt{1+x^2}\right| + C$

【例15】解：原式 $= \int \dfrac{\arctan(1/x)}{x^2(1+1/x^2)}\mathrm{d}x = -\int \dfrac{\arctan(1/x)}{1+(1/x^2)}\mathrm{d}\left(\dfrac{1}{x}\right)$

$\qquad = -\int \arctan\dfrac{1}{x}\,\mathrm{d}\arctan\dfrac{1}{x}$

$\qquad = -\dfrac{1}{2}\left(\arctan\dfrac{1}{x}\right)^2 + C$

题型三　用分部积分法求不定积分的技巧

【例16】解：原式 $= -\dfrac{1}{2}\int \arctan e^x \, \mathrm{d}e^{-2x}$

$\qquad = -\dfrac{1}{2}\left[e^{-2x}\arctan e^x - \int \dfrac{\mathrm{d}e^x}{e^{2x}(1+e^{2x})}\right]$

$\qquad = -\dfrac{1}{2}\left[e^{-2x}\arctan e^x - \int \left(\dfrac{1}{e^{2x}} - \dfrac{1}{1+e^{2x}}\right)\mathrm{d}e^x\right]$

$\qquad = -\dfrac{1}{2}\left(e^{-2x}\arctan e^x + e^{-x} + \arctan e^x\right) + C$

【例17】解：由 $\dfrac{1}{x^2(1+x^2)} = \dfrac{1}{x^2} - \dfrac{1}{1+x^2}$ ，可将原积分化为积分的代数和：

$$\int \frac{\arctan x}{x^2(1+x^2)}dx = \int \frac{\arctan x}{x^2}dx - \int \frac{\arctan x}{(1+x^2)}dx.$$

再去分母，得到

$$原式 = -\int \arctan x\, d\frac{1}{x} - \int \arctan x\, d\arctan x$$

$$= -\frac{\arctan x}{x} + \int \frac{dx}{x(1+x^2)} - \frac{1}{2}(\arctan x)^2$$

$$= -\frac{\arctan x}{x} + \frac{1}{2}\int(\frac{1}{x^2} - \frac{1}{1+x^2})dx^2 - \frac{1}{2}(\arctan x)^2$$

$$= -\frac{\arctan x}{x} - \frac{1}{2}(\arctan x)^2 + \frac{1}{2}\ln\frac{x^2}{1+x^2} + C$$

【例18】解：原式 $= \int \dfrac{\arcsin x}{\sqrt{1-x^2}}dx + \int \dfrac{x\arcsin x}{\sqrt{1-x^2}}dx$

$$= \int \arcsin x\, d\arcsin x + (-1)\int \arcsin x\, d\sqrt{1-x^2}$$

$$= \frac{1}{2}\arcsin^2 x - [\arcsin x \cdot \sqrt{1-x^2} - \int \sqrt{1-x^2}\, d\arcsin x]$$

$$= (\arcsin^2 x)/2 - \sqrt{1-x^2}\arcsin x + x + C$$

注意，如果不是按上述方法：拆成两项，再分别凑微分去分母，而是去分母后再拆，得到：原式 $= \int(1+x)\arcsin x\, d\arcsin x = \dfrac{1}{2}\int(1+x)d(\arcsin x)^2$ ，这时需计算 $(\arcsin x)^2$ 的积分就麻烦多了.

【例19】解：原式 $= \int \dfrac{x\, d(e^x-1)}{\sqrt{e^x-1}} = 2\int x\, d\sqrt{e^x-1}$

$$= 2[x\sqrt{e^x-1} - \int \sqrt{e^x-1}\, dx]$$

$$= 2x\sqrt{e^x-1} - 2\int \sqrt{e^x-1}\, dx$$

令 $u = \sqrt{e^x-1}$ ，则 $dx = \dfrac{2u}{1+u^2}du$ ，故：

$$\int \sqrt{e^x-1}\, dx = \int \frac{2u}{1+u^2} \cdot u\, du = 2\int \frac{u^2+1-1}{1+u^2}du$$

$$= 2u - 2\int \frac{du}{1+u^2} = 2u - 2\arctan u + C$$

故原式 $= 2x\sqrt{e^x-1} - 4\sqrt{e^x-1} + 4\arctan\sqrt{e^x-1} + C$

【例20】解：设 $\ln x = t$ ，则 $x = e^t, f(t) = [\ln(1+e^t)]/e^t$

$$\int f(x)dx = \int \frac{\ln(1+e^x)}{e^x}dx = -\int \ln(1+e^x)de^{-x}$$

$$= -e^{-x}\ln(1+e^x) + \int \frac{1}{1+e^x}dx$$

$$= -e^{-x}\ln(1+e^x) + \int(1 - \frac{e^x}{1+e^x})dx$$

$$= -e^{-x}\ln(1+e^x) + x - \ln(1+e^x) + C$$

$$= x - (1+e^{-x})\ln(1+e^x) + C$$

【例21】解：原式 $= \dfrac{1}{8} \displaystyle\int \dfrac{x \cos^4(x/2)\,\mathrm{d}x}{\sin^3(x/2)\cos^3(x/2)} = \dfrac{1}{4}\displaystyle\int \dfrac{x\cos(x/2)}{\sin^3(x/2)}\mathrm{d}\left(\dfrac{x}{2}\right)$

$= \dfrac{1}{4}\displaystyle\int \dfrac{x\,\mathrm{d}\sin(x/2)}{\sin^3(x/2)} = -\dfrac{1}{8}\displaystyle\int x\,\mathrm{d}\left[\dfrac{1}{\sin^2(x/2)}\right]$

$= -\dfrac{1}{8}\left[\dfrac{x}{\sin^2(x/2)} - 2\displaystyle\int \dfrac{\mathrm{d}(x/2)}{\sin^2(x/2)}\right]$

$= -\dfrac{1}{8}\left[\dfrac{x}{\sin^2(x/2)} + 2\cot(x/2)\right] + C$

$= -\dfrac{1}{8}x\csc^2\dfrac{x}{2} - \dfrac{1}{4}\cot\dfrac{x}{2} + C$

【例22】解：因 $g'(x) = (x\sin x + \cos x)' = \sin x + x\cos x - \sin x = x\cos x$

故原式 $= \displaystyle\int \dfrac{x}{\cos x}\cdot \dfrac{x\cos x\,\mathrm{d}x}{(x\sin x + \cos x)^2}$

$= \displaystyle\int \dfrac{x}{\cos x}\dfrac{\mathrm{d}(x\sin x + \cos x)}{(x\sin x + \cos x)^2}$

$= -\displaystyle\int \dfrac{x}{\cos x}\mathrm{d}\left(\dfrac{1}{x\sin x + \cos x}\right)$

$= -\dfrac{x}{\cos x}\cdot \dfrac{1}{x\sin x + \cos x} + \displaystyle\int \dfrac{1}{x\sin x + \cos x}\cdot \dfrac{\cos x + x\sin x}{\cos^2 x}\mathrm{d}x$

$= -\dfrac{x}{\cos x(x\sin x + \cos x)} + \tan x + C$

题型四　有理函数积分的计算（数一、数二）

【例23】解法 1：$I = \displaystyle\int \dfrac{\mathrm{d}x}{x(x^{10}+2)} = \displaystyle\int \dfrac{x^9\,\mathrm{d}x}{x^{10}(x^{10}+2)}$

$= \dfrac{1}{20}\left[\displaystyle\int \dfrac{\mathrm{d}x^{10}}{x^{10}} - \displaystyle\int \dfrac{\mathrm{d}(x^{10}+2)}{x^{10}+2}\right]$

$= \dfrac{1}{20}\ln\left(\dfrac{x^{10}}{x^{10}+2}\right) + C$

解法 2：$I = \dfrac{1}{2}\displaystyle\int \dfrac{2 + x^{10} - x^{10}}{x(x^{10}+2)}\mathrm{d}x$

$= \dfrac{1}{2}\left[\displaystyle\int \dfrac{\mathrm{d}x}{x} - \dfrac{1}{10}\displaystyle\int \dfrac{\mathrm{d}(x^{10}+2)}{x^{10}+2}\right]$

$= \dfrac{\ln|x|}{2} - \dfrac{\ln(x^{10}+2)}{20} + C.$

解法 3：$I = \displaystyle\int \dfrac{\mathrm{d}x}{x^{11}(1 + 2x^{-10})} = -\dfrac{1}{10}\displaystyle\int \dfrac{1}{1 + 2x^{-10}}\mathrm{d}\left(\dfrac{1}{x^{10}}\right)$

$= -\dfrac{1}{20}\displaystyle\int \dfrac{\mathrm{d}(1 + 2x^{-10})}{1 + 2x^{-10}} = -\dfrac{\ln(1 + 2x^{-10})}{20} + C$

解法 4：$I \overset{t=1/x}{=} \displaystyle\int \dfrac{t}{(2 + 1/t^{10})}\left(-\dfrac{\mathrm{d}t}{t^2}\right)$

$= -\displaystyle\int \dfrac{t^9\,\mathrm{d}t}{(2t^{10}+1)} = -\dfrac{1}{20}\displaystyle\int \dfrac{\mathrm{d}(2t^{10}+1)}{2t^{10}+1}$

$= -\dfrac{\ln(2t^{10}+1)}{20} + C = -\dfrac{\ln(2x^{10}+1)}{20} + C$

【例24】解：原式 $= \dfrac{1}{2}\int\dfrac{2x+10}{x^2-6x+13}\mathrm{d}x = \dfrac{1}{2}\int\dfrac{(2x-6)+16}{x^2-6x+13}\mathrm{d}x$

$= \dfrac{1}{2}\int\dfrac{\mathrm{d}(x^2-6x+13)}{x^2-6x+13} + 8\int\dfrac{\mathrm{d}x}{(x-3)^2+2^2}$

$= \dfrac{1}{2}\ln(x^2-6x+13) + 8\cdot\dfrac{1}{2}\arctan(\dfrac{x-3}{2}) + C$

$= [\ln(x^2-6x+13)]/2 + 4\arctan(\dfrac{x-3}{2}) + C$

题型五　无理函数的不定积分的求法

【例25】解：$\sqrt[3]{x+1}=t$，则 $t^3=x+1$，$\mathrm{d}x=3t^2\mathrm{d}t$，所以

原式 $= \int\dfrac{3t^2\mathrm{d}t}{1+t} = 3\int\dfrac{t^2-1+1}{1+t}\mathrm{d}t = 3[\int\dfrac{t^2-1}{1+t}\mathrm{d}t + \int\dfrac{\mathrm{d}t}{1+t}]$

$= 3[t^2/2 - t + \ln|1+t|] + C$

$= (3/2)\sqrt[3]{(1+x)^2} - 3\sqrt[3]{1+x} + 3\ln|1+\sqrt[3]{1+x}| + C$

【例26】解：原式 $= \int\dfrac{\mathrm{d}\ln x}{\sqrt{\ln x+a} - \sqrt{\ln x+b}} = \int\dfrac{\sqrt{\ln x+a} + \sqrt{\ln x+b}}{a-b}\mathrm{d}\ln x$

$= \dfrac{1}{a-b}[\int\sqrt{\ln x+a}\,\mathrm{d}(\ln x+a) + \int\sqrt{\ln x+b}\,\mathrm{d}(\ln x+b)]$

$= \dfrac{2[\ln^{3/2}(x+a) + \ln^{3/2}(x+b)]}{3(a-b)} + C$

【例27】解：原式 $\overset{t=\sqrt[4]{x}}{=} \int\dfrac{4t^3\mathrm{d}t}{t^2+t} = 4\int\dfrac{t^2\mathrm{d}t}{1+t}$

$= 4\int\dfrac{t^2-1+1}{1+t}\mathrm{d}t = 4[\int(t-1)\mathrm{d}t + \int\dfrac{\mathrm{d}t}{1+t}]$

$= 4[\dfrac{t^2}{2} - t + \ln(1+t)] + C$

$= 2\sqrt{x} - 4\cdot\sqrt[4]{x} + 4\ln(1+\sqrt[4]{x}) + C$

【例28】解法1：令 $\sqrt{\dfrac{1-x}{1+x}}=t$，总能把被积函数有理化，将 $x=\dfrac{1-t^2}{1+t^2}$，$\mathrm{d}x=\dfrac{-4t}{(1+t^2)^2}\mathrm{d}t$ 代入得到

$\int\sqrt{\dfrac{1-x}{1+x}}\dfrac{\mathrm{d}x}{x} = -2\int\dfrac{2t^2}{(1-t^2)(1+t^2)}\mathrm{d}t$

$= -2\int(\dfrac{1}{1-t^2} - \dfrac{1}{1+t^2})\mathrm{d}t$

$= \ln\dfrac{t-1}{t+1} + 2\arctan t + C$

$= \ln\dfrac{\sqrt{1-x}-\sqrt{1+x}}{\sqrt{1-x}+\sqrt{1+x}} + 2\arctan\sqrt{\dfrac{1-x}{1+x}} + C$

解法2： 仅有理化分子，分母出现 $\sqrt{1-x^2}$，再作三角代换 $x=\sin\theta$，得到

原式 $= \int\dfrac{1-x}{\sqrt{1-x^2}}\dfrac{\mathrm{d}x}{x} = \int\dfrac{\mathrm{d}x}{x\sqrt{1-x^2}} - \int\dfrac{\mathrm{d}x}{\sqrt{1-x^2}} = \int\dfrac{\mathrm{d}x}{x\sqrt{1-x^2}} - \arcsin x$

而 $\int\dfrac{\mathrm{d}x}{x\sqrt{1-x^2}} \overset{x=\sin\theta}{=} \int\dfrac{\cos\theta\,\mathrm{d}\theta}{\sin\theta\cos\theta} = \int\csc\theta\,\mathrm{d}\theta = \ln|\csc\theta - \cot\theta| + C = \ln[(1-\sqrt{1-x^2})/x] + C$

故原式 $= \ln\left[\,(1 - \sqrt{1 - x^2}\,)/x\,\right] - \arcsin x + C$

【例29】解：设 $x = \tan t$，则 $\mathrm{d}x = \sec^2 t\,\mathrm{d}t$，$\sqrt{x^2 + 1} = \sec t$

原式 $= \displaystyle\int \frac{\mathrm{d}t}{\cos t\,(2\tan^2 t + 1)} = \int \frac{\cos t\,\mathrm{d}t}{2\sin^2 t + \cos^2 t} = \int \frac{\mathrm{d}\sin t}{1 + \sin^2 t} = \arctan(\sin t) + C$

如图所示，由 $x = \tan t$，有 $\sin t = x/\sqrt{1 + x^2}$，因而原式 $= \arctan(x/\sqrt{1 + x^2}\,) + C$

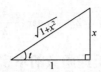

【例30】解：由于分母具有 $(a^2 - x^2)^{3/2}$ 的形式，令 $x = a\sin t$（或 $x = a\cos t$），则 $\mathrm{d}x = a\cos t\,\mathrm{d}t$，且 $(a^2 - x^2)^{3/2} = (a^2 - a^2\sin^2 t)^{3/2} = a^3\cos^3 t$

原式 $= \displaystyle\int \frac{a\cos t}{a^3\cos^3 t}\mathrm{d}t = \frac{1}{a^2}\int \frac{\mathrm{d}t}{\cos^2 t} = \frac{1}{a^2}\tan t + C = \frac{x}{a^2\sqrt{a^2 - x^2}} + C$

【例31】解：$\displaystyle\int \frac{\mathrm{d}x}{\sqrt{x^2 + 6x + 5}} = \int \frac{\mathrm{d}x}{\sqrt{(x + 3)^2 - 2^2}}$

$\qquad\qquad\quad = \displaystyle\int \frac{\mathrm{d}(x + 3)}{\sqrt{(x + 3)^2 - 2^2}}$

$\qquad\qquad\quad = \ln\left|\, x + 3 + \sqrt{(x + 3)^2 - 2^2}\,\right| + C$

$\qquad\qquad\quad = \ln\left|\, x + 3 + \sqrt{x^2 + 6x + 5}\,\right| + C$

第五讲　定积分及应用

题型一　利用定积分定义求极限

【例1】解: 令 $a_n = (1/n) \cdot \left[\sqrt[n]{(n+1)(n+2)\cdots(n+n)} \right]$,并在其两边取对数,得到:

$$\ln a_n = \ln\frac{1}{n} + \frac{1}{n}\left[\ln(n+1) + \ln(n+2) + \cdots + \ln(n+n)\right]$$

$$= \frac{1}{n}\left[\ln(n+1) + \ln(n+2) + \cdots + \ln(n+n) - n\ln n\right]$$

$$= \frac{1}{n}\left\{\left[\ln(n+1) - \ln n\right] + \left[\ln(n+2) - \ln n\right] + \cdots + \left[\ln(n+n) - \ln n\right]\right\}$$

$$= \frac{1}{n}\sum_{i=1}^{n}\ln\frac{n+i}{n} = \sum_{i=1}^{n}\frac{1}{n}\ln\left(1 + \frac{i}{n}\right),$$

故 $\displaystyle\lim_{n\to\infty}\ln a_n = \int_0^1 \ln(1+x)\,\mathrm{d}x = 2\ln2 - 1 = \ln\frac{4}{e}$,

或 $\displaystyle\lim_{n\to\infty}\ln a_n = \int_1^2 \ln x\,\mathrm{d}x = 2\ln2 - 1 = \ln\frac{4}{e}$.

于是所求极限为 $\displaystyle\lim_{n\to\infty}a_n = \frac{4}{e}$.

【例2】解: 因 $\displaystyle\frac{1}{n+1}\sum_{i=1}^{n}2^{\frac{i}{n}} < \sum_{i=1}^{n}2^{\frac{i}{n}}\cdot\frac{1}{n+1/i} < \frac{1}{n}\sum_{i=1}^{n}2^{\frac{i}{n}}$,

即 $\displaystyle\frac{1}{n}\frac{n}{n+1}\sum_{i=1}^{n}2^{\frac{i}{n}} < \sum_{i=1}^{n}2^{\frac{i}{n}}\cdot\frac{1}{n+1/i} < \frac{1}{n}\sum_{i=1}^{n}2^{\frac{i}{n}}$,

又显然有 $\displaystyle\lim_{n\to\infty}\frac{1}{n}\sum_{i=1}^{n}2^{\frac{i}{n}} = \int_0^1 2^x\,dx = \left[\frac{2^x}{\ln2}\right]_0^1 = \frac{1}{\ln2}$.

而 $\displaystyle\lim_{n\to\infty}\frac{n}{n+1} = 1$,故 $\displaystyle\lim_{n\to\infty}\frac{1}{n}\frac{n}{n+1}\sum_{i=1}^{n}2^{\frac{i}{n}} = \lim_{n\to\infty}\frac{n}{n+1}\cdot\lim_{n\to\infty}\frac{1}{n}\sum_{i=1}^{n}2^{\frac{i}{n}} = \frac{1}{\ln2}$.

由夹逼准则得到

$$\lim_{n\to\infty}\sum_{i=1}^{n}2^{\frac{i}{n}}\cdot\frac{1}{n+1/i} = \frac{1}{\ln2}$$

题型二　奇偶函数的积分性质

【例3】解: 答案填"$6\ln3 - 8\ln2$".由于 $\left|\ln\dfrac{2+x}{2-x}\right|$ 为偶函数,故

$$\int_{-1}^{1}(1+x)\left|\ln\frac{2+x}{2-x}\right|\mathrm{d}x = 2\int_0^1 \ln\frac{2+x}{2-x}\mathrm{d}x = 2x\ln\frac{2+x}{2-x}\Big|_0^1 - 2\int_0^1 x\left(\frac{1}{2+x} + \frac{1}{2-x}\right)\mathrm{d}x$$

$$= 2\ln3 - 8\int_0^1 \frac{x}{4-x^2}\mathrm{d}x$$

$$= 2\ln3 + 4\ln(4-x^2)\,|_0^1$$

$$= 6\ln3 - 8\ln2.$$

题型三　变限积分的导数

【例4】解：由上式即得

$$\frac{dy}{dx} = \frac{1}{\sqrt{1+x^6}}(x^3)' - \frac{1}{\sqrt{1+x^4}}(x^2)' = 3x^2/\sqrt{1+x^6} - 2x/\sqrt{1+x^4}$$

【例5】解：由 $c \neq 0$ 及 $x \to 0$ 时，$ax - \sin x \to 0$ 易知必有 $\lim\limits_{x \to 0} \int_b^x \frac{\ln(1+t^3)}{t}dt = 0$，因而 $b = 0$

则原式左端 $= \lim\limits_{x \to 0}\left[(ax - \sin x)/\int_b^x \frac{\ln(1+t^3)}{t}dt\right]\left(\frac{0}{0}\right)$

$$= \lim\limits_{x \to 0}\left[(a - \cos x)/\left[\frac{\ln(1+x^3)}{x}\right]\right]$$

$$= \lim\limits_{x \to 0}\frac{x(a - \cos x)}{x^3} = \lim\limits_{x \to 0}\frac{a - \cos x}{x^2}$$

因上式右端的极限不等于 0，而 $\lim\limits_{x \to 0}x^2 = 0$，故 $\lim\limits_{x \to 0}(a - \cos x) = 0$，即 $a = \lim\limits_{x \to 0}\cos x = 1$，

因而 $c = \lim\limits_{x \to 0}\frac{1 - \cos x}{x^2} = \lim\limits_{x \to 0}\frac{2\sin^2(x/2)}{x^2} = \frac{1}{2}$

【例6】解：仅 (A) 入选，因 $\int_0^x tf(x^2 - t^2)dt \underline{\underline{u = x^2 - t^2}} \frac{1}{2}\int_0^{x^2}f(u)du$.

故 $\frac{d}{dx}\left[\int_0^x tf(x^2 - t^2)dt\right] = \frac{1}{2}\frac{d}{dx}\int_0^{x^2}f(u)du = xf(x^2)$

【例7】解：令 $u = x^n - t^n$，则 $du = -nt^{n-1}dt$，且 $t = 0$、x 时，$u = x^n$、0，故

$$F(x) = -\frac{1}{n}\int_{x^n}^0 f(u)du = \frac{1}{n}\int_0^{x^n}f(u)du$$

$$F'(x) = x^{n-1}f(x^n)$$

因而，$\lim\limits_{x \to 0}\frac{F(x)}{x^{2n}}\left(\frac{0}{0}\right) = \lim\limits_{x \to 0}\frac{F'(x)}{2nx^{2n-1}} = \frac{1}{2n}\lim\limits_{x \to 0}\frac{f(x^n)}{x^n} = \frac{1}{2n}\lim\limits_{x \to 0}\frac{f(x^n) - f(0)}{x^n - 0} = \frac{1}{2n}f'(0)$

【例8】解：答案填"0".

$$F'(0) = \lim\limits_{x \to 0}\frac{F(x) - F(0)}{x} = \lim\limits_{x \to 0}\frac{\int_{-1}^x \sqrt{|t|}\ln|t|dt - \int_{-1}^0 \sqrt{|t|}\ln|t|dt}{x}$$

$$= \lim\limits_{x \to 0}\frac{\int_0^x \sqrt{|t|}\ln|t|dt}{x} = \lim\limits_{x \to 0}\sqrt{|x|}\ln|x| = 0.$$

题型四　变限积分性质的讨论与证明

【例9】证：(1) 由题设知 $f(x) = f(-x)$，下证 $F(x) = F(-x)$：

$$F(-x) = \int_0^{-x}(x + 2t)f(t)dt \underset{\text{负代换}}{\overset{令t = -u}{=\!=\!=}} \int_0^x (x - 2u)f(-u)(-du)$$

$$= -\int_0^x (x - 2u)f(u)du = \int_0^x (2u - x)f(u)du$$

$$= \int_0^x (2t - x)f(t)dt = F(x)$$

(2) $F'(x) = \left[\int_0^x (2t - x)f(t)dt\right]' = \left[-x\int_0^x f(t)dt + \int_0^x 2tf(t)dt\right]'$

$$= -\int_0^x f(t)dt - xf(x) + 2xf(x) = -\int_0^x f(t)dt + xf(x) = -xf(\xi) + xf(x)$$

$$= x[f(x) - f(\xi)]（其中 \xi 在 0 与 x 之间）$$

当 $x > 0$ 时，有 $0 < \xi < x$，而 $f(x)$ 单调减少，故 $f(\xi) > f(x)$，因而 $F'(x) < 0$；当 $x < 0$ 时，有 $x < \xi < 0$，因而 $f(x) > f(\xi)$，于是 $F'(x) < 0$

又当且仅当 $x = 0$ 时，$F'(x) = 0$，从而 $F'(x) \leqslant 0$，$x \in (-\infty, +\infty)$. 由于使 $F'(x) = 0$ 的仅有一个 $x = 0$，$F(x)$ 仍然在 $(-\infty, +\infty)$ 上单调减少.

注意：(1)要去掉 $F'(x)$ 中的积分号，可用积分中值定理，或对 $F'(x)$ 求导，但因 $F''(x)$ 不一定存在，这里只能使用积分中值定理.

(2)为证 $F(x) = \int_0^x f(t) dt$ 的奇偶性，常作负代换 $t = -u$

【例10】解： 因 $F(x + \pi) = \int_{x+\pi}^{x+\pi+\pi/2} |\sin t| dt \xrightarrow{u = t - \pi} \int_x^{x+\pi/2} |\sin u| du = F(x)$，故 $F(x)$ 是周期为 π 的函数. 只需要求 $F(x)$ 在 $[0, \pi]$ 上的最值即可.

当 $0 \leqslant x \leqslant \pi/2$ 时，$F(x) = \int_x^{x+\pi/2} \sin t \, dt$，则 $F'(x) = \cos x - \sin x$，

$F''(x) = -(\sin x + \cos x)$，由 $F'(x) = 0$，得 $x = \pi/4$. 因 $F''(\pi/4) < 0$，故 $x = \pi/4$ 为 $F(x)$ 的极大值点，极大值为 $F\left(\dfrac{\pi}{4}\right) = \int_{\pi/4}^{3\pi/4} \sin t \, dt = \sqrt{2}$；

当 $\pi/2 < x \leqslant \pi$ 时，$F(x) = \int_x^\pi \sin t \, dt + \int_\pi^{x+\pi/2} (-\sin t) dt$，则

$F'(x) = -(\cos x + \sin x)$，$F''(x) = -(\cos x - \sin x)$. 则由 $F'(x) = 0$，得 $x = 3\pi/4$，而 $F''(3\pi/4) > 0$，故 $F(x)$ 在 $3\pi/4$ 处取极小值：

$$F\left(\frac{3\pi}{4}\right) = \int_{3\pi/4}^{5\pi/4} |\sin t| dt = \int_{3\pi/4}^\pi \sin t \, dt - \int_\pi^{5\pi/4} \sin t \, dt = 2 - \sqrt{2}$$

比较 $F(0)$，$F(\pi)$，$F(\pi/4)$，$F(3\pi/4)$ 的大小可知，$F(x)$ 的最大、最小值分别为 $\sqrt{2}$、$2 - \sqrt{2}$

【例11】解： 答案选(B). 由题意知 $f'(0) = 0$，且 $f''(x) - 2xf(x) - x^2 f'(x) = \sin(x^2)$，得 $f'(0) = 0$，又 $f'''(x) - 2f(x) - 4xf'(x) - x^2 f''(x) = 2x\cos(x^2)$，

得 $f'''(0) = 2 \neq 0$. 故(C)和(D)正确，(B)不正确.

记 $\varphi(x) = \int_0^{x^2} f(t) dt$，$\varphi'(x) = 2xf(x^2)$，$\varphi''(x) = 2f(x^2) + 4x^2 f'(x^2)$，

$\varphi'(0) = 0$，$\varphi''(0) = 2 \neq 0$，所以(A)正确.

题型五　极限变量仅含在被积函数中的定积分极限的求证法

【例12】解法1： 令 $f(x) = 1/(1+x)$（与极限变量 n 无关），$g(x) = x^n$，则 $f(x)$ 在 $[0, 1]$ 上连续，且在 $[0, 1]$ 上 $g(x)$ 不变号 $[g(x) \geqslant 0]$，由积分第一中值定理得，存在 $\xi \in [0, 1]$，使

$$\int_0^1 \frac{x^n}{1+x} dx = \frac{1}{1+\xi} \int_0^1 x^n dx = \frac{1}{1+\xi} \frac{1}{n+1} (0 \leqslant \xi \leqslant 1).$$

两边取极限，得：$\lim\limits_{n \to \infty} \int_0^1 \dfrac{x^n}{1+x} dx = 0$

解法2： 由 $0 < \dfrac{x^n}{1+x} < x^n$（因 $x \geqslant 0$），得 $0 < \int_0^1 \dfrac{x^n}{1+x} dx < \int_0^1 x^n dx = \dfrac{1}{n+1}$.

由夹逼准则得 $\lim\limits_{n \to \infty} \int_0^1 \dfrac{x^n}{1+x} dx = 0$

【例13】解法1： 因在 $[0, a](0 < a < 1)$ 上函数 x^n 和 $\sin x$ 均单调增加函数 $f(x) = x^n \sin x$ 也单调增加，也故在区间 $[0, a]$ 上函数 $f(x)$ 的最大值 $M = f(a) = a^n \sin a$，最小值 $m = f(0) = 0$，由积分估计定理得到

$$0 = m(a - 0) \leqslant \int_0^a x^n \sin x \, dx \leqslant M(a - 0) = a^{n+1} \sin a$$

因 $a < 1$，故 $\lim\limits_{n \to \infty} a^{n+1}\sin a = 0$，根据夹逼准则，必有 $\lim\limits_{n \to \infty} \int_0^a x^n \sin x \, dx = 0$.

解法2：利用积分中值定理去掉积分号，由该定理知，存在 $\xi \in [0, a]$，使得

$$\int_0^a x^n \sin x \, dx = a \xi^n \sin \xi$$

因而在 $[0, a]$ 上 $(0 < a < 1)$. 函数 x^n 和 $\sin x$ 均单调增加.

故函数 $x^n \sin x$ 也单调增加.

因而，由 $0 \le \xi \le a$ 得到 $\xi^n \sin \xi \le a^n \sin a$，从而 $0 \le \int_0^a x^n \sin x \, dx \le a^{n+1}\sin a$.

而 $(0 < a < 1)$，故 $\lim\limits_{n \to \infty} a^{n+1}\sin a = 0$，由夹逼准则，有 $\lim\limits_{n \to \infty} \int_0^a x^n \sin x \, dx = 0$

注意：解法2中不能直接得到 $\lim\limits_{n \to \infty} a \xi^n \sin \xi = 0$，这是因为当 n 变化时，$x^n \sin x$ 表示不同函数，因而 ξ 也不同，故 ξ 是 n 的函数，于是 ξ 实际上是幂指函数，不能简单套用幂函数的极限结果 $\lim\limits_{x \to \infty} q^n = 0$($q$ 为绝对值小于1的常数).

【例14】解：令 $f(x) = x^2 e^{-x^2}$，则 $f'(x) < 0$，即 $f(x)$ 单调减少，在 $[n, n+1]$ 上使用积分估值定理，得到 $(n+1)^2 e^{-(n+1)^2}$.

$$(n+1)^2 e^{-(n+1)^2} \le \int_n^{n+1} x^2 e^{-x^2} dx \le n^2 e^{-n^2}, \quad 又 \lim\limits_{n \to \infty}(n+1)^2 e^{-(n+1)^2} = \lim\limits_{n \to \infty} n^2 e^{-n^2} = 0,$$

故 $\lim\limits_{n \to \infty} \int_n^{n+1} x^2 e^{-x^2} dx = 0$

【例15】解：当 $x > 0$ 时，$1/x^n$ 在 $[n, n+1]$ 上连续，$e^x > 0$ 恒成立，故由积分第一中值定理得到：

$$\int_n^{n+1} \frac{e^x}{x^n} dx = \frac{1}{\xi^n} \int_n^{n+1} e^x dx = \frac{e^n}{\xi^n}(e-1), \quad n \le \xi \le n+1. \ 因 n \le \xi \le n+1, 故$$

$$0 \le \frac{e^n}{\xi^n}(e-1) \le \frac{2e^n}{n^n} = 2\left(\frac{e}{n}\right)^n < 2\left(\frac{e}{3}\right)^n (n \ge 3).$$

而 $\lim\limits_{n \to \infty} 2\left(\frac{e}{3}\right)^n = 0$，故 $\lim\limits_{n \to \infty} \int_n^{n+1} \frac{e^n}{x^n} dx = 0$

题型六　与定积分或变限积分有关的方程，其根存在性的证法

【例16】证：由积分中值定理知，至少存在一点 $\xi_1 \in [0, 1/k] \subset [0, 1]$ 使

$$f(1) = k \int_0^{1/k} x e^{1-x} f(x) dx = k(1/k - 0)\xi_1 e^{1-\xi_1} f(\xi_1) = \xi_1 e^{1-\xi_1} f(\xi_1)$$

注意到，$[x e^{1-x} f(x)]_{x=1} = f(1) = \xi_1 e^{1-\xi_1} f(\xi_1) = [x e^{1-x} f(x)]_{x=\xi_1}$，令 $F(x) = x e^{1-x} f(x)$，则 $F(1) = F(\xi_1)$. 又 $F(x)$ 在 $[\xi_1, 1]$ 上满足罗尔定理其他条件，故由罗尔定理知，

至少存在一点 $\xi \in (\xi_1, 1) \subset (0, 1)$，使 $F'(\xi) = 0$，即 $e^{1-\xi}[f(\xi) - \xi f(\xi) + \xi f'(\xi)] = 0$，亦即

$$f'(\xi) = (1 - \xi^{-1})f(\xi)$$

【例17】证：由积分中值定理得到存在 $\xi_1 \in [1/2, 1]$，使

$$f(2) = 2 \int_{\frac{1}{2}}^1 f(x) dx = 2(1 - \frac{1}{2})f(\xi_1) = f(\xi_1)$$

对 $f(x)$ 在 $(\xi_1, 2)$ 上使用罗尔定理得到，存在 $\xi_2 \in (\xi_1, 2) \subset (1/2, 2)$ 使 $f'(\xi_2) = 0$；

又 $f(0) = f(1/2)$，在 $(0, 1/2) \subset (0, 2)$ 上使用罗尔定理得到，存在 $\eta \in (0, 1/2)$；

使 $f'(\eta) = 0$，再在 (η, ξ_2) 内对 $f'(x)$ 使用罗尔定理得到，存在 $\xi \in (\eta, \xi_2)$，有 $f''(\xi) = 0$.

【例18】证：将上式中的 ξ 换成 x，得到 $f(1 - x) + f(x) = 0$，引入变限积分

$$F(x) = \int_0^x [f(1 - t) + f(t)] dt$$

归结证明：存在 $\xi \in (0, 1)$ 使 $F'(\xi) = f(1 - \xi) + f(\xi) = 0$. 为此验证 $F(x)$ 满足罗尔定理之条件，显然 $F(0) = 0$. 又由题设得到

$$F(1) = \int_0^1 f(1 - t) \, dt + \int_0^1 f(t) \, dt = \int_0^1 f(1 - t) \, dt \xrightarrow{u = 1 - t} - \int_1^0 f(u) \, du = \int_0^1 f(u) \, du = 0$$

于是由罗尔定理知，存在 $\xi \in (0, 1)$，使 $F'(\xi) = 0$，即：$f(1 - \xi) + f(\xi) = 0$

【例19】证：引入变限积分证之，令 $F(x) = \int_0^x f(t) \, dt = 0$，则 $F'(x) = f(x)$. 为证上例成立，只需证明存在 ξ_1、ξ_2，使 $f(\xi_1) = f(\xi_2)$，使 $F'(\xi_1) = F'(\xi_2) = 0$，为此找出 $F(x)$ 在 $[0, \pi]$ 上的三个零点. 事实上 $F(0) = 0$，$F(\pi) = \int_0^\pi f(t) \, dt = 0$，又因

$$0 = \int_0^\pi f(x) \cos x \, dx = \int_0^\pi \cos x F'(x) \, dx = \int_0^\pi \cos x \, dF(x)$$

$$= \left[\cos x F(x) \right]_0^\pi + \int_0^\pi \sin x F(x) \, dx = \int_0^\pi \sin x F(x) \, dx$$

则必存在 $\xi \in (0, \pi)$，使 $F(\xi) \sin \xi = 0$，如不然，则 $F(x) \sin x$ 恒为正，或恒为负，这时都有 $\int_0^\pi \sin x F(x) \, dx \neq 0$，与 $\int_0^\pi \sin x F(x) \, dx = 0$ 矛盾.

又因 $\xi \in (0, \pi)$ 时，$\sin \xi \neq 0$，故必有 $F(\xi) = 0$. 于是在 $[0, \xi]$，$[\xi, \pi]$，上对 $F(x)$ 使用罗尔定理得到，必有 $\xi_1 \in (0, \xi)$ 使 $F'(\xi_1) = 0$，即 $f(\xi_1) = 0$，必有 $\xi_2 \in (\xi, \pi)$ 使 $F'(\xi_2) = 0$，即 $f(\xi_2) = 0$

【例20】证：若令 $F(x) = f(x) \int_x^b g(t) \, dt - g(x) \int_a^x f(t) \, dt$，因不易证明

$$F(a) = f(a) \int_a^b g(t) \, dt, \quad F(b) = -g(b) \int_a^b f(t) \, dt$$

异号. 改令 $F'(x) = f(x) \int_x^b g(t) \, dt - g(x) \int_a^x f(t) \, dt$，注意到

$$f(x) \int_x^b g(t) \, dt - g(x) \int_a^x f(t) \, dt = \left(\int_a^x f(t) \, dt \int_x^b g(t) \, dt \right)' = (F(x))'$$

因而作辅助函数 $F(x) = \int_a^x f(t) \, dt \int_x^b g(t) \, dt$，下验证 $F(x)$ 满足罗尔定理的条件，事实上，因 $f(x)$、$g(x)$ 在 $[a, b]$ 上连续，故 $\int_a^x f(t) \, dt$、$\int_x^b g(t) \, dt$ 可导，从而 $F(x)$ 在 $[a, b]$ 上连续，在 (a, b) 内可导，又 $F(a) = F(b) = 0$，于是由罗尔定理知在 (a, b) 内至少有一点 ξ，使 $F'(\xi) = 0$，即

$$\left[\int_a^x f(t) \, dt \int_x^b g(t) \, dt \right]'_{x = \xi} = f(\xi) \int_\xi^b g(t) \, dt - g(\xi) \int_a^\xi f(t) \, dt = 0$$

故 $f(\xi) \int_\xi^b g(t) \, dt = g(\xi) \int_a^\xi f(t) \, dt$

【例21】证法1：将 $\int_0^1 [f(x) - x f(x)] \, dx = \int_0^1 (1 - x) f(x) \, dx = \int_0^1 (1 - t) f(t) \, dt$ 中的 1 一律改为变量 x，并令 $F(x) = \int_0^x (x - t) f(t) \, dt$，显然 $F(x)$ 在 $[0, 1]$ 上连续，在 $(0, 1)$ 又可导，又 $F(0) = 0$，

$$F(1) = \int_0^1 (1 - t) f(t) \, dt = \int_0^1 f(t) \, dt - \int_0^1 t f(t) \, dt = 0$$

于是有罗尔定理知，存在一个 $\xi \in (0, 1)$，使 $F'(\xi) = 0$，因

$$F'(x) = \left[x \int_0^x f(t) \, dt - \int_0^x t f(t) \, dt \right]' = \int_0^x f(t) \, dt + x f(x) - x f(x) = \int_0^x f(t) \, dt$$

故 $F'(x) \big|_{x = \xi} = \left[\int_0^x f(t) \, dt \right]_{x = \xi} = \int_0^\xi f(t) \, dt = \int_0^\xi f(x) \, dx = 0$

证法2：令 $G(x) = \int_0^x f(t) \, dt$，则 $G(0) = 0$，$G'(x) = f(x)$.

$$G(1) = \int_0^1 f(t)\,dt = \int_0^1 f(x)\,dx = \int_0^1 xf(x)\,dx = \int_0^1 xG'(x)\,dx = \int_0^1 x\,dG(x)$$

$$= xG(x)\Big|_0^1 - \int_0^1 G(x)\,dx = G(1) - \int_0^1 G(x)\,dx,$$

所以 $\int_0^1 G(x)\,dx = 0$，由拉格朗日中值定理知，存在 $\xi \in (0, 1)$，使得

$$\int_0^1 G(x)\,dx - \int_0^0 G(x)\,dx = G(\xi)(1 - 0) = 0,\ 得\ G(\xi) = 0,\ 即\int_0^\xi f(x)\,dx = 0.$$

证法 3：（反证法）假设对任意的 $x \in (0, 1)$，使得 $\int_0^x f(t)\,dt \neq 0$，则.必有 $\int_0^x f(t)\,dt > 0$，或$\int_0^x f(t)\,dt < 0$.

（否则由零点定理知，存在 $\xi \in (0, 1)$，使得 $\int_0^\xi f(x)\,dx = 0$.）

不妨设对任意的 $x \in (0, 1)$，有 $\int_0^x f(t)\,dt > 0$. 令 $\varphi(x) = x\int_0^x f(t)\,dt$，则 $\varphi(0) = 0$，

且 $\varphi'(x) = xf(x) + \int_0^x f(t)\,dt > xf(x)$，$x \in (0, 1)$，

故有 $\int_0^1 \varphi'(x)\,dx > \int_0^1 xf(x)\,dx$，得

$$\varphi(1) - \varphi(0) = \varphi(1) > \int_0^1 xf(x)\,dx = \int_0^1 f(x)\,dx = \varphi(1),$$

矛盾，所以存在 $\xi \in (0, 1)$，使得 $\int_0^\xi f(x)\,dx = 0$.

题型七　用定积分的换元积分法结论计算

【例 22】解：得 $\int_a^b f(a + b - x)\,dx = \int_a^b f(x)\,dx = 1$

【例 23】解：原式 $= \int_{-\pi/4}^{\pi/4} \dfrac{dx}{1 - \sin x}$，故

原式 $= \dfrac{1}{2}\int_{-\pi/4}^{\pi/4}\left(\dfrac{1}{1 + \sin x} + \dfrac{1}{1 - \sin x}\right)dx = \dfrac{1}{2}\int_{-\pi/4}^{\pi/4}\dfrac{2\,dx}{\cos^2 x} = 2$

【例 24】解：令 $f(\cos x) = \dfrac{\cos^p x}{\sin^p x + \cos^p x}$，则 $f(\sin x) = \dfrac{\sin^p x}{\sin^p x + \cos^p x}$，得到

$$\int_0^{\pi/2}\dfrac{\cos^p x\,dx}{\sin^p x + \cos^p x} = \int_0^{\pi/2}\dfrac{\sin^p x\,dx}{\sin^p x + \cos^p x}$$

于是 $I = \dfrac{1}{2}\left[\int_0^{\pi/2}\dfrac{\cos^p x\,dx}{\sin^p x + \cos^p x} + \int_0^{\pi/2}\dfrac{\sin^p x\,dx}{\sin^p x + \cos^p x}\right]$

$$= \dfrac{1}{2}\left[\int_0^{\pi/2}\dfrac{\sin^p x + \cos^p x}{\sin^p x + \cos^p x}\,dx\right] = \dfrac{1}{2}\int_0^{\pi/2}dx = \dfrac{\pi}{2}\cdot\dfrac{1}{2} = \dfrac{\pi}{4}$$

题型八　分部积分

【例 25】证：(1) $\int_0^1 x(x - 1)f''(x)\,dx = \int_0^1 x(x - 1)\,df'(x)$

$$= x(x - 1)f'(x)\Big|_0^1 - \int_0^1 f'(x)(2x - 1)\,dx$$

$$= -\int_0^1 (2x - 1)\,df(x)$$

$$= -(2x - 1)f(x)\Big|_0^1 + 2\int_0^1 f(x)\,dx = 2\int_0^1 f(x)\,dx,$$

所以 $\int_0^1 f(x)\mathrm{d}x = \dfrac{1}{2}\int_0^1 x(x-1)f''(x)\mathrm{d}x.$

(2) 由(1)知 $\left| \int_0^1 f(x)\mathrm{d}x \right| = \left| \dfrac{1}{2}\int_0^1 x(x-1)f''(x)\mathrm{d}x \right| \leqslant \dfrac{1}{2}\int_0^1 x(1-x)\left| f''(x) \right|\mathrm{d}x$

$\leqslant \dfrac{1}{2}\int_0^1 x(1-x)\max_{0\leqslant x\leqslant 1}\left| f''(x) \right|\mathrm{d}x = \dfrac{1}{2}\int_0^1 x(1-x)\mathrm{d}x \cdot \max_{0\leqslant x\leqslant 1}\left| f''(x) \right| = \dfrac{1}{12}\max_{0\leqslant x\leqslant 1}\left| f''(x) \right|.$

题型九 反常积分敛散性的判别

【例26】解： $\lim\limits_{x\to +\infty} x^2 \cdot \dfrac{1}{x\sqrt{1+x^2}} = \lim\limits_{x\to +\infty}\dfrac{1}{\sqrt{\dfrac{1}{x^2}+1}} = 1$，收敛.

【例27】解： $\lim\limits_{x\to +\infty} x \dfrac{x^{3/2}}{1+x^2} = \lim\limits_{x\to +\infty}\dfrac{x^2\sqrt{x}}{1+x^2} = +\infty$，发散.

【例28】解： $\lim\limits_{x\to +\infty} x\dfrac{\arctan x}{x} = \lim\limits_{x\to +\infty}\arctan x = \dfrac{\pi}{2}$，发散.

【例29】解：由于 $\lim\limits_{x\to +\infty} x^2 \cdot \sin\dfrac{1}{x^2} = 1$，因此 $\int_1^{+\infty}\sin\dfrac{1}{x^2}\mathrm{d}x$ 收敛.

【例30】解： $\dfrac{1}{1+x|\sin x|} \geqslant \dfrac{1}{1+x}$，且 $\int_0^{+\infty}\dfrac{\mathrm{d}x}{1+x}$ 发散，$\int_0^{+\infty}\dfrac{\mathrm{d}x}{1+x|\sin x|}$ 发散.

【例31】解：因为 $\left| e^{-ax}\sin bx \right| < e^{-ax}$，而 $\int_0^{+\infty} e^{-ax}\mathrm{d}x$ 收敛，根据比较审敛法1，反常积分

$\int_0^{+\infty}\left| e^{-ax}\sin bx \right|\mathrm{d}x$ 收敛. 由定理5可知所给反常积分收敛.

【例32】解： $\left| \dfrac{1}{\sqrt{x}}\sin\dfrac{1}{x} \right| \leqslant \dfrac{1}{\sqrt{x}}$，而 $\int_0^1\dfrac{\mathrm{d}x}{\sqrt{x}}$ 收敛，从而反常积分 $\int_0^1\dfrac{1}{\sqrt{x}}\sin\dfrac{1}{x}\mathrm{d}x$ 也收敛.

【例33】解： $\lim\limits_{x\to 1^+}(x-1)\dfrac{1}{\ln x} = \lim\limits_{x\to 1^+}\dfrac{1}{\dfrac{1}{x}} = 1 > 0$，发散.

【例34】解：被积函数有两个瑕点：$x = 1$，$x = 2$.

$\lim\limits_{x\to 1^+}(x-1)^{\frac{1}{3}}\dfrac{1}{\sqrt[3]{x^2-3x+2}} = -1$，因此 $\int_1^{1.5}\dfrac{\mathrm{d}x}{\sqrt[3]{x^2-3x+2}}$ 收敛；

$\lim\limits_{x\to 2^-}(x-2)^{\frac{1}{3}}\dfrac{1}{\sqrt[3]{x^2-3x+2}} = 1$，$\int_{1.5}^2\dfrac{\mathrm{d}x}{\sqrt[3]{x^2-3x+2}}$ 收敛，因此收敛.

题型十 反常积分求解

【例35】解： $\int_0^b\dfrac{\mathrm{d}x}{1+x+x^2} = \int_0^b\dfrac{\mathrm{d}(x+1/2)}{(x+1/2)^2 + (\sqrt{3/4})^2} = \dfrac{2}{\sqrt{3}}\left(\arctan\dfrac{b+1/2}{\sqrt{3/4}} - \arctan\dfrac{1}{\sqrt{3}} \right)$

因 $\lim\limits_{b\to\infty}\int_0^b\dfrac{\mathrm{d}x}{1+x+x^2} = \dfrac{2}{\sqrt{3}}\lim\limits_{b\to\infty}\left(\arctan\dfrac{b+1/2}{\sqrt{3/4}} - \arctan\dfrac{1}{\sqrt{3}} \right) = \dfrac{2\sqrt{3}}{9}\pi$

故该极限是存在的，因而所给反常积分收敛，其值为 $\dfrac{2\sqrt{3}}{9}\pi$

【例36】解法1：显然 I_n 的被积函数为偶函数，因 $I_n^{(1)} = \int_0^{+\infty}\dfrac{\mathrm{d}x}{(1+x^2)^n}$ 收敛，事实上令 $x = \tan t$，则

$x = 0$，$x\to +\infty$时，$t = 0$，$t\to\dfrac{\pi}{2}$，$\mathrm{d}x = \sec^2 t\mathrm{d}t$，故

$$I_n^{(1)} = \int_0^{\pi/2} \frac{\sec^2 t \, dt}{(\sec^2 t)^n} = \int_0^{\pi/2} (\cos t)^{2(n-1)} \, dt = \frac{(2n-3)!!}{(2n-2)!!} \cdot \frac{\pi}{2}$$

因此 I_n 收敛，且 $I_n = 2I_n^{(1)} = 2\int_0^{+\infty} \frac{dx}{(1+x^2)^n} = \frac{(2n-3)!!}{(2n-2)!!}\pi$

解法 2： 由解法 1 知 I_n 收敛，下用递推求其值.

易求得 $\int_0^{+\infty} \frac{dx}{1+x^2} = \frac{\pi}{2}$，因而 $I_1 = 2\int_0^{+\infty} \frac{dx}{1+x^2} = \pi$.

$$I_n = 2\int_0^{+\infty} \frac{dx}{(1+x^2)^n} = 2\int_0^{+\infty} \frac{x^2+1-x^2}{(1+x^2)^n} dx$$

$$= I_{n-1} - \int_0^{+\infty} \frac{x \, d(x^2+1)}{(x^2+1)^n} = I_{n-1} - \int_0^{+\infty} \frac{x}{-(n-1)} d\frac{1}{(1+x^2)^{n-1}}$$

$$= I_{n-1} - \left\{ \left[-\frac{x}{n-1} \frac{1}{(1+x^2)^{n-1}} \right]_0^{+\infty} + \frac{1}{n-1} \int_0^{+\infty} \frac{dx}{(1+x^2)^{n-1}} \right\}$$

$$= I_{n-1} - \frac{1}{2(n-1)} \left[2\int_0^{+\infty} \frac{dx}{(1+x^2)^{n-1}} \right] = I_{n-1} - \frac{1}{2(n-1)} \int_{-\infty}^{+\infty} \frac{dx}{(1+x^2)^{n-1}}$$

$$= I_{n-1} - \frac{1}{2(n-1)} I_{n-1} = \frac{2n-3}{2n-2} I_{n-1}$$

故 $I_n = \frac{2n-3}{2n-2} \cdot \frac{2n-5}{2n-4} \cdot \frac{2n-7}{2n-6} \cdots \frac{3}{4} \cdot \frac{1}{2} I_1 = \frac{(2n-3)!!}{(2n-2)!!}\pi$.

【例 37】解： $\int_0^2 \frac{dx}{\sqrt{x(2-x)}} = \int_0^1 \frac{dx}{\sqrt{x(2-x)}} + \int_1^2 \frac{dx}{\sqrt{x(2-x)}} = I_1 + I_2$

其中，I_1 中 $f(x)$ 仅在 $x=0$ 的右邻域无界，I_2 中仅在 $x=2$ 的左邻域无界，由于

$$\int \frac{dx}{\sqrt{x(2-x)}} = 2\int \frac{d\sqrt{x}}{\sqrt{(\sqrt{2})^2 - (\sqrt{x})^2}} = 2\arcsin\sqrt{\frac{x}{2}} + C，从而有$$

$$\int_\varepsilon^1 \frac{dx}{\sqrt{x(2-x)}} = \left[2\arcsin\sqrt{\frac{x}{2}} \right]_\varepsilon^1 = 2 \cdot \frac{\pi}{4} - \arcsin\sqrt{\frac{\varepsilon}{2}}$$

$$\int_1^{2-\delta} \frac{dx}{\sqrt{x(2-x)}} = \left[2\arcsin\sqrt{\frac{x}{2}} \right]_1^{2-\delta} = 2\left(\arcsin\sqrt{\frac{2-\delta}{2}} - \arcsin\frac{1}{\sqrt{2}} \right)$$

于是，$\lim_{\varepsilon \to +0} \int_\varepsilon^1 \frac{dx}{\sqrt{x(2-x)}} = \frac{\pi}{2}$，$\lim_{\varepsilon \to +0} \int_1^{2-\varepsilon} \frac{dx}{\sqrt{x(2-x)}} = 2 \cdot \frac{\pi}{2} - 2 \cdot \frac{\pi}{4} = \frac{\pi}{2}$

故所给的反常积分收敛，其值为

$$\int_0^2 \frac{dx}{\sqrt{x(2-x)}} = \lim_{\varepsilon \to +0} \int_\varepsilon^1 \frac{dx}{\sqrt{x(2-x)}} + \lim_{\varepsilon \to +0} \int_1^{2-\varepsilon} \frac{dx}{\sqrt{x(2-x)}} = \frac{\pi}{2} + \frac{\pi}{2} = \pi$$

【例 38】解法 1： 在 $(1, +\infty)$ 内任取一点 c，因

$$I_1 = \int_1^c \frac{dx}{x\sqrt{x-1}} \xlongequal{t=\sqrt{x-1}} \int_0^{\sqrt{c-1}} \frac{2}{1+t^2} dt = 2\arctan\sqrt{c-1}$$

$$I_2 = \int_c^{+\infty} \frac{dx}{x\sqrt{x-1}} = \lim_{b \to +\infty} \int_c^b \frac{dx}{x\sqrt{x-1}} \xlongequal{t=\sqrt{x-1}} \lim_{b \to +\infty} \int_{\sqrt{c-1}}^{\sqrt{b-1}} \frac{2dt}{1+t^2}$$

$$= \lim_{b \to +\infty} [2\arctan t]_{\sqrt{c-1}}^{\sqrt{b-1}} = \pi - 2\arctan\sqrt{c-1}$$

故无界函数的反常积分 I_1 与无穷限反常积分 I_2 均收敛，所以原积分也收敛，由定义知，其值为

$$\int_1^{+\infty} \frac{dx}{x\sqrt{x-1}} = I_1 + I_2 = \int_1^c \frac{dx}{x\sqrt{x-1}} + \int_c^{+\infty} \frac{dx}{x\sqrt{x-1}} = \pi$$

解法 2： 令 $\sqrt{x-1} = t$，当 $x=1$ 时，$t=0$；$x \to +\infty$ 时，$t \to +\infty$，$x = t^2+1$，$dx = 2dt$，因而

原式 $= \int_0^{+\infty} \frac{2t\mathrm{d}t}{(1+t^2)t} = 2\int_0^{+\infty} \frac{\mathrm{d}t}{1+t^2} = 2 \cdot \frac{\pi}{2} = \pi$

题型十一 平面图形的面积

【例39】解：如图所示，所求面积的图形 OCD 即可看成是 x 轴，也可成是 y 轴上的曲边梯形.

因此，即可选 x 轴也可选 y 为积分变量，易求得曲线 $\sqrt{x} + \sqrt{y} = 1$ 与坐标轴之焦点坐标分别为 $C = C(1,0)$，$D = D(0,1)$，于是所求面积为

$$A = \int_0^1 y\mathrm{d}x = \int_0^1 (1-\sqrt{x})^2 \mathrm{d}x$$

$$= \int_0^1 (1 + x - 2\sqrt{x})\mathrm{d}x = \left[x + \frac{x^2}{2} - \frac{4}{3}x^{3/2} \right]_0^1 = \frac{1}{6},$$

或

$$A = \int_0^1 x\mathrm{d}y = \int_0^1 (1-\sqrt{y})^2 \mathrm{d}y = \left[y + \frac{y^2}{2} - \frac{4}{3}y^{3/2} \right]_0^1 = \frac{1}{6}.$$

【例40】解：先求出函数 $y = -x^3 + x^2 + 2x$ 的零点为 $x_1 = -1, x_2 = 0, x_3 = 2$. 注意到 $\lim\limits_{x \to -\infty} y = +\infty$，$\lim\limits_{x \to +\infty} y = -\infty$，其轮廓曲线如图所示，在 x 轴下方的面积设为 A_1，在 x 轴上方的面积设为 A_2，则

$$A = A_1 + A_2 = \int_{-1}^0 -(-x^3+x^2+2x)\mathrm{d}x + \int_0^2 (-x^3+x^2+2x)\mathrm{d}x = 5/12 + 32/12 = 37/12.$$

【例41】解：三叶玫瑰线 $\rho = 8a\sin3\varphi$ 的图形如图所示，它所围成的面积显然等于第一象限内一叶玫瑰所围成的面积的 3 倍. 同样，由于对称性，等于带有阴影部分面积的 6 倍. 这时 $\alpha = 0, \beta = \pi/6$（对应于极径最长的幅角为 $3\varphi = \pi/2$，因此 $\beta = \varphi = \pi/6$），故

$$A = \frac{6}{2}\int_0^{\frac{\pi}{6}} (8a\sin3\varphi)^2 \mathrm{d}\varphi = 3\int_0^{\frac{\pi}{6}} 64a^2 \frac{1-\cos6\varphi}{2}\mathrm{d}\varphi$$

$$= 96a^2 \left[\int_0^{\frac{\pi}{6}} \mathrm{d}\varphi - \int_0^{\frac{\pi}{6}} \cos6\varphi\mathrm{d}\varphi \right] = 16\pi a^2.$$

【例42】解：$x = 0$ 时，$t = \pi/2$，$x = a$ 时，$t = 0$，参数 t 为倾角. 由图知，星形线（内摆线的一种）所围图形对称，所求面积为其在第一象限（$0 \le t \le \pi/2$）面积的 4 倍，即

$$A = 4\int_0^a y\mathrm{d}x = 4\int_{\pi/2}^0 y(t)x'(t)\mathrm{d}t$$

$$= 12a^2 \int_{\pi/2}^0 \sin^3 t \cdot \cos^2 t(-\sin t)\mathrm{d}t$$

$$= 12a^2 \left(\frac{3 \cdot 1}{4 \cdot 2} \cdot \frac{\pi}{2} - \frac{5 \cdot 3 \cdot 1}{6 \cdot 4 \cdot 2} \cdot \frac{\pi}{2} \right) = \frac{3\pi a^2}{8}.$$

【例43】解：由图可知所围的公共部分图形的面积为圆 $\rho = 3$ 的内部与心形线 $\rho = 2(1+\cos\varphi)$ 内部之交的部分 S. 由图形的对称性，只需计算 x 轴的上半部分，再两倍即得所求的面积的值.

先求出两曲线的交点 M 的坐标，确定积分限，由 $3 = \rho = 2(1+\cos\varphi)$，可求得第一象限的交点为 $(1/2, \sqrt{3}/2)$. 由对称性，图中的面积 $A = 2(A_1 + A_2)$，而

$$2A_1 = 2\int_{\frac{\pi}{3}}^{\pi} \frac{1}{2}\rho^2\mathrm{d}\theta = 2\int_{\frac{\pi}{3}}^{\pi} \frac{1}{2} \cdot 4(1+\cos\theta)^2\mathrm{d}\theta = 4\pi - \frac{9}{2}\sqrt{3}$$

$$2A_2 = 2 \cdot \frac{1}{2} \cdot 3^2 \cdot \frac{\pi}{3} = 3\pi$$

故 $A = 4\pi - \frac{9}{2}\sqrt{3} + 3\pi = 7\pi - \frac{9}{2}\sqrt{3}$

【例44】解：设曲线 $y = \cos x$ 与曲线 $y = a\sin x$，$y = b\sin x$ 的交点分别为 C，D，其横坐标分别为 x_1，x_2，如右图所示.

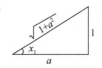
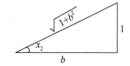

由 $\begin{cases} y = \cos x; \\ y = a\sin x, \end{cases}$ $\begin{cases} y = \cos x; \\ y = b\sin x, \end{cases}$ 分别得 $\begin{aligned} \tan x_1 &= 1/a; \\ \tan x_2 &= 1/b. \end{aligned}$

因而由上图三角函数关系易知

$$\begin{cases} \sin x_1 = 1/\sqrt{1+a^2}; \\ \cos x_1 = a/\sqrt{1+a^2}. \end{cases} \quad \begin{cases} \sin x_2 = 1/\sqrt{1+b^2}; \\ \cos x_2 = b/\sqrt{1+b^2}. \end{cases}$$

于是 $A_1 = \dfrac{1}{3} = \displaystyle\int_0^{x_1} \cos x\,dx - \int_0^{x_1} a\sin x\,dx = \sin x_1 + a\cos x_1 - a$,

即 $1/\sqrt{1+a^2} + a^2/\sqrt{1+a^2} - a = 1/3$

解之得 $a = 4/3$. 又由

$$A_3 = \frac{1}{3} = \int_0^{x_2} b\sin x\,dx + \int_{x_2}^{\pi/2} \cos x\,dx = b - b\cos x_2 + 1 - \sin x_2,$$

即 $1 + b - (1+b^2)/\sqrt{1+b^2} = 1 + b - \sqrt{1+b^2} = 1/3$,

解之得 $b = 5/12$.

题型十二　体积求解

【例45】解： 设绕 x 轴旋转所得旋转体的体积为 V_x,

如图所示，因圆周的边界曲线有两条：$y - 5 = \pm\sqrt{16-x^2}$

即 $y = 5 \pm \sqrt{16-x^2}$.

令 $f_1(x) = 5 + \sqrt{16-x^2}$, $f_2(x) = 5 - \sqrt{16-x^2}$.

则所求旋转体的体积应为曲线上半圆周的曲边梯形（由上半圆 $f_1(x) = 5$ + $\sqrt{16-x^2}$, $x = -4$, $x = 4$ 及 $y = 0$ 所围成）绕 x 轴旋转所生成的体积减去曲顶为下半圆周的曲边梯形（由 $x = -4$, $x = 4$, $y = 0$ 及下半圆 $f_2(x) = 5 - \sqrt{16-x^2}$ 所围成）绕 x 轴旋转所生成的旋转体体积. 因此所求体积为

$$\begin{aligned} V_x &= \pi\int_{-4}^4 f_1^2(x)\,dx - \pi\int_{-4}^4 f_2^2(x)\,dx \\ &= \pi\int_{-4}^4 [f_1^2(x) - f_2^2(x)]\,dx = \pi\int_{-4}^4 [(5+\sqrt{16-x^2})^2 - (5-\sqrt{16-x^2})^2]\,dx \\ &= 20\pi\int_{-4}^4 \sqrt{4^2-x^2}\,dx = 20\pi\left(\frac{\pi \cdot 4^2}{2}\right) = 160\pi^2. \end{aligned}$$

【例46】解法1： 令 $\begin{cases} u = x-2 \\ v = y \end{cases}$，则将 xOy 坐标系平移到 $u-v$ 坐标系，使直线 $x = 2$ 变为 v 轴，x 轴取为 u 轴，显然原点右移了两个单位.

在 $u-v$ 坐标系中，原曲线 $x^2+y^2 = 2x$ 化为 $(u+1)^2 + v^2 = 1$，原直线 $y = x$ 化为 $u = v-2$，则所考虑的旋转体是由 $u = -1 - \sqrt{1-v^2}$ 与 $u = v-2$ 所围的在 $0 \leq v \leq 1$ 部分的平面区域 σ 绕 v 旋转而构成，于是所求得体积

$$\begin{aligned} V_{x=2} &= \int_0^1 \pi[(-1-\sqrt{1-v^2})^2 - (v-2)^2]\,dv \\ &= 2\pi\int_0^1 [\sqrt{1-v^2} - (v-1)^2]\,dv \\ &= \pi[v\sqrt{1-v^2} + \arcsin v + (2/3)(1-v)^3]_0^1 \\ &= \pi^2/2 - 2\pi/3. \end{aligned}$$

解法2： 用柱壳法求之. 由圆周方程 $(x-1)^2+y^2 = 1$，得到 $f_2(x) = \sqrt{1-(x-1)^2}$,

又 $f_1(x) = x$，则 $V_{x=2} = 2\pi\displaystyle\int_0^1 (2-x)[\sqrt{1-(x-1)^2} - x]\,dx$.

令 $x-1=\sin t$，则

$$V_{x=2} = 2\pi \int_{-\pi/2}^{0} (1-\sin t)\left[\sqrt{1-\sin^2 t} - (1+\sin t)\right]\cos t\, dt$$

$$= 2\pi \int_{-\pi/2}^{0} (\cos^2 t - \cos^3 t + \sin^3 t - \sin t)\, dt$$

$$\xrightarrow{u = t + \pi/2} 2\pi \int_{0}^{\pi/2} (\sin^2 u - \sin^3 u - \cos^3 u + \cos u)\, du$$

$$= 2\pi\left(\frac{1}{2}\cdot\frac{\pi}{2} - \frac{2}{3} - \frac{2}{3} + 1\right) = \frac{\pi^2}{2} - \frac{2\pi}{3}.$$

解法 3：平面图形 *OFCEO* 可看成 $x=2$ 上两曲边梯形 *OABCEO* 与 *OABCFO* 之差因此得到

$$V_{x=2} = \int_{0}^{1}\left\{\pi\left[2-(1-\sqrt{1-y^2})\right]^2 - \pi(2-y)^2\right\}dy$$

$$= \int_{0}^{1} 2\pi\left[\sqrt{1-y^2} - (1-y)^2\right]dy$$

$$= 2\pi\left[y\sqrt{1-y^2}/2 + \arcsin y/2 + (1-y)^3/3\right]_{0}^{1}$$

$$= \pi^2/2 - 2\pi/3.$$

【例47】解法1：由于图形关于 x 轴、y 轴对称，故所求旋转体的体积是位于第一象限部分的图形绕 x 轴旋转所得体积的 2 倍，即

$$V_x = 2\int_{0}^{a}\pi y^2\, dx.$$

当 $x=0$，a 时，由 $x=a\cos^3\theta$ 得到 $\theta = \pi/2$，0. 于是

$$V_x = 2\int_{0}^{a}\pi y^2\, dx = 2\pi\int_{\pi/2}^{0} a^2\sin^6\theta\cdot 3a\cos^2\theta(-\sin\theta)\, d\theta$$

$$= 6\pi a^3\int_{0}^{\pi/2}(\sin^7\theta - \sin^9\theta)\, d\theta$$

$$= 6\pi a^3\left[\frac{6}{7}\cdot\frac{4}{5}\cdot\frac{2}{3}\left(1-\frac{8}{9}\right)\right] = \frac{32\pi a^3}{105}.$$

解法2：用柱壳法(剥洋葱法)求之：

$$V_x = 2\left[2\pi\int_{0}^{a}yg(y)\, dy\right] = 4\pi\int_{0}^{a}yx\, dy,$$

注意到 $y=0$，a 时，$\theta = 0$，$\pi/2$，故

$$V_x = 4\pi\int_{0}^{\pi/2}a\sin^3\theta\cdot a\cos^3\theta\, d(a\sin^3\theta) = 12\pi a^3\int_{0}^{\pi/2}\sin^5\theta\cos^4\theta\, d\theta$$

$$= 12\pi a^3\int_{0}^{\pi/2}(1-\sin^2\theta)^2\sin^5\theta\, d\theta$$

$$= 12\pi a^3\int_{0}^{\pi/2}(\sin^5\theta - 2\sin^7\theta + \sin^9\theta)\, d\theta$$

$$= 12\pi a^3\left(\frac{4\cdot 2}{5\cdot 3} - 2\frac{6\cdot 4\cdot 2}{7\cdot 5\cdot 3} + \frac{8\cdot 6\cdot 4\cdot 2}{9\cdot 7\cdot 5\cdot 3}\right) = \frac{32\pi a^3}{105}.$$

【例48】解：等边三角形边长为 $2\sqrt{R^2-x^2}$，面积为 $\dfrac{\sqrt{3}}{4}\left(2\sqrt{R^2-x^2}\right)^2 = \sqrt{3}(R^2-x^2)$

$$V = \int_{-R}^{R}\sqrt{3}(R^2-x^2)\, dx = \frac{4\sqrt{3}}{3}R^3.$$

题型十三　弧长求解

【例49】证：因椭圆 $x^2 + 2y^2 = 2$ 的方程可改写为 $x^2/2 + y^2/1 = 1$，故其参数方程为

$$\begin{cases} x = \sqrt{2}\cos t, \\ y = \sin t, \end{cases} \quad 0 \leq t \leq 2\pi.$$

因而椭圆周长为

$$s_1 = 4\int_0^{\pi/2} \sqrt{[x'(t)]^2 + [y'(t)]^2}\,dt = 4\int_0^{\pi/2} \sqrt{2\sin^2 t + \cos^2 t}\,dt = 4\int_0^{\pi/2} \sqrt{1 + \sin^2 t}\,dt \qquad ①$$

而曲线 $y = \sin x$ 在 $[0, 2\pi]$ 的弧长为

$$s_2 = 4\int_0^{\pi/2} \sqrt{1 + [y'(x)]^2}\,dx = 4\int_0^{\pi/2} \sqrt{1 + \cos^2 t}\,dt \qquad ②$$

作代换 $x = \pi/2 - t$ 即知，①与②的右端相等，因而 $s_1 = s_2$.

【例50】解： 如能确定 φ 的变化范围，即可利用弧长的极坐标计算公式求出所求弧长. 由图知，当 $\varphi = 0$ 时，$\rho = 0$. φ 由 0 开始增大时，ρ 也从 0 开始增大. 当 $\varphi = 3\pi/2$ 时，$\rho = a$ 达到最大. 当 φ 增大到 3π 时，ρ 减少到 0，回到了极点. 此时，点 (ρ, φ) 的轨迹已形成了一条封闭曲线，可见 φ 的变化范围是 $[0, 3\pi]$，因此所求弧长为

$$s = \int_0^{3\pi} \sqrt{[\rho(\varphi)]^2 + [\rho'(\varphi)]^2}\,d\varphi$$

$$= \int_0^{3\pi} \sqrt{a^2\sin^6\frac{\varphi}{3} + a^2\sin^4\frac{\varphi}{3}\cos^2\frac{\varphi}{3}}\,d\varphi = a\int_0^{3\pi} \sin^2\frac{\varphi}{3}\,d\varphi$$

$$= a\int_0^{3\pi} \frac{1 - \cos(2\varphi/3)}{2}\,d\varphi = \frac{3a\pi}{2}.$$

题型十四　定积分的物理应用

【例51】解： 取微元 $[x, x + dx] \subset [a, b]$，则 $dW = k\dfrac{q_1 q_2}{x^2}\,dx$. 于是

$$W = \int_a^b dW = kq_1 q_2 \int_a^b \frac{dx}{x^2} = kq_1 q_2\left(\frac{1}{a} - \frac{1}{b}\right).$$

【例52】解： 面积近似于 $2\sqrt{R^2 - x^2}\,dx$，$dP = 2\rho gx\sqrt{R^2 - x^2}\,dx$.

$$P = \int_0^R 2\rho gx\sqrt{R^2 - x^2}\,dx = -\rho g\int_0^R (R^2 - x^2)^{1/2}\,d(R^2 - x^2)$$

$$= -\rho g\left[\frac{2}{3}(R^2 - x^2)^{3/2}\right]_0^R = \frac{2\rho g}{3}R^3.$$

【例53】解： $dF_x = -G\dfrac{am\mu\,dy}{(a^2 + y^2)^{\frac{3}{2}}}$.

$$F_x = -\int_{-\frac{l}{2}}^{\frac{l}{2}} \frac{Gam\mu}{(a^2 + y^2)^{\frac{3}{2}}}\,dy = -\frac{2Gm\mu l}{a} \cdot \frac{1}{\sqrt{4a^2 + l^2}}.$$

第六讲　常微分方程

题型一　可分离变量与齐次微分方程

【例1】解： 将方程改写为 $\dfrac{dy}{dx} = \dfrac{y}{x}\ln\dfrac{y}{x}$，显然为齐次方程，令 $u = \dfrac{y}{x}$，则 $u + x\dfrac{du}{dx} = u\ln u$，即 $\dfrac{du}{u(\ln u - 1)} = \dfrac{dx}{x}$，两边积分得 $\ln(\ln u - 1) = \ln x + \ln c$，即 $\ln u - 1 = cx$，故 $u = e^{1+cx}$，代回 $u = y/x$ 得所求通解为 $y = xe^{1+cx}$（c 为任意常数）.

【例2】解： 由观察易知，$P(x, y) = 3x^2 + 2xy - y^2$ 与 $Q(x, y) = x^2 - 2xy$ 中各项 x 与 y 的方幂之和都相等，都等于 2. 因而该方程为齐次方程，于是令 $y = ux$，将 $\dfrac{dy}{dx} = x\dfrac{du}{dx} + u$ 代入原方程，整理得：

$$\frac{d(u^2 - u - 1)}{3(u^2 - u - 1)} = -\frac{dx}{x}$$

积分得 $\ln(u^2 - u - 1) = -3\ln x + \ln c$，即 $u^2 - u - 1 = cx^{-3}$

将 $u = y/x$ 代入上式，即得所求通解 $y^2 - xy - x^2 = cx^{-1}$

【例3】解： 由题意知当 $x > 0$ 时，$f(x)$ 可导，且 $f'(x) = \dfrac{f(x)}{2\sqrt{\displaystyle\int_0^x f(t)\,dt}} = \dfrac{1}{2}$，故 $f(x) = \dfrac{1}{2}x + C$.

又 $f(0) = \sqrt{\displaystyle\int_0^0 f(t)\,dt} = 0$，所以 $C = 0$，因此，当 $x \geq 0$ 时，$f(x) = \dfrac{1}{2}x$.

【例4】解： $\dfrac{dy}{dx} = \dfrac{y - 2x}{2y + x}$ 属上述类型，令 $u = \dfrac{y}{x}$，则

$$u + x\frac{du}{dx} = \frac{u - 2}{1 + 2u}, \quad x\frac{du}{dx} = -\frac{2 + 2u^2}{2u + 1}$$

$$\frac{2u + 1}{u^2 + 1}du = -2\frac{dx}{x}, \quad \frac{2u\,du}{u^2 + 1} + \frac{du}{u^2 + 1} = -2\frac{dx}{x}$$

$$\ln(u^2 + 1) + \arctan u = \ln x^{-2} + c$$

即 $\arctan(y/x) + \ln(x^2 + y^2) = c$

题型二　一阶线性方程的解法

【例5】解： 将原方程化为：

$$\frac{dy}{dx} + \frac{1}{x\ln x}y = \frac{x(1 + \ln x)}{x\ln x} = \frac{1 + \ln x}{\ln x}$$

其中，$P(x) = 1/(x\ln x)$，$Q(x) = (1 + \ln x)/\ln x$，因此得

$$y = e^{-\ln(\ln x)}\left[\int\frac{1 + \ln x}{\ln x}e^{\ln\ln x}dx + c\right]$$

$$= \frac{1}{\ln x}\left[\int(1 + \ln x)dx + c\right]$$

$$= \frac{1}{\ln x}(x + x\ln x - x + c)$$

$$= x + c/\ln x$$

【例6】解：将其化为：$y' + y\sec^2 x = \sec^2 x\tan x$，其中 $P(x) = \sec^2 x$，$Q(x) = \sec^2 x\tan x$，因此得：

$$y = e^{-\int_0^x \sec^2 x dx}\left[c + \int_0^x \sec^2 x\tan x e^{\int_0^x \sec^2 x dx}dx\right]$$

$$= e^{-\tan x}\left[c + \int_0^x \sec^2 x\tan x e^{\tan x}dx\right]$$

$$= e^{-\tan x}\left[c + \int_0^x \tan x e^{\tan x}d\tan x\right]$$

$$= e^{-\tan x}\left[\tan x e^{\tan x} - \int_0^x e^{\tan x}d\tan x + c\right]$$

$$= \tan x - e^{-\tan x}\cdot e^{\tan x} + ce^{-\tan x}$$

显然由 $y\big|_{x=0} = 0$ 知 $c = 1$，因而 $y = \tan x + e^{-\tan x} - 1$

【例7】解该方程可化为 $3y^{-4}y' + y^{-3} = (1 - 2x)$，即

$$3\frac{1}{1-4}\frac{dy^{1-4}}{dx} + y^{1-4} = 1 - 2x$$

显然令 $u = y^{-3}$，代入上方程得

$$\frac{du}{dx} - u = 2x - 1$$

此为一阶线性方程，有

$$u = e^{\int dx}\left[c + \int(2x-1)e^{-\int dx}dx\right] = e^x\left[c + \int e^{-x}(2x-1)dx\right] = ce^x - 2x - 1$$

所求通解为：$y^{-3} = ce^x - 2x - 1$，即 $(ce^x - 2x - 1)y^3 = 1$。

【例8】解：所给方程左端两项中 x 的次数差一次，且次数低的 x^2 与 dx 相乘，因而选 x 为因变量，原方程是以 x 为因变量的伯努利方程：

$$x^2\frac{dx}{dy} - \frac{1}{y}x^3 = y^3，即 \frac{1}{3}\frac{dx^3}{dy} - \frac{1}{y}x^3 = y^3$$

显然，令 $u = x^3$，原方程化为 $\frac{du}{dy} - \frac{3}{y}u = 3y^3$。

上方程为一阶线性微分方程，得：

$$u = e^{3\int\frac{dy}{y}}\left[\int 3y^3 e^{-3\int\frac{dy}{y}}dy + c\right]$$

$$= e^{3\ln y}\left[\int 3y^3\frac{1}{y^3}dy + c\right] = y^3(3y + c) = 3y^4 + cy^3$$

即 $x^3 = 3y^4 + cy^3$

【例9】解：因方程含 y 的非一次幂而仅含 x 的一次幂，且 x 与 y' 相乘，故可视 x 为未知函数（y 为自变量），将所给方程化为一阶线性微分方程：

$$\frac{dx}{dy} - \frac{3}{y}x = \frac{-y}{2},$$

其中 $P(y) = -\frac{3}{y}$，$Q(y) = \frac{-y}{2}$，

因此可求得其通解：$x = e^{\ln y^3}\left[\int -\frac{y}{2}e^{-\ln y^3}dy + c\right] = \frac{y^2}{2} + cy^3$

【例10】解：初看该方程，分母由三项组成，求解方程，但注意到方程仅含 x 的一次幂形式，且 x 与 y' 相乘，如将视 x 为因变量，将分子、分母调换其位置，即得一阶线性方程：

$$\frac{dx}{dy} = \frac{y^2 + 2xy - x}{y^2}，即 \frac{dx}{dy} + \frac{1-2y}{y^2}x = 1,$$

故 $x = e^{-\int\frac{1-2y}{y^2}dy}\left[\int e^{\int\frac{1-2y}{y^2}dy}dy + c\right] = y^2 e^{\frac{1}{y}}(e^{-\frac{1}{y}} + c)$

题型三　可降阶微分方程(数一、数二)

【例11】解： $y'' = 1/(1 + x^2)$, $y' = \int \dfrac{\mathrm{d}x}{1 + x^2} = \arctan x + c_1$,

$$y = \int \arctan x \mathrm{d}x + c_1 x = x\arctan x - \int \dfrac{x\mathrm{d}x}{1 + x^2} + c_1 x$$

$$= x\arctan x - \dfrac{1}{2}\int \dfrac{\mathrm{d}(1 + x^2)}{1 + x^2} + c_1 x$$

$$= x\arctan x - [\ln(1 + x^2)]/2 + c_1 x + c_2$$

注意：像求不定积分那样，有的初学者把积分常数放在最后加，于是得到通解为：

$$y = x\arctan x - [\ln(1 + x^2)]/2 + c$$

这显然是错误的，二阶微分方程的通解一定含两个任意常数，它们是在解题过程中出现的，每积分一次必须及时加上积分常数，而不是任意加上的.

【例12】解： 所给方程不显 y, 令 $y' = p$, 并将 p 看作 x 的函数，有 $y'' = p'$. 原方程化为 $\dfrac{\mathrm{d}p}{\mathrm{d}x} + p = x^2$.

这是一阶线性微分方程，得

$$p = e^{-\int \mathrm{d}x}\left[\int x^2 e^{\int \mathrm{d}x} \mathrm{d}x + \tilde{c_1}\right]$$

$$= e^{-x}\left(\int x^2 e^x \mathrm{d}x + \tilde{c_1}\right)$$

$$= e^{-x}(x^2 e^x - 2xe^x + 2e^x + \tilde{c_1}),$$

即 $\mathrm{d}y = (x^2 - 2x + 2 + \tilde{c_1}e^{-x})\mathrm{d}x$. 两边积分得所求通解为：

$$y = x^3/3 - x^2 + 2x + c_1 + c_2 e^{-x}\ (c_2 = -\tilde{c_1})$$

【例13】解： 令 $y' = p$　　　　　　　　　　　　　　　　　　　　　　　　　　　　①

且将 p 看作 y 的函数，有 $y'' = p\dfrac{\mathrm{d}p}{\mathrm{d}y}$, 代入原方程得

$$(1 - y)p\dfrac{\mathrm{d}p}{\mathrm{d}y} + 2p^2 = 0 \qquad\qquad\qquad ②$$

借此一阶方程②，求出其解 $p = p(y)$, 为此分离变量有 $\dfrac{\mathrm{d}p}{p} = \dfrac{2\mathrm{d}y}{y - 1}$, 积分得

$\ln p = \ln(y - 1)^2 + \ln c_1$, $p = c_1(y - 1)^2$, 将其代入方程①，得到 $y' = c_1(y - 1)^2$, 解此一阶方程，其解 $y = y(x)$ 即为所求.

分离变量，并积分得 $\dfrac{\mathrm{d}y}{(y - 1)^2} = c_1 \mathrm{d}x$, $\dfrac{1}{y - 1} = -c_1 x - c_2$

因而 $y = 1 - 1/(c_1 x + c_2)$.

【例14】解： 方程中不出现 x, 属于 $y'' = f(y, y')$ 型，令 $y' = p$, 并将 p 看作 y 的函数，有 $y'' = p\dfrac{\mathrm{d}p}{\mathrm{d}y}$,

代入方程得 $p\dfrac{\mathrm{d}p}{\mathrm{d}y} = \sin y\cos y$, 解之得：$p^2 = \sin^2 y + c_1$

由 $p|_{x=0} = y'|_{x=0} = 1$, 得 $c_1 = 0$, 则 $p^2 = \sin^2 y$, $p = \pm\sin y$.

又由 $y|_{x=0} = \pi/2$, $y'|_{x=0} = 1$ 知，上式只能取正号，做 $y' = p = \sin y$, 再积分一次得

$$\ln[\tan(y/2)] = x + c_2$$

代入初始条件 $y|_{x=0} = \dfrac{\pi}{2}$, 得 $c_2 = 0$, 故所求特解为 $x = \ln\tan(y/2)$ 即 $y = 2\arctan e^x$

注意：从上例可知，(1)在方程 $p^2 = \sin^2 y + c_1$ 中，若不先用初始条件确定 c_1, 则 p 的表达式就较复杂，

下面的积分要困难得多；（2）在 $p = \pm \sin y$ 中，若不用初始条件确定符号，而取 $p = -\sin y$，将会导致错误的结果．

由此可知，在求解过程中，每次积分后都要及时代入相应的初始条件，确定任意常数，这可为正确求出或更方便求出下次积分创造条件，这样做要比求出通解后再利用初始条件确定通解中的任意常数方便得多．

【例15】解：所给方程不显含 x，令 $y' = p$ ①

并视 p 为 x 的函数，则 $y'' = p'$，原方程化为 $p' = 1 + p^2$，分离变量，并积分得

$$\frac{\mathrm{d}p}{1 + p^2} = \mathrm{d}x, \ \int \frac{\mathrm{d}p}{1 + p^2} = \int \mathrm{d}x, \ \text{即} \ p = \tan(x + c_1).$$

将其代入方程①，得 $y' = \tan(x + c_1)$，再积分得所求通解

$$y = -\ln|\cos(x + c_1)| + c_2$$

题型四　二阶常系数线性齐次方程的解法

【例16】解其特征方程为 $r^2 + 2r + a = (r + 1)^2 - (1 - a) = 0$

（1）$a < 1$ 时，$r_{1, 2} = -1 \pm \sqrt{1 - a}$，其通解为 $Y_1 = c_1 e^{(-1 + \sqrt{1 - a})x} + c_2 e^{(-1 - \sqrt{1 - a})x}$

（2）$a = 1$ 时，$r_{1, 2} = -1$，其通解为 $Y_2 = (c_1 + c_2 x)e^{-x}$；

（3）$a > 1$ 时，$r_{1, 2} = -1 \pm i\sqrt{a - 1}$，其通解为 $Y_3 = e^{-x}(c_1 \cos\sqrt{a - 1}x + c_2 \sin\sqrt{a - 1}x)$．

【例17】解：（1）特征方程 $r^3 + 6r^2 + 10r = r(r^2 + 6r + 10) = 0$，其特征根为一实根 $r_1 = 0$，一对共轭复根 $r_{2, 3} = -3 \pm i$，其通解：

$$Y = c_1 e^{0x} + e^{-3x}(c_2 \cos x + c_3 \sin x) = c_1 + e^{-3x}(c_2 \cos x + c_3 \sin x)$$

（2）特征方程为 $r^4 - 2r^2 + 1 = 0$，即 $(r^2)^2 - 2r^2 + 1 = 0$，其特征根为两个二重根，即 $r_{1, 2} = 1$，$r_{3, 4} = -1$，故其通解为：$Y = (c_1 + c_2 x)e^x + (c_3 + c_4 x)e^{-x}$

（3）特征方程为 $r^4 + 2r^2 + 1 = (r^2 + 1)^2 = 0$，其特征根为二重共轭负根 $r = \pm i$，其通解：

$$Y = e^{0x}[(c_1 + c_2 x)\cos x + (D_1 + D_2 x)\sin x] = (c_1 + c_2 x)\cos x + (D_1 + D_2 x)\sin x$$

（4）特征方程为 $r^4 + 3r^2 - 4 = (r^2 + 4)(r^2 - 1) = 0$，其特征根为一对共轭复根 $r_{1, 2} = \pm 2i$ 和两个不等实根 $r_{3, 4} = \pm 1$，其通解为：

$$Y = e^{0x}(c_1 \cos 2x + c_2 \sin 2x) + c_3 e^x + c_4 e^{-x} = c_1 \cos 2x + c_2 \sin 2x + c_3 e^x + c_4 e^{-x}$$

题型五　二阶常系数非齐次线性微分方程的解法

【例18】解：特征方程为 $r^2 - 5r + 4 = (r - 1)(r - 4) = 0$，$r_1 = 1$，$r_2 = 4$，其对应的齐次方程的通解为 $Y = c_1 e^x + c_2 e^{4x}$，应设 $y^* = ax^2 + bx + c$，则 $y^{*\prime} = 2ax + b$，$y^{*\prime\prime} = 2a$，代入原方程得：$2a - 5(2ax + b) + 4(ax^2 + bx + c) = x^2 - 2x + 1$

比较其左、右两边系数得：

$$4a = 1, \ 4b - 10a = -2, \ 4c - 5b + 2a = 1$$

解之得 $a = 1/4$，$b = 1/8$，$c = 9/32$，因而 $y^* = x^2/4 + x/8 + 9/32$，所以求通解为

$$y = c_1 e^x + c_2 e^{4x} + x^2/4 + x/8 + 9/32$$

【例19】解：$r^3 - r = r(r^2 - 1) = r(r + 1)(r - 1) = 0$，$r_1 = 0$，$r_2 = 1$，$r_3 = -1$，对应的齐次方程的通解为

$$Y = c_1 e^{0x} + c_2 e^x + c_3 e^{-x} = c_1 + c_2 e^x + c_3 e^{-x}$$

因所给方程中 y 的系数 $q = 0$，应设 $y^* = x(ax^2 + bx + c)$，易求得 $(y^*)'$ 与 $(y^*)'''$，将其代入原方程，比较系数求得 $a = 1$，$b = c = 0$，于是通解为

$$y = Y + y^* = c_1 + c_2 e^x + c_3 e^{-x} + x^3$$

由初始条件得 $c_1 = c_3 = 0$，$c_2 = 1$，于是所求初值问题的解为

$$y = e^x + x^3$$

【例20】解： $r^2 + 2r - 3 = (r - 1)(r + 3) = 0$，$r_1 = 1$，$r_2 = -3$，对应齐次方程的通解为

$$Y = c_1 e^x + c_2 e^{-3x}.$$

因 $f(x) = e^{-3x}$ 的指数 $\lambda = -3$ 为单重特征根，应设特解为 $y^* = Axe^{-3x}$，则 $y^{*\prime} = (A - 3Ax)e^{-3x}$，$y^{*\prime\prime} = (-6A + 9Ax)e^{-3x}$，代入原方程得

$$(-6A + 9Ax + 2A - 6Ax - 3Ax)e^{-3x} = e^{-3x}$$

比较系数得：$A = -1/4$，故所求通解为：$y = Y + y^* = c_1 e^x + c_2 e^{-3x} - (1/4)xe^{-3x}$

【例21】解： 由 $r^2 + 4r + 4 = 0$ 得 $r_1 = r_2 = -2$ 齐次方程的通解为 $Y = (c_1 + c_2 x)e^{-2x}$

（1）当 $a \neq -2$ 时，e^{ax} 的指数 $a + 0i = a \neq -2$，不是特征根，原方程的特解形式：$y^* = Ae^{ax}$，代入原方程，解得 $A = 1/(a+2)^2$，因而其特解为 $y^* = e^{ax}/(a+2)^2$.

（2）当 $a = -2$ 时，这时 e^{ax} 的指数 $a + 0i = a = -2$，是其二重特征根，故原方程的特解形式应为 $y^* = Ax^2 e^{ax} = Ax^2 e^{-2x}$. 代入原方程，解得 $A = 1/2$，因而其特解为 $y^* = x^2 e^{-2x}/2$.

所给方程的通解为：$y = Y + y^* = \begin{cases} (c_1 + c_2 x)e^{-2x} + e^{ax}/(a+2)^2, & a \neq -2, \\ (c_1 + c_2 x + x^2/2)e^{-2x}, & a = -2 \end{cases}$

【例22】解： 所给微分方程是一个三阶常系数非齐次微分方程，为求其通解，只需求出对应的齐次方程的通解及自身一个特解即可.

对应的齐次方程的特征方程为 $\lambda^3 + 6\lambda^2 + (9 + a^2)\lambda = 0$.

其根 $\lambda_1 = 0$，$\lambda_{2,3} = -3 \pm ai$，故对应的齐次方程通解为

$$Y = c_1 e^{0x} + e^{-3x}(c_2 \cos ax + c_3 \sin ax)$$

因 $f(x) = 1 = p_v(x)e^{0x}(f(x)$ 的指数 $\lambda = 0)$，而 $\lambda = 0$ 为特征方程的单根，故非齐次方程的一个特解可设为

$$y^* = x \cdot A = Ax$$

将 $(y^*)' = A$，$(y^*)'' = 0$ 代入原方程得 $A = 1/(9+a^2)$，$y^* = [1/(9+a^2)]x$，故原方程的通解为

$$y = [1/(9+a^2)]x + c_1 + e^{-3x}(c_2 \cos ax + c_3 \sin ax)$$

其中 c_1，c_2，c_3 为任意常数.

【例23】解： $r^2 + 4 = 0$，$r_{1,2} = \pm 2i$ 对应齐次方程的通解为 $Y = c_1 \cos 2x + c_2 \sin 2x$，因 $f(x) = x\cos x = xe^{0x}\cos x$ 的指数 $0 + i = i$ 不是特征根，应设 $y^* = (Ax+B)\cos x + (Cx+D)\sin x$. 易求出 $y^{*\prime}$，将其代入原方程，比较系数，求得 $A = 1/3$，$B = C = 0$，$D = 2/9$，故 $y^* = x\cos x/3 + 2\sin x/9$，因而所求通解为

$$y = Y + y^* = c_1 \cos 2x + c_2 \sin 2x + x\cos x/3 + 2\sin x/9$$

【例24】解： $r^2 + a^2 = 0$，$r_{1,2} = \pm ai$，对应的齐次方程的通解为

$$Y = c_1 \cos ax + c_2 \sin ax(c_1, c_2 为任意常数)$$

（1）当 $a = 1$ 时，指数 $\lambda = 0 \pm i = \pm i$ 为单重特征根，特解应设 $y^* = x(A_1 \cos x + B_1 \sin x)$，将 y^* 及 $y^{*\prime\prime}$ 代入原方程，比较系数易求得 $A_1 = -1/2$，$B_1 = 0$，其通解为

$$y = Y + y^* = c_1 \cos x + c_2 \sin x - (x\cos x)/2$$

（2）当 $a \neq 1$ 时，指数 $\lambda = \pm i$ 不是特征根，应设 $y^* = A_2 \cos x + B_2 \sin x$，易求得 $A_2 = 0$，$B_2 = 1/(a^2-1)$，因而所求通解为

$$y = Y + y^* = c_1 \cos ax + c_2 \sin ax + [1/(a^2-1)]\sin x$$

【例25】解： 答案选"C".

$y'' - y' = -2e^{-x}$ 的通解为 $y = C_1 + C_2 e^x - e^{-x}$；$y'' + 2y' + y = 1$ 的通解为 $y = (C_3 + C_4 x)e^{-x} + 1$.

由 $C_1 + C_2 e^x - e^{-x} = (C_3 + C_4 x)e^{-x} + 1$ 得 $C_1 = 1$，$C_2 = 0$，$C_3 = -1$，$C_4 = 0$，所以共同解为 $y = 1 - e^{-x}$.

题型六　叠加原理的运用

【例26】解： $r^2-2r+1=(r-1)^2=0$，$r_{1,2}=1$，对应齐次方程通解为 $Y=(c_1+c_2x)e^x$，显然 $f(x)=x+2xe^x=f_1(x)+f_2(x)$．

设 $y''-2y'+y=f_1(x)=x$ 的特解为 $y_1^*=Ax+B$，易求得 $A=1$，$B=2$．因而 $y_1^*=x+2$．

又易求得 $y_2^*=x^3e^x/3$．于是 $y^*=x+2+x^3e^x/3$，其通解为
$$y=Y+y^*=(c_1+c_2x+x^3/3)e^x+x+2$$

【例27】解： 原方程可改写为 $y''-y=(1-\cos2x)/2$，$r^2-1=0$，$r_{1,2}=\pm1$．对应的齐次方程的通解为
$$Y=c_1e^x+c_2e^{-x}.$$

用视察法知 $y''-y=f_1(x)=1/2$ 的一特解为 $y^*=-1/2$．

解 $y''-y=-\cos2x/2=f_2(x)$，因 $f_2(x)$ 的指数 $\alpha\pm\beta i=\pm2i$ 不是特征根，故设其特解形式为 $y_2^*=A\cos2x+B\sin2x$．将 y_2^*，$(y_2^*)'$，$(y_2^*)''$ 代入，并比较其系数得到 $A=1/10$，$B=0$．

所以，$y_2^*=(\cos2x)/10$，由叠加原理知，原方程的通解为
$$y=Y+y^*=c_1e^x+c_2e^{-x}-1/2+(\cos2x)/10$$

题型七　特殊的微分方程

【例28】解： $(1)\ ((ye^{\lambda_1x})'e^{\lambda_2x})'=((y'e^{\lambda_1x}+\lambda_1ye^{\lambda_1x})e^{\lambda_2x})'=((y'+\lambda_1y)e^{(\lambda_1+\lambda_2)x})'$
$$=[(y''+\lambda_1y')+(\lambda_1+\lambda_2)(y'+\lambda_1y)]e^{(\lambda_1+\lambda_2)x}$$
$$=[y''+(2\lambda_1+\lambda_2)y'+\lambda_1(\lambda_1+\lambda_2)y]e^{(\lambda_1+\lambda_2)x}$$

由 $[y''+(2\lambda_1+\lambda_2)y'+\lambda_1(\lambda_1+\lambda_2)y]e^{(\lambda_1+\lambda_2)x}=(y''+3y'+2y)e^{(\lambda_1+\lambda_2)x}$ 得 $2\lambda_1+\lambda_2=3$，$\lambda_1(\lambda_1+\lambda_2)=2$，解得 $\lambda_1=\lambda_2=1$ 或 $\lambda_1=2$，$\lambda_2=-1$．

(2) 取 $\lambda_1=2$，$\lambda_2=-1$ 知 $((ye^{2x})'e^{-x})'=(y''+2y'+2y)e^x$，所以原方程化为 $((ye^{2x})'e^{-x})'=e^x\sin(e^x)$．

因此，$(ye^{2x})'e^{-x}=-\cos(e^x)+C_1$，$(ye^{2x})'=-e^x\cos(e^x)+C_1e^x$，$ye^{2x}=-\sin(e^x)+C_1e^x+C_2$，

所以 $y''+3y'+2y=\sin(e^x)$ 的通解为 $y=-e^{-2x}\sin(e^x)+C_1e^{-x}+C_2e^{-2x}$．

注：若取 $\lambda_1=\lambda_2=1$，同样可得通解 $y=-e^{-2x}\sin(e^x)+C_1e^{-2x}+C_2e^{-x}$．

题型八　已知微分方程的解，反求其微分方程

【例29】解： 对应于线性无关的特解为 $y_1=e^x\sin x$，$y_2=e^x\cos x$ 的特征根为一对共轭复根 $\alpha\pm i\beta=1\pm i$，以 $1+i$，$1-i$ 为特征根的特征方程为
$$[r-(1-i)][r-(1+i)]=r^2-2r+2=0$$
故所求的二阶常系数线性齐次方程为 $y''-2y'+2y=0$

【例30】解： 因 $y_2-y_1=e^{2x}$，$y_3-y_1=xe^{2x}$ 为对应的齐次方程的解，又 $(y_3-y_1)/(y_2-y_1)=x\neq$ 常数，故齐次方程的通解为
$$Y=c_1e^{2x}+c_2xe^{2x}=(c_1+c_2x)e^{2x}$$

于是非齐次方程的通解为 $y=Y+x=(c_1+c_2x)e^{2x}+x$．

由 $Y=(c_1+c_2x)e^{2x}$ 可知，2 为其特征方程的重根，即 $r_{1,2}=2$ 因而特征方程为 $(r-2)^2=r^2-4r+4=0$，对应的齐次方程为：$y''-4y'+4y=0$

再设所求的非齐次方程为 $y''-4y'+4y=f(x)$ 将特解 $y_1=x$ 代入，得到 $f(x)=4(x-1)$，故所求的非齐次方程为
$$y''-4y'+4y=4(x-1)$$

【例31】解： 将 $y^*=e^{2x}+(1+x)e^x$ 代入原方程，得
$$(4+2\alpha+\beta)e^{2x}+(3+2\alpha+\beta)e^x+(1+\alpha+\beta)xe^x=re^x$$

①

比较同类项的系数，有

$$4+2\alpha+\beta=0 \qquad\qquad ②$$
$$3+2\alpha+\beta=r \qquad\qquad ③$$
$$1+\alpha+\beta=0 \qquad\qquad ④$$

或将①式改写为

$$(4+2\alpha+\beta)e^{2x}+(3+2\alpha+\beta-r)e^{x}+(1+\alpha+\beta)xe^{x}=0$$

由 e^{2x}，e^{x}，xe^{x} 线性无关，也得②，③，④各式，将它们联立解之得 $\alpha=-3$，$\beta=2$，$r=-1$ 因而所求方程为 $y''-3y'+2y=-e^{x}$.

对应的齐次方程的特征方程为 $r^2-3r+2=0$，解之得 $r_1=1$，$r_2=2$，其通解为 $Y=c_1e^x+c_2e^{2x}$，因而原方程的通解为 $y=Y+y^*=c_1e^x+c_2e^{2x}+xe^x$.

【例32】解法1：由题设和解的结构知，$y_1-y_3=e^{-x}$ 是齐次方程的解；$y_2-e^{-x}=xe^x$ 为非齐次方程的解，即 e^{2x} 与 e^{-x} 是相应齐次方程的两个线性无关的解，且 xe^x 是非齐次方程的一个特解，故 $y=xe^x+c_1e^{2x}+c_2e^{-x}$ 是所求方程的通解，由

$$y'=e^x+xe^x+2c_1e^{2x}-c_2e^{-x}$$
$$y''=2e^x+xe^x+4c_1e^{2x}+c_2e^{-x}$$

消去 c_1，c_2 得所求方程为：

$$y''-y'-2y=e^x-2xe^x.$$

解法2：用求法一的方法，即用先求对应的齐次方程，再求非齐次项的方法求之(略).

题型九　利用微分方程求解几类函数方程

【例33】解：$\varphi'(x)=e^x-\int_0^x\varphi(u)\,\mathrm{d}u-x\varphi(x)+x\varphi(x)=e^x-\int_0^x\varphi(u)\,\mathrm{d}u$

再求导得 $\varphi''(x)=e^x-\varphi(x)$，由 $\varphi(x)$ 与 $\varphi'(x)$ 的表示值易看出 $\varphi(0)=1$，$\varphi'(0)=1$. 于是求 $\varphi(x)$，归结为求初值问题：

$$\begin{cases}\varphi''(x)+\varphi(x)=e^x\\ \varphi(0)=1,\ \varphi'(0)=1\end{cases}\text{的解}.$$

因为齐次方程的特征方程为 $r^2+1=0$，$r_{1,2}=\pm i$，对应的齐次方程的通解为 $Y=c_1\cos x+c_2\sin x$. 又因上方程的非齐次项为 e^x. 由观察易求出它的一个特解为 $\varphi^*=e^x/2$，故其通解为 $\varphi=Y+\varphi^*=c_1\cos x+c_2\sin x+e^x/2$.

由初始条件易求得 $c_1=c_2=1/2$，故所求函数为：$\varphi=(\cos x+\sin x+e^x)/2$.

注意：多数读者知道求 $\varphi(x)$ 转化为解微分方程，但很少有知道所求的 $\varphi(x)$ 为微分方程的特解，根据所给方程正确确定初始条件的就更少了.

【例34】解：在上等式两边对 x 求导，得 $g[f(x)]f'(x)=2xe^x+x^2e^x$.

因 $g[f(x)]=x$，故 $xf'(x)=2xe^x+x^2e^x$.

当 $x\neq0$ 时，$f'(x)=2e^x+xe^x$，积分得 $f(x)=(x+1)e^x+c(x\neq0)$

由于 $f(x)$ 在 $x=0$ 处连续，有 $\lim\limits_{x\to+0}f(x)=\lim\limits_{x\to0}[(x+1)e^x+c]=f(0)=0$，因而 $c=-1$，故 $f(x)=(x+1)e^x-1$.

【例35】解：令 $ax=u$，则 $a=0$，1 时，$u=0$，x，$\mathrm{d}a=\mathrm{d}u/x$，故

$$\int_0^1 f(ax)\,\mathrm{d}a=\int_0^x f(u)\frac{\mathrm{d}u}{x}=\frac{1}{x}\int_0^x f(u)\,\mathrm{d}u$$

因而 $\dfrac{f(x)}{2}+1=\dfrac{1}{x}\displaystyle\int_0^x f(u)\,\mathrm{d}u$，即

$$xf(x)+2x=2\int_0^x f(u)\,\mathrm{d}u$$

两边对 x 求导，得到 $f'(x)-f(x)/x=-2/x$.

解此线性方程得到

$$f(x) = e^{\int \frac{1}{x}dx}\left[\int \left(-\frac{2}{x}\right)e^{-\int \frac{1}{x}dx}dx + c\right] = x\left[\int \left(-\frac{2}{x^2}\right)dx + c\right] = 2 + cx$$

【例36】解：由题设可令 $\int_0^1 [f(x) + xf(xt)]dt = k$（常数），即有 $f(x)\int_0^1 1dt + \int_0^1 xf(xt)dt = k$

又 $\int_0^1 xf(xt)dt \xlongequal{u=xt} \int_0^x f(u)du$，则 $f(x) + \int_0^x f(u)du = k$

在上式两端对 x 求导，得到 $f'(x) + f(x) = 0$，解之有 $f(x) = ce^{-x}$（c 为任意常数）.

题型十　微分方程在几何上应用举例

【例37】解：由曲线 $\rho(\varphi)$ 及射线 $\varphi = 0$，$\varphi = \varphi$ 围城的曲边梯形面积是 $\frac{1}{2}\int_0^\phi \rho^2(\theta)d\theta$. M_0，M 两点间弧长

为 $\int_0^\phi \sqrt{\rho^2(\theta) + \rho'^2(\theta)d\theta}$，由题设有

$$\frac{1}{2}\int_0^\phi \rho^2(\theta)d\theta = \frac{1}{2}\int_0^\phi \sqrt{\rho^2 + \rho'^2}\, d\theta$$

两边对 φ 求导数得 $\rho^2 = \sqrt{\rho^2 + \rho'^2}$，即 $\rho' = \pm\rho\sqrt{\rho^2 - 1}$，从而 $\frac{d\varphi}{\rho\sqrt{\rho^2-1}} = \pm d\varphi$，因为 $\int \frac{d\rho}{\rho\sqrt{\rho^2-1}} = -\arcsin\frac{1}{\rho} + c$，

所以 $-\arcsin\frac{1}{\rho} + c = \pm\varphi$.

由条件 $\rho(0) = 2$，知 $c = \pi/6$，故所求曲线 L 的方程为

$$\rho\sin(\pi/6 \mp \varphi) = 1, \quad 即 \rho = \csc(\pi/6 \mp \varphi)$$

亦即直线 $x \mp \sqrt{3}y = 2$.

注意：这是一道综合题，考生应避免常犯的下述错误：

(1) 忘记或写错极坐标系下面积和弧长的计算公式；

(2) 由 $\rho^2 = \sqrt{\rho^2 + \rho'^2}$ 解出 ρ' 时只写正号，丢掉负号；

(3) 求不出积分 $\int \frac{d\rho}{\rho\sqrt{\rho^2-1}}$；

(4) 写不出初始条件 $\rho(0) = 2$.

【例38】解：(1) 设曲线 L 过点 $p(x, y)$ 的切线方程为 $Y - y = y'(X - x)$. 令 $X = 0$，则得该切线在 y 轴上的截距为 $y - xy'$.

由题设有：$\sqrt{x^2 + y^2} = y - xy'$

令 $u = y/x$，上方程可化为 $\frac{du}{\sqrt{1+u^2}} = -\frac{dx}{x}$. 两边积分得到 $\ln(u + \sqrt{1+u^2}) = -\ln x + \ln c = \ln(c/x)$. 故所求曲线 L 的方程为：

$$y + \sqrt{x^2 + y^2} = c$$

由 L 经过点 $(1/2, 0)$ 得到 $c = 1/2$，于是 L 的方程为：

$$y + \sqrt{x^2 + y^2} = 1/2, \quad 即 y = 1/4 - x^2.$$

(2) 设第一象限内曲线 $y = 1/4 - x^2$ 在点 $p(x, y)$ 的切线方程为：

$$Y - (1/4 - x^2) = (-2x)(X - x)$$

其在 x 轴、y 轴上的截距分别为 $(x^2 + 1/4)/(2x)$、$x^2 + 1/4$，所求面积为：

$$A(x) = \frac{1}{2}\frac{x^2 + 1/4}{2x}\left(x^2 + \frac{1}{4}\right) - \int_0^{1/2}\left(\frac{1}{4} - x^2\right)dx$$

对 x 求导得到 $A'(x) = \frac{1}{4x^2}\left(x^2 + \frac{1}{4}\right)\left(3x^2 - \frac{1}{4}\right)$，令 $A'(x) = 0$，得 $x_0 = \sqrt{3}/6$

当 $0 < x < \sqrt{3}/6$ 时，$A'(x) < 0$；$x > \sqrt{3}/6$ 时，$A'(x) > 0$，因而 x_0 是 $A(x)$ 在 $(0, 1/2)$ 内的唯一极小值点，即为最小值点，于是所求切线方程为

$$Y-[1/4-(\sqrt{3}/6)^2]=-2(\sqrt{3}/6)(X-\sqrt{3}/6)，即 Y=-\sqrt{3}X/3+1/3$$

【例39】解：由方程 $xf'(x)=f(x)+3ax^2/2$ 得 $\dfrac{xf'(x)-f(x)}{x^2}=\dfrac{3a}{2}$ 即 $\dfrac{\mathrm{d}}{\mathrm{d}x}\left[\dfrac{f(x)}{x}\right]=\dfrac{3a}{2}(x\neq 0)$

两边积分得 $f(x)=3ax^2/2+cx,\ x\in(0,\ 1]$（$c$ 为任意常数）

又由题设有 $\displaystyle\int_0^1\left(\frac{3}{2}ax^2+cx\right)\mathrm{d}x=\frac{1}{2}a+\frac{c}{2}=2$，即 $c=4-a$. 因而 $f(x)=3ax^2/2+(4-a)x$. 于是旋转体的体积为

$$V(a)=\pi\int_0^1 f^2(x)\,\mathrm{d}x=\pi\int_0^1\left[\frac{3}{2}ax^2+(4-a)x\right]^2\mathrm{d}x=\pi(a^2/30+a/3+16/3)$$

由 $V'(a)=\pi(a/15+1/3)=0$ 得 $a=-5$. 又因 $V''(a)=1/15>0$，故当 $a=-5$ 时，旋转体积最小.

题型十一　微分方程在物理上应用举例

【例40】解：在运动方向上子弹只受到一个力，即木板的阻力 $-kv^2$，由牛顿第二定律得到子弹在板中运动满足的微分方程是

$$F=M\frac{\mathrm{d}^2x}{\mathrm{d}t^2}=-k\left(\frac{\mathrm{d}x}{\mathrm{d}t}\right)^2,\ M\frac{\mathrm{d}v}{\mathrm{d}t}=-kv^2（这里 v=\frac{\mathrm{d}x}{\mathrm{d}t}）_x$$

且 $x(0)=0,\ x'(0)=v_0=200(\mathrm{m/s}),\ \dfrac{\mathrm{d}x}{\mathrm{d}t}\big|_{x=h=0.1}=v_1=80(\mathrm{m/s})$

其中 M 是子弹的质量，k 为待定的阻力系数.

上方程是可分离变量方程，易求得

$$v=\frac{\mathrm{d}x}{\mathrm{d}t}=\frac{1}{kt/M+c_1}=\frac{1}{(k/M)t+(1/200)}\qquad\text{①}$$

两边积分得 $x=\dfrac{M}{k}\ln\left(\dfrac{k}{M}t+c_1\right)+c_2$ ②

代入初始条件，易求得 $c_1=1/200,\ c_2=(M\ln 200)/k$

下面求子弹穿过木板所需时间，此时间即为子弹穿过木板的时刻，不妨设为 t_0，由题设 $t=t_0$ 时，

$v=v_1=80(\mathrm{m/s})$. 由①式得 $80=\dfrac{1}{(k/M)t_0+(1/200)}$，即 $t_0=\dfrac{3M}{400k}$ ③

如能求出 k/M，由上式即可求出 t_0.

因 $t=t_0$ 时，子弹在木板中走过的路程为 $0.1(m)$，由②式有

$$0.1=\frac{1}{10}=\frac{M}{k}\cdot\ln\left(\frac{M}{k}t_0+\frac{1}{200}\right)+\frac{M}{k}\ln 200$$

$$=\frac{M}{k}\ln\left(\frac{k}{M}\cdot\frac{3M}{400k}+\frac{1}{200}\right)+\frac{M}{k}\ln 200$$

$$=\frac{M}{k}\ln\frac{1}{80}+\frac{M}{k}\ln 200=\frac{M}{k}\ln\frac{200}{80}=\frac{M}{k}\ln\frac{5}{2}$$

即 $k/M=10\ln(5/2)$，代入③式即得子弹穿过木板的时间为

$$t_0=\frac{3M}{400k}=\frac{3}{400}\cdot\frac{1}{k/M}=\frac{3}{400}\cdot\frac{1}{10\cdot\ln(5/2)}$$

$$\approx 1/1200(\mathrm{s})=0.0008185(\mathrm{s})$$

【例41】解：取沉放点为原点 O，O_y 轴正方向铅直向下. 根据题设，由牛顿第二定律得

$$m\frac{\mathrm{d}^2y}{\mathrm{d}t^2}=mg-B\rho y-kv\qquad\text{①}$$

此方程可视为不显含自变量 t 的二阶线性微分方程. 为解此方程，视 y 为自变量，引入新的因变量

$$P=y'_1=v\qquad\text{②}$$

且将 y''，用 $P=v$ 对 y 的导数表示：

$$\frac{d^2y}{dt^2}=\frac{d}{dt}\left(\frac{dy}{dt}\right)=\frac{dv}{dt}=\frac{dv}{dy}\frac{dy}{dt}=v\frac{dv}{dy}$$

于是上方程化为未知函数为 v、自变量为 y 的一阶线性方程：

$$mv\frac{dv}{dy}=mg-B\rho g-kv \qquad \text{③}$$

分离变量得 $\dfrac{mvdv}{mg-\rho gB-kv}=dy=\dfrac{(-m/k)(-kv)dv}{mg-\rho gB-kv}$

$$(-m/k)dv-\frac{(m/k^2)(mg-\rho gB)\cdot d(mg-\rho gB-kv)}{mg-\rho gB-kv}=dy$$

两边积分得：$y=-\dfrac{m}{k}v-\dfrac{m(mg-\rho gB)}{k^2}\ln(mg-\rho gB-kv)+c$

由初始条件 $v|_{y=0}=0$ 得：$c=\left[m(mg-\rho gB)/k^2\right]\ln(mg-\rho gB)$

故所求的函数关系为：$y=-\dfrac{m}{k}v-\dfrac{m(mg-\rho gB)}{k^2}\ln\left(\dfrac{mg-\rho gB-kv}{mg-\rho gB}\right)$

注意：方程①是不显含自变量 t 的方程．一般为求 $y=y(t)$，归结为解两个一阶微分方程③与②，即先求出 $\rho=v=v(y)$ [即 $y=y(v)$]，再代入方程②求出 $y=y(t)$．但上例只要求求出 $p=v$ 与 y 的关系，不需知道 $y=y(t)$ 的函数关系，因而只需解方程③，不必再解方程②．同样理由．如视方程①为二阶常系数非齐次线性方程，按常规方法求出 $y=y(t)$，则是所答非所问．初学者没弄清题意，犯此错误．

第七讲 向量代数与空间解析几何(仅数一)

题型一 向量

【例1】解:一般不成立. 事实上,由 $a \cdot b = a \cdot c$ 可知, $a \cdot (b - c) = 0$. 因 $a \neq 0$,则或者 $b - c = 0$,或者 $(b - c) \perp a (b - c \neq 0)$.

从几何上看,若 a, b, c 共面时, $a \cdot b = a \cdot c$ 的图形如右图所示. 由数量积的几何意义有

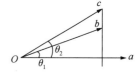

$$a \cdot b = |a||b|\cos\theta_1 = |a| \cdot (|b|\cos\theta_1) = |a|Prj_a b,$$

$$a \cdot c = |a||c|\cos\theta_2 = |a| \cdot (|c|\cos\theta_2) = |a|Prj_a c.$$

由 $a \cdot b = a \cdot c$ 只能得到 $Prj_a b = Prj_a c$ 的结论. 从图形上看,这个结论是显而易见的,但得不出 $b = c$ 的结论.

【例2】解: $a \times b = \begin{vmatrix} i & j & k \\ 2 & -3 & 1 \\ 1 & -1 & 3 \end{vmatrix} = \left(\begin{vmatrix} -3 & 1 \\ -1 & 3 \end{vmatrix}, \begin{vmatrix} 1 & 2 \\ 3 & 1 \end{vmatrix}, \begin{vmatrix} 2 & -3 \\ 1 & -1 \end{vmatrix} \right)$

$$= (-8, -5, 1) = -8i - 5j + k.$$

$(a \times b) \times c = \begin{vmatrix} i & j & k \\ -8 & -5 & 1 \\ 1 & -2 & 0 \end{vmatrix} = \left(\begin{vmatrix} -5 & 1 \\ -2 & 0 \end{vmatrix}, \begin{vmatrix} 1 & -8 \\ 0 & 1 \end{vmatrix}, \begin{vmatrix} -8 & -5 \\ 1 & -2 \end{vmatrix} \right)$

$$= (2, 1, 21) = 2i + j + 21k.$$

【例3】证:设 $a = (a_1, a_2, a_3)$, $b = (b_1, b_2, b_3)$, $c = (c_1, c_2, c_3)$. 利用交换行列式的两行,行列式的值变号的性质得到

$$(a \times b) \cdot c = \begin{vmatrix} a_1 & a_2 & a_3 \\ b_1 & b_2 & b_3 \\ c_1 & c_2 & c_3 \end{vmatrix} = - \begin{vmatrix} b_1 & b_2 & b_3 \\ a_1 & a_2 & a_3 \\ c_1 & c_2 & c_3 \end{vmatrix} = \begin{vmatrix} b_1 & b_2 & b_3 \\ c_1 & c_2 & c_3 \\ a_1 & a_2 & a_3 \end{vmatrix}$$

$$= (b \times c) \cdot a = - \begin{vmatrix} c_1 & c_2 & c_3 \\ b_1 & b_2 & b_3 \\ a_1 & a_2 & a_3 \end{vmatrix} = \begin{vmatrix} c_1 & c_2 & c_3 \\ a_1 & a_2 & a_3 \\ b_1 & b_2 & b_3 \end{vmatrix} = (c \times a) \cdot b.$$

【例4】解法1:利用混合积常用性质求之.

$(a + b) \times (b + c) \cdot (c + a) = (a + b) \times (b + c) \cdot c + (a + b) \times (b + c) \cdot a$

$\quad = (a \times b) \cdot c + (b \times b) \cdot c + (a \times c) \cdot c + (b \times c) \cdot c + (a \times b) \cdot a + (b \times b) \cdot a + (a \times c) \cdot a + (b \times c) \cdot a$

$\quad = (a \times b) \cdot c + (b \times c) \cdot a$

$\quad = 2(a \times b) \cdot c = 4.$

解法2:设 $a = (a_x, a_y, a_z)$, $b = (b_x, b_y, b_z)$, $c = (c_x, c_y, c_z)$,则

$$(a \times b) \cdot c = \begin{vmatrix} a_x & a_y & a_z \\ b_x & b_y & b_z \\ c_x & c_y & c_z \end{vmatrix} = \begin{vmatrix} a_x & b_x & c_x \\ a_y & b_y & c_y \\ a_z & b_z & c_z \end{vmatrix}.$$

现将上式最右边的行列式记为 $|a, b, c|$,即 $(a \times b) \cdot c = |a, b, c|$ 因而

$(a + b) \times (b + c) \times (c + a) = |a + b, \ b + c, \ c + a|$

$= 2|a + b + c, \ b + c, \ c + a|$（各列都加到第 1 列）

$= 2|a, \ b + c, \ c + a|$（第 1 列减去第 2 列）

$= 2|a, \ b + c, \ c|$（第 3 列减去第 1 列）

$= 2|a, \ b, \ c|$（第 2 列减去第 3 列）

$= 2(a \times b) \cdot c = 4.$

题型二　平面方程与直线方程

【例 5】解： 设所给平面的法向量为 n_1，则 $n_1 = (1, \ 1, \ 1)$．又设过已知两点的直线的方向向量为 s，则 $s = (1 - 0, \ 1 - 1, \ 1 + 1) = (1, \ 0, \ 2)$．因而所求平面的法向量为

$$n = n_1 \times s = \begin{vmatrix} i & j & k \\ 1 & 1 & 1 \\ 1 & 0 & 2 \end{vmatrix} = (2, \ -1, \ -1).$$

由点法式得到所求平面的方程为 $2(x - 0) - (y - 1) - (z + 1) = 0$，即 $2x - y - z = 0$．

【例 6】解法 1： 设直线 l_1, l_2 的方向向量分别为

$$s_1 = (1, \ 0, \ -1), \ s_2 = (2, \ 1, \ 1).$$

又设点 $M = (1, \ 2, \ 3)$，直线 l_1 上任意点 $P(x, \ y, \ z)$，则三向量 $\overrightarrow{MP}$，s_1 及 s_2 都在所求的平面内，故这三向量共面，所求平面方程为 $[\overrightarrow{MP}, \ s_1, \ s_2] = 0$，即

$$\begin{vmatrix} x - 1 & y - 2 & z - 3 \\ 1 & 0 & -1 \\ 2 & 1 & 1 \end{vmatrix} = x - 3y + z + 2 = 0.$$

解法 2： 因平面过直线 l_1，故点 $(1, \ 2, \ 3)$ 在平面上，又该平面的法向量 n 垂直于 $s_1 = (1, \ 0, \ -1)$，又垂直于 $s_2 = (2, \ 1, \ 1)$，故

$$n = \begin{vmatrix} i & j & k \\ 1 & 0 & -1 \\ 2 & 1 & 1 \end{vmatrix} = i - 3j + k,$$

所以所求平面方程为：$1 \cdot (x - 1) - 3(y - 2) + 1 \cdot (z - 3) = x - 3y + z + 2 = 0$．

【例 7】解： 用两点式求之．只需再找出一点就可写出所求直线 L 的两点式方程．

过点 $A(-1, \ 0, \ 4)$，以 $n = (3, \ -4, \ 1)$ 为法向量的平面 π_1 的方程为

$$3(x + 1) - 4y + 1 \cdot (z - 4) = 0 \tag{①}$$

直线 l：$\dfrac{x + 1}{1} = \dfrac{y - 3}{1} = \dfrac{z}{2}$ 的参数方程为

$$x = -1 + t, \ y = 3 + t, \ z = 2t \tag{②}$$

将②式代入①式得 $t = 16$．于是直线 L 与平面 π_1 的交点 B 的坐标为 $B(15, \ 19, \ 32)$．

过 A、B 两点的直线的方向向量为

$$s = (15 - (-1), \ 19 - 0, \ 32 - 4) = (16, \ 19, \ 28).$$

所求方程为 $\dfrac{x + 1}{16} = \dfrac{y}{19} = \dfrac{z - 4}{28}$．

【例 8】解： 先判定直线 L 与平面 π 的位置关系．如果 L 与 π 的交线即为所求的直线．

因直线 L 的方向向量为：$s = (1, \ 0, \ 2) \times (0, \ 1, \ 1) = (-2, \ -1, \ 1)$，

平面 π 的法向量为 $n = (1, \ 1, \ 1)$．因 $n \cdot s = (1, \ 1, \ 1) \cdot (-2, \ -1, \ 1) = -2 - 1 + 1 \neq 0$，故直线 L 与平面 π 相交．下求出其交点．

直线 L 过点 $(1, \ -1, \ 0)$．将直线 L 方程写成标准式方程为

$$\frac{x-1}{-2} = \frac{y+1}{-1} = \frac{z}{1}(=t),$$

其参数方程为 $x = 1 - 2t$，$y = -1 - t$，$z = t$. 代入平面 π 的方程得

$(1 - 2t) + (-1 - t) + t + 1 = 0$，解之得 $t = 1/2$，

代入 L 的参数方程得 L 与 π 的交点 $P(0, -3/2, 1/2)$.

过点 $P(0, -3/2, 1/2)$ 作平面 $\pi_1 \perp L$，则平面 π_1 的方程为

$$-2(x-0) + (-1)(y + 3/2) + 1 \cdot (z - 1/2) = 0,$$

即 $2x + y - z + 2 = 0$.

因此，所求直线方程为：$\begin{cases} x + y + z + 1 = 0, \\ 2x + y - z + 2 = 0. \end{cases}$

题型三　位置关系

【例9】证：设直线 L_1 与 L_2 的方向向量分别为 s_1，s_2，由于两个平面的交线与这两平面的法向量

$n_1 = (1, 2, -1)$，$n_2 = (-2, 1, 1)$ 都垂直，

所以可取

$$s_1 = n_1 \times n_2 = \begin{vmatrix} i & j & k \\ 1 & 2 & -1 \\ -2 & 1 & 1 \end{vmatrix} = 3i + j + 5k,$$

同法可取

$$s_2 = \begin{vmatrix} i & j & k \\ 3 & 6 & 3 \\ 2 & -1 & -1 \end{vmatrix} = -9i - 3j - 15k.$$

因 $s_1 = (-3)s_2$，故 L_1 与 L_2 平行.

【例10】解法1：因秩 $\begin{bmatrix} a_1 & b_1 & c_1 \\ a_2 & b_2 & c_2 \\ a_3 & b_3 & c_3 \end{bmatrix} = 3$，又经初等行变换得到

$$\begin{bmatrix} a_1 & b_1 & c_1 \\ a_2 & b_2 & c_2 \\ a_3 & b_3 & c_3 \end{bmatrix} \xrightarrow[r_2 + (-1)r_3]{r_1 + (-1)r_2} \begin{bmatrix} a_1 - a_2 & b_1 - b_2 & c_1 - c_2 \\ a_2 - a_3 & b_2 - b_3 & c_2 - c_3 \\ a_3 & b_3 & c_3 \end{bmatrix}.$$

而经初等行变换，矩阵的秩不变，故两行向量 $(a_1 - a_2, b_1 - b_2, c_1 - c_2)$，$(a_2 - a_3, b_2 - b_3, c_2 - c_3)$ 线性无关. 所以它们不共线，因而两直线的方向向量不平行，故两直线不平行，当然也不重合，于是 (B)、(C) 不能入选.

又因两直线分别过点 $M_3(a_3, b_3, c_3)$，$M_1(a_1, b_1, c_1)$. 而三向量

$\overrightarrow{M_1M_3} = (a_3 - a_1, b_3 - b_1, c_3 - c_1)$，$s_1 = (a_1 - a_2, b_1 - b_2, c_1 - c_2)$，$s_2 = (a_2 - a_3, b_2 - b_3, c_2 - c_3)$

共面. 这是因为

$$[s_1 s_2 \overrightarrow{M_1M_3}] = \begin{vmatrix} a_1 - a_2 & b_1 - b_2 & c_1 - c_2 \\ a_2 - a_3 & b_2 - b_3 & c_2 - c_3 \\ a_3 - a_1 & b_3 - b_1 & c_3 - c_1 \end{vmatrix} \xrightarrow{r_3 + (r_2 + r_1)} \begin{vmatrix} a_1 - a_2 & b_1 - b_2 & c_1 - c_2 \\ a_2 - a_3 & b_2 - b_3 & c_2 - c_3 \\ 0 & 0 & 0 \end{vmatrix} = 0$$ 故此两直线

不是异面直线，而是共面直线，又因它们不平行，所以必相交. (A) 入选.

解法2：由解法1可知两直线不重合，也不平行. 下面用解方程组的方法求出两直线的交点，因而证明它们不是异面直线.

设 $\dfrac{x - a_3}{a_1 - a_2} = \dfrac{y - b_3}{b_1 - b_2} = \dfrac{z - c_3}{c_1 - c_2} = t$，$\dfrac{x - a_1}{a_2 - a_3} = \dfrac{y - b_1}{b_2 - b_3} = \dfrac{z - c_1}{c_2 - c_3} = \lambda$，

则 $x = a_3 + t(a_1 - a_2)$，$y = b_3 + t(b_1 - b_2)$，$z = c_3 + t(c_1 - c_2)$，

　　$x = a_1 + \lambda(a_2 - a_3)$，$y = b_1 + \lambda(b_2 - b_3)$，$z = c_1 + \lambda(c_2 - c_3)$．

两直线是否有交点，就决定于下列关于 λ，t 的方程组

$$\begin{cases} a_3 + t(a_1 - a_2) = a_1 + \lambda(a_2 - a_3), \\ b_3 + t(b_1 - b_2) = b_1 + \lambda(b_2 - b_3), \\ c_3 + t(c_1 - c_2) = c_1 + \lambda(c_2 - c_3), \end{cases}$$

即 $\begin{cases} (a_1 - a_2)t - (a_2 - a_3)\lambda = a_1 - a_3, \\ (b_1 - b_2)t - (b_2 - b_3)\lambda = b_1 - b_3, \\ (c_1 - c_2)t - (c_2 - c_3)\lambda = c_1 - c_3. \end{cases}$　是否有解．

因

$$\overline{A} = (A \vdots b) = \begin{bmatrix} a_1 - a_2 & a_2 - a_3 & \vdots & a_1 - a_3 \\ b_1 - b_2 & b_2 - b_3 & \vdots & b_1 - b_3 \\ c_1 - c_2 & c_2 - c_3 & \vdots & c_1 - c_3 \end{bmatrix} \xrightarrow{c_3 + (-1)(c_1 + c_2)} \begin{bmatrix} a_1 - a_2 & a_2 - a_3 & 0 \\ b_1 - b_2 & b_2 - b_3 & 0 \\ c_1 - c_2 & c_2 - c_3 & 0 \end{bmatrix},$$

故秩 $\overline{A} =$ 秩 $A = 2 = r = n$，因而上方程组有唯一解．

下面再求出 t 与 λ 的唯一解．

由观察可知，当 $t = 1$，$\lambda = -1$ 时，恰为方程组①的唯一解，其解为 $x = a_3 + a_1 - a_2$，$y = b_3 + b_1 - a_2$，$z = c_3 + c_1 - a_2$．它们也是两直线的交点．

【例 11】解： 两直线夹角是指它们的方向向量 s_1 和 s_2 不超过 $\pi/2$ 的夹角．显然 $s_1 = (1, -2, 1)$．将 L_2 的一般式方程化为对称式方程，有

$$z - 6 = y = (z - 3)/(-2),$$

故 L_2 的方向向量为 $s_2 = (1, 1, -2)$．于是设 s_1 和 s_2 之间的夹角为 θ，则

$$\cos(s_1, s_2) = \frac{s_1 \cdot s_2}{|s_1||s_2|} = \frac{1 \cdot 1 + (-2) \cdot 1 + 1 \cdot (-2)}{\sqrt{1^2 + (-2)^2 + 1^2}\sqrt{1^2 + 1^2 + (-2)^2}} = -1/2$$

由于两向量 s_1 与 s_2 的夹角的取值范围为 0 到 π，即 $0 \leqslant <s_1, s_2> \leqslant \pi$，故 $<s_1, s_2> = 2\pi/3$．但直线 L_1 与 L_2 的夹角依定义只能取不超过 $\pi/2$ 的夹角．因而 L_1 与 L_2 的夹角应取 $<s_1, s_2>$ 的补角即为 $\pi/3$，故（C）入选．

【例 12】解法 1： 过直线 L 的平面束方程为 $\lambda(A_1 x + B_1 y + C_1 z) + \mu(A_2 x + B_2 y + C_2 z) = 0$，易见当 $\lambda = \mu = 1$ 时，$(A_1 + A_2)x + (B_1 + B_2)y + (C_1 + C_2)z = 0$．

这说明所给平面 π 是过已知直线的平面束的一个平面，故已知直线 L 在所给的平面 π 内．

解法 2： 设直线 L 的方向向量为 s，而平面 π_1，π_2，π 的法向量分别为 $n_1 = (A_1, B_1, C_1)$，$n_2 = (A_2, B_2, C_2)$，$n = (A_1 + A_2, B_1 + B_2, C_1 + C_2)$，则

$$s = n_1 \times n_2 = (A_1, B_1, C_1) \times (A_2, B_2, C_2)$$
$$= \left[\begin{vmatrix} B_1 & C_1 \\ B_2 & C_2 \end{vmatrix}, \begin{vmatrix} C_1 & A_1 \\ C_2 & A_2 \end{vmatrix}, \begin{vmatrix} A_1 & B_1 \\ A_2 & B_2 \end{vmatrix}\right],$$

$$s \cdot n = \begin{vmatrix} B_1 & C_1 \\ B_2 & C_2 \end{vmatrix}(A_1 + A_2) + \begin{vmatrix} C_1 & A_1 \\ C_2 & A_2 \end{vmatrix}(B_1 + B_2) + \begin{vmatrix} A_1 & B_1 \\ A_2 & B_2 \end{vmatrix}(C_1 + C_2)$$

$$= \begin{vmatrix} A_1 + A_2 & B_1 + B_2 & C_1 + C_2 \\ A_1 & B_1 & C_1 \\ A_2 & B_2 & C_2 \end{vmatrix} \xrightarrow{r_2 + r_3} \begin{vmatrix} A_1 + A_2 & B_1 + B_2 & C_1 + C_2 \\ A_1 + A_2 & B_1 + B_2 & C_1 + C_2 \\ A_2 & B_2 & C_2 \end{vmatrix} = 0,$$

故直线 L 与平面 π 平行．又点 $O(0, 0, 0)$ 显然在直线 L 和平面 π 上，故直线 L 在平面 π 上．

解法 3： 将三方程联立得到一方程组 $\begin{cases} A_1 x + B_1 y + C_1 z = 0, \\ A_2 x + B_2 y + C_2 z = 0, \\ (A_1 + A_2)x + (B_1 + B_2)y + (C_1 + C_2)z = 0. \end{cases}$

$$因\overline{A} = \begin{bmatrix} A_1 & B_1 & C_1 & 0 \\ A_2 & B_2 & C_2 & 0 \\ A_1+A_2 & B_1+B_2 & C_1+C_2 & 0 \end{bmatrix} \rightarrow \begin{bmatrix} A_1 & B_1 & C_1 & 0 \\ A_2 & B_2 & C_2 & 0 \\ 0 & 0 & 0 & 0 \end{bmatrix}$$

显然有秩 A = 秩 $\overline{A} \leq 2 < n = 3$，故上方程组有无穷多组解，即直线与平面有无穷多个交点，因而直线必在平面内．

题型四　距　离

【例13】解：已知点 $M(4, 5, 2)$，$M_0(3, -4, 4)$，$s=(2, -2, 1)$，则

$$\overrightarrow{M_0M} = (1, 9, -2)，\quad |s| = \sqrt{2^2 + (-2)^2 + 1} = 3，$$

$$\overrightarrow{M_0M} \times s = \begin{vmatrix} i & j & k \\ 1 & 9 & -2 \\ 2 & -2 & 1 \end{vmatrix} = 5i - 5j - 20k = 5(1, -1, -4)，$$

$$|\overrightarrow{M_0M} \times s| = 5\sqrt{1+1+16} = 15\sqrt{2}．$$

代入公式得到所求距离为 $d = 15\sqrt{2}/3 = 5\sqrt{2}$．

【例14】解：P_0 的坐标代入距离公式，得到

$$d = \frac{|1 \cdot 1 + 2 \cdot 2 + 2 \cdot 1 - 10|}{\sqrt{1^2 + 2^2 + 2^2}} = 1．$$

题型五　旋转曲面方程

【例15】解：过 A，B 两点的直线 L 的方程为 $L: \dfrac{x-1}{-1} = \dfrac{y}{1} = \dfrac{z}{1}$，此与旋转曲面 Σ 的母线．因该直线 L 绕 z 轴旋转，将上述方程改写成交面式方程，即将 x，y 用 z 表示的联立方程：

$$x = 1 - z，\quad y = z$$

因旋转曲面 Σ 上任一点 (x, y, z) 和母线 L 上对应点 (x_1, y_1, z_1) 有关系

$$\begin{cases} x^2 + y^2 = x_1^2 + y_1^2 \\ z = z_1 \end{cases} \begin{cases} x_1 = 1 - z_1 \\ y_1 = z_1 \end{cases}$$

由上述关系即可求出 Σ 的方程：

$$x^2 + y^2 = x_1^2 + y_1^2 = (1 - z_1)^2 + z_1^2 = (1-z)^2 + z^2$$

下面求体积．由于 AB 与旋转轴为异面直线，不能直接用旋转体的定积分公式计算．下面先求出旋转体截面面积 $A_{(z)}$，再积分可得所求体积．

在 z 轴上截距为 z 的水平面截此旋转体所得截面为一个圆，此截面与 z 轴交于点 $Q(0, 0, z)$，与 AB 交于点 $M_1(x, y, z) = M_1(1-z, z, z)$（如右图），故圆截面半径为

$$R(z) = |M_1Q| = \sqrt{(1-z)^2 + z^2 + (z-z)^2} = \sqrt{1 - 2z + 2z^2}$$

因而截面面积 $A(z) = \pi R^2(z) = \pi(1 - 2z + 2z^2)$，于是得到所求旋转体体积为

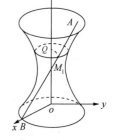

$$V = \int_0^1 A(z)\,dz = \pi \int_0^1 (1 - 2z + 2z^2)\,dz = \frac{2\pi}{3}$$

题型六　空间曲线的切线与法平面及曲面的切平面与法线的求法

【例16】解：曲线上任一点处(对应参数 t 的点)的切线的方向向量为 $\tau(x_t', y_t', z_t')|_t = (1, 2t, 3t^2)$，切线平行于已知平面，则有

$$\tau \cdot n = (1, 2t, 3t^2) \cdot (1, 2, 1) = 0 \text{ 即 } 1 - 4t + 3t^2 = 0$$

解得 $t_1 = \dfrac{1}{3}$，$t_2 = 1$，应有二条切线，故只有（B）入选．

【例17】证：设 $t = t_0$ 为螺旋线上任意一点 (x_0, y_0, z_0) 所对应的参数，则通过该点的切向量为

$$\tau = (x'(t_0), y'(t_0), z'(t_0)) = (-a\sin t_0, a\cos t_0, b)$$

又 z 轴的方向向量可取为 $k = (0, 0, 1)$，于是

$$\cos(\tau, k) = \frac{\tau \cdot k}{|\tau| \cdot |k|} = \frac{b}{\sqrt{a^2 + b^2}}$$

因 $\dfrac{b}{\sqrt{a^2 + b^2}}$ 为定数，故此螺旋线上任一点处的切线与 z 轴成定角，即

$$(\tau, k) = \arccos\left(\frac{b}{\sqrt{a^2 + b^2}}\right)$$

【例18】解：求法线方程．因已知其方向向量内 $(1, 3, 1)$，关键在于求出曲面上的一点，利用法线与已知平面垂直，即与其方向向量平行，可以确定此点的坐标．因 $z'_y = x$，$z'_x = y$，故所求法线的方向向量为：$n = (z'_x, z'_y, -1) = (y, x, -1)$

由题设知 $n = \lambda(1, 3, 1)$，即 $(y, x, -1) = \lambda(1, 3, 1)$，故

$$\lambda = -1, x = -3, y = -1, z = xy = 3$$

因而过点 $(-3, -1, 3)$ 的法线方程为 $\dfrac{x+3}{1} = \dfrac{y+1}{3} = \dfrac{z-3}{1}$

【例19】解：先求出曲面 $z = x^2 + y^2$ 在点 P 的切平面．

令 $F(x, y, z) = x^2 + y^2 - z = 0$，则：

$$F'_x = 2x, F'_y = 2y, F'_z = -1, F'_x|_p = 2, F'_y|_p = -4, F'_z|_p = -1$$

故在点 $P(1, -2, 5)$ 的切平面方程为：

$$2(x-1) - 4(y+2) - (z-5) = 0, \text{ 即 } 2x - 4y - z - 5 = 0$$

又过 l 的平面束方程为：$(x + y + b) + \lambda(x + ay - z - 3) = 0$

即 $(1+\lambda)x + (1+\lambda a)y - \lambda z + b - 3\lambda = 0$

因切平面 π 也是过 l 的平面，今在平面束中选一平面恰为切平面 π，于是有

$$\frac{1+\lambda}{2} = \frac{1+\lambda a}{-4} = \frac{-\lambda}{-1} = \frac{b-3\lambda}{-5}$$

解之得到：$\lambda = 1$，$a = -5$，$b = -2$

题型七　投　　影

【例20】解：(1) 曲线 C 关于 xOy 平面的投影柱面方程为 $(x-1)^2 + (y-1)^2 = 2 - x^2 - y^2$，即 $x^2 + y^2 = x + y$．将其与 $z = 0$ 联立，即得曲线 C 在 xOy 平面上的投影曲线方程：

$$\begin{cases} (x-1)^2 + (y-1)^2 = 2 - x^2 - y^2, \\ z = 0, \end{cases} \text{ 即 } \begin{cases} x^2 + y^2 = x + y, \\ z = 0. \end{cases}$$

(2) 为求曲线 C 关于 xOz 平面的投影柱面方程在曲线 C 的一般方程中解出 y：

① + ②得到 $2z = 2 - x^2 + (x-1)^2 - 2y + 1$，即 $y = 2 - x - z$．将其代入①得到曲线 C 关于 xOz 平面的投影柱面方程为

$$z = 2 - x^2 - (2 - x - z)^2, \text{ 即 } 2x^2 + z^2 + 2xz - 4x - 3z + 2 = 0.$$

将其与 $y = 0$ 联立，即得曲线 C 在 yOz 平面上的投影曲线方程：

$$\begin{cases} 2x^2 + 2xz + z^2 - 4x - 3z + 2 = 0, \\ y = 0. \end{cases}$$

(3) 同法可求得曲线 C 在 yOz 平面上的投影柱面方程：

$$\begin{cases} 2y^2 + 2yz + z^2 - 4y - 3z + 2 = 0, \\ x = 0. \end{cases}$$

【例 21】解： Σ 在点 P_1 处的法向量为 $\vec{n} = \{2x,\ 4y,\ 6z\}\big|_{P_1} = \{2,\ -4,\ 6\}$.

所以 Σ 在点 P_1 处的法线 l 的方程为

$$\frac{x-1}{2} = \frac{y+1}{-4} = \frac{z-1}{6}.$$

由曲线 C 的方程得
$$\begin{cases} 2x - \dfrac{dy}{dx} + 2z\dfrac{dz}{dx} = 0, \\ 1 + 2y\dfrac{dy}{dx} + \dfrac{dz}{dx} = 0, \end{cases}$$

解得 $\dfrac{dy}{dx}\big|_{P_2} = 0,\ \dfrac{dz}{dx}\big|_{P_2} = -1$，曲线 C 在点 P_2 处的切向量 $\vec{s} = \{1,\ 0,\ -1\}$，法平面 π 方程为

$$(x+1) + 0\cdot(y-1) - (z+1) = 0，即 x - z = 0.$$

过 l 且垂直于 π 的平面 π' 的法向量 $\vec{n'} = \vec{n} \times \vec{s} = \{4,\ 8,\ 4\}$，所以 π' 得方程为

$$4(x-1) + 8(y+1) + 4(z-1) = 0，即 x + 2y + z = 0.$$

故 l' 的方程为：
$$\begin{cases} x - z = 0, \\ x + 2y + z = 0. \end{cases}$$

第八讲　多元函数微分法及其应用

题型一　用一元函数极限方法求解多元函数极限

【例1】解： (1) 原式 $= \lim\limits_{(x, y) \to (0, 0)} \dfrac{xy}{x} = \lim\limits_{y \to 0} y = 0$

(2) 原式 $= \lim\limits_{(x, y) \to (0, 0)} \dfrac{(x + y)/2}{x + y} = \dfrac{1}{2}$

(3) 原式 $= \lim\limits_{(x, y) \to (0, 0)} \dfrac{x(x^2 + y^2)}{x^2 + y^2} = \lim\limits_{x \to 0} x = 0$

(4) 注意到 $(x, y) \to \left(\dfrac{1}{2}, \dfrac{1}{2}\right)$ 时，$(x^2 + 2xy + y^2 - 1) \to 0$，故

$$
\text{原式} = \lim_{(x, y) \to \left(\frac{1}{2}, \frac{1}{2}\right)} \frac{x^2 + 2xy + y^2 - 1}{x + y - 1} = \lim_{(x, y) \to \left(\frac{1}{2}, \frac{1}{2}\right)} \frac{(x + y - 1)(x + y + 1)}{x + y - 1}
$$
$$
= \lim_{(x, y) \to \left(\frac{1}{2}, \frac{1}{2}\right)} (x + y + 1) = 2
$$

【例2】解： 令 $\sqrt{x^2 + y^2} = t$，则 $(x, y) \to (0, 0)$ 时，有 $t \to 0$，因而，原式 $= \lim\limits_{t \to 0} \dfrac{t - \sin t}{t^3} = \lim\limits_{t \to 0} \dfrac{t^3}{6t^3} = \dfrac{1}{6}$

【例3】解： 令 $x = \ell \cos\varphi$，$y = \ell \sin\varphi$，则 $\ell^2 = x^2 + y^2$，且 $(x, y) \to (0, 0)$ 时，有 $\ell \to 0$。

因而原式 $= \lim\limits_{\ell \to 0} \dfrac{\ell^\alpha (|\cos\varphi| + |\sin\varphi|)^\alpha}{\ell^2} = \lim\limits_{\ell \to 0} \ell^{\alpha - 2} (|\cos\varphi| + |\sin\varphi|)^\alpha$

因 $(|\sin\varphi| + |\cos\varphi|)^\alpha$ 为一常量，故当 $\alpha > 2$ 时，$\ell^{\alpha - 2} \to 0$，因而原式 $= 0$。

【例4】解法1： 原式 $= \lim\limits_{(x, y) \to (0, 0)} \dfrac{(2 - \sqrt{xy + 4})(2 + \sqrt{xy + 4})}{xy(2 + \sqrt{xy + 4})}$

$$
= - \lim_{(x, y) \to (0, 0)} \frac{xy}{xy(2 + \sqrt{xy + 4})} = - \frac{1}{4}
$$

解法2： 作变量代换，令 $t = xy$ 求之 (自行补充)。

【例5】解： (1) 由于 $f(x)$ 可导，故 $f(x)$ 连续，所以

$$
\lim_{y \to 0^+} F(x, y) = \lim_{y \to 0^+} \frac{\int_{-y}^{y} f(x + t) \, dt}{2y} = \lim_{y \to 0^+} \frac{f(x + y) + f(x - y)}{2} = f(x).
$$

(2) $\dfrac{\partial F}{\partial x} = \lim\limits_{\Delta x \to 0} \dfrac{F(x + \Delta x, y) - F(x, y)}{\Delta x} = \lim\limits_{\Delta x \to 0} \dfrac{\dfrac{1}{2y} \int_{-y}^{y} f(x + \Delta x + t) \, dt - \dfrac{1}{2y} \int_{-y}^{y} f(x + t) \, dt}{\Delta x}$

$$
= \frac{1}{2y} \lim_{\Delta x \to 0} \frac{\int_{\Delta x - y}^{\Delta x + y} f(x + u) \, du - \int_{-y}^{y} f(x + t) \, dt}{\Delta x}
$$

$$
= \frac{1}{2y} \lim_{\Delta x \to 0} [f(x + \Delta x + y) - f(x + \Delta x - y)].
$$

由于 $f(x)$ 连续，故有 $\dfrac{\partial F}{\partial x} = \dfrac{1}{2y}[f(x + y) - f(x - y)]$。

（3）$\lim\limits_{y\to 0^+}\dfrac{\partial F}{\partial x}=\lim\limits_{y\to 0^+}\dfrac{1}{2y}[f(x+y)-f(x-y)]$

$\qquad\qquad\quad =\dfrac{1}{2}\lim\limits_{y\to 0^+}\Big[\dfrac{f(x+y)-f(x)}{y}+\dfrac{f(x-y)-f(x)}{-y}\Big]$.

$\qquad\qquad\quad =\dfrac{1}{2}[f'(x)+f'(x)]=f'(x)$.

题型二　用夹逼准则求解多元函数极限

【例6】解：因 $x^2+y^2\geqslant 2|x||y|$，故 $0\leqslant\left|\dfrac{xy}{x^2+y^2}\right|\leqslant\dfrac{1}{2}$，从而当 $x>0$，$y>0$ 时，

有 $0\leqslant\left(\dfrac{xy}{x^2+y^2}\right)^x\leqslant\left(\dfrac{1}{2}\right)^x$，而 $\lim\limits_{(x,y)\to(+\infty,+\infty)}\left(\dfrac{1}{2}\right)^x=0$，由夹逼原则得到原式$=0$.

题型三　多元显函数的一阶偏导数的求法

【例7】解：利用变限积分的求导公式得到

$$u'_x=\left(\int_{xz}^{yz}e^{t^2}dt\right)'_x=-e^{(xz)^2}(xz)'_x=-ze^{x^2z^2}$$

$$u'_y=\left(\int_{xz}^{yz}e^{t^2}dt\right)'_y=e^{y^2z^2}(yz)'_y=ze^{y^2z^2}$$

$$u'_z=\left(\int_{xz}^{yz}e^{t^2}dt\right)'_z=e^{y^2z^2}(yz)'_z-e^{x^2z^2}(xz)'_x=ye^{y^2z^2}-xe^{x^2z^2}$$

【例8】解：$\varphi(1)=f(1,f(1,1))=f(1,1)=1$

$$\dfrac{\mathrm{d}}{\mathrm{d}x}[\varphi^3(x)]=\left[3\varphi^2(x)\dfrac{\mathrm{d}\varphi(x)}{\mathrm{d}x}\right]\Big|_{x=1}=3\dfrac{\mathrm{d}\varphi(x)}{\mathrm{d}x}\Big|_{x=1}$$

$$\dfrac{\mathrm{d}\varphi(x)}{\mathrm{d}x}=\dfrac{\mathrm{d}f(x,f(x,x))}{\mathrm{d}x}\xlongequal{u=f(x,x)}\dfrac{\partial f}{\partial x}+\dfrac{\partial f}{\partial u}\dfrac{\partial u}{\partial x}$$

$$\xlongequal{s=x,\,t=x}\dfrac{\partial f}{\partial x}+\dfrac{\partial f}{\partial u}\left(\dfrac{\partial u}{\partial s}\dfrac{\partial s}{\partial x}+\dfrac{\partial u}{\partial t}\dfrac{\partial t}{\partial x}\right)$$

$$=f'_1(x,f(x,x))+f'_2(x,f(x,x))(f'_1(x,x)+f'_2(x,x))$$

故 $\dfrac{\mathrm{d}\varphi(x)}{\mathrm{d}x}\Big|_{x=1}=f'_1(1,f(1,1))+f'_2(1,f(1,1))(f'_1(1,1)+f'_2(1,1))$

$$=f'_1(1,1)+f'_2(1,1)(f'_1(1,1)+f'_2(1,1))$$

$$=2+3(2+3)=17$$

因而 $\dfrac{\mathrm{d}}{\mathrm{d}x}\varphi^3(x)\Big|_{x=1}=3\varphi^2(x)\dfrac{\mathrm{d}\varphi(x)}{\mathrm{d}x}\Big|_{x=1}=51$

题型四　多元复合函数高阶导数的计算

【例9】解：令 $u=2x-y$，$v=y\sin x$，由复合函数求导法则，得到

$$\dfrac{\partial z}{\partial x}=\dfrac{\partial f}{\partial u}\dfrac{\partial u}{\partial x}+\dfrac{\partial f}{\partial v}\dfrac{\partial v}{\partial x}=2f'_1+f'_2 y\cos x$$

$$\dfrac{\partial^2 z}{\partial x\partial y}=2\dfrac{\partial f'_1}{\partial y}+\dfrac{\partial}{\partial y}(y\cos x f'_2)=2\left(\dfrac{\partial f'_1}{\partial u}\dfrac{\partial u}{\partial y}+\dfrac{\partial f'_1}{\partial v}\dfrac{\partial v}{\partial y}\right)+\cos x f'_2+y\cos x\dfrac{\partial f'_2}{\partial y}$$

$$=-2f''_{11}+2f''_{12}\cdot\sin x+\cos x f'_2+y\cos x\left(\dfrac{\partial f'_2}{\partial u}\dfrac{\partial u}{\partial y}+\dfrac{\partial f'_2}{\partial v}\dfrac{\partial v}{\partial y}\right)$$

$$=-2f''_{11}+2f''_{12}\cdot\sin x+\cos x f'_2+y\cos x(f'_{21}\cdot(-1)+f''_{22}\sin x)$$

$$=-2f''_{11}+f''_{12}(2\sin x-y\cos x)+y\cos x\sin x f''_{22}+\cos x f'_2$$

【例 10】利用函数的轮换对称性简化计算

证：因 $\dfrac{\partial f}{\partial x} = \dfrac{\partial f}{\partial r}\dfrac{\partial r}{\partial x} = g'(r)\dfrac{x}{\sqrt{x^2+y^2}} = g'(r)\dfrac{x}{r}$

$$\dfrac{\partial^2 f}{\partial x^2} = \dfrac{\partial}{\partial x}\left[\dfrac{xg'(r)}{r}\right] = \dfrac{[xg'(r)]'_x r - r'_x xg'(r)}{r^2}\left\{\left[g'(r) + xg''(r)\dfrac{x}{\sqrt{x^2+y^2}}\right]r - \dfrac{x}{\sqrt{x^2+y^2}}g'(r)x\right\}/r^2$$

$$= \dfrac{rg'(r) + x^2 g''(r) - x^2 g'(r)/r}{r^2}$$

$$= \dfrac{r^2 g'(r) + x^2 rg''(r) - x^2 g'(r)}{r^3}$$

由 x 与 y 在函数 f 中的轮换对称性，得到

$$\dfrac{\partial^2 f}{\partial y^2} = \dfrac{r^2 g'(r) + y^2 rg''(r) - y^2 g'(r)}{r^3}$$

故 $\dfrac{\partial^2 f}{\partial x^2} + \dfrac{\partial^2 f}{\partial y^2} = \dfrac{2r^2 g'(r) + r^3 g''(r) - r^2 g'(r)}{r^3} = g''(r) + \dfrac{g'(r)}{r}$

【例 11】解：$\dfrac{\partial z}{\partial x} = f'_1 + f'_2 \cdot \dfrac{1}{y} + g' \cdot y^2$，

$$\dfrac{\partial^2 z}{\partial x \partial y} = f''_{11} \cdot (-1) + f''_{12} \cdot \dfrac{-x}{y^2} + \left[f''_{21} \cdot (-1) + f''_{22} \cdot \dfrac{-x}{y^2}\right]\dfrac{1}{y} + f'_2 \cdot \dfrac{-1}{y^2} + g'' \cdot xy^2 + 2yg'$$

$$= -f''_{11} - \dfrac{1}{y}\left(\dfrac{x}{y} + 1\right)f''_{12} - \dfrac{x}{y^3}f''_{22} - \dfrac{1}{y^2}f'_2 + xy^2 g'' + 2yg'.$$

【例 12】答案：填 " $e^{-y}[f'(x+y) + f(x) - f(x+y)]$ ".

解：$z(x, y) \xmapsto{\text{令 } x + t = u} \displaystyle\int_x^{x+y} e^{-y}f(u)\,\mathrm{d}u = e^{-y}\displaystyle\int_x^{x+y} f(u)\,\mathrm{d}u$，$\dfrac{\partial z}{\partial x} = e^{-y}f(x+y) - e^{-y}f(x)$，

$$\dfrac{\partial^2 z}{\partial x \partial y} = -e^{-y}f(x+y) + e^{-y}f'(x+y) + e^{-y}f(x).$$

【例 13】解：令 $u = 2x$，$v = \dfrac{y^2}{x}$ 则 $z = xf(u, v)$

$$\dfrac{\partial z}{\partial y} = x\left(\dfrac{\partial f}{\partial u}\dfrac{\partial u}{\partial y} + \dfrac{\partial f}{\partial v}\dfrac{\partial v}{\partial y}\right) = x\left(\dfrac{\partial f}{\partial u}\cdot 0 + \dfrac{\partial f}{\partial v}\cdot\dfrac{2y}{x}\right) = 2y\dfrac{\partial f}{\partial v}$$

$$\dfrac{\partial^2 z}{\partial x \partial y} = 2y\left(\dfrac{\partial}{\partial x}\left(\dfrac{\partial f}{\partial v}\right)\right) = 2y\left(\dfrac{\partial^2 f}{\partial u \partial v}\dfrac{\partial u}{\partial x} + \dfrac{\partial^2 f}{\partial v^2}\dfrac{\partial v}{\partial x}\right)$$

$$= 2y\left[\dfrac{\partial^2 f}{\partial u \partial v}\cdot 2 + \dfrac{\partial^2 f}{\partial v^2}\cdot\left(\dfrac{-y^2}{x^2}\right)\right]$$

$$= 4y\dfrac{\partial^2 f}{\partial u \partial v} - \dfrac{2y^3}{x^2}\dfrac{\partial^2 f}{\partial v^2}$$

注意：上例先对 y 求偏导数，x 可看做常量，$\dfrac{\partial z}{\partial x}$ 再对 x 求偏导数，$2y$ 又可看做常量，这样计算就很简单了．反之如先对 x 后对 y 求偏导数，计算繁而易错．因此计算混合偏导数 应注意分析函数的特点，适当选择好计算偏导数的次序，尽量避免舍简就繁．

【例 14】解：$\dfrac{\partial u}{\partial x}\Big|_{x=2} = \left[-e^{-x}\sin\dfrac{x}{y} + e^{-x}\cos\dfrac{x}{y}\cdot\dfrac{1}{y}\right]_{x=2}$

$$= e^{-x}\left(\dfrac{1}{y}\cos\dfrac{x}{y} - \sin\dfrac{x}{y}\right)\Big|_{x=2}$$

$$= e^{-2}\left(\dfrac{1}{y}\cos\dfrac{2}{y} - \sin\dfrac{2}{y}\right)$$

$$\frac{\partial^2 u}{\partial x \partial y}\Big|_{\left(2, \frac{1}{\pi}\right)} = \left[\frac{\partial}{\partial y}\left(\frac{\partial u}{\partial x}\Big|_{x=2}\right)\right]_{y=\frac{1}{\pi}}$$

$$= \left[\frac{\partial}{\partial y}e^{-2}\left(\frac{1}{y}\cos\frac{2}{y} - \sin\frac{2}{y}\right)\right]_{y=\frac{1}{\pi}}$$

$$= e^{-2}\left[-\frac{1}{y^2}\cos\frac{2}{y} + \frac{1}{y}\left(-\sin\frac{2}{y}\right)\cdot\left(-\frac{2}{y^2}\right) + \left(-\cos\frac{2}{y}\right)\cdot\left(-\frac{2}{y^2}\right)\right]_{y=\frac{1}{\pi}}$$

$$= e^{-2}\left(-\pi^2\cos2\pi + 2\pi^3\sin2\pi + 2\pi^2\cos2\pi\right)$$

$$= \pi^2 e^{-2} = \left(\frac{\pi}{e}\right)^2$$

题型五 隐函数的偏导数求法

【例 15】解：先将原方程改写成 $F(x, y, z) = 0$ 的形式：

$$F(x, y, z) = \ln\frac{z}{y} - \frac{x}{z} = \ln z - \ln y - \frac{x}{z} = 0$$

在上面的方程中隐函数 z 出现二次，可求其偏导数、将

$$F_x' = \frac{\partial F}{\partial x} = -\frac{1}{z}\ (视\ y, z\ 为变量)$$

$$F_y' = \frac{\partial F}{\partial y} = \frac{1}{z/y}\left(\frac{z}{y}\right)_y'\ (视\ z, x\ 为变量) = -\frac{1}{y}$$

$$F_z' = \frac{\partial F}{\partial z} = \frac{y}{z}\frac{1}{y} + \frac{x}{z^2}\ (视\ y, x\ 为变量) = \frac{x+z}{z^2}$$

因此得

$$\frac{\partial z}{\partial x} = -\frac{F_x'}{F_z'} = \frac{z}{x+z};\quad \frac{\partial z}{\partial y} = -\frac{F_y'}{F_z'} = \frac{z^2}{y(x+z)};$$

题型六 由方程组确定的隐函数，其偏导数的求法

【例 16】解：由所求偏导数表明 u, v 为因变量，x, y 为自变量．这里两个方程一共包含四个变量，只能确定两个隐函数 u, v，故，$u = u(x, y)$，$v = v(x, y)$

在原方程组的两个方程两边分别对 x 求偏导数，得到

$$\begin{cases} 1 = (e^u + \sin v)\dfrac{\partial u}{\partial x} + u\cos v\dfrac{\partial v}{\partial x} \\[3mm] 0 = (e^u - \cos v)\dfrac{\partial u}{\partial x} + u\sin v\dfrac{\partial v}{\partial x} \end{cases}$$

用克莱姆法则解上述方程组得到

$$\frac{\partial u}{\partial x} = \frac{\begin{vmatrix} 1 & u\cos v \\ 0 & u\sin v \end{vmatrix}}{\begin{vmatrix} e^u + \sin v & u\cos v \\ e^u - \cos v & u\sin v \end{vmatrix}} = \frac{\sin v}{e^u(\sin v - \cos v) + 1}$$

$$\frac{\partial v}{\partial x} = \frac{\begin{vmatrix} e^u + \sin v & 1 \\ e^u - \cos v & 0 \end{vmatrix}}{\begin{vmatrix} e^u + \sin v & u\cos v \\ e^u - \cos v & u\sin v \end{vmatrix}} = \frac{(\cos v - e^u)}{\{ue^u(\sin v - \cos v) + 1\}}$$

同法可求得

$$\frac{\partial u}{\partial y} = \frac{-\cos v}{e^u(\sin v - \cos v) + 1}, \quad \frac{\partial v}{\partial y} = \frac{e^u + \sin v}{u[e^u(\sin v - \cos v) + 1]}$$

【例 17】解：这里给出了两个方程和 3 个变量，因而由方程组 $z = xf(x + y)$，$F(x, y, z) = 0$ 能确定两个函数，y，z 为 x 的一元函数。为求 $\frac{dz}{dx}$，需把 y，z 看作 x 的函数。分别在 $z = xf(x + y)$ 和 $F(x, y, z) = 0$ 的两端对 x 求导，得到

$$\frac{dz}{dx} \xlongequal{u = x + y} f(x + y) + x\left[\frac{df(u)}{du}\frac{\partial u}{\partial x} + \frac{df(u)}{du}\frac{\partial u}{\partial y}\frac{dy}{dx}\right]$$

$$= f(x + y) + xf'(x + y) + xf'(x + y)\frac{dy}{dx}$$

$$F'_x + F'_y\frac{dy}{dx} + F'_z\frac{dz}{dx} = 0$$

整理后得到，
$$\begin{cases} -xf'\dfrac{dy}{dx} + \dfrac{dz}{dx} = f + xf' \\ F'_y\dfrac{dy}{dx} + F'_z\dfrac{dz}{dx} = -F'_x \end{cases}$$，由此解到

$$\frac{dz}{dx} = \frac{\begin{vmatrix} -xf' & f + xf' \\ F'_y & -F'_x \end{vmatrix}}{\begin{vmatrix} -xf' & 1 \\ F'_y & F'_z \end{vmatrix}} = \frac{(f + xf')F'_y - xf'F'_x}{F'_y + xf'F'_z}(F'_y + xf'F'_z \neq 0)$$

题型七 偏导数结合方程关系的问题

【例 18】证：(1) 原式 $f(tx, ty) = t^n f(x, y)$ ①

令 $u = tx$，$v = ty$，则 $f(u, v) = t^n f(x, y)$，在此式两端对 t 进行求导，得到

$$f'_u\frac{\partial u}{\partial t} + f'_v\frac{\partial v}{\partial t} = nt^{n-1}f(x, y), \quad 即 \ xf'_u + yf'_v = nt^{n-1}f(x, y) \quad ②$$

因①与②式对 t 来说都是恒等式，在②式两端令 $t = 1$，则 $u = x$，$v = y$，②式变为

$$x\frac{\partial f}{\partial x} + y\frac{\partial f}{\partial y} = nf(x, y)$$

(2) 在②式两端对 t 求导，得到

$$x\frac{\partial f'_u}{\partial t} + y\frac{\partial f'_v}{\partial t} = n(n-1)t^{n-2}f(x, y) \quad ③$$

因

$$\frac{\partial f'_u}{\partial t} = \frac{\partial f'_u}{\partial u}\frac{\partial u}{\partial t} + \frac{\partial f'_u}{\partial v}\frac{\partial v}{\partial t} = \frac{\partial^2 f}{\partial u^2}\cdot x + \frac{\partial^2 f}{\partial u\partial v}\cdot y \quad ④$$

$$\frac{\partial f'_v}{\partial t} = \frac{\partial f'_v}{\partial u}\frac{\partial u}{\partial t} + \frac{\partial f'_v}{\partial v}\frac{\partial v}{\partial t} = \frac{\partial^2 f}{\partial u\partial v}\cdot x + \frac{\partial^2 f}{\partial v^2}\cdot y \quad ⑤$$

将④，⑤两式代入③式，并令 $t = 1$，因而有 $x = u$，$y = v$

$$x\left(x\frac{\partial^2 f}{\partial u^2} + y\frac{\partial^2 f}{\partial u\partial v}\right) + y\left(x\frac{\partial^2 f}{\partial u\partial v} + y\frac{\partial^2 f}{\partial v^2}\right) = n(n-1)f(x, y)$$

即 $x^2\dfrac{\partial^2 f}{\partial x^2} + 2xy\dfrac{\partial^2 f}{\partial x\partial y} + y^2\dfrac{\partial^2 f}{\partial y^2} = n(n-1)f(x, y)$

【例 19】解：令 $u = e^x\sin y$，则 $z = f(e^x\sin y)$ 是 $z = f(u)$ 与 $u = e^x\sin y$ 的复合函数，由复合函数求导法则可求出 z''_{xx}，z''_{yy} 与 $f'(u)$，$f''(u)$ 的关系式，从而由所给方程导出 $f(u)$ 的微分方程，解得 $f(u)$

$$\frac{\partial z}{\partial x} = f'(u)\frac{\partial u}{\partial x} = f'(u)e^x\sin y = uf'(u)$$

$$\frac{\partial z}{\partial y} = f'(u)\frac{\partial u}{\partial y} = f'(u)e^x \cos y$$

$$\frac{\partial^2 z}{\partial x^2} = f''(u)u^2 + f'(u)u\left(注意:\frac{\partial u}{\partial x} = u\right)$$

$$\frac{\partial^2 z}{\partial y^2} = -e^x \sin y f'(u) + e^x \cos y f''(u)\frac{\partial u}{\partial y} = -uf'(u) + f''(u)e^{2x}\cos^2 y$$

所以，$\dfrac{\partial^2 z}{\partial x^2} + \dfrac{\partial^2 z}{\partial y^2} = f''(u)e^{2x}$

由已知条件，得 $f''(u)e^{2x} = e^{2x}f(u)$，即 $f''(u) - f(u) = 0$

由此二阶常系数方程的特征方程是 $\lambda^2 - 1 = 0$，特征根 $\lambda = \pm 1$，则 $f(u) = c_1 e^u + c_2 e^{-u}$，其中 c_1, c_2 为任意常数

【例20】证： 若 $C = 0$，则 $u = v = 0$，所以 u, v 是常数.

下设 $C \neq 0$，由 $u^2 + v^2 = C$ 两边分别对 x, y 求偏导数，得 $\begin{cases} 2u\dfrac{\partial u}{\partial x} + 2v\dfrac{\partial v}{\partial x} = 0, \\ 2u\dfrac{\partial u}{\partial y} + 2v\dfrac{\partial v}{\partial y} = 0. \end{cases}$

将 $\dfrac{\partial v}{\partial y} = \dfrac{\partial u}{\partial x}, \dfrac{\partial v}{\partial x} = -\dfrac{\partial u}{\partial y}$ 代入上式，得 $\begin{cases} u\dfrac{\partial u}{\partial x} - v\dfrac{\partial u}{\partial y} = 0, \\ v\dfrac{\partial u}{\partial x} + u\dfrac{\partial u}{\partial y} = 0. \end{cases}$

因为 $u^2 + v^2 = C \neq 0$，所以 $\dfrac{\partial u}{\partial x} = \dfrac{\partial u}{\partial y} = 0$.

同理，$\dfrac{\partial v}{\partial x} = \dfrac{\partial v}{\partial y} = 0$.

又 u, v 可微分，所以 u, v 恒等于常数.

题型八　验证是否可微

【例21】解：（1）因为 $\lim\limits_{(x,y)\to(0,0)} f(x,y) = \lim\limits_{(x,y)\to(0,0)} \sqrt{|xy|}\,\dfrac{\sin(x^2+y^2)}{x^2+y^2} = 0 \cdot 1 = 0 = f(0,0)$

所以 $f(x,y)$ 在点 $(0,0)$ 处连续.

（2）$f_x'(0,0) = \lim\limits_{\Delta x \to 0} \dfrac{f(\Delta x,0) - f(0,0)}{\Delta x} = \lim\limits_{\Delta x \to 0}\dfrac{0-0}{\Delta x} = 0$

由轮换对称性得到 $f_y'(0,0) = 0$. 但

$$\Delta f = f(\Delta x, \Delta y) - f(0,0) = \sqrt{|\Delta x| \cdot |\Delta y|}\,\frac{\sin(\Delta x^2 + \Delta y^2)}{\Delta x^2 + \Delta y^2}$$

$$\lim_{\substack{\Delta x \to 0 \\ \Delta y = \Delta x}} \frac{\Delta f - [f_x'(0,0)\Delta x + f_y'(0,0)\Delta y]}{\ell}\left(\ell = \sqrt{\Delta x^2 + \Delta y^2}\right)$$

$$\lim_{\substack{\Delta x \to 0 \\ \Delta y = \Delta x}} \frac{|\Delta x|\sin(2\Delta x^2)}{(\Delta x^2 + \Delta x^2)^{\frac{3}{2}}} = \lim_{\Delta x \to 0}\frac{|\Delta x|\sin(2\Delta x^2)}{\sqrt{2}\,|\Delta x| \cdot (2\Delta x^2)} = \frac{1}{\sqrt{2}} \cdot 1 \neq 0$$

所以 $f(x,y)$ 在点 $(0,0)$ 处不可微.

题型九　多元函数的全微分求法

【例22】解： 对所给方程两边同时求微分，由一阶微分形式不变性及全微分四则运算法则得到

$$d\left[xyz + \sqrt{x^2 + y^2 + z^2}\right] = d\sqrt{2} = 0$$

$$yzdx + xzdy + xydz + d\left(\sqrt{x^2 + y^2 + z^2}\right) = 0$$

$$yzdx + xzdy + xydz + \frac{d(x^2 + y^2 + z^2)}{\left(2\sqrt{x^2 + y^2 + z^2}\right)} = 0$$

$$yzdx + xzdy + xydz + \frac{(2xdx + 2ydy + 2zdz)}{\left(2\sqrt{x^2 + y^2 + z^2}\right)} = 0$$

整理得到

$$dz = \frac{-\left(x + yz\sqrt{x^2 + y^2 + z^2}\right)dx - \left(y + xz\sqrt{x^2 + y^2 + z^2}\right)dy}{xy\sqrt{x^2 + y^2 + z^2} + z}$$

而 $\left(xy\sqrt{x^2 + y^2 + z^2} + z\right)\Big|_{(1, 0, -1)} = -1$, $-\left(yz\sqrt{x^2 + y^2 + z^2} + x\right)\Big|_{(1, 0, -1)} = -1$,

$$-\left(xz\sqrt{x^2 + y^2 + z^2} + y\right)\Big|_{(1, 0, -1)} = \sqrt{2}$$

故 $dz(1, 0, -1) = dx - \sqrt{2}dy$

【例23】解：

$$\frac{\partial z}{\partial x} = \frac{\partial z}{\partial u}\frac{\partial u}{\partial x} + \frac{\partial z}{\partial v}\frac{\partial v}{\partial x} = (vu^{v-1}) \cdot \frac{1}{2} \cdot \frac{2x}{x^2 + y^2} + (u^v \ln u)\frac{1}{1 + (y/x)^2}\left(-\frac{1}{1 + (y/x)^2}\right)$$

$$= \frac{u^v}{x^2 + y^2}\left(\frac{xv}{u} - y\ln u\right).$$

$$\frac{\partial z}{\partial y} = \frac{\partial z}{\partial u} \cdot \frac{\partial u}{\partial y} + \frac{\partial z}{\partial v} \cdot \frac{\partial v}{\partial y} = (vu^{v-1}) \cdot \frac{1}{2} \cdot \frac{2y}{x^2 + y^2} + (u^v \ln u) \cdot \frac{1}{1 + (y/x)^2} \cdot \frac{1}{x}$$

$$= \frac{u^v}{x^2 + y^2}\left(\frac{yv}{u} + x\ln u\right).$$

故 $dz = \frac{\partial z}{\partial x}dx + \frac{\partial z}{\partial y}dy = \frac{u^v}{x^2 + y^2}\left[\left(\frac{xv}{u} - y\ln u\right)dx + \left(\frac{yv}{u} + x\ln u\right)dy\right].$

题型十　方向导数与梯度

【例24】解：易证 $f(x, y)$ 在 $(0, 0)$ 处不可微，用定义求其方向导数

令 $\Delta x = \ell \cos\alpha$, $\Delta y = \ell \cos\beta$, 则 $\ell = \sqrt{\Delta x^2 + \Delta y^2}$ 从而

$$\frac{\partial F}{\partial l}\Big|_\tau = \lim_{\ell \to +0} \frac{f(\Delta x, \Delta y) - f(0, 0)}{\ell}$$

$$= \lim_{\ell \to +0} \frac{1}{\ell} \cdot \left(\ell\cos\alpha + \ell\cos\beta + \frac{\ell^4 \cos^2\alpha \cos^2\beta}{\ell^2 \cos^2\alpha + \ell^2 \cos^2\beta}\right)$$

$$= \cos\alpha + \cos\beta$$

【例25】解：方向为 $\overrightarrow{AB} = (2, -2, 1)$, 其单位向量 $\overrightarrow{AB} = \left(\frac{2}{3}, -\frac{2}{3}, \frac{1}{3}\right)$, 即

$$\cos\alpha = \frac{2}{3}, \cos\beta = -\frac{2}{3}, \cos\gamma = \frac{1}{3},$$

又 $\frac{\partial u}{\partial x}\Big|_A = \frac{1}{x + \sqrt{y^2 + z^2}}\Big|_{(1, 0, 1)} = \frac{1}{2}$

$$\frac{\partial u}{\partial y}\Big|_A = \frac{1}{x + \sqrt{y^2 + z^2}} \cdot \frac{y}{\sqrt{y^2 + z^2}}\Big|_{(1, 0, 1)} = 0$$

$$\frac{\partial u}{\partial z}\Big|_A = \frac{1}{x + \sqrt{y^2 + z^2}} \cdot \frac{z}{\sqrt{y^2 + z^2}}\Big|_{(1, 0, 1)} = \frac{1}{2}$$

得到所求的方向导数为

$$\frac{\partial u}{\partial \overrightarrow{AB}} = \frac{\partial u}{\partial x}\Big|_A \cos\alpha + \frac{\partial u}{\partial y}\Big|_A \cos\beta + \frac{\partial u}{\partial z}\Big|_A \cos\gamma$$

$$= \frac{1}{2} \cdot \frac{2}{3} + 0 \cdot \left(-\frac{2}{3}\right) + \frac{1}{2} \cdot \frac{1}{3} = \frac{1}{2}$$

【例26】解：(1) $\dfrac{\partial u}{\partial l}\Big|_{(1,1)} = (\mathrm{grad}u)\Big|_{(1,1)} \cdot l^o = \left(\dfrac{\partial u}{\partial x}, \dfrac{\partial u}{\partial y}\right)\Big|_{(1,1)} \cdot l^o$

$$= \left(\frac{-y}{x^2+y^2}, \frac{x}{x^2+y^2}\right)\Big|_{(1,1)} \cdot \left(\frac{1}{\sqrt{5}}, \frac{-2}{\sqrt{5}}\right) = \frac{-1}{2\sqrt{5}} + \left(\frac{-1}{\sqrt{5}}\right)$$

$$= \frac{-3}{2\sqrt{5}}$$

(2) 记 $r = \sqrt{x^2+y^2+z^2}$，解 $u = \ln r$

$$\mathrm{grad}u = \left(\frac{\partial u}{\partial x}, \frac{\partial u}{\partial y}, \frac{\partial u}{\partial z}\right) = \left(\frac{x}{r^2}, \frac{y}{r^2}, \frac{z}{r^2}\right)$$

$$(\mathrm{grad}u)^o = \frac{\mathrm{grad}u}{|\mathrm{grad}u|} = \frac{\left(\dfrac{x}{r^2}, \dfrac{y}{r^2}, \dfrac{z}{r^2}\right)}{\sqrt{\dfrac{x^2+y^2+z^2}{r^4}}} = \left[\frac{(x, y, z)}{r^2}\right] \cdot r = \left(\frac{x}{r}, \frac{y}{r}, \frac{z}{r}\right)$$

故 $\dfrac{\partial u}{\partial(\mathrm{grad}u)} = (\mathrm{grad}u)^o \cdot \mathrm{grad}u = \left(\dfrac{x}{r^2}, \dfrac{y}{r^2}, \dfrac{z}{r^2}\right) \cdot \left(\dfrac{x}{r}, \dfrac{y}{r}, \dfrac{z}{r}\right) = \dfrac{1}{r}$

【例27】解：记 $k = (0, 0, 1)$，则 $\dfrac{\partial f}{\partial L}\Big|_{(1,2,-1)} = \mathrm{grad}f(1, 2, -1) \cdot k$ 即

$$\frac{\partial f}{\partial L}\Big|_{(1,2,-1)} = (ay^2 + 3cx^2z^2, 2axy + bz, by + 2cx^3z)\Big|_{(1,2,-1)} \cdot k$$

$$= (by + 2cx^3z)\Big|_{(1,2,-1)} = 2b - 2c$$

令 $2b - 2c = 64$，得 $b - c = 32$

又梯度方向是方向导数取最大值的方向，而

$$\nabla f\big|_{(1,2,-1)} = (4a + 3c, 4a - b, 2b - 2c)$$

此方向的方向导数的值应为梯度的模，所以

$$|\nabla f(1, 2, -1)| = \sqrt{(4a+3c)^2 + (4a-b)^2 + 64^2} = 64$$

因而 $4a+3c=0$，$4a-b=0$. 解之得 $b=-3c$.

题型十一　多元函数的无条件极值的求法

【例28】解：$\dfrac{\partial z}{\partial x} = 4x^3 - 2x - 2y$，$\dfrac{\partial z}{\partial y} = 4y^3 - 2x - 2y$

要求 $\dfrac{\partial z}{\partial x} = \dfrac{\partial z}{\partial y} = 0$，得 $x+y=2x^3=2y^3$

故知 $x=y$ 由此解得三个驻点：

$$\begin{cases} x=0 \\ y=0 \end{cases}, \quad \begin{cases} x=1 \\ y=1 \end{cases}, \quad \begin{cases} x=-1 \\ y=-1 \end{cases}$$

又 $\dfrac{\partial^2 z}{\partial x^2} = 12x^2 - 2$，$\dfrac{\partial^2 z}{\partial x \partial y} = -2$，$\dfrac{\partial^2 z}{\partial y^2} = 12y^2 - 2$

在点 $(1, 1)$ 处：

$$A = \frac{\partial^2 z}{\partial x^2}\bigg|_{(1,1)} = 10, \quad B = \frac{\partial^2 z}{\partial x \partial y}\bigg|_{(1,1)} = -2, \quad C = \frac{\partial^2 z}{\partial y^2}\bigg|_{(1,1)} = 10$$

$$\Delta = AC - B^2 = 96 > 0$$

又 $A = 10 > 0$, $\therefore (1, 1)$ 是极小值点.

极小值 $Z\big|_{(1,1)} = -2$.

在点 $(-1, -1)$ 处:

$$A = \frac{\partial^2 z}{\partial x^2}\bigg|_{(-1,-1)} = 10, \quad B = \frac{\partial^2 z}{\partial x \partial y}\bigg|_{(-1,-1)} = -2, \quad C = \frac{\partial^2 z}{\partial y^2}\bigg|_{(-1,-1)} = 10$$

$$\Delta = AC - B^2 = 96 > 0$$

又 $A = 10 > 0$, $\therefore (-1, -1)$ 也是极小值点.

极小值 $Z\big|_{(-1,-1)} = -2$.

在点 $(0, 0)$ 处:

$$A = \frac{\partial^2 z}{\partial x^2}\bigg|_{(0,0)} = -2, \quad B = \frac{\partial^2 z}{\partial x \partial y}\bigg|_{(0,0)} = -2, \quad C = \frac{\partial^2 z}{\partial y^2}\bigg|_{(0,0)} = -2$$

$\Delta = AC - B^2 = 0$, 不能判定.

这时, 取 $x = \varepsilon$, $y = -\varepsilon$(其中 ε 为充分小的正数)则 $z = 2\varepsilon^4 > 0$.

而取 $x = y = \varepsilon$ 时 $z = 2\varepsilon^4 - 4\varepsilon^2 < 0$ 由此可见 $(0, 0)$ 不是极值点.

【例29】解: 先解方程组 $\begin{cases} f_x(x, y) = 3x^2 + 6x - 9 = 0 \\ f_y(x, y) = -3y^2 + 6y = 0 \end{cases}$

求得驻点为 $(1, 0)$、$(1, 2)$、$(-3, 0)$、$(-3, 2)$.

再求出二阶偏导数:$f_{xx}(x, y) = 6x + 6$,$f_{xy}(x, y) = 0$,$f_{yy}(x, y) = -6y + 6$.

在点 $(1, 0)$ 处, 因为 $AC - B^2 = 12 \cdot 6 > 0$, 又 $A > 0$, 所以函数在 $(1, 0)$ 处有极小值 $f(1, 0) = -5$;

在点 $(1, 2)$ 处, 因为 $AC - B^2 = 12 \cdot (-6) < 0$, 所以 $f(1, 2)$ 不是极值;

在点 $(-3, 0)$ 处, 因为 $AC - B^2 = -12 \cdot 6 < 0$, 所以 $f(-3, 0)$ 不是极值;

在点 $(-3, 2)$ 处, 因为 $AC - B^2 = -12 \cdot (-6) > 0$, 又 $A < 0$, 所以函数在 $(-3, 2)$ 处有极大值 $f(-3, 2) = 31$.

题型十二　多元函数的条件极值的求法

【例30】解: 只需求出此椭圆的长、短半轴. 此椭圆中心在原点. 而长、短半轴之长即内椭圆面上的点到原点的距高的最大值与最小值.

因此, 如设椭圆上任一点坐标为 (x, y, z). 问题转化求函数 $f(x, y, z) = x^2 + y^2 + z^2$ 在条件 $\frac{x^2}{a^2} + \frac{y^2}{b^2} + \frac{z^2}{c^2} = 1$ ……①及 $lx + my + nz = 0$ ……②下的最大值(长半轴的平方)、最小值(短半轴的平方).

设 $F = x^2 + y^2 + z^2 - \lambda\left(\frac{x^2}{a^2} + \frac{y^2}{b^2} + \frac{z^2}{c^2}\right) - \mu(lx + my + nz)$

令 $\begin{cases} \dfrac{\partial F}{\partial x} = 2x - \dfrac{2\lambda x}{a^2} - \mu l = 0 & ③ \\[3mm] \dfrac{\partial F}{\partial y} = 2y - \dfrac{2\lambda y}{b^2} - \mu m = 0 & ④ \\[3mm] \dfrac{\partial F}{\partial z} = 2z - \dfrac{2\lambda z}{c^2} - \mu n = 0 & ⑤ \end{cases}$

③ $\times x$ + ④ $\times y$ + ⑤ $\times z$ 得到 $2(x^2 + y^2 + z^2) - 2\lambda\left(\frac{x^2}{a^2} + \frac{y^2}{b^2} + \frac{z^2}{c^2}\right) - \mu(lx + my + nz) = 0$

将①与②式代入上式得到 $2(x^2 + y^2 + z^2) - 2\lambda = 0$，即 $x^2 + y^2 + z^2 = \lambda$　　　　　⑥

⑥式为驻点坐标所满足的关系式，故 $\sqrt{\lambda}$ 即为所求椭圆线半轴之长．下面求出满足⑥式的两个 λ 的值 λ_1 和 λ_2．因问题要求椭圆面积．而椭圆面积 $S = \pi \sqrt{\lambda_1} \cdot \sqrt{\lambda_2} = \pi \sqrt{\lambda_1 \lambda_2}$，从而只需求出 λ_1 和 λ_2 的乘积、不必具体求出 λ_1 和 λ_2 等于多少．

如何求出 λ_1 和 λ_2 的乘积呢？由③，④，⑤式分别解出

$$x = \frac{\mu l}{2\left(1 - \dfrac{\lambda}{a^2}\right)}, \quad y = \frac{\mu m}{2\left(1 - \dfrac{\lambda}{b^2}\right)}, \quad z = \frac{\mu n}{2\left(1 - \dfrac{\lambda}{c^2}\right)}$$

将其代入约束方程②得到

$$a^2 l^2 (b^2 - l)(c^2 - \lambda) + b^2 m^2 (a^2 - \lambda)(c^2 - \lambda) + c^2 n^2 (a^2 - \lambda)(b^2 - \lambda) = 0$$

即 $(a^2 l^2 + b^2 m^2 + c^2 n^2)\lambda^2 - (a^2 l^2 c^2 + a^2 l^2 b^2 + b^2 m^2 a^2 + b^2 m^2 c^2 + c^2 n^2 a^2 + c^2 n^2 b^2)\lambda + [a^2 b^2 c^2 (l^2 + m^2 + n^2)] = 0$

上式为 λ 的二次方程．设 λ_1 和 λ_2 为其两根，由韦达定理得到

$$\lambda_1 \lambda_2 = \frac{a^2 b^2 c^2 (l^2 + m^2 + n^2)}{a^2 l^2 + b^2 m^2 + c^2 n^2}$$

故所求椭圆面积 $S = \pi \sqrt{\lambda_1 \lambda_2} = \pi abc \sqrt{\dfrac{(l^2 + m^2 + n^2)}{a^2 l^2 + b^2 m^2 + c^2 n^2}}$

【例31】解： 令 $\begin{cases} f_x' = y = 0, \\ f_y' = x - 1 = 0, \end{cases}$ 得驻点 $(1, 0)$.

在直线段 L_1：$y = x$ 上，把 $y = x$ 代入 $z = (x-1)y$ 中，得

$$z = (x-1)x\left(-\sqrt{\frac{3}{2}} \leqslant x \leqslant \sqrt{\frac{3}{2}}\right).$$

令 $\dfrac{\mathrm{d}z}{\mathrm{d}x} = 2x - 1 = 0$，得驻点 $x = \dfrac{1}{2}$.

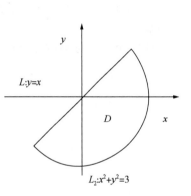

在圆弧 L_2：$x^2 + y^2 - 3 = 0$ 上，作 Lagrange 函数：$F = (x-1)y + \lambda(x^2 + y^2 - 3)$，

令 $\begin{cases} F_x' = y + 2\lambda x = 0, & (1) \\ F_y' = x - 1 + 2\lambda y = 0, & (2) \\ x^2 + y^2 - 3 = 0, & (3) \end{cases}$

$(1) \times y - (2) \times x$，得 $x^2 - x - y^2 = 0$. 该式与 (3) 联立，解得

$$\begin{cases} x = \dfrac{3}{2}, \\ y = -\dfrac{\sqrt{3}}{2}, \end{cases} \begin{cases} x = \dfrac{3}{2}, \\ y = \dfrac{\sqrt{3}}{2}, \end{cases} \begin{cases} x = -1, \\ y = -\sqrt{2}, \end{cases} \begin{cases} x = -1, \\ y = \sqrt{2}, \end{cases} （舍去）$$

比较下列函数值得大小：

$$f(1, 0) = 0, \quad z\Big|_{x = \frac{1}{2}} = -\frac{1}{4},$$

$$f\left(\frac{3}{2}, -\frac{\sqrt{3}}{2}\right) = -\frac{\sqrt{3}}{4}, f\left(\frac{3}{2}, \frac{\sqrt{3}}{2}\right) = \frac{\sqrt{3}}{4}, f(-1, -\sqrt{2}) = 2\sqrt{2},$$

得 $z_{\max} = 2\sqrt{2}$，$z_{\min} = -\dfrac{\sqrt{3}}{4}$.

【例32】解： 设曲线 C 上点 (x, y, z) 到坐标原点的距离为 d，令 $W = d^2 = x^2 + y^2 + z^2$，约束条件 $x^2 + y^2 - z^2 - 1 = 0$，$2x - y - z - 1 = 0$ 用拉格朗日乘子法，令

$$F = F(x, y, z, \lambda, \mu) = (x^2 + y^2 + z^2) + \lambda(x^2 + y^2 - z^2 - 1) + \mu(2x - y - z - 1)$$

$$F'_x = 2x + 2\lambda x + 2\mu = 0 \qquad\qquad ①$$

$$F'_y = 2y + 2\lambda y - \mu = 0 \qquad\qquad ②$$

$$F'_z = 2z - 2\lambda z - \mu = 0 \qquad\qquad ③$$

$$F'_\lambda = x^2 + y^2 - z^2 - 1 = 0 \qquad\qquad ④$$

$$F'_\mu = 2x - y - z - 1 = 0 \qquad\qquad ⑤$$

首先，由①，②可见，如果取 $\lambda = -1$，则 $\mu = 0$，由③可知 $z = 0$，再由④，⑤得 $x^2 + y^2 - 1 = 0$，$2x - y - 1 = 0$.

解得 $\begin{cases} x = 0 \\ y = -1 \end{cases}$ $\begin{cases} x = \dfrac{4}{5} \\ y = \dfrac{3}{5} \end{cases}$

这样得到两个驻点 $P_1(0, -1, 0)$，$P_2\left(\dfrac{4}{5}, \dfrac{3}{5}, 0\right)$.

其次，如果取 $\lambda = 1$，由③得 $\mu = 0$，再由①，②得 $x = 0$，$y = 0$ 这样④成为 $-z^2 = 1$，是矛盾的，所以这种情形没有驻点.

最后，讨论 $\lambda \neq 1$，$\lambda \neq -1$ 情形，由①，②，③可得 $x = -\dfrac{\mu}{1+\lambda}$，$y = \dfrac{\mu}{2(1+\lambda)}$，$z = \dfrac{\mu}{2(1-\lambda)}$

代入④，⑤消去 μ 得 $3\lambda^2 - 9\lambda + 8 = 0$.

此方程无解，所以这种情形也没有驻点.

综合上面讨论可知只有两个驻点，它们到坐标原点的距离都是1，由实际问题一定有最短距离，可知最短距离为1.

另外，由于 C 为双曲线，所以坐标原点到 C 的最大距离不存在.

第九讲 重 积 分

题型一 在哪些情况下需调换二次积分的次序

【例1】解：（1）注意到 $0 \leqslant x \leqslant 3$ 时，$x^2 - 2x \leqslant \sqrt{3}x$，先调限，得到

$$原式 = -\int_0^3 dx \int_{x^2-2x}^{\sqrt{3x}} f(x, y) dy = -\iint_D f(x, y) dxdy$$

画出积分区域 D 的图形如下面左图所示，于是

$$原式 = -\iint_D f(x, y) dxdy = -\int_{-1}^0 dy \int_{1-\sqrt{y+1}}^{1+\sqrt{y+1}} f(x, y) dx - \int_0^3 dy \int_{\frac{y^2}{3}}^{1+\sqrt{y+1}} f(x, y) dx$$

（2）画出积分区域 $D = D_1 + D_2$ 如右侧右图所示，则

$$原式 = \int_0^{\frac{\pi}{2}} dx \int_0^{\cos x} f(x, y) dy + \int_{\frac{\pi}{2}}^{\pi} dx \int_0^{\cos x} f(x, y) dy$$

注意到当 $\dfrac{\pi}{2} \leqslant x \leqslant \pi$ 时，$\cos x \leqslant 0$，先调限，得到

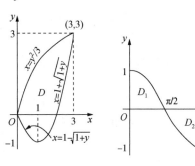

$$原式 = \int_0^{\frac{\pi}{2}} dx \int_0^{\cos x} f(x, y) dy - \int_{\frac{\pi}{2}}^{\pi} dx \int_{\cos x}^0 f(x, y) dy$$

$$= \iint_{D_1} f(x, y) dxdy - \iint_{D_2} f(x, y) dxdy$$

$$= \int_0^1 dy \int_0^{\arccos y} f(x, y) dx - \int_{-1}^0 dy \int_{\arccos y}^{\pi} f(x, y) dx$$

【例2】解：上面积分的被积函数都仅为 x 的函数，一般调换积分次序，化为先对另一变量 y 的积分，可简化计算．

（1）积分区域 D 如下面左图所示，则

$$原式 = \iint_D \sqrt{1+x^2}\, dxdy = \int_0^1 \sqrt{1+x^3}\, dx \int_0^{x^2} dy$$

$$= \frac{1}{3} \int_0^1 (x^3+1)^{\frac{1}{2}} d(x^3+1)$$

$$= \frac{1}{3} \cdot \left[\frac{2}{3} (x^3+1)^{\frac{3}{2}} \right]_0^1 = \frac{2}{9} (2\sqrt{2}-1)$$

（2）积分区域 D 为下面右图所示，则

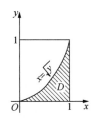
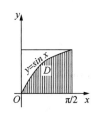

$$原式 = \iint_D \cos x \sqrt{1+\cos^2 x}\, dxdy$$

$$= \int_0^{\frac{\pi}{2}} \cos x \sqrt{1+\cos^2 x}\, dx \int_0^{\sin x} dy$$

$$= -\frac{1}{2} \int_0^{\frac{\pi}{2}} (1+\cos^2 x)^{\frac{1}{2}} d(1+\cos^2 x)$$

$$= -\frac{1}{2} \left[\frac{2}{3} (1+\cos^2 x)^{\frac{3}{2}} \right]_0^{\frac{\pi}{2}} = \frac{1}{3} (2\sqrt{2}-1)$$

【例3】解：积分区域如下图所示．则

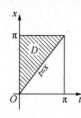

$$I = \int_0^\pi \left(\int_0^x \frac{\sin t}{\pi - t} dt \right) dx = \int_0^\pi dt \int_t^\pi \frac{\sin t}{\pi - t} dx = \int_0^\pi \frac{\sin t}{\pi - t} dt \int_t^\pi dx$$

$$= \int_0^\pi \frac{(\pi - t) \sin t}{\pi - t} dt = \int_0^\pi \sin t \, dt = 2$$

此题也可以用分部积分法求解，但是要繁琐些.

【例4】解: 积分区域是 $y = \sin x$, $0 \leqslant x \leqslant \pi$ 与 x 轴所围成的区域，按原积分次序积分虽然内层积分易算出，但再积分就困难了，因此可改变积分次序，然后在计算，就简单多了.

$$I = \int_0^\pi x \mathrm{d}x \int_0^{\sin x} \mathrm{d}y = \int_0^\pi x \sin x \mathrm{d}x = [-x \cos x]_0^\pi + \int_0^\pi \cos x \mathrm{d}x = \pi$$

【例5】证: 待证的等式左端 $f'(y)$ 为抽象函数，如先对 y 积分不易求出积分. 调换积分次序易得到 $\int_0^a \mathrm{d}x$

$$\int_0^x \frac{f'(y)}{\sqrt{(a - x)(x - y)}} \mathrm{d}y = \int_0^a f'(y) \mathrm{d}y \int_y^a \frac{\mathrm{d}x}{\sqrt{(a - x)(x - y)}}$$

而 $\int \dfrac{\mathrm{d}x}{\sqrt{(a - x)(x - y)}} = 2\arcsin \sqrt{\dfrac{x - y}{a - y}} + c$

故原式左端 $= \int_0^a f'(y) \left[2\arcsin \sqrt{\dfrac{x - y}{a - y}} \right]_{x = y}^{x = a} \mathrm{d}y$

$$= 2 \int_0^a \arcsin 1 \cdot f'(y) \mathrm{d}y = \pi \int_0^a f'(y) \mathrm{d}y = \pi \int_0^a \mathrm{d}f(y)$$

$$= \pi [f(a) - f(0)] = 原式右端$$

或 $\int_y^a \dfrac{\mathrm{d}x}{\sqrt{(a - x)(x - y)}} = \int_y^a \dfrac{\mathrm{d}x}{\sqrt{\left(\dfrac{a - y}{2}\right)^2 - \left[x - \dfrac{(a + y)}{2}\right]^2}}$

$$= \left[\arcsin \frac{x - (a + y)/2}{(a - y)/2} \right]_{x = y}^{x = a} = \arcsin 1 - \arcsin(-1)$$

$$= \frac{\pi}{2} - \left(-\frac{\pi}{2}\right) = \pi$$

原式左端 $= \pi \int_0^a f'(y) \mathrm{d}y = \pi [f(a) - f(0)]$

题型二 二重积分需分区域积分的几种情况

【例6】解: 由于被积函数中含 $\max\{x, y\}$ 因子，需用直线 $x = y$ 将 D 分成两个子区域 D_1 和 D_2，以比较 x, y 的大小，如题目中图所示. 在 D_1 上有 $y > x$. 因此 $\max\{x, y\} = y$，在 D_2 上有 $y < x$，因而 $\max\{x, y\} = x$.

于是原式 $= \iint\limits_{D_1} \sin x \sin y \max\{x, y\} \mathrm{d}x\mathrm{d}y + \iint\limits_{D_2} \sin x \sin y \max\{x, y\} \mathrm{d}x\mathrm{d}y$

$$= \iint\limits_{D_1} y \sin x \sin y \mathrm{d}x\mathrm{d}y + \iint\limits_{D_2} x \sin x \sin y \mathrm{d}x\mathrm{d}y$$

而 $\iint\limits_{D_1} y \sin x \sin y \mathrm{d}x\mathrm{d}y = \int_0^\pi y \sin y \mathrm{d}y \int_0^y \sin x \mathrm{d}x = \int_0^\pi y(1 - \cos y) \sin y \mathrm{d}y$

$$= \int_0^\pi \left(y \sin y - \frac{1}{2} y \sin 2y \right) \mathrm{d}y = \pi + \frac{\pi}{4}$$

因 D_1 与 D_2 关于 $y = x$ 对称，因此有

$$\iint\limits_{D_2} x \sin x \sin y \mathrm{d}x\mathrm{d}y = \iint\limits_{D_1} y \sin x \sin y \mathrm{d}x\mathrm{d}y$$

故 $\displaystyle\iint\limits_{D}\sin x\sin y\max\{x,\ y\}\mathrm{d}x\mathrm{d}y = 2\left(\pi + \frac{\pi}{4}\right) = \frac{5\pi}{2}$

【例7】解： 为去掉被积函数中的绝对值，用 $\cos(x+y)=0$ 的曲线，即用直线段 $x+y=\dfrac{\pi}{2}$ 将 D 划分成两个子区域：

$$D_1 = \left\{(x,\ y)\ \middle|\ 0\leqslant y\leqslant x,\ 0\leqslant x+y\leqslant \frac{\pi}{2}\right\}$$

$$D_2 = \left\{(x,\ y)\ \middle|\ 0\leqslant y\leqslant x\leqslant \frac{\pi}{2},\ x+y\geqslant \frac{\pi}{2}\right\}$$

在 D_1 上，$|\cos(x+y)|=\cos(x+y)$；在 D_2 上，$|\cos(x+y)|=-\cos(x+y)$

故
$$\iint\limits_{D}|\cos(x+y)|\mathrm{d}x\mathrm{d}y = \iint\limits_{D_1}\cos(x+y)\mathrm{d}x\mathrm{d}y - \iint\limits_{D_2}\cos(x+y)\mathrm{d}x\mathrm{d}y$$

$$= \int_0^{\frac{\pi}{4}}\mathrm{d}y\int_y^{\frac{\pi}{2}-y}\cos(x+y)\,\mathrm{d}x - \int_{\frac{\pi}{4}}^{\frac{\pi}{2}}\mathrm{d}x\int_{\frac{\pi}{2}-x}^{x}\cos(x+y)\,\mathrm{d}y$$

$$= \int_0^{\frac{\pi}{4}}\left[\sin(x+y)\right]_{x=y}^{x=\frac{\pi}{2}-y}\mathrm{d}y - \int_{\frac{\pi}{4}}^{\frac{\pi}{2}}\left[\sin(x+y)\right]_{x=\frac{\pi}{2}-x}^{y=x}\mathrm{d}x$$

$$= \int_0^{\frac{\pi}{4}}\left(\sin\frac{\pi}{2} - \sin 2y\right)\mathrm{d}y - \int_{\frac{\pi}{4}}^{\frac{\pi}{2}}\left(\sin 2x - \sin\frac{\pi}{2}\right)\mathrm{d}x$$

$$= \frac{\pi}{4} + \left[\frac{1}{2}\cos 2y\right]_0^{\frac{\pi}{4}} - \left[\frac{1}{2}\cos 2x\right]_{\frac{\pi}{2}}^{\frac{\pi}{4}} + \frac{\pi}{4} = \frac{\pi}{2} - 1$$

【例8】解： 把 D 分成两部分 D_1，D_2，如右图所示.

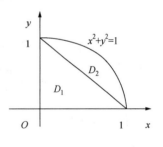

$$I = \iint\limits_{D_1}\mathrm{d}\sigma + \iint\limits_{D_2}(x^2+y^2)\mathrm{d}\sigma$$

$$= \frac{1}{2} + \iint\limits_{D}(x^2+y^2)\mathrm{d}\sigma - \iint\limits_{D_1}(x^2+y^2)\mathrm{d}\sigma$$

$$= \frac{1}{2} + \int_0^{\frac{\pi}{2}}\left[\int_0^1 r^2\cdot r\mathrm{d}r\right]\mathrm{d}\theta - \int_0^1\left[\int_0^{1-x}(x^2+y^2)\mathrm{d}y\right]\mathrm{d}x$$

$$= \frac{1}{2} + \frac{\pi}{8} - \int_0^1\left[x^2(1-x) + \frac{1}{3}(1-x)^3\right]\mathrm{d}x$$

$$= \frac{1}{2} + \frac{\pi}{8} - \frac{1}{6}$$

$$= \frac{1}{3} + \frac{\pi}{8}$$

【例9】解： $\displaystyle\iint\limits_{D}\sqrt{|x-|y|}\,\mathrm{d}\sigma = 2\iint\limits_{D_上}\sqrt{|x-y|}\,\mathrm{d}\sigma$

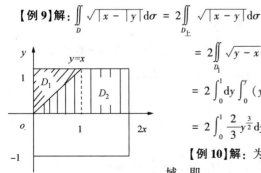

$$= 2\iint\limits_{D_1}\sqrt{y-x}\,\mathrm{d}\sigma + 2\iint\limits_{D_2}\sqrt{x-y}\,\mathrm{d}\sigma$$

$$= 2\int_0^1\mathrm{d}y\int_0^y(y-x)^{\frac{1}{2}}\mathrm{d}x + 2\int_0^1\mathrm{d}y\int_y^2(x-y)^{\frac{1}{2}}\mathrm{d}x$$

$$= 2\int_0^1\frac{2}{3}y^{\frac{3}{2}}\mathrm{d}y + 2\int_0^1\frac{2}{3}(2-y)^{\frac{3}{2}}\mathrm{d}y = \frac{32\sqrt{2}}{15}.$$

【例10】解： 为确定该积分的正负号，需将积分区域划分为 3 个子区域，即

$$D = \{(x,\ y)\ |\ x^2+y^2\leqslant 4\} = D_1+D_2+D_3$$

其中，$D_1 = \{(x, y) \mid x^2 + y^2 \leq 1\}$，$D_2 = \{(x, y) \mid 1 \leq x^2 + y^2 \leq 2\}$，$D_3 = \{(x, y) \mid 2 \leq x^2 + y^2 \leq 4\}$，则 $I = \iint\limits_{D} \sqrt[3]{1 - x^2 - y^2}\,dxdy = \iint\limits_{D_1} \sqrt[3]{1 - x^2 - y^2}\,dxdy + \iint\limits_{D_2} \sqrt[3]{1 - x^2 - y^2}\,dxdy + \iint\limits_{D_3} \sqrt[3]{1 - x^2 - y^2}\,dxdy$ 在 D_1 上显然有 $\sqrt[3]{1 - x^2 - y^2} \leq 1$，因而 $\iint\limits_{D_1} \sqrt[3]{1 - x^2 - y^2}\,dxdy \leq \iint\limits_{D_1} dxdy = \pi$

在 D_2 上，因 $\sqrt[3]{1 - x^2 - y^2} \leq 0$，故 $\iint\limits_{D_2} \sqrt[3]{1 - x^2 - y^2}\,dxdy \leq 0$ ①

在 D_3 上，因 $\sqrt[3]{x^2 + y^2 - 1} \geq 1$，故 $\iint\limits_{D_3} \sqrt[3]{x^2 + y^2 - 1}\,dxdy \geq \iint\limits_{D_3} dxdy = \pi(\sqrt{4})^2 - \pi(\sqrt{2})^2 = 2\pi$

因而 $\iint\limits_{D_3} \sqrt[3]{1 - x^2 - y^2}\,dxdy = -\iint\limits_{D_3} \sqrt[3]{x^2 + y^2 - 1}\,dxdy \leq -2\pi$

注意到不等式①成立，即得

$$I = \left(\iint\limits_{D_1} + \iint\limits_{D_2} + \iint\limits_{D_3}\right)(\sqrt[3]{1 - x^2 - y^2}\,dxdy) \leq \iint\limits_{D_1} \sqrt[3]{1 - x^2 - y^2}\,dxdy + \iint\limits_{D_3} \sqrt[3]{1 - x^2 - y^2}\,dxdy \leq \pi - 2\pi < 0$$

题型三　极坐标与变量替换

【例11】解：$I = \int_0^{\frac{\pi}{4}} \left[\int_{\frac{1}{\cos\theta}}^{\sqrt{2}} \frac{1}{(1 + r^2)^{\frac{3}{2}}} r\,dr\right] d\theta$

$= \int_0^{\frac{\pi}{4}} \left. -\frac{1}{(1 + r^2)^{\frac{1}{2}}} \right|_{\frac{1}{\cos\theta}}^{\sqrt{2}} d\theta = \int_0^{\frac{\pi}{4}} \left(\frac{\cos\theta}{(1 + \cos^2\theta)^{\frac{1}{2}}} - \frac{1}{\sqrt{3}}\right) d\theta$

$= \int_0^{\frac{\pi}{4}} \frac{1}{(2 - \sin^2\theta)^{\frac{1}{2}}} d(\sin\theta) - \frac{\pi}{4\sqrt{3}}$

$= \left. \arcsin\frac{\sin\theta}{\sqrt{2}} \right|_0^{\frac{\pi}{4}} - \frac{\pi}{4\sqrt{3}} = \frac{\pi}{6} - \frac{\pi}{4\sqrt{3}} = \frac{2 - \sqrt{3}}{12}\pi.$

【例12】解法1：将 D 的方程改写为 $\left(x - \frac{1}{2}\right)^2 + \left(y - \frac{1}{2}\right)^2 \leq \left(\sqrt{\frac{1}{2}}\right)^2$. 圆心不在原点上，作平移变换（如下图）.

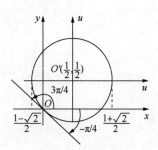

$u = x - \frac{1}{2}$，$v = y - \frac{1}{2}$，即 $x = u + \frac{1}{2}$，$y = v + \frac{1}{2}$

将圆心移至新坐标平面，即 $uO'v$ 平面的原点 O'，则

原式 $= \iint\limits_{D'} \left[\left(u + \frac{1}{2}\right) + \left(v + \frac{1}{2}\right)\right] dudv$

$= \iint\limits_{D'} (u + v)\,dudv + \iint\limits_{D'} dudv$

由积分区域 D' 的对称性及被积函数 u 与 v 均为奇函数得到

$$\iint\limits_{D'} (u + v)\,dudv = \iint\limits_{D'} u\,dudv + \iint\limits_{D'} v\,dudv = 0 + 0 = 0$$

平移变换不改变区域的形状与面积，

故，原式 $= \iint\limits_{D'} 1\,dvdu = \pi\left(\sqrt{\frac{1}{2}}\right)^2 = \frac{\pi}{2}$

解法2：将平移变换与极坐标变换相结合使用，令 $x - \frac{1}{2} = \ell\cos\varphi$，$y - \frac{1}{2} = \ell\sin\varphi$，

即 $x = \ell\cos\varphi + \frac{1}{2}$，$y = \ell\sin\varphi + \frac{1}{2}$，

则 D'：$0 \leqslant \ell \leqslant \sqrt{\dfrac{1}{2}}$，$0 \leqslant \varphi \leqslant 2\pi$，因此有

$$\text{原式} = \iint\limits_{D'} \left[\left(\ell\cos\varphi + \frac{1}{2} \right) + \left(\ell\sin\varphi + \frac{1}{2} \right) \right] \ell\, \mathrm{d}\ell\, \mathrm{d}\varphi$$

$$= \iint\limits_{D'} \left[\ell(\cos\varphi + \sin\varphi) + 1 \right] \ell\, \mathrm{d}\ell\, \mathrm{d}\varphi$$

$$= \iint\limits_{D'} (\ell\cos\varphi + \ell\sin\varphi)\, \ell\, \mathrm{d}\ell\, \mathrm{d}\varphi + \iint\limits_{D'} 1 \cdot \ell\, \mathrm{d}\ell\, \mathrm{d}\varphi$$

$$= \int_0^{\sqrt{\frac{1}{2}}} \ell\, \mathrm{d}\ell \int_0^{2\pi} \left[\ell(\cos\varphi + \sin\varphi) \right] \mathrm{d}\varphi + \int_0^{2\pi} \mathrm{d}\varphi \int_0^{\sqrt{\frac{1}{2}}} \ell\, \mathrm{d}\ell$$

$$= 0 \cdot \int_0^{\sqrt{\frac{1}{2}}} \ell\, \mathrm{d}\ell + 2\pi \cdot \frac{1}{2} \left(\sqrt{\frac{1}{2}} \right)^2 = \frac{\pi}{2}$$

【例 13】解：本例积分域用不等式给出. 注意在不等式中取等号所得的曲线是两个半圆周，如下图所示，它们围不成闭区域. 不过由 $\sqrt{2x-x^2} \geqslant 0$，易知 $y \geqslant 0$. 另一方面要使给出的式子 $\sqrt{2x-x^2}$ 及 $\sqrt{4-x^2}$ 有意义，必须限制变量 $x \in [0, 2]$，因此积分域 D 只能在 $x=0$ 和 $x=2$ 两平行线之间，所以 D 为图中阴影部分的闭区域.

确定了积分域后，再看被积函数与积分域的特点，易知本题转换成极坐标的二次积分来计算比较简便，为此将 D 的边界曲线用极坐标表示；

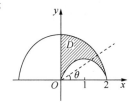

由 $y = \sqrt{4-x^2}$ 即 $x^2+y^2=4$ 得 $\ell_2 = 2$，由 $y = \sqrt{2x-x^2}$ 即 $x^2+y^2=2x$ 得 $\ell_1 = 2\cos\varphi$

于是，原式 $= \displaystyle\int_0^{\frac{\pi}{2}} \mathrm{d}\varphi \int_{2\cos\varphi}^2 \ell^3 \mathrm{d}\ell = 4\int_0^{\frac{\pi}{2}} (1 - \cos^4\varphi)\, \mathrm{d}\varphi = \frac{5\pi}{4}$

注意：不能因为极点 O 在积分域的边界上，就误认为上式中对 ℓ 积分的积分下限是 0. 定 ℓ 的积分限应当是先把 φ 在 $\left(0, \dfrac{\pi}{2} \right)$ 内固定，然后以原点为起点作射线. 该射线与两个半圆相交，并从 $\ell = 2\cos\varphi$ 穿进 D. 从 $\ell = 2$ 穿出 D. 原点 O 虽在 D 的边界上，但 φ 在 $\left(0, \dfrac{\pi}{2} \right)$ 中的射线并不从 0 点进入 D，所以域 D 的极坐标表示是：$0 \leqslant \varphi \leqslant \dfrac{\pi}{2}$，$2\cos\varphi \leqslant \ell \leqslant 2$，而不是 $0 \leqslant \varphi \leqslant \dfrac{\pi}{2}$，$0 \leqslant \ell \leqslant 2$ 因此，ℓ 的积分限如上式所示.

题型四 利用奇偶对称，轮换对称求解

【例 14】解：积分域是圆域 $x^2+y^2 \leqslant a^2$，故关于 x，y 轴对称，将被积函数分项积分，得到

$$\iint\limits_{x^2+y^2 \leqslant a^2} (-2x+3y)\, \mathrm{d}\sigma = \iint\limits_{x^2+y^2 \leqslant a^2} (-2x)\, \mathrm{d}\sigma + \iint\limits_{x^2+y^2 \leqslant a^2} 3y\, \mathrm{d}\sigma = 0$$

又因积分区域 D 关于积分变量 x，y 对称，即关于 $y=x$ 对称，故 $\iint\limits_D f(x, y)\, \mathrm{d}\sigma = \iint\limits_D f(y, x)\, \mathrm{d}\sigma$，

即 $\displaystyle\iint\limits_{x^2+y^2 \leqslant a^2} x^2 \mathrm{d}\sigma = \iint\limits_{x^2+y^2 \leqslant a^2} y^2 \mathrm{d}\sigma$.

因而 $\displaystyle\iint\limits_{x^2+y^2 \leqslant a^2} x^2 \mathrm{d}\sigma = \frac{1}{2} \iint\limits_{x^2+y^2 \leqslant a^2} x^2 + y^2 \mathrm{d}\sigma = \frac{1}{2} \int_0^{2\pi} \mathrm{d}\varphi \int_0^a \ell^2 l\mathrm{d}l = \frac{\pi a^4}{4}$

而 $2\displaystyle\iint\limits_{x^2+y^2 \leqslant a^2} \mathrm{d}\sigma = 2\pi a^2$，故原式 $= \dfrac{\pi a^4}{4} + 2\pi a^2$

【例 15】解：由于积分区域 D 关于 $y=x$ 对称，有 $\displaystyle\iint\limits_D \left(\frac{x^2}{a^2} + \frac{y^2}{b^2} \right) \mathrm{d}x\mathrm{d}y = \iint\limits_D \left(\frac{y^2}{a^2} + \frac{x^2}{b^2} \right) \mathrm{d}x\mathrm{d}y$

$$\iint\limits_{D}\left(\frac{x^2}{a^2}+\frac{y^2}{b^2}\right)\mathrm{d}x\mathrm{d}y = \frac{1}{2}\left[\iint\limits_{D}\left(\frac{x^2}{a^2}+\frac{y^2}{b^2}\right)\mathrm{d}x\mathrm{d}y + \iint\limits_{D}\left(\frac{y^2}{a^2}+\frac{x^2}{b^2}\right)\mathrm{d}x\mathrm{d}y\right]$$

$$= \frac{1}{2}\iint\limits_{D}\left[\frac{1}{a^2}(x^2+y^2)+\frac{1}{b^2}(x^2+y^2)\right]\mathrm{d}x\mathrm{d}y$$

$$= \frac{1}{2}\left(\frac{1}{a^2}+\frac{1}{b^2}\right)\iint\limits_{D}(x^2+y^2)\,\mathrm{d}x\mathrm{d}y$$

$$= \frac{1}{2}\left(\frac{1}{a^2}+\frac{1}{b^2}\right)\int_0^{2\pi}\mathrm{d}\varphi\int_0^R \ell^2\,\ell\,\mathrm{d}\,\ell = \frac{\pi}{4}R^4\left(\frac{1}{a^2}+\frac{1}{b^2}\right)$$

【例16】解：积分区域 D 关于 x，y 轴都不对称而被积函数却为 x，y 的奇函数．

因此，将 D 分为两部分．设 D' 是 xOy 平面上以 $(0,0)$，$(1,1)$，$(-1,1)$ 为顶点的三角形区域，D'' 是以 $(0,0)$，$(-1,1)$，$(-1,-1)$ 为顶点的三角形区域，

则 $\displaystyle\iint\limits_{D}(xy+\cos x\sin y)\,\mathrm{d}x\mathrm{d}y = \iint\limits_{D}xy\mathrm{d}x\mathrm{d}y + \iint\limits_{D}\cos x\sin y\mathrm{d}x\mathrm{d}y$

$$= \iint\limits_{D'}xy\mathrm{d}x\mathrm{d}y + \iint\limits_{D''}xy\mathrm{d}x\mathrm{d}y + \iint\limits_{D'}\cos x\sin y\mathrm{d}x\mathrm{d}y + \iint\limits_{D''}\cos x\sin y\mathrm{d}x\mathrm{d}y$$

因 D' 关于 y 轴对称，而 xy 又是关于 x 的奇函数，故 $\displaystyle\iint\limits_{D'}xy\mathrm{d}x\mathrm{d}y = 0$．

而 $\cos x\sin y$ 是关于 x 的偶函数，故 $\displaystyle\iint\limits_{D'}\cos x\sin y\mathrm{d}x\mathrm{d}y = 2\iint\limits_{D_1}\cos x\sin y\mathrm{d}x\mathrm{d}y$．

又 D'' 关于 x 轴对称，而 xy 及 $\cos x\sin y$ 都是关于 y 的奇函数，

故 $\displaystyle\iint\limits_{D''}xy\mathrm{d}x\mathrm{d}y = \iint\limits_{D''}\cos x\sin y\mathrm{d}x\mathrm{d}y = 0$

所以 $\displaystyle\iint\limits_{D}(xy+\cos x\sin y)\,\mathrm{d}x\mathrm{d}y = 2\iint\limits_{D_1}\cos x\sin y\mathrm{d}x\mathrm{d}y$，因而仅（A）入选．

注意：为利用对称性，有时需将被积函数分项，将积分区域分成若干个对称子区域．

【例17】解：用曲线 $y=x^2$ 及两个坐标轴把 D 分成 4 个部分，如右图所示．

因为 D_1，D_2 关于 y 轴对称，而 $xy^3+\sin x^3$ 是关于 x 的奇函数，

所以 $\displaystyle\iint\limits_{D_1\cup D_2}(xy^3+\sin x^3)\,\mathrm{d}\sigma = 0$．

又因为 D_3，D_4 关于 x 轴对称，而 xy^3 是关于 y 的奇函数，所以

$\displaystyle\iint\limits_{D_3\cup D_4}xy^3\mathrm{d}\sigma = 0$

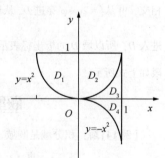

注意到 D_3，D_4 关于 x 轴对称，而 $\sin x^3$ 是关于 y 的偶函数，所以

$$\iint\limits_{D_3\cup D_4}\sin x^3\mathrm{d}\sigma = 2\iint\limits_{D_3}\sin x^3\mathrm{d}\sigma = 2\int_0^1\left[\int_0^{x^2}\sin x^3\mathrm{d}y\right]\mathrm{d}x$$

$$= 2\int_0^1 x^2\sin x^3\mathrm{d}x = \frac{2}{3}\int_0^1\sin x^3\mathrm{d}x^3$$

$$= -\frac{2}{3}\cos x^3\ \Big|_0^1 = \frac{2}{3}(1-\cos 1)．$$

从而可得，$I=\dfrac{2}{3}(1-\cos 1)$．

题型五　被积函数不是初等函数

【例18】解：按原积分次序无法算出结果，调换积分次序得到

原式 $= \iint\limits_{D} x^3 \sin(y^3)\mathrm{d}x\mathrm{d}y = \int_0^1 \mathrm{d}y \int_0^{\sqrt{y}} x^3 \sin(y^3)\mathrm{d}x$

$= \int_0^1 \sin(y^3)\mathrm{d}y \int_0^{\sqrt{y}} x^3\mathrm{d}x = \int_0^1 \sin(y^3)\left[\frac{1}{4}x^4\right]_0^{\sqrt{y}}\mathrm{d}y$

$= \frac{1}{4}\int_0^1 y^2\sin(y^3)\mathrm{d}y = \frac{1}{12}\int_0^1 \sin(y^3)\mathrm{d}y^3 = \frac{1}{12}(1-\cos 1)$

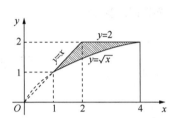

【例 19】解： 原积分 $= \int_0^1 \left[\int_0^y xe^{\left(\frac{x}{y}\right)^2}\mathrm{d}x\right]\mathrm{d}y = \int_0^1 \frac{y^2}{2}e^{\left(\frac{x}{y}\right)^2}\Big|_{x=0}^y \mathrm{d}y$

$= \frac{1}{2}(e-1)\int_0^1 y^2\mathrm{d}y = \frac{1}{6}(e-1).$

【例 20】解： 本题的内层积分均求不出被积函数的原函数，需更换积分次序.

（1）积分区域 D 如下面左图所示，更换积分次序得

原积分 $= \int_1^2 \mathrm{d}y \int_y^{y^2}\sin\frac{\pi x}{2y}\mathrm{d}x = -\frac{2}{\pi}\int_1^2 y\left(\cos\frac{\pi}{2}y - \cos\frac{\pi}{2}\right)\mathrm{d}y = \frac{4(2+\pi)}{\pi^3}$

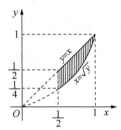

（2）积分区域 D 见上面右图，更换积分次序得到

原积分 $= \int_{\frac{1}{2}}^1 \mathrm{d}x \int_{x^2}^x e^{\frac{y}{x}}\mathrm{d}y = \int_{\frac{1}{2}}^1 x(e-e^x)\mathrm{d}x = \frac{3}{8}e - \frac{1}{2}\sqrt{e}$

【例 21】解： 注意到 y 的函数 $\sin\left(\frac{x}{y}\right)$ 的原函数不是初等函数，应先对 x 积分，易求得 $y=x$，$y^3=x$ 在第一象限内的交点为 $(1,1)$，$(0,0)$，则

$$I = \int_1^2 \mathrm{d}y \int_y^{y^3}\sin\frac{x}{y}\mathrm{d}x = \int_1^2 \mathrm{d}y \int_y^{y^3} y\sin\frac{x}{y}\mathrm{d}\frac{x}{y}$$

$$= -\int_1^2 y\left[\cos\frac{x}{y}\right]_y^{y^3}\mathrm{d}y = -\int_1^2 y(\cos y^2 - \cos 1)\mathrm{d}y$$

$$= \frac{3}{2}\cos 1 - \frac{1}{2}\int_1^2 \cos y^2 \mathrm{d}y^2 = \frac{3}{2}\cos 1 - \frac{1}{2}\left[\sin y^2\right]_1^2$$

$$= \frac{3\cos 1 + \sin 1 - \sin 4}{2}$$

题型六 利用二重积分的几何意义或物理意义简化计算

【例 22】解： 原式＝平顶柱体（$x^2+y^2=4$，$z=0$，$z=2$）的体积减去锥体（$z=\sqrt{x^2+y^2}$，$z=2$）的体积

$$= \pi \cdot 2^2 \cdot 2 - \pi \cdot 2^2 \cdot \frac{2}{3} = \frac{16\pi}{3}$$

题型七 二重积分（或可化为二重积分）的等式和不等式证法

【例 23】解：（1）D 为一圆心在 $(2,1)$，半径为 $\sqrt{2}$ 的圆域：$D = \{(x,y) \mid (x-2)^2+(y-1)^2 \leq 2\}$（如下图）. 下证该圆周位于直线 $x+y=1$ 的右方.

因圆心到直线 $x+y=1$ 的距离为 $d = \dfrac{|2+1-1|}{\sqrt{1^2+1^2}} = \dfrac{2}{\sqrt{2}} = \sqrt{2}$

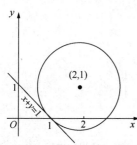

因而直线 $x+y=1$ 与该圆相切，从而 D 位于直线 $x+y=1$ 的右方，即在 $x+y \geqslant 1$ 的半平面内，从而 D 上的点 (x, y) 满足 $x+y \geqslant 1$，故 $(x+y)^3 \geqslant (x+y)^2$，于是 $\iint\limits_{D}(x+y)^2 \mathrm{d}\sigma < \iint\limits_{D}(x+y)^3 \mathrm{d}\sigma$

（2）因在 D 上的点的坐标满足 $x+y>e$，故 $\ln(x+y)>1$，$\ln(x+y) \leqslant [\ln(x+y)]^2$

因此，$\iint\limits_{D}\ln(x+y)\,\mathrm{d}\sigma < \iint\limits_{D}[\ln(x+y)]^2 \mathrm{d}\sigma$

【例24】证：待证等式的左边是二重积分，而右边是定积分，如能将左端化成二次积分，且设法积出一次化成右端定积分，则例得证又右端定积分的被积函数中带有绝对值，为易于与左端积分比较：将积分区向分段即可去掉绝对值，得到

$$\int_{-a}^{a} f(t)(a-|t|)\,\mathrm{d}t = \int_{-a}^{0} f(t)(a+t)\,\mathrm{d}t + \int_{0}^{a} f(t)(a-t)\,\mathrm{d}t$$

这样只需将待证的左端积分化成上式右端形式，例得证，事实上

$$\iint\limits_{D} f(x-y)\,\mathrm{d}x\mathrm{d}y = \int_{-\frac{a}{2}}^{\frac{a}{2}}\mathrm{d}x \int_{-\frac{a}{2}}^{\frac{a}{2}} f(x-y)\,\mathrm{d}y$$

对上式右端的内层积分作变量代换，令 $x-y=t$，则 $-\mathrm{d}y=\mathrm{d}t$，

且 $y=-\dfrac{a}{2}$，$\dfrac{a}{2}$时，$t=x+\dfrac{a}{2}$，$x-\dfrac{a}{2}$，于是有

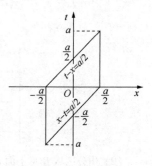

$$\iint\limits_{D} f(x-y)\,\mathrm{d}x\mathrm{d}y = \int_{-\frac{a}{2}}^{\frac{a}{2}}\mathrm{d}x \int_{x+\frac{a}{2}}^{x-\frac{a}{2}} f(t)(-\mathrm{d}t) = \int_{-\frac{a}{2}}^{\frac{a}{2}}\mathrm{d}x \int_{x-\frac{a}{2}}^{x+\frac{a}{2}} f(t)(\mathrm{d}t) = \iint\limits_{D} f(t)\,\mathrm{d}x\mathrm{d}t$$

其中积分区域 D 为上图所示，交换积分次序后得到

$$\iint\limits_{D} f(x-y)\,\mathrm{d}x\mathrm{d}y = \int_{-a}^{0}\mathrm{d}t \int_{-\frac{a}{2}}^{t+\frac{a}{2}} f(t)\,\mathrm{d}x + \int_{0}^{a}\mathrm{d}t \int_{t-\frac{a}{2}}^{\frac{a}{2}} f(t)\,\mathrm{d}x$$

$$= \int_{-a}^{0} f(t)(t+a)\,\mathrm{d}t + \int_{0}^{a} f(t)(a-t)\,\mathrm{d}t$$

【例25】解：记 $\iint\limits_{D} f(x, y)\mathrm{d}\sigma = A$，已知等式两端同时在 D 上计算二重积分，得

$$A^2 \iint\limits_{D} xy\mathrm{d}\sigma = A - 9\iint\limits_{D}\mathrm{d}\sigma,$$

经计算，得 $\dfrac{1}{12}A^2 = A-3$，解得 $A=6$，故

$$f(x, y) = 36xy+9.$$

【例26】证：设 $A = (b-a)\int_{a}^{b} f(x)g(x)\,\mathrm{d}x - \int_{a}^{b} f(x)\,\mathrm{d}x \int_{a}^{b} g(x)\,\mathrm{d}x$

归结证明 $A \geqslant 0$. 为此将 A 的表示式改写成二重积分，得到

$$A = \int_{a}^{b} f(x)g(x)\,\mathrm{d}x \int_{a}^{b}\mathrm{d}y - \int_{a}^{b} f(x)\,\mathrm{d}x \int_{a}^{b} g(y)\,\mathrm{d}y$$

$$= \iint\limits_{D} f(x)g(x)\,\mathrm{d}x\mathrm{d}y - \iint\limits_{D} f(x)g(y)\,\mathrm{d}x\mathrm{d}y$$

$$= \iint\limits_{D}[f(x)g(x) - f(x)g(y)]\,\mathrm{d}x\mathrm{d}y \qquad ①$$

其中，$D = \{(x, y) \mid a \leqslant x \leqslant b,\ a \leqslant y \leqslant b\}$，因而，积分区域 D 关于 $y=x$ 对称，有

$$A = \iint\limits_{D} [f(y)g(y) - f(y)g(x)]\mathrm{d}x\mathrm{d}y \qquad ②$$

式①+式②，得 $2A = \iint\limits_{D}[f(x)g(x) - f(x)g(y) + f(y)g(y) - f(y)g(x)]\mathrm{d}x\mathrm{d}y$

$$= \iint\limits_{D}\{f(x)[g(x) - g(y)] - f(y)[g(x) - g(y)]\}\mathrm{d}x\mathrm{d}y$$

$$= \iint\limits_{D}[f(x) - f(y)][g(x) - g(y)]\mathrm{d}x\mathrm{d}y$$

根据 $f(x)$ 与 $g(x)$ 同为单调不减（或同为单调不增）函数的假定，则对任何 $x, y \in [a, b]$，不论 $x>y$，还是 $y>x$，$f(x)-f(y)$ 与 $g(x)-g(y)$ 都是同号，因而总有 $[f(x)-f(y)][g(x)-g(y)] \geq 0$

故 $2A = \iint\limits_{D}[f(x) - f(y)][g(x) - g(y)]\mathrm{d}x\mathrm{d}y \geq 0$，即 $A \geq 0$，得例证.

【例 27】证：$I = \left[\int_{0}^{a}f(x)\mathrm{d}x\right]^{2} = \int_{0}^{a}f(x)\mathrm{d}x\int_{0}^{a}f(y)\mathrm{d}y = \iint\limits_{D}f(x)f(y)\mathrm{d}x\mathrm{d}y$

其中，$D = \{(x, y) \mid 0 \leq x \leq a, \ 0 \leq y \leq a\}$（右图）

若记 $D_1 = \{(x, y) \mid 0 \leq x \leq a, \ x \leq y \leq a\}$，$D_2 = \{(x, y) \mid 0 \leq y \leq a, \ y \leq x \leq a\}$

则 $D = D_1 + D_2$，从而 $I = \iint\limits_{D_1}f(x)f(y)\mathrm{d}x\mathrm{d}y + \iint\limits_{D_2}f(x)f(y)\mathrm{d}x\mathrm{d}y = I_1 + I_2$

其中 $I_1 = \iint\limits_{D_1}f(x)f(y)\mathrm{d}x\mathrm{d}y = \int_{0}^{a}f(x)\mathrm{d}x\int_{x}^{a}f(y)\mathrm{d}y$

$$I_2 = \iint\limits_{D_2}f(x)f(y)\mathrm{d}x\mathrm{d}y = \int_{0}^{a}f(y)\mathrm{d}y\int_{y}^{a}f(x)\mathrm{d}x = \int_{0}^{a}f(x)\mathrm{d}x\int_{x}^{a}f(y)\mathrm{d}y$$

于是 $I_1 = I_2$，$I = I_1 + I_2 = 2I_1$，得例证.

【例 28】证：因区域 D 关于直线 $y=x$ 对称，被积函数为两个一元函数相除，故可用轮换对称性得，

$$\iint\limits_{D}\frac{f(x)}{f(y)}\mathrm{d}x\mathrm{d}y = \iint\limits_{D}\frac{f(y)}{f(x)}\mathrm{d}x\mathrm{d}y$$

于是 $\iint\limits_{D}\dfrac{f(x)}{f(y)}\mathrm{d}x\mathrm{d}y = \dfrac{1}{2}\iint\limits_{D}\left[\dfrac{f(y)}{f(x)} + \dfrac{f(x)}{f(y)}\right]\mathrm{d}x\mathrm{d}y = \dfrac{1}{2}\iint\limits_{D}\left[\dfrac{f^2(x) + f^2(y)}{f(x)f(y)}\right]\mathrm{d}x\mathrm{d}y$

$$\geq \frac{1}{2}\iint\limits_{D}\frac{2f(x)f(y)}{f(x)f(y)}\mathrm{d}x\mathrm{d}y(因 f(x) > 0, \ f(y) > 0) = \iint\limits_{D}\mathrm{d}x\mathrm{d}y = (b-a)^2$$

【例 29】证明 1：记作待证结论为①，令 $D = \{(x, y) \mid a \leq x, \ y \leq b\}$. 积分区域关于 $y=x$ 对称. 又右端的被积函数为左端的平方，因此有，$\iint\limits_{D}f^2(x)\mathrm{d}x\mathrm{d}y = \iint\limits_{D}f^2(y)\mathrm{d}x\mathrm{d}y$

注意到 $[f(x)-f(y)]^2 \geq 0$，即 $f(x)f(y) \leq \dfrac{[f^2(x) + f^2(y)]}{2}$

得到式①左端 $= \int_{a}^{b}f(x)\mathrm{d}x \cdot \int_{a}^{b}f(x)\mathrm{d}x$

$$= \int_{a}^{b}f(x)\mathrm{d}x\int_{a}^{b}f(y)\mathrm{d}y（积分与变量记号无关）$$

$$= \iint\limits_{D}f(x)f(y)\mathrm{d}x\mathrm{d}y$$

$$\leq \frac{1}{2}\iint\limits_{D}[f^2(x) + f^2(y)]\mathrm{d}x\mathrm{d}y = \iint\limits_{D}f^2(x)\mathrm{d}x\mathrm{d}y$$

而 $\iint\limits_{D}f^2(x)\mathrm{d}x\mathrm{d}y = \int_{a}^{b}\mathrm{d}y\int_{a}^{b}f^2(x)\mathrm{d}x = (b-a)\int_{a}^{b}f^2(x)\mathrm{d}x$ 例得证.

证明 2：化二重积分为二次积分证之，由证明 1 得到

$$左端 \leq \frac{1}{2} \iint\limits_{D} [f^2(x) + f^2(y)] \, \mathrm{d}x\mathrm{d}y \qquad ①$$

将上述二重积分化为二次积分计算得到

$$① 式左端 \leq \frac{1}{2} \left[\int_a^b \mathrm{d}y \int_a^b f^2(x) \, \mathrm{d}x + \int_a^b \mathrm{d}x \int_a^b f^2(y) \, \mathrm{d}y \right]$$

$$= \frac{1}{2} \left[(b-a) \int_a^b f^2(x) \, \mathrm{d}x + (b-a) \int_a^b f^2(x) \, \mathrm{d}x \right] = (b-a) \int_a^b f^2(x) \, \mathrm{d}x = ① 式右端$$

【例30】证明1： 改变积分次序易得到 $\int_0^1 f(x) \, \mathrm{d}x \int_x^1 f(y) \, \mathrm{d}y = \int_0^1 f(y) \, \mathrm{d}y \int_0^y f(x) \, \mathrm{d}x$

又由于积分与积分变量的记法无关，因而有

$$\int_0^1 f(y) \, \mathrm{d}y \int_0^y f(x) \, \mathrm{d}x = \int_0^1 f(x) \, \mathrm{d}x \int_0^x f(y) \, \mathrm{d}y$$

故，$\int_0^1 f(x) \, \mathrm{d}x \int_x^1 f(y) \, \mathrm{d}y = \int_0^1 f(x) \, \mathrm{d}x \int_0^x f(y) \, \mathrm{d}y$

$$\int_0^1 f(x) \, \mathrm{d}x \int_x^1 f(y) \, \mathrm{d}y = \frac{1}{2} \left[\int_0^1 f(x) \, \mathrm{d}x \int_x^1 f(y) \, \mathrm{d}y + \int_0^1 f(x) \, \mathrm{d}x \int_0^x f(y) \, \mathrm{d}y \right]$$

$$= \frac{1}{2} \int_0^1 f(x) \, \mathrm{d}x \left[\int_0^x f(y) \, \mathrm{d}y + \int_x^1 f(y) \, \mathrm{d}y \right]$$

$$= \frac{1}{2} \int_0^1 f(x) \, \mathrm{d}x \int_0^1 f(y) \, \mathrm{d}y = \frac{1}{2} \left(\int_0^1 f(x) \, \mathrm{d}x \right)^2$$

证明2： 设被证积分的原函数证之，令 $F(x) = \int_x^1 f(t) \, \mathrm{d}t$，即 $F'(x) = -f(x)$，$F(x)$ 为 $-f(x)$ 的一个原函数，且 $F(1) = 0$，则

$$\int_0^1 f(x) \, \mathrm{d}x \int_x^1 f(y) \, \mathrm{d}y = \int_0^1 f(x) F(x) \, \mathrm{d}x = -\int_0^1 F(x) F'(x) \, \mathrm{d}x$$

$$= -\int_0^1 F(x) \, \mathrm{d}F(x) = \left[-\frac{1}{2} F^2(x) \right]_0^1 = \frac{1}{2} F^2(0) = \frac{1}{2} \left(\int_0^1 f(x) \, \mathrm{d}x \right)^2$$

题型八　由重积分定义的函数的求法

【例31】解： 所给的方程中含二重积分．其积分区域是圆域，半径为 $2t$，是参数 t 的函数，被积函数 $f\left[(\sqrt{x^2+y^2})/2 \right]$ 是关于 x^2+y^2 的抽象函数，可用极坐标将此二重积分化为二次积分，进而化为以参数 t 为变上限的函数：

$$\iint\limits_{x^2+y^2 \leq 4t^2} f\left(\frac{1}{2} \sqrt{x^2+y^2} \right) \mathrm{d}x\mathrm{d}y = \int_0^{2\pi} \mathrm{d}\varphi \int_0^{2t} f\left(\frac{\rho}{2} \right) \rho \, \mathrm{d}\rho = 2\pi \int_0^{2t} \rho f\left(\frac{\rho}{2} \right) \mathrm{d}\rho$$

则 $f(t) = e^{4\pi t^2} + 2\pi \int_0^{2t} \rho f\left(\frac{\rho}{2} \right) \mathrm{d}\rho$

在上方程两边对 t 求导，将其化为一阶线性微分方程，得到

$$f'(t) = 8\pi t e^{4\pi t^2} + 8\pi t f(t)$$

解此关于 $f(t)$ 的一阶线性非齐次微分方程，因此得到

$$f(t) = \left(\int 8\pi t e^{4\pi t^2} e^{-\int 8\pi t \mathrm{d}t} \, \mathrm{d}t + c \right) e^{\int 8\pi t \mathrm{d}t} = \left(8\pi \int t \mathrm{d}t + c \right) e^{4\pi t^2} = (4\pi t^2 + c) e^{4\pi t^2}$$

由所给的方程易知，当 $t=0$ 时，二重积分为 0，因而 $f(0)=1$，代入上式得到 $c=1$. 从而

$$f(t) = (4\pi t^2 + 1) e^{4\pi t^2}$$

注意： 上例将用极坐标变换计算二重积分、求变上限积分的导数，求一阶线性非齐次微分方程等多个知识点紧密结合起来，考查了考生综合运算能力．

题型九　由重积分定义的函数的极限的求法

【例32】解：先交换二次积分的次序，再用洛必达法则求之．所给积分的积分区域 D（或 D_1），如下图所示．

当 $t>0$ 时，原式 $= \lim\limits_{t \to 0} \dfrac{1}{t^2} \int_0^t \mathrm{d}x \int_x^t e^{-(y-x)^2} \mathrm{d}y$（交换积分次序）

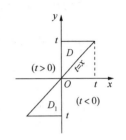

$= \lim\limits_{t \to 0} \dfrac{1}{t^2} \int_0^t \left[\int_0^y e^{-(y-x)^2} \mathrm{d}x \right] \mathrm{d}y \left(\dfrac{0}{0}\right) = \lim\limits_{t \to 0} \dfrac{1}{2t} \int_0^t e^{-(t-x)^2} \mathrm{d}x$

令 $t-x=u$，则当 $x=0$，t 时，$u=t$，0，$\mathrm{d}x=-\mathrm{d}u$，有

原式 $= \lim\limits_{t \to 0} \dfrac{1}{2t} \int_t^0 e^{-u^2}(-\mathrm{d}u) = \lim\limits_{t \to 0} \dfrac{1}{2t} \int_0^t e^{-u^2} \mathrm{d}u \left(\dfrac{0}{0}\right) = \lim\limits_{t \to 0} \dfrac{e^{-t^2}}{2} = \dfrac{1}{2}$

当 $t<0$ 时，

原式 $= \lim\limits_{t \to -0} \dfrac{1}{t^2} \int_t^0 \mathrm{d}x \int_t^x e^{-(y-x)^2} \mathrm{d}y = \lim\limits_{t \to -0} \dfrac{1}{t^2} \int_t^0 \mathrm{d}y \int_y^0 e^{-(y-x)^2} \mathrm{d}x$（调换积分次序）

$= \lim\limits_{t \to -0} \dfrac{1}{t^2} \int_t^0 \left[\int_y^0 e^{-(y-x)^2} \mathrm{d}x \right] \mathrm{d}y \left(\dfrac{0}{0}\right)$

$= \lim\limits_{t \to -0} \dfrac{1}{2t}(-1) \int_t^0 e^{-(t-x)^2} \mathrm{d}x = \lim\limits_{t \to -0} \dfrac{1}{2t} \int_0^t e^{-(t-x)^2} \mathrm{d}x \stackrel{u=t-x}{=} \lim\limits_{t \to -0} \dfrac{1}{2t} \int_t^0 e^{-(u)^2}(-\mathrm{d}u)$

$= \lim\limits_{t \to -0} \dfrac{1}{2t} \int_0^t e^{-u^2} \mathrm{d}u \left(\dfrac{0}{0}\right) = \lim\limits_{t \to -0} e^{-t^2}/2 = 1/2.$

题型十　二重积分中值定理（考纲新增）

【例33】解法1：利用极坐标处理，二重积分化为：

$$\iint\limits_{x^2+y^2 \leqslant r^4} \sin \sqrt{x^2+y^2}\, \mathrm{d}x\mathrm{d}y = \int_0^{2\pi} \mathrm{d}\theta \int_0^{r^2} \rho\sin\rho\, \mathrm{d}\rho = 2\pi(\sin r^2 - r^2\cos r^2)$$，则

$$\lim\limits_{r \to 0} \dfrac{1}{r^4} \iint\limits_{x^2+y^2 \leqslant r^4} \sin \sqrt{x^2+y^2}\, \mathrm{d}x\mathrm{d}y = \lim\limits_{r \to 0} \dfrac{2\pi(\sin r^2 - r^2\cos r^2)}{r^4}$$

$$= 2\pi \lim\limits_{r \to 0} \dfrac{2r\cos r^2 - 2r\cos r^2 + r^2 \cdot 2r \cdot \sin r^2}{r^3} = 0.$$

解法2：利用二重积分中值定理，$\exists (\xi, \eta) \in D: x^2+y^2 \leqslant r^4$，使得

$$\iint\limits_{x^2+y^2 \leqslant r^4} \sin \sqrt{x^2+y^2}\, \mathrm{d}x\mathrm{d}y = \sin \sqrt{\xi^2+\eta^2} \iint\limits_{x^2+y^2 \leqslant r^4} \mathrm{d}x\mathrm{d}y = \pi r^4 \sin \sqrt{\xi^2+\eta^2}.$$

当 $r \to 0$ 时，$(\xi, \eta) \to (0, 0)$，则

$$\lim\limits_{r \to 0} \dfrac{1}{r^4} \iint\limits_{x^2+y^2 \leqslant r^4} \sin \sqrt{x^2+y^2}\, \mathrm{d}x\mathrm{d}y = \lim\limits_{r \to 0} \dfrac{\pi r^4 \sin \sqrt{\xi^2+\eta^2}}{r^4} = \pi \lim\limits_{r \to 0} \sin \sqrt{\xi^2+\eta^2} = 0.$$

【例34】解法1：利用二重积分中值定理，$\exists (\xi, \eta) \in D: x^2+y^2 \leqslant r^2$，使得

$$\iint\limits_{x^2+y^2 \leqslant r^2} f(x, y)\, \mathrm{d}x\mathrm{d}y = f(\xi, \eta) \iint\limits_{x^2+y^2 \leqslant r^2} \mathrm{d}x\mathrm{d}y = f(\xi, \eta) \cdot \pi r^2,$$

且当 $r \to 0^+$ 时，$(\xi, \eta) \to (0, 0)$，则

$$\lim\limits_{r \to 0^+} \dfrac{1}{r^2} \iint\limits_{x^2+y^2 \leqslant r^2} f(x, y)\, \mathrm{d}x\mathrm{d}y = \lim\limits_{r \to 0^+} \dfrac{f(\xi, \eta) \cdot \pi r^2}{r^2} = \pi \lim\limits_{r \to 0^+} f(\xi, \eta) = \pi f(0, 0).$$

解法2：利用极坐标处理，则

$$\iint\limits_{x^2+y^2 \leqslant r^2} f(x, y)\, \mathrm{d}x\mathrm{d}y = \int_0^{2\pi} \mathrm{d}\theta \int_0^r \rho f(\rho\cos\theta, \rho\sin\theta)\, \mathrm{d}\rho$$，则

$$\lim_{r \to 0^+} \frac{1}{r^2} \iint_{x^2+y^2 \leqslant r^2} f(x, y) \, \mathrm{d}x\mathrm{d}y = \lim_{r \to 0^+} \frac{\int_0^{2\pi} \mathrm{d}\theta \int_0^r \rho f(\rho\cos\theta, \rho\sin\theta) \, \mathrm{d}\rho}{r^2}$$

无法直接计算极限.

对 $\int_0^r \rho f(\rho\cos\theta, \rho\sin\theta) \, \mathrm{d}\rho$ 利用积分第一中值定理, $\exists \xi \in [0, r]$ 使得

$$\int_0^r \rho f(\rho\cos\theta, \rho\sin\theta) \, \mathrm{d}\rho = f(\xi\cos\theta, \xi\sin\theta) \int_0^r \rho\mathrm{d}\rho = \frac{r^2}{2} f(\xi\cos\theta, \xi\sin\theta) ,$$

且当 $r \to 0^+$ 时, $\xi \to 0^+$, 从而

$$\lim_{r \to 0^+} \frac{1}{r^2} \iint_{x^2+y^2 \leqslant r^2} f(x, y) \, \mathrm{d}x\mathrm{d}y = \lim_{r \to 0^+} \frac{\int_0^{2\pi} \mathrm{d}\theta \int_0^r \rho f(\rho\cos\theta, \rho\sin\theta) \, \mathrm{d}\rho}{r^2}$$

$$= \lim_{r \to 0^+} \frac{\dfrac{r^2}{2} \int_0^{2\pi} f(\xi\cos\theta, \xi\sin\theta) \, \mathrm{d}\theta}{r^2} = \frac{1}{2} \cdot 2\pi \cdot \lim_{r \to 0^+} f(\xi\cos\eta, \xi\sin\eta) = \pi f(0, 0) .$$

【积分第一中值定理】

函数 $f(x)$ 在 $[a, b]$ 上连续, $g(x)$ 在 $[a, b]$ 上不变号且可积, 则 $\exists \xi \in [a, b]$, 使得 $\int_a^b f(x) g(x) \, \mathrm{d}x = f(\xi) \int_a^b g(x) \, \mathrm{d}x$.

【总结】 从例33和例34来看, 二重积分中值定理比较简单, 省去了转换成极坐标、积分以及积分后的洛必达, 对于此类型题目, 都是二重积分比累次积分简单吗? 我们看以下例题再总结.

【例35】解法1: 利用极坐标处理二重积分,

$$\iint_{x^2+y^2 \leqslant r^2} f\left(\sqrt{x^2+y^2}\right) \mathrm{d}x\mathrm{d}y = \int_0^{2\pi} \mathrm{d}\theta \int_0^r \rho f(\rho) \, \mathrm{d}\rho = 2\pi \int_0^r \rho f(\rho) \, \mathrm{d}\rho , \text{ 所以}$$

$$\lim_{r \to 0^+} \frac{1}{\pi r^3} \iint_{x^2+y^2 \leqslant r^2} f\left(\sqrt{x^2+y^2}\right) \mathrm{d}x\mathrm{d}y = \lim_{r \to 0^+} \frac{2\pi \int_0^r \rho f(\rho) \, \mathrm{d}\rho}{\pi r^3}$$

$$= 2 \lim_{r \to 0^+} \frac{rf(r)}{3r^2} = \frac{2}{3} \lim_{r \to 0^+} \frac{f(r)}{r} = \frac{2}{3} f'(0) = \frac{2}{3} .$$

解法2(此方法是常见错解): 利用二重积分中值定理, $\exists (\xi, \eta) \in D: x^2+y^2 \leqslant r^2$, 使得

$$\iint_{x^2+y^2 \leqslant r^2} f\left(\sqrt{x^2+y^2}\right) \mathrm{d}x\mathrm{d}y = f\left(\sqrt{\xi^2+\eta^2}\right) \iint_{x^2+y^2 \leqslant r^2} \mathrm{d}x\mathrm{d}y = \pi r^2 \cdot f\left(\sqrt{\xi^2+\eta^2}\right) .$$

且当 $r \to 0^+$ 时, $(\xi, \eta) \to (0, 0)$, 则

$$\lim_{r \to 0^+} \frac{1}{\pi r^3} \iint_{x^2+y^2 \leqslant r^2} f\left(\sqrt{x^2+y^2}\right) \mathrm{d}x\mathrm{d}y = \lim_{r \to 0^+} \frac{\pi r^2 \cdot f\left(\sqrt{\xi^2+\eta^2}\right)}{\pi r^3} = \lim_{r \to 0^+} \frac{f\left(\sqrt{\xi^2+\eta^2}\right)}{r}$$

$$= \lim_{r \to 0^+} \frac{f(r)}{r} = f'(0) = 1 .$$

【总结】 设 m, n 为正整数, 形如 $\lim_{r \to 0^+} \dfrac{\displaystyle\iint_{x^2+y^2 \leqslant r^m} f(x, y) \, \mathrm{d}x\mathrm{d}y}{r^n}$ 的极限, 计算方法有如下规律:

(1) 若 $m \geqslant n$, 则二重积分中值定理和极坐标化成累次积分这两种方法均可行, 而且二重积分中值定理往往比较简单; (此类简称"能压死")

(2) 若 $m < n$, 则二重积分中值定理很可能无法处理, 需要化成累次积分再计算极限. (此类简称"压不死")

【例36】解: (1) 利用二重积分中值定理, $\exists (\xi_1, \eta_1) \in D_1: 0 \leqslant t \leqslant x, t \leqslant u \leqslant x$, 使得

$$\int_0^x dt \int_x^t f(t,\ u)\ du = -\iint_{D_1} f(t,\ u)\ dtdu = -f(\xi_1,\ \eta_1)\cdot\iint_{D_1} dtdu = -\frac{1}{2}x^2\cdot f(\xi_1,\ \eta_1),$$

且 $x\to 0^+$ 时，$(\xi_1,\ \eta_1)\to(0,\ 0)$．

再确定分母无穷小的阶数，

$$\lim_{x\to 0^+}\frac{\ln(x^2+\sqrt{1+x^2})}{x^k} = \lim_{x\to 0^+}\frac{x^2+\sqrt{1+x^2}-1}{x^k}$$

$$= \lim_{x\to 0^+}\frac{(x^2-1+\sqrt{1+x^2})(x^2-1-\sqrt{1+x^2})}{x^k(x^2-1-\sqrt{1+x^2})} = \lim_{x\to 0^+}\frac{x^4-2x^2+1-1-x^2}{-2x^k}$$

$$= \lim_{x\to 0^+}\frac{x^4-3x^2}{-2x^k} = -\frac{1}{2}\lim_{x\to 0^+}\frac{x^2-3}{x^{k-2}},$$

从而 $k=2$，$x\to 0$ 时，$\ln(x^2+\sqrt{1+x^2})\sim\frac{3}{2}x^2$．

此题属于"能压死"类型，可以直接利用二重积分中值定理．

$$\lim_{x\to 0^+}\frac{\int_0^x dt\int_x^t f(t,\ u)\ du}{\ln(x^2+\sqrt{1+x^2})} = \lim_{x\to 0^+}\frac{-\frac{1}{2}x^2\cdot f(\xi_1,\ \eta_1)}{\frac{3}{2}x^2} = -\frac{1}{3}\lim_{x\to 0^+}f(\xi_1,\ \eta_1) = -\frac{1}{3}f(0,\ 0) = 0.$$

（2）利用二重积分中值定理，$\exists(\xi_2,\ \eta_2)\in D_2: 0\le t\le x^2$，$\sqrt{t}\le u\le x$，使得

$$\int_0^{x^2} dt\int_x^{\sqrt{t}} f(t,\ u)\ du = -\iint_{D_2} f(t,\ u)\ dtdu = -f(\xi_2,\ \eta_2)\cdot\iint_{D_2} dtdu = -\frac{1}{3}x^3 f(\xi_2,\ \eta_2),$$

且 $x\to 0^+$ 时，$(\xi_2,\ \eta_2)\to(0,\ 0)$．

分母 $1-e^{-\frac{1}{4}x^4}$ 在 $x\to 0$ 时，$1-e^{-\frac{1}{4}x^4}\sim\frac{1}{4}x^4$．

$$\lim_{x\to 0^+}\frac{\int_0^{x^2} dt\int_x^{\sqrt{t}} f(t,\ u)\ du}{1-e^{-\frac{1}{4}x^4}} = \lim_{x\to 0^+}\frac{-\frac{1}{3}x^3 f(\xi_2,\ \eta_2)}{\frac{1}{4}x^4} = -\frac{4}{3}\lim_{x\to 0^+}\frac{f(\xi_2,\ \eta_2)}{x}\ \text{无法处理．}$$

此题属于"压不死"类型，需要换方法．

对 $\int_0^{x^2} dt\int_x^{\sqrt{t}} f(t,\ u)\ du = -\int_0^{x^2} dt\int_{\sqrt{t}}^x f(t,\ u)\ du$ 交换积分次序可得

$$\int_0^{x^2} dt\int_x^{\sqrt{t}} f(t,\ u)\ du = -\int_0^x du\int_0^{u^2} f(t,\ u)\ dt，\text{记}\ g(u)=\int_0^{u^2} f(t,\ u)\ dt，\text{则}$$

$$\int_0^{x^2} dt\int_x^{\sqrt{t}} f(t,\ u)\ du = -\int_0^x g(u)\ du，\text{从而}$$

$$\lim_{x\to 0^+}\frac{\int_0^{x^2} dt\int_x^{\sqrt{t}} f(t,\ u)\ du}{1-e^{-\frac{1}{4}x^4}} = \lim_{x\to 0^+}\frac{-\int_0^x g(u)\ du}{\frac{1}{4}x^4} = -\lim_{x\to 0^+}\frac{g(x)}{x^3} = -\lim_{x\to 0^+}\frac{\int_0^{x^2} f(t,\ x)\ dt}{x^3}.$$

【注意】 此时如果继续洛必达，则需要"含参变量积分求导"这一超纲方法，所以我们采用积分中值定理处理分子．

$$\int_0^{x^2} f(t,\ x)\ dt = x^2 f(\xi_3,\ x)，\xi_3\in[0,\ x^2]，\text{则}$$

$$原式 = -\lim_{x\to 0^+}\frac{x^2 f(\xi_3,\ x)}{x^3} = -\lim_{x\to 0^+}\frac{f(\xi_3,\ x)}{x}.$$

根据 $\lim_{\substack{x\to 0^+\\ y\to 0^+}}\frac{f(x,\ y)-x-2y}{\sqrt{x^2+y^2}}=0$ 可知 $f(x,\ y)=x+2y+o(\sqrt{x^2+y^2})$，则

$$f(\xi_3,\ x) = \xi_3+2x+o(\sqrt{\xi_3^2+x^2}),$$

超形象考研数学讲义

则 $\dfrac{f(\xi_3, x)}{x} = \dfrac{\xi_3}{x} + 2 + \dfrac{o\left(\sqrt{\xi_3^2 + x^2}\right)}{x} = \dfrac{\xi_3}{x} + 2 + o\left(\sqrt{\left(\dfrac{\xi_3}{x}\right)^2 + 1}\right)$.

由于 $0 \le \xi_3 \le x^2$，所以 $0 \le \dfrac{\xi_3}{x} \le x$，则当 $x \to 0^+$ 时，$\lim\limits_{x \to 0^+} \dfrac{\xi_3}{x} = 0$.

原式 $= -\lim\limits_{x \to 0^+} \dfrac{f(\xi_3, x)}{x} = -\lim\limits_{x \to 0^+}\left(\dfrac{\xi_3}{x} + 2\right) = -2$.

题型十一　三重积分用先二后一法计算

【例37】解：被积函数 $f(x, y, z) = 1 + x^4$ 缺两个变量 y, z 又积分区域 Ω 在 x 轴上的投影区间为 $[2, 4]$，对于该区间内任一点 x 过点 x 作平行于 yOz 平面的平面与 Ω 之交为圆截面 $D(x)$，其面积为 πx^2，因而有

$$\iint\limits_{D(x)} dy dz = \pi x^2$$

采用先二后一法计算得到

$$原式 = \int_2^4 dx \iint\limits_{D(x)} (1 + x^4) dy dz = \int_2^4 (1 + x^4) dx \iint\limits_{D(x)} dy dz = \pi \int_2^4 (1 + x^4) x^2 dx = \dfrac{49160\pi}{21}$$

【例38】解：(1) 在 $0 \le z \le c$ 内任取一点 z，过点 z 作平面与积分域 Ω 截得一直角三角形，二直角边长为 $a(1-z/c)$ 及 $b(1-z/c)$，则

$$\iiint\limits_{\Omega} z^2 dv = \int_0^c dz \iint\limits_{D(z)} z^2 d\sigma = \int_0^c z^2 dz \iint\limits_{D(z)} d\sigma = \dfrac{1}{2} \int_0^c z^2 ab \left(1 - \dfrac{z}{c}\right)^2 dz$$

$$= \dfrac{1}{2} ab \int_0^c \left(z^2 - z\dfrac{z^3}{c} + \dfrac{z^4}{c^2}\right) dz = \dfrac{1}{60} abc^3$$

(2) $\iiint\limits_{\Omega} y^2 dv = \int_{-b}^b y^2 dy \iint\limits_{D(y)} d\sigma = \int_{-b}^b y^2 \cdot \pi ac\left(1 - \dfrac{y^2}{b^2}\right) dy = 4\pi ab^3 c/15$

三重积分中若某两个变量的积分适合选极坐标系计算，就也可用先二后一法求之. 用极坐标先计算相应的二重积分，再计算单积分，至于被积函数，可不作要求，为两个变量的平方，例如 $f(x^2+y^2)$ 型最为理想.

【例39】解：由 $x^2+y^2+z^2=3a^2$, $x^2+y^2=2az$ 解得 $z=a$, $z=-3$（舍去）. 平面 $z=a$ 把积分区域 Ω 分成两部分，记下半部分为 Ω_1，上半部分为 Ω_2，则

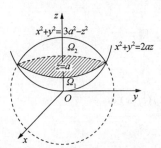

$\Omega_1: \begin{cases} x^2+y^2 \le 2az, &① \\ 0 \le z \le a, &② \end{cases}$, $\Omega_2: \begin{cases} x^2+y^2 \le 3a^2-z^2, &① \\ a \le z \le \sqrt{3}a, &② \end{cases}$

则 $D^{(1)}(z): x^2+y^2 \le 2az$, $D^{(2)}(z) = x^2+y^2 \le 3a^2-z^2$

显然 $D^{(1)}(z)$ 与 $D^{(2)}(z)$ 均为圆域. 由于被积函数有 3 个变量只能用极坐标先求其二重积分.

$$原式 = \iiint\limits_{\Omega_1} (x^2 + y^2 + z^2) dv + \iiint\limits_{\Omega_2} (x^2 + y^2 + z^2) dv$$

$$= \int_0^a dz \iint\limits_{D^{(1)}(z)} (x^2 + y^2 + z^2) dx dy + \int_a^{\sqrt{3}a} dz \iint\limits_{D^{(2)}(z)} (x^2 + y^2 + z^2) dx dy$$

$$= \int_0^a dz \int_0^{2\pi} d\varphi \int_0^{\sqrt{2az}} (\rho^2 + z^2) \rho d\rho + \int_a^{\sqrt{3}a} dz \int_0^{2\pi} d\varphi \int_0^{\sqrt{3a^2-z^2}} (\rho^2 + z^2) \rho d\rho$$

$$= 2\pi \int_0^a \left[\dfrac{\rho^4}{4} + \dfrac{z^2\rho^2}{2}\right]_0^{\sqrt{2az}} dz + 2\pi \int_a^{\sqrt{3}a} \left[\dfrac{\rho^4}{4} + \dfrac{z^2\rho^2}{2}\right]_0^{\sqrt{3a^2-z^2}} dz$$

$$= \pi a^5 (18\sqrt{3} - 97/6)/5.$$

【例40】解：Ω 在 xOy 面内的投影域为环域 $z/16 \le (x^2+y^2) \le z/4$. 此区域宜先用极坐标系计算. 又考虑到被积函数为 x^2+y^2，可采用先二后一法计算：

432

原式 $= \int_0^{64} \mathrm{d}z \iint\limits_{z/16 \leq (x^2+y^2) \leq z/4} (x^2 + y^2) \mathrm{d}x \mathrm{d}y = \int_0^{64} \mathrm{d}z \iint\limits_{D_{xy}} \rho^2 \cdot \rho \mathrm{d}\rho \mathrm{d}\varphi$

$= \int_0^{64} \mathrm{d}z \int_0^{2\pi} \mathrm{d}\varphi \int_{\sqrt{z}/4}^{\sqrt{z}/2} \rho^3 \mathrm{d}\rho = 2560\pi$

题型十二　计算三重积分如何选择坐标系

【例41】解： 积分区域 Ω 的边界曲面方程易求得为

$$x=0, \quad y=0, \quad z=0, \quad x+\frac{y}{2}+\frac{z}{3}=1$$

于是 Ω 的投影域为 $D_{xy} = \{(x, y) \mid 0 \leq x \leq 1, 0 \leq y \leq 2-2x\}$，故

$\iiint\limits_{\Omega} xy \mathrm{d}v = \int_0^1 \mathrm{d}x \int_0^{2-2x} \mathrm{d}y \int_0^{3\left(1-x-\frac{y}{2}\right)} xy \mathrm{d}z$

$= \int_0^1 x \mathrm{d}x \int_0^{2-2x} 3y\left(1-x-\frac{y}{2}\right) \mathrm{d}y = 3\int_0^1 x\left[\frac{y^2}{2} - \frac{xy^2}{2} - \frac{y^3}{6}\right]_{y=0}^{y=2(1-x)} \mathrm{d}x$

$= \frac{3}{2}\int_0^1 x\left[4(x-1)^2 - 4x(x-1)^2 - \frac{8}{3}(1-x)^3\right] \mathrm{d}x$

$= 6\int_0^1 x\left[\frac{1}{3}(1-x)^3\right] \mathrm{d}x = 2\int_0^1 x(1-x)^3 \mathrm{d}x$

$= 2\int_0^1 x^3(1-x) \mathrm{d}x = \frac{1}{10}$

【例42】解法1： 因积分区域 Ω 为旋转体(旋转抛物面所围成)，且投影域为圆域，被积函数又为 x^2+y^2，故采用柱面坐标计算较简便.

因投影域为圆域 $x^2+y^2 \leq 16$，$z=0$，$\frac{\ell^2}{2} \leq z \leq 8$，$0 \leq \ell \leq 4$，用柱面坐标计算得到

$$I = \int_0^{2\pi} \mathrm{d}\varphi \int_0^4 \ell^2 \mathrm{d}\ell \int_{\frac{\ell^2}{2}}^8 \ell \, \mathrm{d}z = 2\pi \int_0^4 \ell^3\left(8-\frac{\ell^2}{2}\right) \mathrm{d}\ell = \frac{1024\pi}{3}$$

解法2： 注意到 Ω 为旋转抛物面，平行于 z 轴的平面与其相截为一圆域：$x^2+y^2 \leq 2z$，故也可用先二后一法求之：

$$I = \int_0^8 \mathrm{d}z \iint\limits_{x^2+y^2 \leq 2z} (x^2 + y^2) \mathrm{d}x \mathrm{d}y = \int_0^8 \mathrm{d}z \int_0^{2\pi} \mathrm{d}\varphi \int_0^{\sqrt{2z}} \ell^2 \cdot \ell \, \mathrm{d}\ell = \frac{1024\pi}{3}$$

【例43】解： Ω 由平面截旋转抛物面围成，它在 xOy 面的投影域为圆域 $x^2+y^2 \leq 2y(z=0)$，即 $x^2+(y-1)^2 \leq 1(z=0)$. 因而用柱面坐求之. 因 $0 \leq \varphi \leq \pi$，$0 \leq \ell \leq 2\sin\varphi$，$\ell^2 \leq z \leq 2\ell\sin\varphi$，

故原式 $= \int_0^\pi \mathrm{d}\varphi \int_0^{2\sin\varphi} \mathrm{d}\ell \int_{\ell^2}^{2\ell\sin\varphi} z \cdot \ell \, \mathrm{d}z$

$= \frac{1}{2}\int_0^\pi \left(16\sin^6\varphi - \frac{32}{3}\sin^6\varphi\right) \mathrm{d}\varphi = \frac{8}{3}\int_0^\pi \sin^6\varphi \mathrm{d}y$

$= \frac{8}{3} \cdot 2\int_0^{\frac{\pi}{2}} \sin^6\varphi \mathrm{d}\varphi = \frac{5\pi}{6}.$

【例44】解： 用球面坐标计算，因 Ω 由曲面 $z = \sqrt{x^2+y^2}$ 所围成，故 $\theta = \frac{\pi}{4}$，又由 $z=1$ 得到 $\ell\cos\theta = 1$，故

$\ell = \frac{1}{\cos\theta}$. 则，$0 \leq \varphi \leq 2\pi$，$0 \leq \theta \leq \frac{\pi}{4}$，$0 \leq \ell \leq \frac{1}{\cos\theta}$.

原式 $= \int_0^{2\pi} \mathrm{d}\varphi \int_0^{\frac{\pi}{4}} \mathrm{d}\theta \int_0^{\frac{1}{\cos\theta}} \frac{1}{\ell} \ell^2 \sin\theta \mathrm{d}\ell = 2\pi \int_0^{\frac{\pi}{4}} \sin\theta \frac{1}{2\cos^2\theta} \mathrm{d}\theta$

$$= - \pi \int_0^{\frac{\pi}{4}} \frac{d\cos\theta}{\cos^2\theta} = \pi \left[\frac{1}{\cos\theta} \right]_0^{\frac{\pi}{4}} = (\sqrt{2} - 1)\pi.$$

注意：因积分区域 Ω 是由两个不同曲面所围成，故也可用柱面坐标计算，但考虑到被积函数为 $f(x^2+y^2+z^2)$ 而不是 $f(x^2+y^2)$，用球面坐标计算较为简单，上例如用柱面坐标计算，则要复杂得多，读者不妨试一下.

【例45】解法1：用球面坐标计算，因 Ω：$0 \leqslant \theta \leqslant \frac{\pi}{4}$，$0 \leqslant \varphi \leqslant 2\pi$，$0 \leqslant \ell \leqslant 1$

故原式 $= \int_0^{2\pi} d\varphi \int_0^{\frac{\pi}{4}} d\theta \int_0^1 \ell^2 \sin^2\theta \cdot \ell^2 \sin\theta d\ell$

$$= - 2\pi \cdot \frac{1}{5} \int_0^{\frac{\pi}{4}} (1 - \cos^2\theta) d\cos\theta = \frac{8 - 5\sqrt{2}}{30}\pi.$$

解法2：考虑到 Ω 在 xOy 平面内的投影为圆域，且被积函数为 (x^2+y^2)（不含 z），也可用柱面坐标求之，这里 Ω：$0 \leqslant \varphi \leqslant 2\pi$，$0 \leqslant \ell \leqslant \frac{\sqrt{2}}{2}$，$\ell \leqslant z \leqslant \sqrt{1-\ell^2}$

原式 $= \int_0^{2\pi} d\varphi \int_0^{\frac{\sqrt{2}}{2}} d\ell \int_\ell^{\sqrt{1-\ell^2}} \ell^2 \cdot \ell dz = 2\pi \int_0^{\frac{\sqrt{2}}{2}} \ell^3 \left(\sqrt{1-\ell^2} - \ell \right) d\ell$

而 $\int_0^{\frac{\sqrt{2}}{2}} \ell^3 \sqrt{1-\ell^3} d\ell = \int_0^{\frac{\pi}{4}} \sin^3 t \cos^2 t dt = -\frac{\sqrt{2}}{12} + \frac{\sqrt{2}}{40} + \frac{2}{15}$

$$\int_0^{\frac{\sqrt{2}}{2}} \ell^4 d\ell = \left[\frac{\ell^5}{5} \right]_0^{\frac{\sqrt{2}}{2}} = -\frac{\sqrt{2}}{40}$$

故原式 $= 2\pi \left(\frac{2}{15} - \frac{\sqrt{2}}{12} + \frac{\sqrt{2}}{40} - \frac{\sqrt{2}}{40} \right) = \frac{8 - 5\sqrt{2}}{30}\pi$

题型十三 利用奇偶对称性简化三重积分的计算

【例46】解：由于 Ω 关于 yOz 平面对称，且 $f(x, y, z) = x$ 为奇函数，

$$\iiint\limits_\Omega x dv = 0$$

则原式 $= \iiint\limits_\Omega z dv = \int_0^{2\pi} d\varphi \int_0^{\frac{\pi}{4}} d\theta \int_0^1 \ell \cos\theta \cdot \ell^2 \sin\theta d\ell = 2\pi \left[\frac{1}{2}\sin^2\theta \right]_0^{\frac{\pi}{4}} \cdot \frac{1}{4} = \frac{\pi}{8}.$

【例47】解：显然积分区域 Ω 关于平面 zOx，平面 zOy 对称，而被积函数 y，x 分别关于变量 x，变量 y 为奇函数，由结论可知

$$\iiint\limits_\Omega x dv = 0, \quad \iiint\limits_\Omega y dv = 0$$

由于 Ω 由两不同的曲面所围成，且 Ω 在 xOy 面内的投影 D_z：$x^2+y^2 \leqslant 3$ 为圆域，用柱面坐标计算较简，事实上

原式 $= \iiint\limits_\Omega z dv = \int_0^{2\pi} d\varphi \int_0^{\sqrt{3}} \ell d\ell \int_{\frac{\ell^2}{3}}^{\sqrt{4-\ell^2}} z dz = \frac{13}{4}\pi$

注意：上例若先用球坐标或者直角坐标就会麻烦得多.

【例48】解 因积分区域 Ω 关于原点对称，又被积函数关于 x, y, z 为奇函数，$f(x, y, z) = -f(-x, -y, -z) = -(-x-y-z)$，故 $I = 0$

【例49】解法1：因 $f(x, y, z)$ 关于变量 x, y, z 为奇函数，又积分区域 Ω：$x^2+y^2+z^2 \leqslant 1$ 关于原点对称，由结论得到

$$\iiint\limits_\Omega \frac{z\ln(x^2 + y^2 + z^2 + 1)}{x^2 + y^2 + z^2 + 1} dv = 0$$

解法 2：积分区域 Ω 关于 x 轴对称，$f(x, y, z)$ 关于变量 x，y，z 为奇函数，

即 $f(x, -y, -z) = -f(x, y, z)$ 由结论知，该三重积分之值为零．

解法 3：Ω 关于 y 轴对称，$f(x, y, z)$ 关于变量 x，y，z 为奇函数，即 $f(-x, y, -z) = -f(x, y, z)$，由结论知，该三重积分之值为零

题型十四　利用轮换对称性简化计算

【例 50】解：$I = \iiint\limits_{\Omega}(x^2 + y^2 + z^2 + 2xy + 2xz + 2yz)\mathrm{d}v$ 中被积函数及其积分区域都有轮换对称性，故得到

$$\iiint\limits_{\Omega}x^2\mathrm{d}v = \iiint\limits_{\Omega}y^2\mathrm{d}v = \iiint\limits_{\Omega}z^2\mathrm{d}v$$

$$\iiint\limits_{\Omega}xy\mathrm{d}v = \iiint\limits_{\Omega}yz\mathrm{d}v = \iiint\limits_{\Omega}zx\mathrm{d}v$$

$$I = \iiint\limits_{\Omega}(3x^2 + 6xy)\mathrm{d}v = \int_0^1\mathrm{d}z\int_0^1\mathrm{d}x\int_0^1(3x^2 + 6xy)\mathrm{d}y = \frac{5}{2}$$

【例 51】解：因为被积函数 $(x+y+z)^2 = x^2+y^2+z^2+2xy+2xz+2yz$，$xy+yz$ 是关于 y 的奇函数，积分区域 Ω 关于 zOx 平面对称，故 $\iiint\limits_{\Omega}xy + yz\mathrm{d}v = 0$，又 Ω 关于 yOz 平面对称，函数 xz 是关于 x 的奇函数，故 $\iiint\limits_{\Omega}xz\mathrm{d}v = 0$ 这样

$$\iiint\limits_{\Omega}(x + y + z)^2\mathrm{d}v = \iiint\limits_{\Omega}x^2 + y^2 + z^2\mathrm{d}v$$

而 $\iiint\limits_{\Omega}x^2\mathrm{d}v = \iiint\limits_{\Omega}y^2\mathrm{d}v$（轮换对称性）$\iiint\limits_{\Omega}x^2\mathrm{d}v = 2\iiint\limits_{\Omega_1}x^2\mathrm{d}v$

其中，$\Omega_1 = \{(x, y, z) \mid x^2+y^2 \leq z, x^2+y^2+z^2 \leq 2, x \geq 0\}$

利用柱面坐标 $\ell^2 \leq z \leq \sqrt{2-\ell^2}$，$0 \leq \ell \leq 1$，$\dfrac{-\pi}{2} \leq \varphi \leq \dfrac{\pi}{2}$

得 $\iiint\limits_{\Omega}x^2\mathrm{d}v = 2\int_{-\frac{\pi}{2}}^{\frac{\pi}{2}}\cos^2\varphi\mathrm{d}\varphi\int_0^1\ell^3\mathrm{d}\ell\int_{\ell^2}^{\sqrt{2-\ell^2}}\mathrm{d}z$

$= 4\int_0^{\frac{\pi}{2}}\cos^2\varphi\mathrm{d}\varphi\left[\int_0^{\frac{\pi}{4}}4\sqrt{2}\sin^3t\cos^2t\mathrm{d}t - \frac{1}{6}\right] = \pi\frac{16\sqrt{2} - 19}{30}$

计算 $\iiint\limits_{\Omega}z^2\mathrm{d}v$，利用柱面坐标，$\ell^2 \leq z \leq \sqrt{2 - \ell^2}$，$0 \leq \ell \leq 1$，$0 \leq \varphi \leq 2\pi$

得 $\iiint\limits_{\Omega}z^2\mathrm{d}v = 4\int_0^{\frac{\pi}{2}}\mathrm{d}\varphi\int_0^1\ell\mathrm{d}\ell\int_{\ell^2}^{\sqrt{2-\ell^2}}z^2\mathrm{d}z = \frac{13\pi}{60}(2\sqrt{2} - 1)$

所以，$\iiint\limits_{\Omega}(x + y + z)^2\mathrm{d}v = 2\iiint\limits_{\Omega}x^2\mathrm{d}v + \iiint\limits_{\Omega}z^2\mathrm{d}v = \frac{\pi}{60}(90\sqrt{2} - 89)$

题型十五　重积分应用：立体体积的算法

【例 52】解法 1：用二重积分求之．所求体积的立体为曲顶柱体．它关于 xOy 平面对称，曲顶方程为 $z = \sqrt{1-x^2-y^2} = \sqrt{1-\rho^2}$，它在 xOy 平面上的投影区域 D_{xy}：$0 \leq \rho \leq 1$，$0 \leq \varphi \leq \arctan a$（如下图）．于是所求体积为

$V = 2\iint\limits_{D_{xy}}f(\rho\cos\varphi, \rho\sin\varphi)\rho\mathrm{d}\rho\mathrm{d}\varphi = 2\int_0^{\arctan a}\mathrm{d}\varphi\int_0^1\sqrt{1 - \rho^2}\rho\mathrm{d}\rho$

$= -2 \cdot \left(\frac{1}{2}\right)\int_0^{\arctan a}\mathrm{d}\varphi\int_0^1\sqrt{1 - \rho^2}\mathrm{d}(1 - \rho^2)$

$= -\frac{2}{3}\int_0^{\arctan a}\left[(1 - \rho^2)^{\frac{3}{2}}\right]_0^1\mathrm{d}\varphi = \frac{2}{3}\int_0^{\arctan a}\mathrm{d}\varphi = \frac{2}{3}\arctan a$

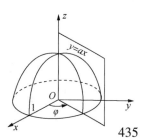

解法2：用三重积分求之. Ω 是球体被两平面 $y=0$ 与 $y=ax$ 切下的部分. 注意到 Ω 关于平面 xOy 上、下对称，故所求体积为：$V = 2\iiint\limits_{\Omega} \mathrm{d}x\mathrm{d}y\mathrm{d}z$.

以垂直于 z 轴的平面截 Ω 得一圆扇形 $D(z)$ $(0 \leqslant z \leqslant 1)$，因圆的半径 $R = \sqrt{x^2+y^2} = \sqrt{1-z^2}$. 如能求出圆扇形的夹角 α，则其面积即可求出：$A = \dfrac{1}{2}R \cdot s = \dfrac{1}{2}R \cdot 2R = \dfrac{1}{2}\alpha R^2 = \dfrac{\alpha}{2}(1-z^2)$

于是由先二后一法得到 $V = 2\displaystyle\int_0^1 \mathrm{d}z \iint\limits_{D(z)} \mathrm{d}x\mathrm{d}y = 2\int_0^1 A\mathrm{d}z = 2\int_0^1 \dfrac{\alpha}{2}(1-z^2)\mathrm{d}z = \dfrac{2}{3}\alpha$

因 α 为直线 $y=\alpha x$ 的倾角，故 $\tan\alpha = y/x = ax/x = a$，即 $\alpha = \arctan a$，故
$$V = 2\alpha/3 = 2\arctan a/3$$

注意：要考察所求体积的立体关于坐标面的对称性. 以简化计算.

【例53】证明1：设 $M(x_0, y_0, z_0)$ 为抛物面 $z = 1+x^2+y^2$ 上任意点，该抛物面在 M 点处的法向量为 $n = (2x_0, 2y_0, -1)$. 因此，切平面的方程为 $2x_0(x-x_0)+2y_0(y-y_0)-(z-z_0)=0$，即
$$2x_0 x+2y_0 y-z+(2-z_0)=0 \qquad\qquad ①$$

为求，上述切平面与抛物面 $z=x^2+y^2$ 所围立体的体积，先求其在 xOy 平面上的投影域 D_{xy}，即 $\begin{cases} 2x_0 x+2y_0 y-z+(2-z_0)=0 \\ z=x^2+y^2 \end{cases}$

消去 z，即得 D_{xy}：$(x-x_0)^2+(y-y_0)^2 \leqslant 1$. 因所求体积的立体可看成两曲顶柱体之差. 其曲顶的方程分别为 $z=2x_0 x+2y_0 y+2-z_0$，$z=x^2+y^2$，故所求体积为

$$V = \iint\limits_{D_{xy}} [2x_0 x + 2y_0 y + (2 - z_0) - (x^2 + y^2)]\mathrm{d}x\mathrm{d}y$$

$$= \iint\limits_{D_{xy}} [1 - (x - x_0)^2 - (y - y_0)^2]\mathrm{d}x\mathrm{d}y = \int_0^{2\pi}\mathrm{d}\theta\int_0^1(1 - r^2\cos^2\theta - r^2\sin^2\theta)r\mathrm{d}r$$

$$= 2\pi\int_0^1(1 - r^2)r\mathrm{d}r = \frac{\pi}{2}$$

这就说明所围立体的体积为常数.

证明2：下用三重积分证之，为此令 $x=x_0+\rho\cos\varphi$，$y=y_0+\rho\sin\varphi$，

将 $z_0=1+x_0{}^2+y_0{}^2$ 代入①式得到
$$z=1-(x-x_0)^2-(y-y_0)^2+x^2+y^2 = 1-\rho^2+(x_0+\rho\cos\varphi)^2+(y_0+\rho\sin\varphi)^2$$

则 $V = \iiint\limits_{\Omega}\mathrm{d}v = \displaystyle\int_0^{2\pi}\mathrm{d}\varphi\int_0^1\rho\mathrm{d}\rho\int_{(x_0+\rho\cos\varphi)^2+(y_0+\rho\sin\varphi)^2}^{1-\rho^2+(x_0+\rho\cos\varphi)^2+(y_0+\rho\sin\varphi)^2}\mathrm{d}z$

$$= 2\pi\int_0^1(\rho - \rho^3)\mathrm{d}\rho = 2\pi\left(\frac{1}{2} - \frac{1}{4}\right) = \frac{\pi}{2}$$

题型十六 重积分应用：曲面面积的求法

【例54】解：由题设知，所求面积的曲面 $\sum$ 的方程为 $z=f(x, y) = \sqrt{x^2+y^2}$，则

$$\sqrt{1+f_x^2+f_y^2} = \sqrt{1+\frac{x^2}{x^2+y^2}+\frac{y^2}{x^2+y^2}} = \sqrt{2}$$

$$A = \iint\limits_{\sum}\mathrm{d}s = \iint\limits_{D_{xy}}\sqrt{2}\mathrm{d}x\mathrm{d}y$$

又 $\begin{cases} z^2=x^2+y^2 \\ z^2=2x \end{cases}$，得 $x^2+y^2=2x$，则所求面积的曲面在 xOy 平面的投影为 $x^2+y^2 \leqslant 2x$，即 $\rho \leqslant 2\cos\varphi$，因而

$$A = \iint\limits_{D_{xy}} \sqrt{2}\,\mathrm{d}x\mathrm{d}y = 2\int_0^{\pi/2}\mathrm{d}\varphi\int_0^{2\cos\varphi}\varphi\sqrt{2}\rho\mathrm{d}\rho = 4\sqrt{2}\int_0^{\pi/2}\cos^2\varphi\mathrm{d}\varphi = 4\sqrt{2}\cdot\frac{1}{2}\cdot\frac{\pi}{2} = \sqrt{2}\pi$$

题型十七　重积分应用：求重心(形心)

【例55】解： 如图所示，空间立体 Ω 关于 z 轴对称，因而其形心在 z 轴上，故 $\bar{x}=\bar{y}=0$，下求 $\bar{z}$ 又 $\Omega=\Omega_1+\Omega_2$，其中 Ω_1 为球缺，Ω_2 为旋转抛物体，为求 Ω_1 的体积 V_1. 先求其高 h，为此解联立方程组

$$\begin{cases} x^2+y^2=2z & ① \\ x^2+y^2+z^2=3 & ② \end{cases}$$

得 $x^2+y^2+(x^2+y^2)^2/4=3$，即

$$(x^2+y^2)^2+4(x^2+y^2)-12 = (x^2+y^2+6)(x^2+y^2-2) = 0$$

故 $x^2+y^2=2$

代入方程式①得到 $z=1$. 即旋转抛物面与球面的交截面为 $z=1$.

因在区间 $[0,1]$，$[1,\sqrt{3}]$ 上任取一点 z. 过 z 作平行于平面 xOy 的平面与 Ω 的交截面均为圆域、故可用先二后一法求出 $\bar{z}$. 先用先二后一法求出 V. 由于

$$\Omega_1: \begin{cases} x^2+y^2\leqslant 2z \\ 0\leqslant z\leqslant 1 \end{cases} \qquad \Omega_2: \begin{cases} x^2+y^2\leqslant 3-z^2 \\ 1\leqslant z\leqslant\sqrt{3} \end{cases}$$

$$D^{(1)}(z): x^2+y^2=(\sqrt{2z})^2=2z$$

$$D^{(2)}(z): x^2+y^2=(\sqrt{3-z^2})^2=3-z^2$$

$D^{(1)}(z)$ 与 $D^{(2)}(z)$ 的面积分别为

$$\iint\limits_{D^{(1)}(z)}\mathrm{d}x\mathrm{d}y = \pi(\sqrt{2z})^2 = 2z\pi, \quad \iint\limits_{D^{(2)}(z)}\mathrm{d}x\mathrm{d}y = \pi(\sqrt{3-z^2})^2 = \pi(3-z^2)$$

故

$$V = \iiint\limits_{\Omega}\mathrm{d}v = \iiint\limits_{\Omega_1}\mathrm{d}v + \iiint\limits_{\Omega_2}\mathrm{d}v = \int_0^1\mathrm{d}z\iint\limits_{D^{(1)}(z)}\mathrm{d}x\mathrm{d}y + \int_1^{\sqrt{3}}\mathrm{d}z\iint\limits_{D^{(2)}(z)}\mathrm{d}x\mathrm{d}y$$

$$= \int_0^1\pi(2z)\mathrm{d}z + \int_1^{\sqrt{3}}\pi(3-z^2)\mathrm{d}z = \frac{\pi(6\sqrt{3}-5)}{3}$$

$$\iiint\limits_{\Omega}z\mathrm{d}v = \iiint\limits_{\Omega_1}z\mathrm{d}v + \iiint\limits_{\Omega_2}z\mathrm{d}v = \int_0^1z\mathrm{d}z\iint\limits_{D^{(1)}(z)}\mathrm{d}x\mathrm{d}y + \int_1^{\sqrt{3}}z\mathrm{d}z\iint\limits_{D^{(2)}(z)}\mathrm{d}x\mathrm{d}y$$

$$= 2\pi\int_0^1z^2\mathrm{d}z + \pi\int_1^{\sqrt{3}}z(3-z^2)\mathrm{d}z = \frac{2\pi}{3} + \pi = \frac{5\pi}{3}$$

$$\bar{z} = \frac{1}{V}\iiint\limits_{\Omega}z\mathrm{d}v = \frac{5\pi/3}{\pi(6\sqrt{3}-5)/3} = \frac{5(6\sqrt{3}+5)}{(6\sqrt{3})^2-5^2} = \frac{5(6\sqrt{3}+5)}{83}$$

所以形心的坐标为 $(0,0,5(6\sqrt{3}+5)/83)$.

【例56】解： 取定坐标系如图所示，使原点在等腰三角形的顶点上，且使直角边在坐标轴上，并设它们长度为 a. 依题意 $\mu=k(x^2+y^2)$，k 为比例常数. 由密度函数知物质分布与直线 $y=x$ 对称，三角形也与这直线对称，因此重心一定在这直线上，即有 $\bar{x}=\bar{y}$. 所以只要求出 $\bar{x}$ 就可以了，由于斜边的方程为 $x+y=a$，从而

$$M = \iint\limits_{D}k(x^2+y^2)\mathrm{d}\sigma = k\int_0^a\mathrm{d}x\int_0^{a-x}(x^2+y^2)\mathrm{d}y$$

$$= k\int_0^a\left(\frac{1}{3}a^3-a^2x+2ax^2-\frac{4}{3}x^3\right)\mathrm{d}x = \frac{1}{6}ka^4$$

又 $\iint\limits_{D}xk(x^2+y^2)\mathrm{d}\sigma = k\int_0^ax\mathrm{d}x\int_0^{a-x}(x^2+y^2)\mathrm{d}y$

$$= k \int_0^a \left(\frac{1}{3} a^3 x - a^2 x^2 + 2ax^3 - \frac{4}{3} x^4 \right) \mathrm{d}x = \frac{1}{15} ka^5$$

因此，得到薄板的重心为 $\bar{x} = \frac{1}{15} ka^5 / \left(\frac{1}{6} ka^4 \right) = \frac{2}{5} a$，即重心为 $\left(\frac{2}{5} a, \ \frac{2}{5} a \right)$.

【例57】解：设锥顶为坐标原点，z 轴通过上底圆中心. 由于是正圆锥，半顶角为30°，故底圆半径 $r = (1/\sqrt{3})h$，锥面方程 $z = \sqrt{3(x^2+y^2)}$，由正圆锥的对称性，形心在 z 轴上，$\bar{x} = \bar{y} = 0$；下求 $\bar{z}$. 设密度 $\mu = 1$. 因体积

$$V = \pi r^2 h / 3 = \pi h^3 / 9$$

因此，$\bar{z} = \frac{1}{V} \iiint\limits_{\Omega} z \mu \mathrm{d}v$（用柱坐标）$= \frac{1}{V} \int_0^{2\pi} \mathrm{d}\varphi \int_0^{h/\sqrt{3}} \rho \mathrm{d}\rho \int_{\sqrt{3}\rho}^{h} z \mathrm{d}z$

$$= \frac{9}{\pi h^3} \cdot 2\pi \cdot \frac{1}{\pi} \int_0^{h/\sqrt{3}} \rho (h^2 - 3\rho^2) \mathrm{d}\rho = \frac{3h}{4}$$

即重心在 $(0, \ 0, \ (3/4)h)$ 处.

题型十八　重积分应用：求转动惯量

【例58】解：（1）取球心为原点，且取过球心的直线为轴，则球为

$$\Omega: \ x^2 + y^2 + z^2 \leqslant a^2$$

取密度 $\mu = 1$，Ω 上任意一点 $(x, \ y, \ z)$ 到 z 轴（转动轴）的距离的平方为 $(x-0)^2 + (y-0)^2 + (z-z)^2 = x^2 + y^2$，故

$$I_z = \iiint\limits_{\Omega} (x^2 + y^2) \mu \mathrm{d}v$$

$$= 1 \cdot \iiint\limits_{\Omega} (\rho^2 \sin^2\theta \cos^2\varphi + \rho^2 \sin^2\theta \cos^2\varphi) \rho^2 \sin\theta \mathrm{d}\theta \mathrm{d}\rho \mathrm{d}\varphi$$

$$= \int_0^{2\pi} \mathrm{d}\varphi \int_0^{\pi} \mathrm{d}\theta \int_0^a \rho^4 \sin^3\theta \mathrm{d}\rho = -2\pi \cdot \frac{1}{5} a^5 \int_0^{\pi} (1 - \cos^2\theta) \mathrm{d}\cos\theta$$

$$= \frac{2}{5} \pi a^5 \left[\cos\theta - \frac{1}{3} \cos^3\theta \right]_{\pi}^{0} = \frac{2}{5} Ma^2 \left(M = \frac{4}{3} \pi a^3 \ 为球质量 \right)$$

（2）取球心为原点. 且取与球体相切的直线 l 为过点 $(0, \ a, \ 0)$ 与 z 轴平行的直线. 则 l 上任一点的坐标为 $(0, \ a, \ z)$，它到球内任一点 $(x, \ y, \ z)$ 的距离平方为

$$d^2 = x^2 + (y-a)^2 + (z-z)^2 = x^2 + (y-a)^2$$

$$I_l = \mu \iiint\limits_{\Omega} [x^2 + (y-a)^2] \mathrm{d}v = \iiint\limits_{\Omega} (x^2 + y^2 - 2ay + a^2) \mathrm{d}v$$

$$= \frac{2}{5} Ma^2 + \iiint\limits_{\Omega} (a^2 - 2a \cdot \rho\sin\theta\sin\varphi) \rho^2 \sin\theta \mathrm{d}\rho \mathrm{d}\theta \mathrm{d}\varphi$$

$$= \frac{2}{5} Ma^2 + a^2 \int_0^{2\pi} \mathrm{d}\varphi \cdot \int_0^{\pi} \sin^2\theta \mathrm{d}\theta \int_0^a \rho^3 \mathrm{d}\rho - 2a \int_0^{2\pi} \sin\varphi \mathrm{d}\varphi \cdot \int_0^{\pi} \sin^2\theta \mathrm{d}\theta \cdot \int_0^a \rho^3 \mathrm{d}\rho$$

$$= \frac{2}{5} Ma^2 + 2\pi a^2 \cdot [\cos\theta]_{\pi}^{0} \cdot \frac{1}{3} a^3 - 2a \cdot 0$$

$$= \frac{2}{5} Ma^2 + \frac{4}{3} \pi a^5 = \frac{2}{5} Ma^2 + Ma^2 = \frac{7}{5} Ma^2$$

第十讲　无穷级数(数一、数三)

题型一　正项级数敛散性的判别方法

【例1】解：(1) $\lim\limits_{n\to\infty}\dfrac{a_{n+1}}{a_n}=\lim\limits_{n\to\infty}\left[\dfrac{(n+1)!}{4^{n+1}}\Big/\dfrac{n!}{4^n}\right]=(1/4)\lim\limits_{n\to\infty}(n+1)=+\infty$

由比值审敛法知所给级数发散.

(2) $\lim\limits_{n\to\infty}\dfrac{a_{n+1}}{a_n}=\lim\limits_{n\to\infty}\left[\dfrac{2^{n+1}\cdot(n+1)!}{(n+1)^{n+1}}\Big/\dfrac{2^n\cdot n!}{n^n}\right]=\lim\limits_{n\to\infty}\left[2\left(\dfrac{n}{n+1}\right)^n\right]=2/e<1$

由比值审敛法知所给级数收敛.

【例2】解：$\lim\limits_{n\to\infty}\sqrt[n]{u_n}=a/\lim\left[\ln(n+1)\right]^{\frac1n}$ 下求分母的极限，因 $\lim\limits_{x\to+\infty}\left[\ln(x+1)\right]^{\frac1x}=1$,

故 $\lim\limits_{n\to+\infty}\sqrt[n]{u_n}=\lim\left\{a/\left[\ln(n+1)\right]^{\frac1n}\right\}=a/1=a$,

因而，由根值审敛法知：

(1) $a>1$ 时，原级数发散；

(2) $0<a<1$ 时，原级数收敛；

(3) $a=1$ 时，根值审敛法失效，改用比较审敛法判别之.

因 $u_n=\dfrac{1}{\ln(1+n)}>\dfrac{1}{n+1}$，而 $\sum\limits_{n=1}^{\infty}\dfrac{1}{n+1}$ 发散，故原级数发散.

综上得到，当 $0<a<1$ 时级数收敛，$a\geq 1$ 时发散.

【例3】解：$\lim\limits_{n\to\infty}\sqrt[n]{u_n}=\lim\limits_{n\to\infty}\dfrac{\sqrt[n]{3}-1}{1/n}=\ln 3>1(3>e)$，该级数发散.

【例4】解：(1) 注意到 $\sum\limits_{n=1}^{\infty}\dfrac{1}{2^n}=\sum\limits_{n=1}^{\infty}\left(\dfrac12\right)^n$ 收敛，设法将所给级数与之比较，事实上，

$$\dfrac{3}{2^n+5}<\dfrac{3}{2^n}=3\cdot\left(\dfrac12\right)^n$$

由 $\sum\limits_{n=1}^{\infty}\left(\dfrac12\right)^n$ 收敛及收敛级数之性质知 $\sum\limits_{n=1}^{\infty}3\left(\dfrac12\right)^n$ 也收敛，由比较审敛法知 $\sum\limits_{n>1}^{\infty}\dfrac{3}{2^n+5}$ 收敛

(2) 注意到 $\sum\limits_{n=1}^{\infty}\dfrac1n$ 发散，可试用此级数作比较级数判别之，事实上

$$\lim\limits_{n\to\infty}\left[\dfrac{1}{n\sqrt[n]{n}}\Big/\dfrac1n\right]=\lim\limits_{n\to\infty}\dfrac{1}{\sqrt[n]{n}}=1>0$$

由比较审敛法的极限形式知，所给级数发散.

(3) 注意到级数 $\sum\limits_{n=1}^{\infty}\dfrac{1}{n\sqrt{n}}=\sum\limits_{n=1}^{\infty}\dfrac{1}{n^{1+1/2}}$ 收敛$\left(p=\dfrac32>1\right)$，试用此级数作比较级数判别之，事实上

$$\lim\limits_{n\to\infty}\left[\dfrac{\arctan n}{n\sqrt{n}}\Big/\dfrac{1}{n\sqrt{n}}\right]=\lim\limits_{n\to\infty}\arctan n=\dfrac{\pi}{2}>0$$

由比较审敛法的极限形式知，所给级数收敛.

【例5】解：由比较审敛法的极限形式判别之较简便.

(1) 因 $\dfrac{n+1}{n^2+n+1}$ 与 $\dfrac1n$ 为同阶无穷小$(n\to\infty)$，故可试用 $\sum\limits_{n=1}^{\infty}\dfrac1n$ 作为比较级数，由：

439

$$\lim_{n\to\infty}\left[\frac{n+1}{n^2+n+1}\bigg/\frac{1}{n}\right]=1>0$$

知原级数与 $\sum\limits_{n=1}^{\infty}\frac{1}{n}$ 同敛散，而 $\sum\limits_{n=1}^{\infty}\frac{1}{n}$ 发散，故原级数发散．

(2)因 $\lim\limits_{n\to\infty}\left[\frac{1}{n\cdot\sqrt[3]{n+2}}\bigg/\frac{1}{n^{4/3}}\right]=\lim\limits_{n\to\infty}\frac{n^{4/3}}{n\cdot\sqrt[3]{n+2}}=1>0$，故原级数与 $\sum\limits_{n=1}^{\infty}\frac{1}{n^{4/3}}$ 的敛散性相同，而后者收敛，因而原级数收敛

【例6】解：因 $u_n=1\bigg/\int_0^n\sqrt[4]{1+x^4}\,dx\leqslant 1\bigg/\int_0^n x\,dx=\frac{2}{n^2}$，而 $\sum\limits_{n=1}^{\infty}\frac{2}{n^2}$ 收敛，故原级数收敛．

【例7】解：注意到 $0\leqslant x\leqslant 1/n$ 时，有 $\int_0^{\frac{1}{n}}\frac{x^a}{\sqrt{1+x^2}}dx\leqslant\int_0^{\frac{1}{n}}x^a\,dx=\frac{1}{1+a}\left(\frac{1}{n}\right)^{1+a}$，

$$\int_0^{\frac{1}{n}}\frac{x^a}{\sqrt{1+x^2}}dx\geqslant\int_0^{\frac{1}{n}}\frac{x^a}{\sqrt{1+(1/n)^2}}dx=\frac{1}{(1+a)}\frac{1}{\sqrt{1+(1/n)^2}}\left(\frac{1}{n}\right)^{1+a}$$

则 $\lim\limits_{n\to\infty}\left[\int_0^{\frac{1}{n}}\frac{x^a}{\sqrt{1+x^2}}dx\bigg/\left(\frac{1}{n}\right)^{1+a}\right]=\frac{1}{1+a}>0$（因 $a>-1$）．

由比较审敛法的极限形式知，原级数与 $\sum\limits_{n=1}^{\infty}\frac{1}{n^{1+a}}$ 有相同的敛散性，因 $1+a>1$，即 $a>0$ 时 $\sum\limits_{n=1}^{\infty}\frac{1}{n^{1+a}}$ 收敛，故原级数收敛；特别当 $a=1/2$ 时，原级数也收敛．

因 $0<1+a\leqslant 1$，即 $-1<a\leqslant 0$ 时，$\sum\limits_{n=1}^{\infty}\frac{1}{n^{1+a}}$ 发散，原级数发散．

注意：通项用定积分表示的级数，其敛散性的判别方法最常用的是比较审敛法，放缩定积分，找出比较级数．

【例8】解：当 $n\to\infty$ 时，$\sin\frac{1}{n}\sim\frac{1}{n}$，故级数 $\sum\limits_{n=1}^{\infty}\frac{1}{n^p}\sin\frac{1}{n}$ 与 $\sum\limits_{n=1}^{\infty}\frac{1}{n^{p+1}}$ 有相同敛散性，而 $\sum\limits_{n=1}^{\infty}\frac{1}{n^{p+1}}$

当 $p>0$ 时收敛，$p\leqslant 0$ 时发散．

【例9】解：$n\to\infty$ 时，$\ln(1+1/n)\sim 1/n$，而一般项

$$\frac{1}{\sqrt{n}}\ln\left(\frac{n+1}{n}\right)\sim\frac{1}{\sqrt{n}}\frac{1}{n}=\frac{1}{n^{3/2}}$$

因 $\sum\limits_{n=1}^{\infty}\frac{1}{n^{3/2}}$ 收敛，故原级数 $\sum\limits_{n=1}^{\infty}\frac{1}{\sqrt{n}}\ln\frac{n+1}{n}$ 收敛．

【例10】解：由于所讨论的级数 $\sum\limits_{n=1}^{\infty}u_n$ 可能不是正项级数，为此先由极限的定义找出一正项级数事实上，对 $\forall\varepsilon>0$，存在 $N>0$，当 $n>N$ 时，恒有：$1-\varepsilon<n^p(e^{1/n}-1)u_n<1+\varepsilon$ 因 $n^p(e^{1/n}-1)>0$，取 ε 足够小，使 $1-\varepsilon>0$ 的 N 一定存在，故可使 $n^p(e^{1/n}-1)u_n>0$，从而 $u_n>1/[n^p(e^{1/n}-1)]>0(n>N)$，于是 $\sum\limits_{n=N+1}^{\infty}u_n$ 为正项级数．

由 $\lim\limits_{n\to\infty}[n^p(e^{1/n}-1)u_n]=1$，利用等价无穷小代换得到：

$$\lim_{n\to\infty}\frac{u_n(e^{1/n}-1)}{(1/n)^p}=\lim_{n\to\infty}\frac{(1/n)u_n}{(1/n)^p}=\lim_{n\to\infty}\frac{u_n}{(1/n)^{p-1}}=1$$

于是级数 $\sum\limits_{n=N+1}^{\infty}u_n$ 与 $\sum\limits_{n=N+1}^{\infty}\left(\frac{1}{n}\right)^{p-1}$ 有相同的敛散性．

(1) 当 $p>2$ 时，级数 $\sum\limits_{n=N+1}^{\infty}\left(\frac{1}{n}\right)^{p-1}$ 收敛，因而 $\sum\limits_{n=N+1}^{\infty}u_n$ 收敛，即 $\sum\limits_{n=1}^{\infty}u_n$ 收敛．

(2) 当 $1<p\leqslant 2$ 时，级数 $\sum\limits_{n=N+1}^{\infty}\left(\frac{1}{n}\right)^{p-1}$ 发散，因而 $\sum\limits_{n=N+1}^{\infty}u_n$ 发散，即 $\sum\limits_{n=1}^{\infty}u_n$ 发散．

注意：比较审敛法使用的对象是正项级数，使用前应考察级数是不是正项级数．

【例11】解：根据积分审敛法，级数 $\sum\limits_{n=2}^{\infty} \dfrac{1}{n(\ln n)^2}$ 与反常积分 $\int_2^{+\infty} \dfrac{\mathrm{d}x}{x(\ln x)^2}$ 同敛散．

而 $\int_2^{+\infty} \dfrac{\mathrm{d}x}{x(\ln x)^2} = \int_2^{+\infty} \dfrac{\mathrm{d}(\ln x)}{(\ln x)^2} = -\dfrac{1}{\ln x}\Big|_2^{+\infty} = -\left(0 - \dfrac{1}{\ln 2}\right) = \dfrac{1}{\ln 2}$ 收敛，则级数 $\sum\limits_{n=2}^{\infty} \dfrac{1}{n(\ln n)^2}$ 收敛．

题型二　交错级数敛散性的判别方法

【例12】解：所给级数均为交错级数，先判别其是否绝对收敛．

(1)对级数的各项取绝对值得正项级数 $\sum\limits_{n=1}^{\infty} u_n = \sum\limits_{n=1}^{\infty} \dfrac{n}{2^n}$，因为 $\lim\limits_{n\to\infty} \sqrt[n]{u_n} = \lim\limits_{n\to\infty} \dfrac{\sqrt[n]{n}}{2} = \dfrac{1}{2} < 1$，

由根值审敛法知，正项级数 $\sum\limits_{n=1}^{\infty} u_n = \sum\limits_{n=1}^{\infty} \dfrac{n}{2^n}$ 收敛，故原交错级数绝对收敛．

(2)对级数的各项取绝对值得正项级数 $\sum\limits_{n=1}^{\infty} u_n = \sum\limits_{n=1}^{\infty} \dfrac{(n+1)!}{n^{n+1}}$，因

$$\lim_{n\to\infty} \frac{u_{n+1}}{u_n} = \lim_{n\to\infty}\left[\frac{(n+2)!}{(n+1)^{n+2}} \Big/ \frac{(n+1)!}{n^{n+1}}\right]$$
$$= \lim_{n\to\infty}\left[\left(\frac{n+2}{n+1}\right) \cdot \left(\frac{n}{n+1}\right)^{n+1}\right]$$
$$= 1 \cdot e^{-1} < 1$$

由比值审敛法知正项级数 $\sum u_n$ 收敛，故原交错级数绝对收敛．

【例13】解：(1)因 $u_n = n/(n+1)$，$\lim\limits_{n\to\infty} u_n = 1 \neq 0$，而原级数的一般项为 $(-1)^n u_n$，
故当 $n\to\infty$ 时原级数一般项的极限不等于零，所以原级数发散．

(2) $u_n = \left(\dfrac{n}{(n+1)}\right)^n$，$\lim\limits_{n\to\infty} u_n = \lim\limits_{n\to\infty}\left(\dfrac{n+0}{n+1}\right)^n = e^{-1} \neq 0$，而原级数的一般项为 $(-1)^{n-1} u_n$，
故当 $n\to\infty$ 时，原级数一般项的极限不等于零，所以原级数发散．

【例14】解：先考察由其绝对值组成的级数 $\sum\limits_{n=1}^{\infty} u_n = \sum\limits_{n=1}^{\infty} \ln\left(1 + \dfrac{1}{\sqrt{n}}\right)$，因 $\ln\left(1 + \dfrac{1}{\sqrt{n}}\right) \sim \dfrac{1}{\sqrt{n}}(n\to\infty)$，故

绝对值级数与级数 $\sum\limits_{n=1}^{\infty} \dfrac{1}{\sqrt{n}}$ 有相同的敛散性，而 $\sum\limits_{n=1}^{\infty} \dfrac{1}{\sqrt{n}}$ 为 $p(p=1/2)$ 级数，发散，故原级数不绝对性收敛，但

不能由此得出原级数发散的结论，还需要莱布尼茨收敛准则判别之，显然有 $\lim\limits_{n\to\infty} u_n = \lim\limits_{n\to\infty} \ln\left(1 + \dfrac{1}{\sqrt{n}}\right) = 0$.

下面考察其单调性，为此令 $u(x) = \ln\left(1 + \dfrac{1}{\sqrt{x}}\right) = \ln(1 + \sqrt{x}) - \ln\sqrt{x}$，由

$$u'(x) = \frac{1}{1+\sqrt{x}} \cdot \frac{1}{2\sqrt{x}} - \frac{1}{2x} = \frac{1}{2\sqrt{x}}\left[\frac{1}{1+\sqrt{x}} - \frac{1}{\sqrt{x}}\right] < 0 \ (x>0)$$

可知，当 $x>0$ 时，$u(x)$ 单调减少，即 u_n 单调减少，因而由 $u_{n+1} < u_n$，由莱布尼茨收敛准则知该级数收敛，且为条件收敛．

【例15】解：因为 $b_n = \sin(\pi\sqrt{n^2+a^2}) = \sin[n\pi + \pi\sqrt{n^2+a^2} - n\pi]$
$$= (-1)^n \sin[\pi(\sqrt{n^2+a^2} - n)]$$
$$= (-1)^n \sin[a^2\pi/(\sqrt{n^2+a^2} + n)]$$

所以级数 $\sum\limits_{n=1}^{\infty} \sin(\pi\sqrt{n^2+a^2}) = \sum\limits_{n=1}^{\infty}(-1)^n \sin[a^2\pi/(\sqrt{n^2+a^2} + n)]$ 是一交错级数．

由 $\lim\limits_{n\to\infty}\left\{\left[\sin\left(\dfrac{a^2\pi}{\sqrt{n^2+a^2+n}}\right)\right]\Big/\dfrac{a^2\pi}{2n}\right\}=\lim\limits_{n\to\infty}\dfrac{2n}{\left[\sqrt{1+(a/n)^2}+1\right]n}=1$

知 $\sin\left(\dfrac{a^2\pi}{\sqrt{n^2+a^2+n}}\right)\sim\dfrac{\pi a^2}{2n}(n\to\infty)$，而 $\sum\limits_{n=1}^{\infty}\dfrac{\pi a^2}{2n}$ 发散，故 $\sum\limits_{n=1}^{\infty}\sin\dfrac{a^2\pi}{\sqrt{n^2+a^2}+n}$ 发散，因而原级数不绝对收敛.

又当 n 充分大时，$0<\dfrac{a^2\pi}{\sqrt{n^2+a^2+n}}<\dfrac{\pi}{2}$，因而 $\sin\dfrac{a^2\pi}{\sqrt{n^2+a^2}+n}>0$，且单调减少；又 $\lim\limits_{n\to\infty}\sin\dfrac{a^2\pi}{\sqrt{n^2+a^2}+n}=0$，由

莱布尼茨判收敛准则知，原级数收敛，即所给级数条件收敛.

【例16】解：所给级数为交错级数，先考察其绝对值级数的敛散性.

（1）$u_n=\sin\left(\dfrac{1}{n}\right)$，当 $0<x\leqslant\pi/2$ 时，有 $\dfrac{\sin x}{x}\geqslant\dfrac{2}{\pi}$，即 $\sin x\geqslant\dfrac{2}{\pi}$，因此 $\sin\dfrac{1}{n}\geqslant\dfrac{2}{\pi}\cdot\dfrac{1}{n}$ 而级数 $\sum\limits_{n=1}^{\infty}\dfrac{1}{n}$ 发

散，故 $\sum\limits_{n=1}^{\infty}\dfrac{2}{\pi}\cdot\dfrac{1}{n}$ 也发散，所以 $\sum\limits_{n=1}^{\infty}\sin\dfrac{1}{n}$ 发散，因而其绝对值级数不收敛，但 $\sum\limits_{n=1}^{\infty}u_n=\sum\limits_{n=1}^{\infty}\sin\dfrac{1}{n}$ 满足莱

布尼兹收敛准则条件，事实上，有 $\lim\limits_{n\to\infty}\sin\left(\dfrac{1}{n}\right)=0$，$u_{n+1}=\sin\left[\dfrac{1}{(n+1)}\right]<u_n=\sin\left(\dfrac{1}{n}\right)$，因而原级数收敛，且

为条件收敛.

（2）$(2n-1)!!=1\cdot3\cdot5\cdot7\cdots(2n-1)$，$(2n)!!=2\cdot4\cdot6\cdots2n$.

设 $x_n=\dfrac{(2n-1)!!}{(2n)!!}$，$x_n=\dfrac{1\cdot3\cdot5\cdots(2n-3)(2n-1)}{2\cdot4\cdot6\cdots(2n-2)(2n)}=\left(\dfrac{1}{2}\right)\left(\dfrac{3}{4}\right)\left(\dfrac{5}{6}\right)\cdots\left(\dfrac{2n-3}{2n-2}\right)\left(\dfrac{2n-1}{2n}\right)$

上式中各项因子都换以较大的项：由 $(n-1)/n<n/(n+1)$ 得到

$x_n<\left(\dfrac{2}{3}\right)\left(\dfrac{4}{5}\right)\cdots\left(\dfrac{2n-2}{2n-1}\right)\left(\dfrac{2n}{2n+1}\right)=\left[1\Big/\dfrac{1\cdot3\cdot5\cdots(2n-1)}{2\cdot4\cdot6\cdots(2n)}\right]\dfrac{1}{2n+1}=\dfrac{1}{x_n}\cdot\dfrac{1}{2n+1}$

将 x_n 积式中各因子都换以较小的项：由 $n/(n-1)>(n+1)/n$ 得到

$x_n=\left(\dfrac{3}{2}\right)\left(\dfrac{5}{4}\right)\left(\dfrac{7}{6}\right)\cdots\dfrac{2n-1}{2n-2}\left(\dfrac{1}{2n}\right)>\left(\dfrac{4}{3}\right)\left(\dfrac{6}{5}\right)\left(\dfrac{8}{7}\right)\cdots\left(\dfrac{2n}{2n-1}\right)\left(\dfrac{1}{2n}\right)$

$=\dfrac{1}{2}\cdot\dfrac{2\cdot4\cdot6\cdots(2n)}{3\cdot5\cdot7\cdots2n-2}\cdot\dfrac{1}{2n}$

$=\left\{1\Big/\left[\dfrac{1\cdot3\cdot5\cdots(2n-1)}{2\cdot4\cdot6\cdots(2n)}\right]\right\}\dfrac{1}{4n}=\dfrac{1}{x_n}\cdot\dfrac{1}{4n}$

因而由 $\dfrac{1}{4n}<x_n^2<\dfrac{1}{2n+1}$，即 $\dfrac{1}{\sqrt{4n}}<x_n<\dfrac{1}{\sqrt{2n+1}}$

因 $\lim\limits_{n\to\infty}(1/\sqrt{4n})=\lim\limits_{n\to\infty}(1/\sqrt{2n+1})=0$，由夹逼准则知，且 $\lim\limits_{n\to\infty}x_n=0$

由于 $\sum\limits_{n=1}^{\infty}\dfrac{1}{\sqrt{4n}}$ 发散，所以 $\sum\limits_{n=1}^{\infty}\dfrac{(2n-1)!!}{(2n)!!}$ 发散.

又因 $\dfrac{x_{n+1}}{x_n}=\dfrac{(2n+1)!!}{(2n+2)!!}\Big/\dfrac{(2n-1)!!}{(2n)!!}=\dfrac{2n+1}{2n+2}<1$

故级数 $\sum\limits_{n=1}^{\infty}u_n$ 满足布莱尼兹收敛准则条件，因而原级数收敛，且为条件收敛

题型三　任意项级数敛散性的判别法

【例17】解：由于 $\cos\dfrac{n\pi}{3}$ 可正可负，但其符号并非正负相间，因此它不是交错级数而是任意项级数. 对

于任意项级数可先判别它是否绝对收敛，各项取绝对值后得正项级数 $\sum\limits_{n=1}^{\infty}\dfrac{n}{2^n}\left|\cos\dfrac{n\pi}{3}\right|$. 由于

$$u_n = \frac{n}{2^n}\left|\cos\frac{n\pi}{3}\right| \leqslant v_n = \frac{n}{2^n}$$

且
$$\lim_{n\to\infty}\frac{v_{n+1}}{v_n} = \lim_{n\to\infty}\left(\frac{n+1}{2^{n+1}}\Big/\frac{n}{2^n}\right) = \lim_{n\to\infty}\frac{n+1}{2n} = \frac{1}{2} < 1$$

由比值审敛法知级数 $\sum\limits_{n=1}^{\infty}v_n$ 收敛，从而级数 $\sum\limits_{n=1}^{\infty}\frac{n}{2^n}\left|\cos\frac{n\pi}{3}\right|$ 也收敛，即原级数绝对收敛.

题型四　常数项级数敛散性的证法

【例18】解：$\left|(-1)^n\frac{a}{\sqrt{n^2+\lambda}}\right| = \frac{|a_n|}{\sqrt{n^2+\lambda}} \leqslant \frac{|a_n|}{n} = \frac{1}{n}\cdot|a_n| \leqslant (1/n^2 + a_n^2)/2$

而级数 $\sum\limits_{n=1}^{\infty}\frac{1}{n^2}$ 和 $\sum\limits_{n=1}^{\infty}a_n^2$ 收敛，故 $\sum\limits_{n=1}^{\infty}\frac{1}{2}\left(\frac{1}{n^2}+a_n^2\right)$ 收敛，因而原级数绝对收敛，所以原级数收敛.

【例19】证：因比较审敛法中是两个级数的一般项的直接相比，而所给的不等式，则是两个级数一般项的后项与前项之比，将后者化为前者得到

$$\frac{a_{n+1}}{b_{n+1}} \leqslant \frac{a_n}{b_n}(n = 1,\ 2,\ \cdots)$$

由此递推式有：$\frac{a_{n+1}}{b_{n+1}} \leqslant \frac{a_n}{b_n} \leqslant \cdots \leqslant \frac{a_1}{b_1}$，即 $a_n \leqslant \frac{a_1}{b_1}b_n$，或 $b_n \geqslant \frac{b_1}{a_1}a_n$

因而若 $\sum\limits_{n=1}^{\infty}b_n$ 收敛，则 $\sum\limits_{n=1}^{\infty}\frac{a_1}{b_1}b_n$ 收敛，从而 $\sum\limits_{n=1}^{\infty}a_n$ 收敛；

若 $\sum\limits_{n=1}^{\infty}a_n$ 发散，则 $\sum\limits_{n=1}^{\infty}\frac{a_1}{b_1}b_n$ 发散，从而 $\sum\limits_{n=1}^{\infty}b_n$ 发散

【例20】解：(1)因为 $\frac{1}{n}(a_n + a_{n+2}) = \frac{1}{n}\int_0^{\pi/4}\tan^n x(1 + \tan^2 x)\mathrm{d}x$

$$= \frac{1}{n}\int_0^{\pi/4}\tan^n x\sec^2 x\mathrm{d}x \xrightarrow{\tan x = t} \frac{1}{n}\int_0^1 t^n\mathrm{d}t = \frac{1}{n(n+1)}$$

$$S_n = \sum_{i=1}^n\frac{1}{i}(a_i + a_{i+2}) = \sum_{i=1}^n\frac{1}{i(i+1)} = 1 - \frac{1}{n+1}$$

所以 $\sum\limits_{n=1}^{\infty}\frac{1}{n}(a_n + a_{n+2}) = \lim_{n\to\infty}S_n = 1$.

(2)因为 $a_n = \int_0^{\pi/4}\tan^n x\mathrm{d}x \xrightarrow{\tan x = t} \int_0^1\frac{t^n}{1+t^2}\mathrm{d}t < \int_0^1 t^n\mathrm{d}t = \frac{1}{n+1}$

所以 $\frac{a_n}{n^\lambda} < \frac{1}{n^\lambda(n+1)} < \frac{1}{n^{\lambda+1}}$，

由 $\lambda + 1 > 1$ 知，$\sum\limits_{n=1}^{\infty}\frac{1}{n^{\lambda+1}}$ 收敛，从而 $\sum\limits_{n=1}^{\infty}\frac{a_n}{n^\lambda}$ 收敛.

【例21】证：设 $\sum\limits_{n=1}^{\infty}u_n = \sum\limits_{n=1}^{\infty}|a_{n+1} - a_n|$，$\sum\limits_{n=1}^{\infty}v_n = \sum\limits_{n=1}^{\infty}\left|\frac{1}{a_{n+1}} - \frac{1}{a_n}\right|$，则

$$\lim_{n\to\infty}\frac{u_n}{v_n} = \lim_{n\to\infty}\frac{|a_{n+1} - a_n|}{|1/a_{n+1} - 1/a_n|} = \lim_{n\to\infty}|a_{n+1}a_n| = a^2 \neq 0$$

因此，所给两级数同时收敛或同时发散.

题型五　幂级数收敛域的求法

【例22】解：(1)因 $\rho = \lim_{n\to\infty}\frac{|a_{n+1}|}{|a_n|} = \lim_{n\to\infty}\left[\frac{1}{(n+1)^2+1}\Big/\frac{1}{n^2+1}\right] = 1$，故收敛半径 $R = 1/\rho = 1$.

当 $x=1$ 时，原级数化为 $\displaystyle\sum_{n=1}^{\infty}\frac{1}{n^2+1}$，由于 $\dfrac{1}{n^2+1}<\dfrac{1}{n^2}$，该级数收敛.

当 $x=-1$ 时，原级数化为 $\displaystyle\sum_{n=1}^{\infty}(-1)^n\frac{1}{n^2+1}$，此级数绝对收敛，收敛域为 $[-1,1]$.

(2) $R=\displaystyle\lim_{n\to\infty}\frac{|a_n|}{|a_{n+1}|}=\lim_{n\to\infty}\frac{\ln(n+1)}{\ln n}=\lim_{n\to\infty}\frac{\ln(n+1)}{\ln n}\left(\frac{\infty}{\infty}\right)=\lim_{n\to\infty}\frac{x}{x+1}=1$

当 $x-1=1$，即 $x=2$ 时，原级数为 $\displaystyle\sum_{n=2}^{\infty}\frac{(-1)^n}{\ln n}$，由莱布尼茨收敛准则知，该交错级数收敛.

当 $x-1=-1$，即 $x=0$ 时，原级数为 $\displaystyle\sum_{n=2}^{\infty}\frac{1}{\ln n}$，因 $\ln n<n$，故 $\dfrac{1}{\ln n}>\dfrac{1}{n}$，而 $\displaystyle\sum_{n=2}^{\infty}\frac{1}{n}$ 发散，故 $\displaystyle\sum_{n=2}^{\infty}\frac{1}{\ln n}$ 发散，于是原级数的收敛域为 $-1<x-1\leqslant1$，即 $0<x\leqslant2$.

【例23】解：为方便计，上述各幂级数都用 $\displaystyle\sum_{n=0}^{\infty}u_n(x)$ 表示之.

(1) 此级数缺少 x 的偶次幂级，直接用比值审敛法求 R. 因

$$\lim_{n\to\infty}\frac{|u_{n+1}(x)|}{|u_n(x)|}=\lim_{n\to\infty}\left[\frac{2^{n+1}}{n+2}|x|^{2n+1}\Big/\left(\frac{2^n}{n+1}|x|^{2n-1}\right)\right]=\lim_{n\to\infty}2\frac{n+1}{n+2}|x|^2=2x^2$$

当 $2x^2<1$，即 $|x|<1/\sqrt{2}$ 时，级数(绝对)收敛；反之，当 $|x|>1/\sqrt{2}$ 时，级数发散，故 $R=\sqrt{2}/2$.

当 $x=\sqrt{2}/2$ 时，原级数化为 $\displaystyle\sum_{n=1}^{\infty}\frac{2^n}{n+1}\left(\frac{1}{2}\right)^n\sqrt{2}=\sum_{n=1}^{\infty}\frac{\sqrt{2}}{n+1}$，该级数发散；

当 $x=-\sqrt{2}/2$ 时，原级数化为 $-\sqrt{2}\displaystyle\sum_{n=1}^{\infty}\frac{1}{n+1}$，该级数也发散，故原级数的收敛域为 $(-\sqrt{2}/2,\sqrt{2}/2)$.

(2) 此级数缺少 x 的奇次幂，直接用比值审敛法求 R，因

$$\lim_{n\to\infty}\frac{|u_{n+1}(x)|}{|u_n(x)|}=\lim_{n\to\infty}\left|\frac{n+1}{2^{n+1}}x^{2(n+1)}\Big/\frac{n}{2^n}x^{2n}\right|=\lim_{n\to\infty}\frac{n+1}{2n}|x|^2=\frac{1}{2}x^2$$

当 $x^2/2<1$ 即 $|x|<\sqrt{2}$ 时级数收敛，$|x|>\sqrt{2}$ 时，该级数发散，故 $R=\sqrt{2}$.

当 $x=\sqrt{2}$ 时，原级数化为 $\displaystyle\sum_{n=1}^{\infty}\frac{n}{2^n}(\sqrt{2})^{2n}=\sum_{n=1}^{\infty}n$，它发散；

当 $x=-\sqrt{2}$ 时，原级数化为 $\displaystyle\sum_{n=1}^{\infty}n$，故收敛域为 $(-\sqrt{2},\sqrt{2})$.

(3) 此级数中 x 的幂次不是按自然数顺序依次递增的，但也不是(1)、(2)中两例的情况，仍须直接使用比值审敛法求出 R

$$\lim_{n\to\infty}\frac{|u_{n+1}(x)|}{|u_n(x)|}=\lim_{n\to\infty}\left|\frac{|x|^{3n+3}}{2^{n+1}(n+1)}\Big/\frac{|x|^{3n}}{2^n\cdot n}\right|=\lim_{n\to\infty}\frac{n}{2(n+1)}|x|^3=\frac{|x|^3}{2}$$

当 $|x|^3/2<1$ 即 $|x|<\sqrt[3]{2}$ 时，该级数(绝对)收敛；

当 $|x|>\sqrt[3]{2}$ 时，该级数发散，所以收敛半径 $R=\sqrt[3]{2}$.

当 $x=\sqrt[3]{2}$ 时，原级数化为 $\displaystyle\sum_{n=1}^{\infty}\frac{(-1)^n}{2^n\cdot n}\cdot2^n=\sum_{n=1}^{\infty}(-1)^n\cdot\frac{1}{n}$，由莱布尼茨收敛准则知此级数收敛；

当 $x=-\sqrt[3]{2}$ 时，原级数化为 $\displaystyle\sum_{n=1}^{\infty}\frac{1}{n}$，显然他是发散的，故所求的收敛域为 $(-\sqrt[3]{2},\sqrt[3]{2}]$.

【例24】解：令 $y=x-1$，则：

$$\sum_{n=1}^{\infty}na_n(x-1)^{n+1}=\sum_{n=1}^{\infty}na_ny^{n+1}=y^2\sum_{n=1}^{\infty}na_ny^{n-1}.$$

由于 $\displaystyle\sum_{n=1}^{\infty}na_ny^{n-1}$ 是 $\displaystyle\sum_{n=0}^{\infty}a_ny^n$ 即 $\displaystyle\sum_{n=0}^{\infty}a_nx^n$ 逐项求导的结果，它们有相同的收敛半径，故当 $|y|<3$，即

$|x-1|<3$ 时,幂级数 $\sum\limits_{n=1}^{\infty} na_n y^{n-1}$,从而 $\sum\limits_{n=1}^{\infty} na_n y^{n+1}$ 收敛,因此 $\sum\limits_{n=1}^{\infty} na_n (x-1)^{n+1}$ 的收敛区间为 $|x-1|<3$,即为 $(-2, 4)$.

【例25】解:先求幂级数 $\sum\limits_{n=1}^{\infty} \dfrac{3^n}{n}x^{2n-1}$ 与 $\sum\limits_{n=1}^{\infty} \dfrac{(-2)^n}{n}x^{2n-1}$ 的收敛区间.这两个幂级数都是缺 x 的偶次项的级数,用比值审敛法求之.因:

$$\lim_{n\to\infty} \left| \frac{u_{n+1}(x)}{u_n(x)} \right| = \lim_{n\to\infty} \left[\frac{3^{n+1}}{n+1}|x^{2n+1}| \bigg/ \left(\frac{3^n}{n}|x^{2n-1}| \right) \right] = \lim_{n\to\infty} \frac{n}{n+1} \frac{3^{n+1}}{3^n}x^2 = 3x^2$$

所以当 $3x^2<1$,即 $|x|<\sqrt{3}/3$ 时,级数绝对收敛;当 $3x^2>1$,即 $|x|>\sqrt{3}/3$ 时,级数发散,故 $R=\sqrt{3}/3$.

$x=\sqrt{3}/3$ 时,原级数化为 $\sum\limits_{n=1}^{\infty} \dfrac{3^n}{n}\left(\dfrac{\sqrt{3}}{3}\right)^{2n-1} = \sqrt{3}\sum\limits_{n=1}^{\infty} \dfrac{1}{n}$,该级数发散.同法可证 $x=-\sqrt{3}/3$ 时,原级数也发散.因而幂级数 $\sum\limits_{n=1}^{\infty} \dfrac{3^n}{n}x^{2n-1}$ 的收敛区间为 $\left(\dfrac{-\sqrt{3}}{3}, \dfrac{\sqrt{3}}{3}\right)$.

同法可求级数 $\sum\limits_{n=1}^{\infty} \dfrac{(-2)^n}{n}x^{2n-1}$ 的收敛区间为 $\left(\dfrac{-\sqrt{2}}{2}, \dfrac{\sqrt{2}}{2}\right)$.

利用幂级数运算的性质知,在这两个收敛区间的公共部分

$$\left(\frac{-\sqrt{3}}{3}, \frac{\sqrt{3}}{3}\right) \cap \left(\frac{-\sqrt{2}}{2}, \frac{\sqrt{2}}{2}\right) = \left(\frac{-\sqrt{3}}{3}, \frac{\sqrt{3}}{3}\right)$$

上两幂级数的和即原级数收敛因而所求的收敛域为 $\left(\dfrac{-\sqrt{3}}{3}, \dfrac{\sqrt{3}}{3}\right)$.

题型六 不是幂级数的函数项级数,其收敛域的求法

【例26】解:这个级数不是幂级数,作变量代换 $y=(1-x)/(1+x)$,可将原级数化为关于新变量 y 幂级数 $\sum\limits_{n=0}^{\infty} \dfrac{y^n}{2n+1}$.易求得其收敛半径为

$$R = \lim_{n\to\infty} \left| \frac{a_n}{a_{n+1}} \right| = \lim_{n\to\infty} \frac{2n+3}{2n+1} = 1$$

因而当 $|y|<1$ 时新级数收敛;当 $|y|>1$ 时,新级数发散.

代回原变量当 $|(1-x)/(1+x)|<1$,即 $(1-x)^2<(1+x)^2$,亦即 $x>0$ 时,原级数收敛;

当 $|(1-x)/(1+x)|>1$,即 $(1-x)^2>(1+x)^2$,亦即 $x<0$ 时,原级数发散;

而当 $\left|\dfrac{(1-x)}{(1+x)}\right|=1$,即 $x=0$ 时,原级数化为 $\sum\limits_{n=0}^{\infty} \dfrac{1}{2n+1}$,易知该级数发散.

综上所述,原级数的收敛域为 $(0, +\infty)$.

【例27】解:(1) $\lim\limits_{n\to\infty} \left| \dfrac{u_{n+1}(x)}{u_n(x)} \right| = \lim\limits_{n\to\infty} \left| \dfrac{2^{n+1}\sin^{n+1}x}{(n+1)^2} \cdot \dfrac{n^2}{2^n \sin^n x} \right| = |2\sin x|$,

解 $|2\sin x|<1$,即解 $|\sin x|<1/2$ 得,$k\pi-\pi/6<x<k\pi+\pi/6(k=0, \pm1, \pm2, \cdots)$;

解 $|2\sin x|=1$,得 $x=k\pi\pm\pi/6$.代入原函数项级数,得数项级数 $\sum\limits_{n=1}^{\infty} \dfrac{1}{n^2}$ 与 $\sum\limits_{n=1}^{\infty} (-1)^n \dfrac{1}{n^2}$,它们均为收敛级数,故原函数项级数的收敛域为 $[k\pi-\pi/6, k\pi+\pi/6](k=0, \pm1, \pm2, \cdots)$.

题型七 幂级数的和函数的求法

【例28】解:易求得其收敛域为 $(-1, 1)$,和函数为:

$$s(x) = \sum_{n=1}^{\infty} n(n+1)x^n = \sum_{n=1}^{\infty} (nx^{n+1})' = \left(\sum_{n=1}^{\infty} nx^{n+1} \right)'$$

$$= \left[\sum_{n=1}^{\infty} x^2(nx^{n-1}) \right]' = \left[\sum_{n=1}^{\infty} x^2(x^n)' \right]' = \left[x^2 \left(\sum_{n=1}^{\infty} x^n \right)' \right]'$$

$$= \left[x^2 \left(\frac{x}{1-x} \right)' \right]' = \left[\frac{x^2}{(1-x)^2} \right]' = \frac{2x}{(1-x)^3}, \ x \in (-1,1)$$

【例29】解：易求得此幂级数的收敛域为 $(-1,\ 1)$.

为求其和函数 $s(x) = \sum_{n=0}^{\infty}(2n+1)x^n$，通过逐项求导或逐项积分，转化成等比级数再求其和.

$$s(x) = \sum_{n=0}^{\infty}(2n+1)x^n = 2\sum_{n=0}^{\infty}nx^n + \sum_{n=0}^{\infty}x^n = 2x\sum_{n=1}^{\infty}(x^n)' + \sum_{n=0}^{\infty}x^n$$

$$= 2x\left(\sum_{n=1}^{\infty}x^n\right)' + \sum_{n=0}^{\infty}x^n = 2x\left(\frac{x}{1-x}\right)' + \frac{1}{1-x}$$

$$= \frac{2x}{(1-x)^2} + \frac{1}{1-x} = (1+x)/(1-x)^2 \ (-1 < x < 1)$$

【例30】解：易求得所给函数的收敛域为 $[-1,\ 1]$.

将所给级数转化为已知和函数的幂级数求其和函数.

$$s(x) = \sum_{n=1}^{\infty}\frac{x^n}{n(n+1)} = \sum_{n=1}^{\infty}\left(\frac{1}{n}-\frac{1}{n+1}\right)x^n = \sum_{n=1}^{\infty}\frac{x^n}{n} - \sum_{n=1}^{\infty}\frac{x^n}{n+1} = s_1(x) - s_2(x)$$

其中：

$$s_2(x) = \sum_{n=1}^{\infty}\frac{x^n}{n+1} = \frac{1}{x}\sum_{n=1}^{\infty}\frac{x^{n+1}}{n+1} = \frac{1}{x}\left(\sum_{n=1}^{\infty}\frac{x^n}{n} - x\right)$$

$$= \frac{1}{x}\sum_{n=1}^{\infty}\frac{x^n}{n} - 1 = -\frac{1}{x}\ln(1-x) - 1 \ (-1 \leq x < 1, \ x \neq 0)$$

$$s_1(x) = -\ln(1-x) \ (-1 \leq x < 1)$$

故 $s(x) = -\ln(1-x) + \frac{1}{x}\ln(1-x) + 1 = 1 + \frac{1-x}{x}\ln(1-x) \ (-1 \leq x < 1, \ x \neq 0)$

因 $s(x)$ 连续，$s(0) = \lim_{x \to 0}s(x) = \lim_{x \to 0}\left[1 + \frac{1-x}{x}\ln(1-x)\right]$，而

$$\lim_{x \to 0}\frac{1-x}{x}\ln(1-x) = \lim_{x \to 0}\left[\frac{\ln(1-x)}{x} - \ln(1-x)\right] = -1$$

所以 $s(0) = 0$，又

$$s(1) = \lim_{x \to 1-0}s(x) = \lim_{x \to 1-0}\left[1 + \frac{1-x}{x}\ln(1-x)\right] = 1 + \lim_{x \to 1-0}\frac{\ln(1-x)}{x/(1-x)}$$

$$= 1 - \lim_{x \to 1-0}\frac{\ln(1-x)}{x/(x-1)}\left(\frac{\infty}{\infty}\right) = 1 - \lim_{x \to 1-0}\frac{(-1)/(1-x)}{[(x-1)-x]/(x-1)^2}$$

$$= 1 - \lim_{x \to 1-0}-(x-1) = 1$$

因而所求的和函数为

$$s(x) = \begin{cases} 1 + [(1-x)\ln(1-x)]/x, & x \in [-1,\ 0) \cup (0,\ 1) \\ 1, & x = 1, \\ 0, & x = 0 \end{cases}$$

【例31】解：易求得其收敛域为 $(-\sqrt{2},\ \sqrt{2})$，下求其和函数 $s(x)$. 先将原级数恒等变形：

$$s(x) = \sum_{n=1}^{\infty}\left[(n+1)\left(\frac{x^2}{2}\right)^n - \left(\frac{x^2}{2}\right)^n\right]$$

$$= \sum_{n=1}^{\infty}(n+1)\left(\frac{x^2}{2}\right)^n - \sum_{n=1}^{\infty}\left(\frac{x^2}{2}\right)^n = s_1(x) - s_2(x)$$

易求得　$s_2(x) = \sum\limits_{n=1}^{\infty} \left(\dfrac{x^2}{2}\right)^n = \dfrac{x^2/2}{1-x^2/2} = \dfrac{x^2}{2-x^2}$；

注意到 $s_1(x) = \sum\limits_{n=1}^{\infty}(n+1)\left(\dfrac{x^2}{2}\right)^{n \overset{u=x^2/2}{=}} \sum\limits_{n=1}^{\infty}(n+1)u^n = s_1(u)$ 中一般项的系数 $n+1$ 较幂次数 n 多 1，可先用逐项积分，再逐项求导，求出其和函数．

将 $s_1(u)$ 从 0 到 u 积分得到 $\displaystyle\int_0^u s_1(u)\,\mathrm{d}u = \int_0^u \sum\limits_{n=1}^{\infty}(n+1)u^n\,\mathrm{d}u = \sum\limits_{n=1}^{\infty} u^{n+1} = \dfrac{u^2}{1-u}$

在上式两端求导得到：$s_1(u) = \left(\dfrac{u^2}{1-u}\right)' = \dfrac{2u(1-u)-u^2(-1)}{(1-u)^2} = \dfrac{2u-u^2}{(1-u)^2}$

即　$s_1(x) = \dfrac{2(x^2/2)-(x^2/2)^2}{(1-x^2/2)^2} = \dfrac{4x^2-x^4}{(2-x^2)^2}$

所以 $s(x) = s_1(x) - s_2(x) = \dfrac{2x^2}{(2-x^2)^2}$，其中 $x \in (-\sqrt{2},\ \sqrt{2})$．

【例 32】解：易求得所给幂级数的收敛区间为 $(-\infty,\ +\infty)$，易看出所给幂级数与展开式 $\sum\limits_{n=0}^{\infty} \dfrac{x^n}{n!} = e^x$ 相近，即与 $\sum\limits_{n=1}^{\infty} \dfrac{x^n}{n!} = e^x - 1$ 很相近，逐项求导得 $\sum\limits_{n=1}^{\infty} \dfrac{nx^{n-1}}{n!} = e^x$，两端乘以 x，得 $\sum\limits_{n=1}^{\infty} \dfrac{nx^n}{n!} = xe^x$，上式两端再逐项求导，得

$$\sum\limits_{n=1}^{\infty} \dfrac{n^2 x^{n-1}}{n!} = (1+x)e^x$$

两端乘以 x，得到所求和函数为 $\sum\limits_{n=1}^{\infty} \dfrac{n^2 x^n}{n!} = x(1+x)e^x$．

【例 33】解：易求得该级数的收敛区间为 $(-\infty,\ +\infty)$．

下求和函数，注意到一般项系数的分母含有阶乘 $n!$，找出与所给幂级数较接近的展开式为

$$e^{x^2} = \sum\limits_{n=0}^{\infty} \dfrac{1}{n!}(x^2)^n = \sum\limits_{n=0}^{\infty} \dfrac{x^{2n}}{n!}$$

设 $s(x) = \sum\limits_{n=0}^{\infty} \dfrac{(2n+1)}{n!} x^{2n}$，两边从 0 到 x 积分得

$$\int_0^x s(x)\,dx = \sum\limits_{n=0}^{\infty} \dfrac{(2n+1)}{n!} \int_0^x x^{2n}\,dx = x\sum\limits_{n=0}^{\infty} \dfrac{x^{2n}}{n!} = xe^{x^2}$$

上式两边对 x 求导，注意 $s(0)=0$，得其和函数为

$$s(x) = (xe^{x^2})' = (1+2x^2)e^{x^2}\ (-\infty < x < +\infty)$$

【例 34】解：因 $\ln(1+x) = \sum\limits_{n=1}^{\infty}(-1)^{n-1}\dfrac{x^n}{n}$，$-1 < x \leqslant 1$，故其和函数为

$$\sum\limits_{n=1}^{\infty} \dfrac{(-1)^{n-1}}{n5^n} x^n = \sum\limits_{n=1}^{\infty}(-1)^{n-1}\dfrac{1}{n}\left(\dfrac{x}{5}\right)^n = \ln\left(1+\dfrac{x}{5}\right)$$

其中，$-1 < x/5 \leqslant 1$，即 $-5 < x \leqslant 5$ 为其收敛域．

【例 35】证：(1) 先求所给级数的收敛区间，由 $R = \lim\limits_{n\to\infty} \dfrac{|a_n|}{|a_{n+1}|} = \lim\limits_{n\to\infty} \dfrac{(n+1)!}{n!} = +\infty$，知其收敛区间为 $(-\infty,\ +\infty)$，因而在该区间可逐项微分，得

$$f'(x) = \left(\sum\limits_{n=0}^{\infty} \dfrac{x^n}{n!}\right)' = \sum\limits_{n=1}^{\infty} \dfrac{x^{n-1}}{(n-1)!} = \sum\limits_{n=0}^{\infty} \dfrac{x^n}{n!} = f(x),\ x \in (-\infty,\ +\infty)$$

(2) 由(1)有 $\dfrac{df(x)}{f(x)} = \mathrm{d}x$　　　①

$$\ln|f(x)| = x + \ln|c_1|,$$

故 $|f(x)| = |c_1|e^x$，记 $c = \pm|c_1|$，由于 c_1 为任意常数，$c = \pm|c_1|$ 也是任意常数，得微分方程的通解

$$f(x) = ce^x (c \text{ 为任意常数}) \qquad ②$$

从上面的求解过程易知：若在积分过程中，原函数中出现有对数函数，其对数可以不加绝对值，任意常数也可写为 $\ln c$，这样便于简化结果，于是也可如下解方程式①：

在式①两边积分，直接得到(对数不加绝对值)：

$$\ln f(x) = x + \ln c，\text{即} f(x) = ce^x (c \text{ 为任意常数}).$$

将 $x = 0$ 代入 $f(x) = 1 + \dfrac{x}{1!} + \dfrac{x^2}{2!} + \dots$ 即得 $f(0) = 1$，将 $f(0) = 1$ 代入式②得 $c = 1$，故 $f(x) = e^x$.

(3)
$$s(x) = \sum_{n=1}^{\infty} \frac{n-1}{n!}(x+1)^n = \sum_{n=1}^{\infty} \frac{(x+1)^n}{(n-1)!} - \sum_{n=1}^{\infty} \frac{(x+1)^n}{n!}$$

$$= (x+1)\sum_{n=0}^{\infty} \frac{(x+1)^n}{n!} - \left[\sum_{n=0}^{\infty} \frac{(x+1)^n}{n!} - 1\right]$$

$$= (x+1)e^{x+1} - e^{x+1} + 1 = xe^{x+1} + 1, \quad x \in (-\infty, +\infty)$$

题型八 函数展为幂级数的方法

【例36】解：
$$\sin^2 x = (1 - \cos 2x)/2 = 1/2 - (\cos 2x)/2$$

$$= \frac{1}{2} - \frac{1}{2}\sum_{n=0}^{\infty} (-1)^n \frac{2^{2n}x^{2n}}{(2n)!}$$

$$= \frac{1}{2} - \frac{1}{2} + \sum_{n=1}^{\infty} (-1)^{n+1} \frac{2^{2n-1}x^{2n}}{(2n)!}$$

$$= \sum_{n=1}^{\infty} (-1)^{n+1} \frac{2^{2n-1}x^{2n}}{(2n)!}, \quad (-\infty, +\infty)$$

注意：三角函数展开幂级数的一般方法是利用恒等变换，变量代换将所给三角函数化成 $\sin ax$ 或 $\cos bx$ 的简单函数，再利用 $\sin x$ 或 $\cos x$ 的展开式展成幂级数.

【例37】解： $\ln(1 + x + x^2 + x^3) = \ln[1 + x + x^2(1+x)] = \ln(1+x)(1+x^2) = \ln(1+x) + \ln(1+x^2)$

由 $\quad \ln(1+x) = \sum_{n=1}^{\infty} \frac{(-1)^{n-1}x^n}{n} = \sum_{n=1}^{\infty} \frac{x^{2n-1}}{2n-1} - \sum_{n=1}^{\infty} \frac{x^{2n}}{2n}(-1 < x \leq 1)$

$$\ln(1+x^2) = \sum_{n=1}^{\infty} \frac{(-1)^{n-1}x^{2n}}{n}(-1 < x \leq 1)$$

得到：$\ln(1 + x + x^2 + x^3) = \sum_{n=1}^{\infty} \frac{1}{2n-1}x^{2n-1} - \sum_{n=1}^{\infty} \frac{1}{2n}x^{2n} + \sum_{n=1}^{\infty} \frac{(-1)^{n-1}}{n}x^{2n}$

$$= \sum_{n=1}^{\infty} \frac{1}{2n-1}x^{2n-1} + \sum_{n=1}^{\infty} \left[-\frac{1}{2n} + \frac{(-1)^{n-1}}{n}\right]x^{2n}(-1 < x \leq 1)$$

其收敛域为展开式①与式②的收敛域的公共部分即为 $(-1, 1]$.

【例38】解法 1： 因 $\ln(1+x) = \sum_{n=1}^{\infty} (-1)^{n-1}\frac{x^n}{n}(-1 < x \leq 1)$

$$\ln(1-x) = -\sum_{n=1}^{\infty} \frac{x^n}{n}(-1 \leq x < 1)$$

$$\arctan x = \sum_{n=1}^{\infty} (-1)^{n-1}\frac{x^{2n-1}}{2n-1}(-1 \leq x \leq 1)$$

故 $f(x) = [\ln(1+x) - \ln(1-x)]/4 + \arctan x/2 - x$

$$= \frac{1}{4}\left[\sum_{n=1}^{\infty} (-1)^{n-1}\frac{x^n}{n} + \sum_{n=1}^{\infty} \frac{x^n}{n}\right] + \frac{1}{2}\sum_{n=1}^{\infty} (-1)^{n-1}\frac{x^{2n-1}}{2n-1} - x$$

$$= \sum_{n=0}^{\infty} \frac{x^{4n+1}}{4n+1} - x = \sum_{n=1}^{\infty} \frac{x^{4n+1}}{4n+1}$$

取三者收敛区间之交集：$-1 < x < 1$，即为上级数的收敛区间．

解法 2：先对函数求导，将其导数展开为幂级数，再积分，即得所求的幂级数．

$$f'(x) = \frac{1}{4}\left(\frac{1}{1+x} + \frac{1}{1-x}\right) + \frac{1}{2}\frac{1}{1+x^2} - 1 = \frac{1}{1-x^4} - 1 = \sum_{n=1}^{\infty} x^{4n} \quad (-1 < x < 1)$$

故 $f(x) = f(x) - f(0) = \int_0^x f'(t)\,dt = \sum_{n=1}^{\infty} \frac{x^{4n+1}}{4n+1} \quad (-1 < x < 1)$

【例 39】解：

$$\frac{1}{x^2-5x+6} = \frac{1}{(x-3)(x-2)} = \frac{1}{x-3} - \frac{1}{x-2}$$

$$= \frac{1}{2} \cdot \frac{1}{1-x/2} - \frac{1}{3} \cdot \frac{1}{1-x/3}$$

$$= \frac{1}{2} \sum_{n=0}^{\infty} \left(\frac{x}{2}\right)^n - \frac{1}{3} \sum_{n=0}^{\infty} \left(\frac{x}{3}\right)^n$$

上面展开式成立的区间为 $|x/2| < 1$，$|x/3| < 1$ 之交，即 $|x| < 2$．

注意：有理分式函数展开幂级数的方法是常通过恒等变形将其化为部分分式之和，然后再将各部分分式利用 $1/(1\pm x)$ 的展开式展成幂级数．

【例 40】解法 1：注意到 $\dfrac{1}{(1+x)^2} = -\left(\dfrac{1}{1+x}\right)'$，而 $\dfrac{1}{1+x} = \dfrac{1}{1-(-x)} = \sum_{n=0}^{\infty} (-x)^n \ (|x| < 1)$

故 $\left(\dfrac{1}{1+x}\right)' = \sum_{n=0}^{\infty} [(-x)^n]' = \sum_{n=1}^{\infty} (-1)^n n x^{n-1} \ (|x| < 1)$

所以 $\dfrac{1}{(1+x)^2} = -\left(\dfrac{1}{1+x}\right)' = \sum_{n=1}^{\infty} (-1)^{n+1} n x^{n-1} \ (|x| < 1)$

解法 2：将 $\dfrac{1}{(x+1)^2} = \dfrac{1}{(x+1)} \cdot \dfrac{1}{(x+1)}$ 看成两收敛级数的乘积，有

$$\frac{1}{(x+1)^2} = \frac{1}{(x+1)} \cdot \frac{1}{(x+1)} = \left[\sum_{n=0}^{\infty} (-1)^n x^n\right]\left[\sum_{n=0}^{\infty} (-1)^n x^n\right]$$

$$= [1 - x + x^2 - x^3 + \cdots + (-1)^n x^n + \cdots] \cdot [1 - x + x^2 - x^3 + \cdots + (-1)^n x^n + \cdots]$$

$$= 1 - 2x + 3x^2 - 4x^3 + 5x^4 \cdots$$

$$= \sum_{n=1}^{\infty} (-1)^{n-1} n x^{n-1} \quad (-1 < x < 1)$$

【例 41】解：易求得 $f'(x) = 1/(1+x^2)$，先求 $f'(x)$ 的展式，再逐项积分，即可求得 $f(x)$ 的展式．事实上

$$f'(x) = \frac{1}{1+x^2} = \sum_{n=0}^{\infty} (-1)^n x^{2n}, \quad |x| < 1 \qquad \qquad ①$$

$$f(x) - f(0) = \int_0^x f'(t)\,dt = \int_0^x \left[\sum_{n=0}^{\infty} (-1)^n t^{2n}\right]dt = \sum_{n=0}^{\infty} \frac{(-1)^n}{2n+1} x^{2n+1}$$

又 $f(0) = \arctan\left(\dfrac{1-x}{1+x}\right)\Big|_{x=0} = \arctan 1 = \dfrac{\pi}{4}$

故 $f(x) = f(0) + \sum_{n=0}^{\infty} \dfrac{(-1)^n}{2n+1} x^{2n+1} = \dfrac{\pi}{4} + \sum_{n=0}^{\infty} \dfrac{(-1)^n}{2n+1} x^{2n+1}$（收敛区间为 $-1 < x < 1$）　②

当 $x = 1$ 时 $f(x)$ 无定义，显然级数发散．

当 $x = -1$ 时，$f(-1) = \arctan 0 = 0$．

故展开式的收敛域为 $-1 \leq x < 1$．

注意：(1)用逐项积分法求幂级数展开式时，要准确适用牛顿-莱布尼茨公式：$f(x) - f(0) = $

$\int_0^x f'(x)\mathrm{d}x$，不可随意把 $f(0)$ 这一项丢掉，上例 $f(0)=\dfrac{\pi}{4}$.

（2）虽然对幂级数逐项求导，逐项积分不改变其收敛半径，但在收敛区间的端点处的敛散性可能改变，需重新加以讨论，上例中幂级数①和②在端点 $x=-1$ 处的敛散性就不同.

（3）将 $x=-1$ 代入式②得到：$\displaystyle\sum_{n=0}^{\infty}\dfrac{(-1)^n}{2n+1}=\dfrac{\pi}{4}$

题型九　收敛的常数项级数的和的求法

【例42】解：（1）级数的一般项为 n 的有理分式，将其拆分部分分式之和

$$a_n=\dfrac{1}{n(n+1)(n+2)}=\dfrac{1}{2}\left[\dfrac{1}{n(n+1)}-\dfrac{1}{(n+1)(n+2)}\right]$$

$$=\dfrac{1}{2}\left[\left(\dfrac{1}{n}-\dfrac{1}{n+1}\right)-\left(\dfrac{1}{n+1}-\dfrac{1}{n+2}\right)\right]$$

利用拆散相消，其前 n 项部分和只剩首尾项，得到：

$$s_n=\sum_{k=1}^{n}a_k=\dfrac{1}{2}\left[\sum_{k=1}^{n}\left(\dfrac{1}{k}-\dfrac{1}{k+1}\right)-\sum_{k=1}^{n}\left(\dfrac{1}{k+1}-\dfrac{1}{k+2}\right)\right]$$

$$=\dfrac{1}{2}\left[\left(1-\dfrac{1}{n+1}\right)-\left(\dfrac{1}{2}-\dfrac{1}{n+2}\right)\right]$$

则 $\lim\limits_{n\to\infty}s_n=1/4$，因而该级数收敛，其和为 $1/4$.

（2）$a_n=\ln(n^2-1)-\ln n^2$

$$=[\ln(n-1)-\ln n]+[\ln(n+1)-\ln n]$$

$$s_n=\sum_{k=1}^{n}a_k=(\ln1-\ln n)+\ln(n+1)-\ln2 \quad 只剩首尾项$$

$$=\ln[(n+1)/n]+\ln(1/2)$$

则　$\lim\limits_{n\to\infty}s_n=\ln\left\{\lim\limits_{n\to\infty}[(n+1)/n]\right\}+\ln(1/2)=\ln(1/2)$.

【例43】证：注意到一般项为 $3n+5$ 的级数为等差级数，$1/3^n=(1/3)^n$ 为等比数列，利用级数运算及等比级数求和公式，根据定义可证级数收敛，并同时求出其和. 为此，设：

$$s_n=\sum_{k=1}^{n}\dfrac{3k+5}{3^k}=\dfrac{3\cdot1+5}{3}+\dfrac{3\cdot2+5}{3^2}+\cdots+\dfrac{3n+5}{3^n} \qquad ①$$

则　$$\dfrac{1}{3}s_n=\dfrac{3\cdot1+5}{3^2}+\dfrac{3\cdot2+5}{3^3}+\cdots+\dfrac{3(n-1)+5}{3^n}+\dfrac{3n+5}{3^{n+1}} \qquad ②$$

式①减去式②得：

$$\dfrac{2}{3}s_n=\dfrac{3\cdot1+5}{3}+3\left(\dfrac{1}{3^2}+\dfrac{1}{3^3}+\cdots+\dfrac{1}{3^n}\right)-\dfrac{3n+5}{3^{n+1}}$$

$$=\dfrac{8}{3}+3\cdot\dfrac{1/3^2-1/3^{n+1}}{1-1/3}-\dfrac{3n+5}{3^{n+1}}.$$

$$s_n=4+\dfrac{27}{4}\left(\dfrac{1}{9}-\dfrac{1}{3^{n+1}}\right)-\dfrac{3}{2}\cdot\dfrac{3n+5}{3^{n+1}}$$

$\lim\limits_{n\to\infty}s_n=4+3/4=9/4$，故所给级数收敛，其和为 $19/4$.

【例44】解：注意到上述级数 $\displaystyle\sum_{n=1}^{\infty}\dfrac{1}{n\cdot3^n}$ 的和是级数 $\displaystyle\sum_{n=1}^{\infty}\dfrac{x^n}{n}$ 的和函数 $s(x)$ 在 $x=\dfrac{1}{3}$ 处的值，因而可借用 $\displaystyle\sum_{n=1}^{\infty}\dfrac{x^n}{n}$ 的已知结果求出上述数项级数的和，因：

$$\sum_{n=1}^{\infty} \frac{x^n}{n} = -\ln(1-x) \quad (-1 \le x < 1)$$

故 $\displaystyle\sum_{n=1}^{\infty} \frac{1}{n \cdot 3^n} = \sum_{n=1}^{\infty} \frac{(1/3)^n}{n} = [-\ln(1-x)]_{x=1/3} = \ln\frac{3}{2}$

【例45】解：易想到所给级数可看做级数 $\displaystyle\sum_{n=1}^{\infty} \frac{x^n}{2n-1}$ 在 $x = \dfrac{1}{2}$ 时所得到的级数，但该幂级级数的和函数

不易求得，但若将所给常数项级数看作是幂级数 $\displaystyle\sum_{n=1}^{\infty} \frac{x^{2n}}{2n-1}$ 或 $\displaystyle\sum_{n=1}^{\infty} \frac{1}{\sqrt{2}} \frac{x^{2n-1}}{2n-1}$ 在 $x = \dfrac{1}{\sqrt{2}}$ 时所得到的级数，其

和函数就容易求出了.

幂级数 $\displaystyle\sum_{n=1}^{\infty} \frac{x^{2n}}{2n-1}$ 的收敛区间易求得为 $(-1, 1)$，显然 $x = \dfrac{1}{\sqrt{2}} \in (-1, 1)$，设其和函数为 $s(x)$，则：

$$
\begin{aligned}
s(x) &= \sum_{n=1}^{\infty} \frac{x^{2n}}{2n-1} = x \sum_{n=1}^{\infty} \frac{x^{2n-1}}{2n-1} \\
&= x \int_0^x \sum_{n=1}^{\infty} \left(\frac{x^{2n-1}}{2n-1} \right)' dx = x \int_0^x \left(\sum_{n=1}^{\infty} x^{2n-2} \right) dx \\
&= x \int_0^x \frac{dx}{1-x^2} = \frac{x}{2} \ln\frac{1+x}{1-x}, \quad x \in (-1, 1)
\end{aligned}
$$

故
$$
\begin{aligned}
\sum_{n=1}^{\infty} \frac{1}{2^n(2n-1)} &= s\left(\frac{1}{\sqrt{2}} \right) = \frac{1}{2\sqrt{2}} \ln\left(\frac{1+1/\sqrt{2}}{1-1/\sqrt{2}} \right) \\
&= \frac{1}{2\sqrt{2}} \ln\frac{\sqrt{2}+1}{\sqrt{2}-1} = \frac{1}{2\sqrt{2}} \ln\left[\frac{(\sqrt{2}+1)^2}{(\sqrt{2}-1)(\sqrt{2}+1)} \right] \\
&= \frac{1}{2\sqrt{2}} \ln(\sqrt{2}+1)^2 = \frac{1}{\sqrt{2}} \ln(1+\sqrt{2})
\end{aligned}
$$

注意：若引进幂级数 $\displaystyle\sum_{n=1}^{\infty} \frac{x^n}{2n-1}$，由于不易消去 $2n-1$，其和函数不易求出，因此应注意选取易求其和的幂级数，选择不当，会使计算很繁，甚至求不出和函数来.

【例46】解法1：构造幂级数 $\displaystyle\sum_{n=0}^{\infty} \frac{(n+1)^2}{n!} x^n$，当 $x = 1$ 时，即为所求数项级数的和，易求出该级数的收

敛域为 $(-\infty, +\infty)$，因而对任何 x，该幂级数都收敛.

设其和函数为 $s(x)$，在 $s(x) = \displaystyle\sum_{n=0}^{\infty} \frac{(n+1)^2}{n!} x^n$ 两边求积分，得到：

$$
\begin{aligned}
\int_0^x s(x) dx &= \int_0^x \sum_{n=0}^{\infty} \frac{(n+1)^2}{n!} x^n dx = \sum_{n=0}^{\infty} \frac{n+1}{n!} x^{n+1} \\
&= x^2 \sum_{n=1}^{\infty} \frac{x^{n-1}}{(n-1)!} + x \sum_{n=0}^{\infty} \frac{x^n}{n!} = x^2 e^x + x e^x
\end{aligned}
$$

对上式求导即得：

$$s(x) = \sum_{n=0}^{\infty} \frac{(n+1)^2}{n!} x^n = (x^2 e^x + x e^x)' = (x^2 + 3x + 1) e^x$$

令 $x = 1$，即得原数项级数的和为 $\displaystyle\sum_{n=0}^{\infty} \frac{(n+1)^2}{n!} = 5e$.

解法2：由 $\displaystyle\sum_{n=0}^{\infty} \frac{x^n}{n!} = e^x$，有 $x \displaystyle\sum_{n=0}^{\infty} \frac{x^n}{n!} = \sum_{n=0}^{\infty} \frac{x^{n+1}}{n!} = x e^x$，在上式两边求导得到：

$$\sum_{n=0}^{\infty} \frac{n+1}{n!} x^n = (x+1) e^x$$

在上式两边再乘以 x，然后求导得

$$\sum_{n=0}^{\infty} \frac{(n+1)^2}{n!} x^n = (x^2 + 3x + 1)e^x$$

令 $x=1$，即得数项级数的和为 $5e$.

【例 47】解：因 $(\arctan x)' = \dfrac{1}{1+x^2} = \sum_{n=0}^{\infty} (-1)^n x^{2n}$，$x \in (-1, 1)$，故

$\arctan x = \displaystyle\int_0^x (\arctan x)' dx = \sum_{n=0}^{\infty} \frac{(-1)^n}{2n+1} x^{2n+1}$，$x \in [-1, 1]$

$$f(x) = 1 + \sum_{n=1}^{\infty} \frac{(-1)^n}{2n+1} x^{2n} + \sum_{n=0}^{\infty} \frac{(-1)^n}{2n+1} x^{2n+2}$$

$$= 1 + \sum_{n=1}^{\infty} \frac{(-1)^n}{2n+1} x^{2n} + \sum_{n=1}^{\infty} \frac{(-1)^{n-1}}{2n-1} x^{2n}$$

$$= 1 + \sum_{n=1}^{\infty} \frac{(-1)^n 2}{1-4n^2} x^{2n}, \quad x \in [-1, 1]$$

因此 $\displaystyle\sum_{n=1}^{\infty} \frac{(-1)^n}{1-4n^2} = \frac{1}{2}[f(1)-1] = \frac{\pi}{4} - \frac{1}{2}$.

【例 48】解：$\dfrac{1}{x} = \dfrac{1}{3+(x-3)} = \dfrac{1}{3} \cdot \dfrac{1}{1+\dfrac{x-3}{3}} = \dfrac{1}{3} \sum_{n=0}^{\infty} (-1)^n \dfrac{(x-3)^n}{3^n}$，$0<x<6$.

上式两边求导，得 $-\dfrac{1}{x^2} = \sum_{n=1}^{\infty} (-1)^n \dfrac{n}{3^{n+1}} (x-3)^{n-1}$，所以

$$f(x) = \frac{1}{x^2} = \sum_{n=1}^{\infty} (-1)^{n-1} \frac{n}{3^{n+1}} (x-3)^{n-1}, \quad 0 < x < 6.$$

在上式中取 $x=4$，得 $\dfrac{1}{16} = \sum_{n=1}^{\infty} (-1)^{n-1} \dfrac{n}{3^{n+1}}$，所以 $\sum_{n=1}^{\infty} (-1)^n \dfrac{n}{3^{n+1}} = -\dfrac{1}{16}$.

【例 49】解：原级数 $= \displaystyle\sum_{n=1}^{\infty} \frac{(-1)^{n-1}}{n!} + \sum_{n=1}^{\infty} \frac{(-1)^n}{n!(n+2)} = 1 - e^{-1} + \sum_{n=1}^{\infty} \frac{(-1)^n}{n!(n+2)}$.

令 $S(x) = \displaystyle\sum_{n=1}^{\infty} \frac{(-1)^n}{n!(n+2)} x^{n+2}$，$x \in (-\infty, +\infty)$，则 $S'(x) = \displaystyle\sum_{n=1}^{\infty} \frac{(-1)^n}{n!} x^{n+1} = x(e^{-x} - 1)$.

积分之，得

$$S(x) = \int x(e^{-x}-1) dx = -(x+1)e^{-x} - \frac{1}{2}x^2 + C.$$

由 $S(0)=0$ 得 $C=1$，所以 $S(x) = -(x+1)e^{-x} - \dfrac{1}{2}x^2 + 1$. 取 $x=1$ 得 $S(1) = -2e^{-1} + \dfrac{1}{2}$，

即

$$\sum_{n=1}^{\infty} \frac{(-1)^n}{n!(n+2)} = -2e^{-1} + \frac{1}{2}.$$

所以，原级数 $= 1 - e^{-1} - 2e^{-1} + \dfrac{1}{2} = 3\left(\dfrac{1}{2} - e^{-1}\right)$.

【例 50】解：$a_0 = \dfrac{1}{\pi} \displaystyle\int_{-\pi}^{\pi} e^{2x} dx = \left[\dfrac{1}{2\pi} e^{2x}\right]_{-\pi}^{\pi} = \dfrac{e^{2\pi} - e^{-2\pi}}{2\pi}$；

$$a_n = \frac{1}{\pi} \int_{-\pi}^{\pi} e^{2x} \cos nx\, dx = \frac{1}{2\pi} \int_{-\pi}^{\pi} \cos nx\, de^{2x}$$

$$= \frac{1}{2\pi} [e^{2x} \cos nx]_{-\pi}^{\pi} + \frac{n}{2\pi} \int_{-\pi}^{\pi} e^{2x} \sin nx\, dx$$

$$= \frac{(-1)^n(e^{2\pi}-e^{-2\pi})}{2\pi} + \frac{n}{4\pi}\int_{-\pi}^{\pi}\sin nx\,\mathrm{d}e^{2x}$$

$$= \frac{(-1)^n(e^{2\pi}-e^{-2\pi})}{2\pi} + \frac{n}{4\pi}\big[e^{2x}\sin x\big]_{-\pi}^{\pi} - \frac{n^2}{4\pi}\int_{-\pi}^{\pi}e^{2x}\cos nx\,\mathrm{d}x$$

$$= -\frac{n^2}{4\pi}\int_{-\pi}^{\pi}e^{2x}\cos nx\,\mathrm{d}x + \frac{(-1)^n(e^{2\pi}-e^{-2\pi})}{2\pi}$$

移项得　　　$a_n = \dfrac{e^{2\pi}-e^{-2\pi}}{\pi}\cdot\dfrac{2(-1)^n}{n^2+4}\quad(n\in N^*)$

同法可算得

$$b_n = \frac{1}{\pi}\int_{-\pi}^{\pi}e^{2x}\sin nx\,\mathrm{d}x = \frac{e^{2\pi}-e^{-2\pi}}{\pi}\cdot\frac{n(-1)^{n+1}}{n^2+4}(n\in N^*)$$

又显见 $f(x)=e^{2x}$ 在区间 $(-\pi,\ \pi)$ 内连续，但 $f(-\pi+0)=e^{-2\pi}\neq f(\pi-0)=e^{2\pi}$，所以

$$e^{2x} = \frac{e^{2\pi}-e^{-2\pi}}{\pi}\left[\frac{1}{4}+\sum_{n=1}^{\infty}\frac{(-1)^n}{n^2+4}(2\cos nx - n\sin nx)\right]$$

$$(x\neq(2n+1)\pi,\ n=0,\ \pm1,\ \pm2,\ \cdots)$$

在上述间断点，级数收敛于 $(1/2)\cdot(e^{2\pi}+e^{-2\pi})$。

在上述展开式中取 $x=0$，得：$\displaystyle\sum_{n=1}^{\infty}\frac{(-1)^{n-1}}{n^2+4} = \frac{1}{8}-\frac{\pi}{4\sinh(2\pi)}$

【例51】解：$f(x)=2+|x|(-1\leq x\leq1)$ 是偶函数，所以 $b_n=0(n=1,\ 2\ldots)$，而

$$a_n = 2\int_0^1(2+x)\,dx = 5$$

$$a_n = 2\int_0^1(2+x)\cos(n\pi x)\,dx = 2\int_0^1 x\cos(n\pi x)\,dx$$

$$= 2(\cos n\pi - 1)/(n^2\pi^2) = 2[(-1)^n-1]/(n^2\pi^2)(n=1,\ 2\cdots).$$

因为所给函数在区间 $[-1,\ 1]$ 上满足收敛定理的条件，且连续，又 $f(-1)=f(1)$，故

$$2+|x| = \frac{5}{2}+\sum_{n=1}^{\infty}\frac{2[(-1)^n-1]}{(n\pi)^2}\cos n\pi x$$

$$= \frac{5}{2}-\frac{4}{\pi^2}\sum_{k=0}^{\infty}\frac{\cos(2k+1)\pi x}{(2k+1)^2}(-1\leq x\leq1)$$

当 $x=0$ 时，有 $2 = \dfrac{5}{2}-\dfrac{4}{\pi^2}\displaystyle\sum_{k=0}^{\infty}\frac{1}{(2k+1)^2}$，即 $\displaystyle\sum_{k=0}^{\infty}\frac{1}{(2k+1)^2} = \frac{\pi^2}{8}$，又

$$\sum_{n=1}^{\infty}\frac{1}{n^2} = \sum_{k=0}^{\infty}\frac{1}{(2k+1)^2}+\sum_{k=0}^{\infty}\frac{1}{(2k)^2}$$

$$= \sum_{k=0}^{\infty}\frac{1}{(2k+1)^2}+\frac{1}{4}\sum_{k=1}^{\infty}\frac{1}{k^2} = \sum_{k=0}^{\infty}\frac{1}{(2k+1)^2}+\frac{1}{4}\sum_{k=0}^{\infty}\frac{1}{n^2}$$

故 $\displaystyle\sum_{n=1}^{\infty}\frac{1}{n^2} = \frac{4}{3}\sum_{k=0}^{\infty}\frac{1}{(2k+1)^2} = \frac{\pi^2}{6}$

题型十　与傅里叶级数有关的几类问题的解法

【例52】解：作出两个周期的 $f(x)$ 的图形如右图所示．由图易看出，$f(x)$ 在 $x=1$ 处不连续，$x=1$ 为其第一类间断点，故 $f(x)$ 的傅里叶级数 $s(x)$ 在 $x=1$ 处不收敛于 $f(1)$，而是收敛于 $f(x)$ 在 $x=1$ 的左右极限的平均值，即：

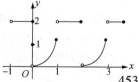

$$s(1) = [f(1-0)+f(1+0)]/2 = (1+2)/2 = 3/2.$$

注意：作傅里叶级数和函数的图形考察点的性质时，一般应作出其两个

周期以上范围内的图形.

【例 53】解：应选(B).因展成的级数为正弦级数,先对 $f(x)$ 进行奇延拓,得

$$g(x) = \begin{cases} -f(-x) = -x^2, & -1 < x < 0 \\ f(x) = x^2, & 0 \le x < 1 \end{cases}$$

然后,以 2 为周期将 $g(x)$ 延拓到 $(-\infty, +\infty)$ 即得 $G(x)$,因 $G(x)$ 在 $x = -1/2$ 处连续,故：$G(-1/2) = g(-1/2) = -f(1/2) = -x^2 \mid_{x=-1/2} = -1/4$.

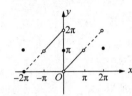

【例 54】解法 1：函数 $f(x)$ 的图形为左图所示.将 $f(x)$ 作周期为 2π 的周期延拓后得到的函数 $F(x)$ 在 $(0, 2\pi)$ 上的表达式 $F(x) = x$.

因 $F(x)$、$F(x)\cos nx$,$F(x)\sin nx$ 均为周期函数,因此,它所在 $(-\pi, \pi)$ 上的积分等于在 $(0, 2\pi)$ 上的积分,由于这时 $F(x) = x$ 可简化计算 a_n,b_n 事实上,有

$$a_0 = \frac{1}{\pi}\int_{-\pi}^{\pi} F(x)dx = \frac{1}{\pi}\int_0^{2\pi} F(x)dx = \frac{1}{\pi}\int_0^{2\pi} xdx = 2\pi,$$

$$a_n = \frac{1}{\pi}\int_{-\pi}^{\pi} F(x)\cos nx dx = \frac{1}{\pi}\int_0^{2\pi} F(x)\cos nx dx$$

$$= \frac{1}{\pi}\int_0^{2\pi} x\cos nx dx = \frac{1}{\pi}\left[\frac{x}{n}\sin nx\right]_0^{2\pi} - \frac{1}{n\pi}\int_0^{2\pi}\sin nx dx = 0$$

$$b_n = \frac{1}{\pi}\int_{-\pi}^{\pi} F(x)\sin nx dx = \frac{1}{\pi}\int_0^{2\pi} x\sin nx dx$$

$$= \frac{1}{\pi}\left[\left(-\frac{x}{n}\cos nx\right)\right]_0^{2\pi} + \frac{1}{n\pi}\int_0^{2\pi} x\sin nx dx = -\frac{2}{n}$$

因此 $f(x) = \pi - 2\sum_{n=1}^{\infty} \frac{\sin nx}{n}$ $(-\pi < x \le \pi)$

解法 2：$f(x)$ 是非奇非偶函数,但从图上易看出,若把 $f(x)$ 的图形向下(y 轴负方向)平移 π 个单位距离将得到奇函数的图形,即 $\varphi(x) = f(x) - \pi$ 的奇函数.因而 $\varphi(x)$ 的傅里叶函数易求得,于是由 $f(x) = \varphi(x) + \pi$ 即得到 $f(x)$ 的傅里叶级数.

令 $\varphi(x) = f(x) - \pi = \begin{cases} x + \pi, & -\pi < x < 0 \\ 0, & x = 0 \\ x - \pi, & 0 < x \le \pi \end{cases}$,则 $\varphi(x)$ 为奇函数.

将 $\varphi(x)$ 进行以 2π 为周期的周期延拓,于是 $a_n = 0$,$(n = 0, 1, 2, \cdots)$.

$$b_n = \frac{2}{\pi}\int_0^{\pi} \varphi(x)\sin nx dx = \frac{2}{\pi}\int_0^{\pi} (x - \pi)\sin nx dx$$

$$= \frac{2}{\pi}\left[-\frac{x-\pi}{n}\cos nx\right]_0^{\pi} + \frac{2}{n\pi}\int_0^{\pi}\cos nx dx = -\frac{2}{n} \ (n = 1, 2, \cdots)$$

故 $\varphi(x) = \sum_{n=1}^{\infty} b_n\sin nx = -2\sum_{n=1}^{\infty} \frac{\sin nx}{n}$,

因而 $f(x) = \pi - 2\sum_{n=1}^{\infty} \frac{\sin nx}{n}$ $(-\pi < x \le \pi)$

【例 55】解：因要将 $f(x)$ 展成以 2π 为周期的正弦级数,余弦级数,故必须将 $f(x)$ 分别作奇延拓和偶延拓.

先作奇延拓,为此定义奇函数：$F(x) = \begin{cases} 2x^2, & 0 \le x \le \pi \\ -2(-x)^2 = -2x^2, & -\pi \le x < 0 \end{cases}$

再将 $F(x)$ 作以 2π 为周期的周期延拓得周期函数 $G(x)$,作出 $G(x)$ 的图形如下图(a)所示.由图易看出,在 $(-\pi, \pi)$ 上只有两个第一类间断点,满足收敛定理.

$G(x)$ 的间断点为 $k\pi$(k 为正负整体).在这些间断点处 $G(x)$ 的傅里叶级数收敛于

$$[F(-\pi+0)+F(\pi-0)]/2=(-2\pi^2+2\pi^2)/2=0\neq F(x).$$

因此其傅里叶级数的和函数 $s(x)$ 在 $[0,\pi]$ 上为

$$s(x)=\begin{cases}f(x)=2x^2,\ 0\leq x<\pi\\0,\ x=\pi\end{cases}$$

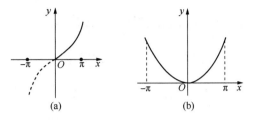

其傅里叶级数 $a_n=0(n=0,1,2,\cdots)$，而

$$b_n=\frac{2}{\pi}\int_0^\pi G(x)\mathrm{d}x=\frac{2}{\pi}\int_0^\pi f(x)\mathrm{d}x$$

$$=\frac{2}{\pi}\int_0^\pi 2x^2\sin nx\mathrm{d}x=\frac{4}{\pi}\left[\left(-\frac{1}{n}\right)[x^2\cos nx]_0^\pi-\int_0^\pi 2x\cos nx\mathrm{d}x\right]$$

$$=-\frac{4}{n\pi}\left\{[\pi^2(-1)^n-\frac{2}{n}x\sin nx]_0^\pi+\frac{2}{n}\int_0^\pi\sin nx\mathrm{d}x\right\}$$

$$=\frac{4\pi}{n}(-1)^{n+1}+\frac{8}{n^3\pi}(-1)^n-\frac{8}{n^3\pi}$$

故 $f(x)=\dfrac{4}{\pi}\displaystyle\sum_{n=1}^\infty\left[-\frac{2}{n^3}+(-1)^n\left(\frac{2}{n^3}-\frac{\pi^2}{n}\right)\right]\sin nx(0\leq x<\pi)$

上式说明，原展开函数 $f(x)$ 与其傅里叶函数在 $f(x)$ 的定义区间上(除 $f(x)$ 的第一类间断点 $x=\pi$ 以外)所确定的和函数 $s_1(x)$ 有相等的关系.

再将 $f(x)$ 作偶延拓，为此定于偶函数：$F(x)=\begin{cases}2x^2,\ 0\leq x\leq\pi\\2(-x)^2=2x^2,\ -\pi\leq x<0\end{cases}$

将 $F(x)$ 作周期延拓得 $G(x)$，则 $G(x)$ 在 $(-\infty+\infty)$ 内处处连续(如上图(b)所示). 因要展成余弦级数，必有 $b_n=0$，

而：
$$a_0=\frac{2}{\pi}\int_0^\pi 2x^2\mathrm{d}x=\frac{4\pi^2}{3},$$

$$a_n=\frac{2}{\pi}\int_0^\pi 2x^2\cos nx\mathrm{d}x=\frac{2}{n\pi}\left\{[2x^2\sin nx]_0^\pi-\int_0^\pi 4x\sin nx\mathrm{d}x\right\}$$

$$=\frac{8}{n^2\pi}\left\{[x\cos nx]_0^\pi-\int_0^\pi\cos nx\mathrm{d}x\right\}=\frac{8}{n^2}(-1)^n(n=1,2,).$$

故 $f(x)=\dfrac{a_n}{2}+\displaystyle\sum_{n=1}^\infty a_n\cos nx=\frac{2\pi^2}{3}+8\sum_{n=1}^\infty\frac{(-1)^n}{n^2}\cos nx$，

其中，$0\leq x\leq\pi$，这是因为延拓后的函数在 $[0,\pi]$ 上连续，且 $f(\pi)=f(-\pi)$.

上式说明，原展开函数 $f(x)$ 与其傅里叶级数在 $f(x)$ 的定义区间 $[0,\pi]$ 上所确定的和函数 $s_1(x)$ 有相等关系.

【例56】解：将区间 $[5,15]$ 看成 $[a,a+2l]$，此为一个周期区间，其长度为 $2l=10$，将 $f(x)$ 延拓到整个数轴，即将周期延拓.

其傅里叶系数计算得到：

$$a_n=\frac{1}{l}\int_a^{a+2l}f(x)\cos\frac{n\pi x}{l}\mathrm{d}s=\frac{1}{5}\int_5^{15}(10-x)\cos\frac{n\pi x}{5}\mathrm{d}x$$

$$= \frac{1}{5}\int_{-5}^{5} 10\cos\frac{n\pi x}{5}dx - a_n - \frac{1}{5}\int_{-5}^{5} x\cos\frac{n\pi x}{5}dx$$

$$= 4\int_{0}^{5}\cos\frac{n\pi x}{5}dx - 0 = \frac{5 \cdot 4}{n\pi}\left[\sin\frac{n\pi x}{5}\right]_{0}^{5} = 0$$

$$b_n = \frac{1}{5}\int_{-5}^{5}(10-x)\sin\frac{n\pi x}{5}dx = \frac{1}{5}\int_{-5}^{5}(10-x)\sin\frac{n\pi x}{5}dx$$

$$= 2\int_{-5}^{5}\sin\frac{n\pi x}{5}dx - \frac{1}{5}\int_{-5}^{5} x\sin\frac{n\pi x}{5}dx$$

$$= 0 + \frac{1}{n\pi}\int_{-5}^{5} x d\cos\frac{n\pi x}{5} = \left[\frac{x}{n\pi}\cos\frac{n\pi x}{5}\right]_{-5}^{5} - \frac{1}{n\pi}\int_{-5}^{5}\cos\frac{n\pi x}{5}dx$$

$$= \frac{10}{n\pi}\cos n\pi - 0 = \frac{10}{n\pi}(-1)^n \qquad (n = 1, 2, 3)$$

于是 $f(x) = \dfrac{10}{\pi}\sum_{n=0}^{\infty}\dfrac{(-1)^n}{n}\sin\dfrac{n\pi x}{5}$ $(5 < x < 15)$.

第十一讲　曲线积分与曲面积分(仅数一)

题型一　计算第一类曲线积分的方法与技巧

【例1】解法1：选 y 作参数，则 $\overset{\frown}{AB}$：$x=\sqrt{1-y^2}$，$y=y(-\sqrt{2}/2\leq y\leq 1)$

显然它们均为 y 的单值函数，将 $ds=\sqrt{1+x_y'^2}dy=dy/\sqrt{1-y^2}$，代入被积式得到

$$\int_{\overset{\frown}{AB}}xe^{\sqrt{x^2+y^2}}ds=e\int_{\overset{\frown}{AB}}xds=e\int_{-\sqrt{2}/2}^{1}\sqrt{1-y^2}\cdot\frac{dy}{\sqrt{1-y^2}}=(1+\sqrt{2}/2)e$$

解法2：选圆心角 θ 为参数，$\overset{\frown}{AB}$：$x=\cos\theta$，$y=\sin\theta(-\pi/4\leq\theta\leq\pi/2)$，则

$$ds=\sqrt{x_\theta'^2+y_\theta'^2}d\theta=d\theta$$

故 $\displaystyle\int_{\overset{\frown}{AB}}xe^{\sqrt{x^2+y^2}}ds=e\int_{-\pi/4}^{\pi/2}\cos\theta d\theta=(1+\sqrt{2}/2)e$

解法3：选 x 为参数．$\overset{\frown}{AB}$ 的方程可表为 $x=x$，$y=\pm\sqrt{1-x^2}$

它不是单值函数，因而需将 $\overset{\frown}{AB}$ 分成 $\overset{\frown}{AC}$ 和 $\overset{\frown}{CB}$ 两段计算(如右图)：

$$\int_{\overset{\frown}{AB}}xe^{\sqrt{x^2+y^2}}ds=\int_{\overset{\frown}{AC}}xe^{\sqrt{x^2+y^2}}ds+\int_{\overset{\frown}{CB}}xe^{\sqrt{x^2+y^2}}ds$$

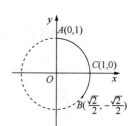

而 $\overset{\frown}{AC}$：$x=x$，$y=\sqrt{1-x^2}$，$ds=\sqrt{1+y_x'^2}dx=dx/\sqrt{1-x^2}$；

$\overset{\frown}{CB}$：$x=x$，$y=\sqrt{1-x^2}$，$ds=\sqrt{1+y_x'^2}dx=dx/\sqrt{1-x^2}$

故

$$\int_{\overset{\frown}{AC}}xe^{\sqrt{x^2+y^2}}ds=e\int_0^1x\cdot\frac{1}{\sqrt{1-x^2}}dx=e$$

$$\int_{\overset{\frown}{CB}}xe^{\sqrt{x^2+y^2}}ds=e\int_{\sqrt{2}/2}^1x\cdot\frac{1}{\sqrt{1-x^2}}dx=\frac{\sqrt{2}}{2}e$$

$$\int_{\overset{\frown}{AB}}xe^{\sqrt{x^2+y^2}}ds=\left(1+\frac{\sqrt{2}}{2}\right)e$$

注意：(1)上例给出三种参数的选法．化对弧长的曲线积分为定积分时，选取合适的参数是关键．参数选得好，可减少计算工作量．易看出，上例选取 y 为参数(即解法1)计算量最小．

(2)要充分利用曲线方程 $x^2+y^2=1$ 化简被积函数，即将 $x^2+y^2=1$ 代入被积函数，然后再积分．

【例2】解：因为 Γ 关于 zOx 面对称，而 $y\cos x$ 是关于 y 的奇函数，所以 $\displaystyle\int_\Gamma y\cos xds=0.$

$$\Gamma\text{ 的参数方程为}\begin{cases}x=\cos t\\y=\sqrt{2}\sin t\\z=-\cos t\end{cases}$$

原积分 $\displaystyle=\int_\Gamma z^2ds=\int_0^{2\pi}\cos^2t\cdot\sqrt{2}dt=4\sqrt{2}\int_0^{\frac{\pi}{2}}\cos^2tdt=\sqrt{2}\pi.$

【例3】解：将 $z=1-x$ 代入曲面方程 $x^2+y^2+z^2=\dfrac{9}{2}$ 易求得

$$\begin{cases} \dfrac{(x-1/2)^2}{2}+\dfrac{y^2}{4}=1 & ① \\ z+x=1 & ② \end{cases}$$

易想到将①式改写为参数方程：

$$(x-1/2)/2=\cos\theta, \quad y/2=\sin\theta\,(0\le\theta\le2\pi)$$

将 $x=\sqrt{2}\cos\theta+1/2$，$y=2\sin\theta$ 代入②式得：$z=1/2-\sqrt{2}\cos\theta$，于是

$$\begin{aligned} ds &= \sqrt{x_\theta'^2+y_\theta'^2+z_\theta'^2}\,d\theta \\ &= \sqrt{(-\sqrt{2}\sin\theta)^2+(2\cos\theta)^2+(\sqrt{2}\sin\theta)^2}\,d\theta=2d\theta \qquad ③ \end{aligned}$$

将③式及 $x^2+y^2+z^2=\dfrac{9}{2}$ 代入被积式得到

$$\int_\Gamma (x^2+y^2+z^2)ds = \int_0^{2\pi}\frac{9}{2}\cdot 2d\theta = 9\cdot 2\pi = 18\pi$$

【例4】解： 由 $x^2+y^2=2ax$ 得到 $(x-a)^2+y^2=a^2$．于是令 $x-a=a\cos t$，$y=a\sin t\,(0\le t\le2\pi)$，又 $z^2=4a^2-x^2-y^2$，因 $z\ge0$，$a>0$，易求得

$$z=2a\sin(t/2) \qquad ②$$

将式②与式①代入被积式得到

$$\oint_\Gamma \frac{|y|}{x^2+y^2+z^2}ds = \int_0^{2\pi}\frac{|a\sin t|}{4a^2}\cdot a\sqrt{1+\cos^2\frac{t}{2}}\,dt$$

又因被积函数是以 2π 为周期的偶函数，故 $\int_0^{2\pi}=\int_{-\pi}^{\pi}=2\int_0^{\pi}$，

$$\begin{aligned} 原式 &= \frac{1}{4}\int_0^{2\pi}|\sin t|\sqrt{1+\cos^2\frac{t}{2}}\,dt = \frac{1}{2}\int_0^{\pi}\sqrt{1+\cos^2\frac{t}{2}}\sin t\,dt \\ &= \int_0^{\pi}\sqrt{1+\cos^2\frac{t}{2}}\cos\frac{t}{2}\sin\frac{t}{2}\,dt = -\int_0^{\pi}\sqrt{1+\cos^2\frac{t}{2}}\,d\left(\cos\frac{t}{2}\right)^2 \\ &= -\frac{2}{3}\left[\left(1+\cos^2\frac{t}{2}\right)^{3/2}\right]_0^{\pi} = \frac{2}{3}(2\sqrt{2}-1) \end{aligned}$$

题型二　利用对称性简化积分计算

【例5】解： 由于 xy 关于 x 或 y 为奇函数，而且椭圆 L 关于 y 轴（x 轴）是对称的，所以 $\oint_L xy\,ds=0$，只需计算 $\oint_L(3x^2+4y^2)ds$．

又由于椭圆 L 可表示为 $3x^2+4y^2=12$，利用此式化简被积分函数得到

$$\oint_L(2xy+3x^2+4y^2)ds = \oint_L(3x^2+4y^2)ds = 12\oint_L ds = 12a$$

【例6】解： 因曲线 Γ 的方程对变量 x，y，z 具有轮换对称性，故

$$\oint_\Gamma z\,ds = \oint_\Gamma x\,ds = \oint_\Gamma y\,ds = \frac{1}{3}\oint_\Gamma(x+y+z)ds = 0$$

$$\oint_\Gamma z^2\,ds = \oint_\Gamma x^2\,ds = \oint_\Gamma y^2\,ds = \frac{1}{3}\oint_\Gamma(x^2+y^2+z^2)ds$$

因而 $\oint_\Gamma(z+y^2)ds = \dfrac{1}{3}\oint_\Gamma\left[(x+y+z)+(x^2+y^2+z^2)\right]ds$

将 Γ 的方程带入被积函数，化简之，得到

$$\oint_\Gamma(z+y^2)ds = \frac{1}{3}\oint_\Gamma(0+R^2)ds = \frac{R^2}{3}\cdot 2\pi R = \frac{2}{3}\pi R^3$$

【例7】解法1： 因积分曲线 L 关于直线 $x=y$ 对称，因此，有 $\int_L |x| \mathrm{d}s = \int_L |y| \mathrm{d}s$

故 $I = \dfrac{1}{2}\int_L [|x| + |y|] \mathrm{d}s = \dfrac{1}{2}\int_L 1 \cdot \mathrm{d}s = \dfrac{1}{2}4\sqrt{2} = 2\sqrt{2}$

解法2： 显然 L 关于 x，y 轴均对称、被积函数 $|x|$ 关于 y 与 x 均为偶函数，因而

$$I = 4\int_{L_1} |x| \mathrm{d}s = 4\int_0^1 x\sqrt{1+1}\,\mathrm{d}x = 2\sqrt{2}$$

【例8】解： 在平面 $x=y$ 上，交线为圆：

$$x^2+y^2+z^2 = 2(x=y), \quad 即\ y^2+z^2/2 = 1$$

采用极坐标计算，也可看作是以极角 φ 为参数的参数式：

$$x=y=\cos\varphi,\ z=\sqrt{2}\sin\varphi.\ -\pi/2 \le \varphi \le 3\pi/2$$

为去掉被积函数的绝对值符号，分两段 $-\pi/2 \le \varphi \le \pi/2$ 和 $\pi/2 \le \varphi \le 3\pi/2$ 积分、得到

$$\oint_\Gamma |y|\mathrm{d}s = \int_{-\pi/2}^{\pi/2} \cos\varphi\sqrt{2(-\sin\varphi)^2 + (\sqrt{2}\cos\varphi)^2}\,\mathrm{d}\varphi + \sqrt{2}\int_{\pi/2}^{3\pi/2} -\cos\varphi\,\mathrm{d}\varphi$$

$$= \sqrt{2}\,[\sin\varphi]_{-\pi/2}^{\pi/2} - [\sin\varphi]_{-\pi/2}^{3\pi/2} = 4\sqrt{2}$$

题型三　第二类曲线积分的算法

【例9】解： 化圆的方程为 $(x-a)^2+y^2=a^2$. 以圆心 $(a, 0)$ 为极点，x 轴为极轴，用极坐标将其方程化内参数方程 $x-a=a\cos\varphi$，$y=a\sin\varphi(0 \le \varphi \le 2\pi)$.

因按逆时针方向绕行，故起点 A、终点 B 的参数分别为 0，2π

$$原式 = \int_0^{2\pi} (a + a\cos\varphi + a\sin\varphi)^2 a\cos\varphi\,\mathrm{d}\varphi$$

$$= a^3\int_0^{2\pi} (\cos\varphi + \cos^2\varphi\cos\varphi + \sin^2\varphi\cos\varphi + 2\cos^2\varphi + 2\cos\varphi\sin\varphi + 2\sin\varphi\cos^2\varphi)\mathrm{d}\varphi$$

$$= a^3\int_0^{2\pi} \left[\cos\varphi + \frac{1+\cos2\varphi}{2}\cos\varphi + \cos\varphi\frac{1-\cos2\varphi}{2} + 2\cdot\frac{1+\cos2\varphi}{2} + \sin2\varphi + \sin\varphi(1+\cos2\varphi)\right]\mathrm{d}\varphi$$

$$= a^3\int_0^{2\pi} \left[\cos\varphi + \frac{\cos\varphi}{2} + \frac{(\cos3\varphi + \cos\varphi)}{4} + \frac{\cos\varphi}{2} - \frac{(\cos3\varphi + \cos\varphi)}{2} + 2\cdot\frac{1}{2} + \frac{\cos2\varphi}{2} + \right.$$

$$\left. \sin2\varphi + \sin\varphi + 2(\sin3\varphi - \sin\varphi)\right]\mathrm{d}\varphi$$

$$= a^3\int_0^{2\pi} 2\cdot\frac{1}{2}\mathrm{d}\varphi = 2\pi a^3$$

【例10】解： 先将曲线积分表为参数 a 的函数，再求当 a 取何值时，该函数取极小值. 为此，选 x 为参数，则

$$I(a) = \int_L (1+y^3)\mathrm{d}x + (2x+y)\mathrm{d}y$$

$$= \int_0^\pi [1 + a^3\sin^3 x + (2x + a\sin x)a\cos x]\mathrm{d}x$$

$$= \pi - 4a + 4a^3/3$$

令 $I'(a) = 4(a^2-1) = 0$，得 $a=1(a=-1$ 舍去$)$ 为唯一驻点.

又由于 $I''(a)|_{a=1} = 8 > 0$，$I(a)$ 在 $a=1$ 处取到最小值，

因此所求曲线是 $y=\sin x(0 \le x \le \pi)$

题型四　计算第一类曲面积分的方法与技巧

【例11】解： 由 $\sum$ 的单值函数的表示式知，应将 $\sum$ 投影到 xOy 平面上去，使 $\sum$ 成为其投影域 D_{xy} 的单值函数. 由 $z=0$ 得到 $x^2+y^2=2$，故其投影域 D_{xy}：$x^2+y^2 \le 2$

将 $\sum$ 的单值函数 $z = 2 - \sqrt{x^2 + y^2}$ 及 $\sum$ 上的面积元素 $dS = \sqrt{1 + z_x'^2 + z_x'^2} = \sqrt{1 + 4x^2 + 4y^2}\,dxdy$

代人被积式,同时将积分区域 $\sum$ 改为 D_{xy},得到

$$\iint_{\sum} 3z\,dS = \iint_{D_{xy}} 3[2 - (x^2 + y^2)]\sqrt{1 + 4(x^2 + y^2)}\,dxdy$$

$$= 3\int_0^{2\pi} d\varphi \int_0^{\sqrt{2}} (2 - \rho^2)(1 + 4\rho^2)^{\frac{1}{2}}\rho d\rho$$

$$= 6\pi \cdot \frac{1}{32} \int_0^{\sqrt{2}} [9 - (1 + 4\rho^2)](1 + 4\rho^2)^{\frac{1}{2}} d(1 + 4\rho^2) = 111\pi/10$$

【例 12】解:先利用曲面 $\sum$ 的方程 $x^2 + y^2 = R^2$ 化简被积函数,得到

$$\iint_{\sum} \frac{1}{x^2 + y^2 + z^2}\,dS = \iint \frac{1}{R^2 + z^2}\,dS$$

又注意到 $\sum$ 关于 yOz 平面与平面 xOz 对称,且 $f(x, y, z) = 1/(x^2 + y^2 + z^2)$ 关于 x,y 都是偶函数,因此知 $\iint_{\sum} \dfrac{dS}{x^2 + y^2 + z^2} = 4\iint_{\sum_1} \dfrac{dS}{R^2 + z^2}$

其中,$\sum_1$ 为 $\sum$ 在第一象限内的部分. 取 $\sum_1$ 的单值函数表示式 $\sum_1 : x = \sqrt{R^2 - y^2}$,

则 $x_y' = -y/\sqrt{R^2 - y^2}$,$x_z' = 0$,故

$$dS = \sqrt{1 + x_y'^2 + x_z'^2}\,dydz = \sqrt{1 + (-y/\sqrt{R^2 - y^2})^2 + 0}\,dydz = R/\sqrt{R^2 - y^2}\,dydz$$

将 $\sum$ 向 yOz 平面投影. 其投影域为

$$D_{yz} = \{(y, z) \mid 0 \leq y \leq R, 0 \leq z \leq H\}$$

所以,原式 $= 4\iint_{D_{yz}} \dfrac{1}{R^2 + z^2} \cdot \dfrac{R}{\sqrt{R^2 - y^2}}\,dydz$

$$= 4R \int_0^R \frac{dy}{\sqrt{R^2 - y^2}} \cdot \int_0^H \frac{dz}{R^2 + z^2};$$

$$= 4R\left[\arcsin\frac{y}{R}\right]_0^R \cdot \frac{1}{R}\left[\arctan\frac{z}{R}\right]_0^H = 2\pi\arctan\frac{H}{R}$$

【例 13】解:如右图所示,$\sum$ 由五个部分所围成:

$\sum_1 : x^2 + y^2 = a^2 (0 \leq z \leq \sqrt{a^2 - x^2})$

$\sum_2 : x^2 + z^2 = a^2 (0 \leq y \leq \sqrt{a^2 - x^2})$

$\sum_3 : z = 0 (0 \leq x \leq a, 0 \leq y \leq \sqrt{a^2 - x^2})$

$\sum_4 : y = 0 (0 \leq x \leq a, 0 \leq z \leq \sqrt{a^2 - x^2})$

$\sum_5 : x = 0 (0 \leq y \leq a, 0 \leq z \leq a)$

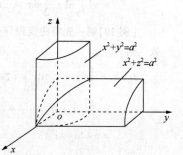

被积函数 $f(x, y, z) = x^2 + y^2 + z^2$ 显然关于 y 与 z 这两个变量有轮换对称性. 又被积函数关于 y 与 z 也有轮换对称性,故

$$\iint_{\sum_1} (x^2 + y^2 + z^2)\,dS = \iint_{\sum_2} (x^2 + y^2 + z^2)\,dS$$

同理由轮换对称性得到

$$\iint_{\sum_3} (x^2 + y^2 + z^2)\,dS = \iint_{\sum_4} (x^2 + y^2 + z^2)\,dS$$

故 $\displaystyle\oiint_{\Sigma}(x^2+y^2+z^2)\mathrm{d}S = \left(2\oiint_{\Sigma_2}+2\oiint_{\Sigma_3}+\oiint_{\Sigma_5}\right)(x^2+y^2+z^2)\mathrm{d}S$

$\displaystyle = 2\iint_{D_{xy}}(a^2+y^2)\sqrt{1+\left(-x/\sqrt{a^2-x^2}\right)^2+0}\,\mathrm{d}x\mathrm{d}y + 2\iint_{D_{xy}}(x^2+y^2)\mathrm{d}x\mathrm{d}y$

$\displaystyle + \iint_{D_{xy}}(y^2+z^2)\mathrm{d}y\mathrm{d}z\,(\mathrm{d}S=\mathrm{d}x\mathrm{d}y,\ \mathrm{d}S=\mathrm{d}y\mathrm{d}z)$

$\displaystyle = 2\int_0^a\mathrm{d}x\int_0^{\sqrt{a^2-x^2}}(a^2+y^2)\frac{a}{\sqrt{a^2-y^2}}\mathrm{d}y + 2\int_0^{\pi/2}\mathrm{d}\varphi\int_0^a\rho^3\mathrm{d}\rho + \int_0^a\mathrm{d}y\int_0^a(y^2+z^2)\mathrm{d}z$

$\displaystyle = 2a\int_0^a\frac{1}{\sqrt{a^2-x^2}}\left[a^2\sqrt{a^2-x^2}+\frac{1}{3}(a^2-x^2)\sqrt{a^2-x^2}\right]\mathrm{d}x + 2\cdot\frac{\pi}{2}\cdot\frac{a^4}{4} + \int_0^a\left(ay^2+\frac{a^3}{3}\right)\mathrm{d}y$

$\displaystyle = 2a\left(\frac{4}{3}a^3-\frac{1}{9}a^3\right)+\frac{\pi}{a}a^4+\frac{2}{3}a^4 = \left(\frac{28}{9}+\frac{\pi}{4}\right)a^4$

【例14】解： 这里 $\displaystyle\sum$ 为整个边界曲面. 共有 3 个曲面 $\displaystyle\sum_1$，$\displaystyle\sum_2$，$\displaystyle\sum_3$，其中

$$\sum_1:\ x^2+y^2=9(0\le z\le3),\quad \sum_2:\ z=0,\quad \sum_3:\ z=3(x^2+y^2\le9)$$

由 $\displaystyle\sum_2$，$\displaystyle\sum_3$ 的单值表示式知，应将 $\displaystyle\sum_2$，$\displaystyle\sum_3$ 像 xOy 平面投影，其投影域显然相同，均为 $D_{x,y}:\ x^2+y^2\le9$，且

$$z'_x=0,\quad z'_y=0,\quad \mathrm{d}S=\sqrt{1+z'^2_x+z'^2_y}\,\mathrm{d}x\mathrm{d}y=\mathrm{d}x\mathrm{d}y$$

故 $\displaystyle\iint_{\Sigma_2}(x^2+y^2)\mathrm{d}S = \iint_{D_{xy}}(x^2+y^2)\mathrm{d}x\mathrm{d}y = \int_0^{2\pi}\mathrm{d}\varphi\int_0^3\rho^2\cdot\rho\mathrm{d}\rho = 2\pi\cdot[\rho^4/4]_0^3 = 81\pi/2$

同样有 $\displaystyle\iint_{\Sigma_3}(x^2+y^2)\mathrm{d}S = \frac{81\pi}{2}$，下求 $\displaystyle\iint_{\Sigma_1}(x^2+y^2)\mathrm{d}S$

由于 $\displaystyle\sum_1$ 的方程不含 z，将 $\displaystyle\sum_1$ 投到平面 yOz(或 xOz)上去，得其投影域为一矩形：

$$D_{yz}=\left\{(y,\ z)\ \middle|\ -3\le y\le3,\ 0\le z\le3\right\}$$

因 $\displaystyle\sum_1$ 关于 yOz 及 xOz 平面对称，而被积函数 x^2+y^2 又关于 x，y 分别均为偶函数、故

$$\iint_{\Sigma_1}(x^2+y^2)\mathrm{d}S = 4\iint_{\Sigma_{11}}(x^2+y^2)\mathrm{d}S$$

其中 $\displaystyle\sum_{11}$ 为 $\displaystyle\sum_1$ 在第一象限的部分，$\displaystyle\sum_{11}$ 的方程为 $x=\sqrt{9-y^2}$. 于是 $\displaystyle\sum_{11}$ 在 yOz 平面内的投影域为

$$D_{yz}^{(1)}=\{(x,\ y)\ |\ 0\le y\le3,\ 0\le z\le3\}$$

而 $\displaystyle\mathrm{d}S=\sqrt{1+x'^2_y+x'^2_z}\,\mathrm{d}z\mathrm{d}y=\left(3/\sqrt{9-y^2}\right)\mathrm{d}y\mathrm{d}z$

故 $\displaystyle\iint_{\Sigma_1}(x^2+y^2)\mathrm{d}S = 4\iint_{D_{yz}^{(1)}}(x^2+y^2)\frac{3}{\sqrt{9-y^2}}\mathrm{d}y\mathrm{d}z$

$\displaystyle = 4\cdot3\int_0^3\mathrm{d}z\int_0^3\frac{9\mathrm{d}y}{\sqrt{9-y^2}} = 108\cdot3\left[\arcsin\frac{y}{3}\right]_0^3 = 162\pi$

原式 $\displaystyle= \left(\iint_{\Sigma_1}+\iint_{\Sigma_2}+\iint_{\Sigma_3}\right)(x^2+y^2)\mathrm{d}S = 162\pi + 81\pi = 243\pi$

题型五　利用对称性简化计算

【例15】解： 如题目中图所示，$\displaystyle\sum$ 关于 zOx 面对称，因而而 $y=\pm\sqrt{z^2-x^2}$. 由于被积函数中 xy，yz 都是

y 的奇函数，根据对称性知

$$\iint_{\Sigma} xy\mathrm{d}S = \iint_{\Sigma} yz\mathrm{d}S = 0$$

因此　原式 $= \iint_{\Sigma} zx\mathrm{d}S$

因　　$z = \sqrt{x^2+y^2}$，$z'_x = x/\sqrt{x^2+y^2}$，$z'_y = y/\sqrt{x^2+y^2}$

$$\mathrm{d}S = \sqrt{1+z'^2_x+z'^2_y}\,\mathrm{d}x\mathrm{d}y = \sqrt{2}\,\mathrm{d}x\mathrm{d}y，\ 故$$

$$原式 = \sqrt{2}\iint_{D_{xy}} \sqrt{x^2+y^2}\,x\mathrm{d}x\mathrm{d}y = \sqrt{2}\int_{-\pi/2}^{\pi/2}\mathrm{d}\varphi\int_0^{2a\cos\varphi}\rho^3\cos\varphi\mathrm{d}\rho$$

$$= 4\sqrt{2}a^4\int_{-\pi/2}^{\pi/2}\cos^5\varphi\mathrm{d}\varphi = 8\sqrt{2}a^4\int_0^{\pi/2}\cos^5\varphi\mathrm{d}\varphi$$

$$= 8\sqrt{2}a^4\frac{2\cdot4}{5\cdot3} = \frac{64}{15}\sqrt{2}a^4$$

【例 16】解：$I = \iint_{\Sigma}(ax+by+cz+d)^2\mathrm{d}S$

$$= \iint_{\Sigma}[(ax)^2+(by)^2+(cz)^2+d^2+2abxy+2aczx+2bcyz+2adx+2bdy+2cdz]\mathrm{d}S$$

根据积分曲面的对称性及被积函数的奇偶性可知：

$$\iint_{\Sigma}x\mathrm{d}S = \iint_{\Sigma}y\mathrm{d}S = \iint_{\Sigma}z\mathrm{d}S = \iint_{\Sigma}xy\mathrm{d}S = \iint_{\Sigma}yz\mathrm{d}S = \iint_{\Sigma}xz\mathrm{d}S = 0$$

又由坐标的轮换对称性可知

$$\iint_{\Sigma}x^2\mathrm{d}S = \iint_{\Sigma}y^2\mathrm{d}S = \iint_{\Sigma}z^2\mathrm{d}S$$

因此 $I = (a^2+b^2+c^2)\iint_{\Sigma}x^2\mathrm{d}S + d^2\iint_{\Sigma}\mathrm{d}S$

$$= \frac{1}{3}(a^2+b^2+c^2)\iint_{\Sigma}(x^2+y^2+z^2)\mathrm{d}S + 4\pi R^2 d^2$$

$$= 4\pi R^2[R^2(a^2+b^2+c^2)/3+d^2]$$

【例 17】解：$\sum$ 关于 yOz 面对称，而 xyz 是关于 x 的奇函数，所以 $\iint_{\Sigma} xyx\mathrm{d}S$ $= 0.$

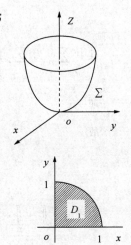

记 $\sum$ 在第一卦限内的部分为 $\sum_1$，$\sum_1$ 在 xOy 面上的投影区域为 D_1，由对称性，

$$I = 4\iint_{\Sigma_1}\left|xyz\right|\mathrm{d}S = 4\iint_{\Sigma_1}xyz\mathrm{d}S$$

$$= 4\iint_{D_1}xy(x^2+y^2)\sqrt{1+4x^2+4y^2}\,\mathrm{d}x\mathrm{d}y$$

$$= 4\int_0^{\frac{\pi}{2}}\left[\int_0^1 r^4\cos\theta\sin\theta\sqrt{1+4r^2}\cdot r\mathrm{d}r\right]\mathrm{d}\theta$$

$$= 4\int_0^{\frac{\pi}{2}}\cos\theta\sin\theta\mathrm{d}\theta\int_0^1 r^5\sqrt{1+4r^2}\,\mathrm{d}r = \frac{125\sqrt{5}-1}{420}.$$

题型六　计算第二类曲面积分的方法与技巧

【例18】解：先计算 $\iint\limits_{\Sigma}(x^2+y^2)\,\mathrm{d}z\mathrm{d}x$，$y=\pm\sqrt{z^2-x^2}$，

因 $y\geqslant0$，故 $\sum$ 是锥面 $y=\sqrt{z^2-x^2}$ 的右侧，其在 xOy 面上的投影域：

$$D_{xz}=\left\{(x,z)\ \middle|\ 0\leqslant z\leqslant1,\ 0\leqslant x\leqslant z\right\}$$

所以 $\iint\limits_{\Sigma}(x^2+y^2)\,\mathrm{d}z\mathrm{d}x=\iint\limits_{D_{xz}}x^2+(z^2-x^2)\,\mathrm{d}z\mathrm{d}x=\int_0^1z^2\mathrm{d}z\int_0^z\mathrm{d}x=\dfrac{1}{4}$

再计算 $\iint\limits_{\Sigma}z\mathrm{d}x\mathrm{d}y$。其中 $\sum$ 是 $z=\sqrt{x^2+y^2}\,(0\leqslant z\leqslant1)$ 的下侧，$\sum$ 上的面积元素 $\mathrm{d}\sigma=-\mathrm{d}x\mathrm{d}y$。$\sum$ 在 xOy 面内的投影域：

$$D_{xy}=\left\{(x,y)\ \middle|\ x^2+y^2\leqslant1,\ x\geqslant0,\ y\geqslant0\right\}$$

因而，$\iint\limits_{\Sigma}z\mathrm{d}x\mathrm{d}y=-\iint\limits_{D_{xy}}\sqrt{x^2+y^2}\,\mathrm{d}x\mathrm{d}y=-\int_0^{\frac{\pi}{2}}\mathrm{d}\varphi\int_0^1\rho^2\mathrm{d}\rho=-\dfrac{\pi}{6}$

故，原式 $=1/4-\pi/6$

【例19】解：用合一投影法计算之。$z'_x=2x$，$z'_y=2y$，$\sum$ 的正法线方向与 z 轴正向成锐角。$\sum$ 在 xOy 面内的投影域是

$$D_{xy}=\left\{(x,y)\ \middle|\ 0\leqslant x\leqslant1,\ 0\leqslant y\leqslant1\right\}$$

故，原式 $=\iint\limits_{D_{xy}}(-2xe^y-2y^2e^x+x^2y)\,\mathrm{d}x\mathrm{d}y$

$$=\int_0^1\mathrm{d}x\int_0^1(x^2y-2xe^y-2y^2e^x)\,\mathrm{d}y$$

$$=\int_0^1\left[\dfrac{x^2}{2}y^2-2xe^y-\dfrac{2}{3}e^xy^3\right]_{y=0}^{y=1}\mathrm{d}x=\dfrac{11-10e}{6}$$

【例20】解：设 $\sum_1$，$\sum_2$，$\sum_3$，依次为 $\sum$ 的上、下底和圆柱面部分。因 $\sum_1$，$\sum_2$ 垂直于 yOz 平面，$\sum_3$ 垂直于 xOy 平面(如右图)，因此有

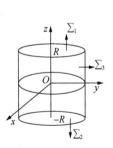

$$\iint\limits_{\Sigma_1}\dfrac{x\mathrm{d}y\mathrm{d}z}{x^2+y^2+z^2}=0,\ \iint\limits_{\Sigma_2}\dfrac{x\mathrm{d}y\mathrm{d}z}{x^2+y^2+z^2}=0,\ \iint\limits_{\Sigma_3}\dfrac{z^2\mathrm{d}x\mathrm{d}y}{x^2+y^2+z^2}=0,$$

又 $\sum_1$：$z=R$，取上侧，$\sum_2$：$z=-R$ 取下侧。$\sum_1$ 和 $\sum_2$ 在 xOy 平面的投影域为 D_{xy}：$x^2+y^2\leqslant R^2$ 则

$$\iint\limits_{\Sigma_1+\Sigma_2}\dfrac{z^2\mathrm{d}x\mathrm{d}y}{x^2+y^2+z^2}=\iint\limits_{D_{xy}}\dfrac{R^2\mathrm{d}x\mathrm{d}y}{x^2+y^2+R^2}-\iint\limits_{D_{xy}}\dfrac{(-R)^2\mathrm{d}x\mathrm{d}y}{x^2+y^2+(-R)^2}=0$$

$\sum_3$ 在 yOz 平面的投影域 D_{yz}：$-R\leqslant y\leqslant R$，$-R\leqslant z\leqslant R$。

$\sum_{3前}$：$x=\sqrt{R^2-y^2}$，取前侧，$\sum_{3后}$：$x=-\sqrt{R^2-y^2}$ 取后侧，

故

$$\iint\limits_{\Sigma_3}\dfrac{x\mathrm{d}y\mathrm{d}z}{x^2+y^2+z^2}=\iint\limits_{D_{yz}}\dfrac{\sqrt{R^2-y^2}\,\mathrm{d}y\mathrm{d}z}{R^2+z^2}-\iint\limits_{D_{yz}}\dfrac{-\sqrt{R^2-y^2}\,\mathrm{d}y\mathrm{d}z}{R^2+z^2}=2\iint\limits_{D_{yz}}\dfrac{\sqrt{R^2-y^2}\,\mathrm{d}y\mathrm{d}z}{R^2+z^2}$$

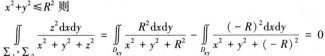

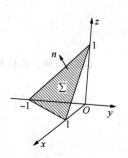

$$= 2\int_{-R}^{R} \sqrt{R^2 - y^2}\, dy \int_{-R}^{R} \frac{dz}{R^2 + z^2} = \frac{\pi^2}{2}R$$

所以 $\iint\limits_{\Sigma} \dfrac{xdydz + z^2 dxdy}{x^2 + y^2 + z^2} = \iint\limits_{\Sigma_1 + \Sigma_2 + \Sigma_3} \dfrac{xdydz + z^2 dxdy}{x^2 + y^2 + z^2} = \dfrac{\pi^2 R}{2}$

【例21】解：被积函数中出现抽象函数，直接计算不可能．且本题利用高斯公式也无效．

注意到 $\sum$ 为一平面，其法向量的一个方向余弦易求得．下用两类曲面积分的关系进行计算．

平面的法向量 $\vec{n} = (1, -1, 1)$ 见右图，其方向余弦为

$$\cos\alpha = 1/\sqrt{3}, \quad \cos\beta = -1/\sqrt{3}, \quad \cos\gamma = 1/\sqrt{3}$$

于是　$I = \iint\limits_{\Sigma} \{[f(x, y, z) + x]\cos\alpha + [2f(x, y, z) + y]\cos\beta + [f(x, y, z) + z]\cos\gamma\}\, dS$

$$= \iint\limits_{\Sigma} \left\{ \frac{1}{\sqrt{3}}[f(x, y, z) + x] - \frac{1}{\sqrt{3}}[2f(x, y, z) + y] + \frac{1}{\sqrt{3}}[f(x, y, z) + z] \right\}\, dS$$

$$= \frac{1}{\sqrt{3}} \iint\limits_{\Sigma} (x - y + z)\, dS$$

因对坐标的曲面积分同对面积的曲面积分一样，可将曲面 $\sum$ 的表达式 $x-y+z=1$ 直接代入被积式．又因 $\sum$ 是平面 $x-y+z=1$ 在第四卦限部分的上侧，故

$$I = \frac{1}{\sqrt{3}} \iint\limits_{\Sigma} (x - y + z)\, dS = +\frac{1}{\sqrt{3}} \iint\limits_{D} 1 \cdot \sqrt{1 + z_x'^2 + z_y'^2}\, dxdy$$

$$= \frac{1}{\sqrt{3}} \iint\limits_{D_{xy}} \sqrt{3}\, dxdy = \iint\limits_{D_{xy}} dxdy = \int_0^1 dx \int_{x-1}^0 dy = \frac{1}{2}$$

【例22】解：因变量按 $x \to y \to z \to x$ 次序轮换时被积表示式不变，且积分曲面在各坐标面上的投影区域相同，配给的符号也相同，因而积分曲面及其指定侧亦具有轮换对称性，所以积分 I 具有轮换对称性，因而

$$I = 3\oiint\limits_{\Sigma} xzdxdy = 3\oiint\limits_{\Sigma} xydydz = 3\oiint\limits_{\Sigma} yzdzdx$$

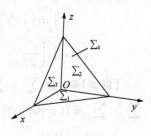

如右图所示，$\Sigma = \Sigma_1 + \Sigma_2 + \Sigma_3 + \Sigma_4$．因 Σ_2，Σ_3 垂直于 xOy 平面，故

$$\iint\limits_{\Sigma_2} xzdxdy = \iint\limits_{\Sigma_3} xzdxdy = 0$$

又因在 $\sum_1$ 上有 $z = 0$. 故 $\iint\limits_{\Sigma_1} xzdxdy = \iint\limits_{\Sigma_1} 0dxdy = 0$

于是 $I = 3\oiint\limits_{\Sigma} xzdxdy = 3\left\{ \iint\limits_{\Sigma_1} + \iint\limits_{\Sigma_2} + \iint\limits_{\Sigma_3} + \iint\limits_{\Sigma_4} \right\} xzdxdy$

$$= 3\iint\limits_{\Sigma_4} xzdxdy = 3\iint\limits_{D_{xy}} x(1 - x - y)dxdy = 3\int_0^1 xdx \int_0^{1-x} (1 - x - y)dy = 3 \cdot \frac{1}{24} = \frac{1}{8}$$

题型七　曲线积分的应用

【例23】解：根据空间曲线 Γ 重心的公式，应有

$$\bar{x} = \frac{1}{M}\int_\Gamma x\mu ds, \quad \bar{y} = \frac{1}{M}\int_\Gamma y\mu ds, \quad \bar{z} = \frac{1}{M}\int_\Gamma z\mu ds$$

其中，M 为曲线 Γ 的总质量：$M = \int_{\Gamma} \mu \mathrm{d}s$

由于题设 $\mu = 1$，所以 M 即为边界曲线的总长度，又根据对称性有：$\bar{x} = \bar{y} = \bar{z}$，故只需求 $\bar{x}$.

设 $\Gamma = \Gamma_1 + \Gamma_2 + \Gamma_3$，其中 Γ_1，Γ_2，Γ_3 分别为 xOy，yOz，zOx 三个坐标平面内的弧段，

则 $\int_{\Gamma_2} x\mathrm{d}s = \int_{\Gamma_2} 0\mathrm{d}s = 0$. 于是由 $M = \int_{\Gamma} \mathrm{d}s = 3 \cdot \dfrac{2\pi R}{4} = \dfrac{3}{2}\pi R$，

得 $\bar{x} = \dfrac{1}{M}\int_{\Gamma} x\mathrm{d}s = \dfrac{2}{3\pi R}\int_{\Gamma_1 + \Gamma_2 + \Gamma_3} x\mathrm{d}s = \dfrac{2}{3\pi R}\left[\int_{\Gamma_1} x\mathrm{d}s + \int_{\Gamma_3} x\mathrm{d}s\right]$

$$= \dfrac{4}{3\pi R}\int_{\Gamma_1} x\mathrm{d}s = \dfrac{4}{3\pi R}\int_0^{\pi/2} R^2\cos\theta\mathrm{d}\theta = \dfrac{4R}{3\pi}$$

故所求重心坐标为 $(4R/(3\pi)$，$4R/(3\pi)$，$4R/(3\pi))$.

题型八　积分与路径无关

【例24】解：$P = \dfrac{y}{x^2+y^2}$，$Q = \dfrac{-x}{x^2+y^2}$.

当 $x^2+y^2 \neq 0$ 时，$\dfrac{\partial Q}{\partial x} = \dfrac{x^2-y^2}{(x^2+y^2)^2} = \dfrac{\partial P}{\partial y}$，

在上半平面内积分与路径无关，取如右图所示路径 $L_1 + L_2$，其中

L_1：$x^2+y^2 = 4(y \geq 0)$；L_2：$y = 0(2 \leq x \leq 4)$，

则 $I = \displaystyle\int_{L_1} \dfrac{y\mathrm{d}x - x\mathrm{d}y}{x^2+y^2} + \int_{L_2} \dfrac{y\mathrm{d}x - x\mathrm{d}y}{x^2+y^2}$

$$= \int_\pi^0 \dfrac{2\sin t \cdot (-2\sin t) - 2\cos t \cdot 2\cos t}{4}\mathrm{d}t + 0 = \pi.$$

【例25】解：$P(x, y) = (x-y)/(x^2+y^2)$，$Q(x, y) = (x+y)/(x^2+y^2)$

$$\dfrac{\partial P}{\partial y} = \dfrac{y^2 - 2xy - x^2}{(x^2+y^2)^2}，\dfrac{\partial Q}{\partial x} = \dfrac{y^2 - 2xy - x^2}{(x^2+y^2)^2}$$

除去 $(0, 0)$ 外，有 $\dfrac{\partial Q}{\partial x} = \dfrac{\partial P}{\partial y}$，所以在不包含原点的任何闭曲线 L 上，$\displaystyle\oint_L = 0$，即在不包含原点的任何闭区域内，积分与路线无关.

今选择特殊路径为线段 AB：$x = x$，$y = 1$，$0 \leq x \leq 2$

在 AB 线段上有 $y = 1$，$\mathrm{d}y = 0$ 故

$$\int_L \dfrac{(x-y)\mathrm{d}x + (x+y)\mathrm{d}y}{x^2+y^2} = \int_{AB} \dfrac{(x-y)\mathrm{d}x + (x+y)\mathrm{d}y}{x^2+y^2}$$

$$= \int_2^0 \dfrac{x-1}{1+x^2}\mathrm{d}x = \int_0^2 \dfrac{-x+1}{1+x^2}\mathrm{d}x = \left[-\dfrac{1}{2}\ln(1+x^2)\right]_0^2 + [\arctan x]_0^2 = \arctan 2 - (\ln 5)/2$$

【例26】解：由 $\dfrac{\partial Q}{\partial x} = 1 + e^x\sin y = \dfrac{\partial P}{\partial y}$，故存在 $u(x, y)$ 使

$$(y - e^x\cos y)\mathrm{d}x + (x + e^x\sin y)\mathrm{d}y = \mathrm{d}u(x, y)$$

而 $(y - e^x\cos y)\mathrm{d}x + (x + e^x\sin y)\mathrm{d}y = (y\mathrm{d}x + x\mathrm{d}y) + (e^x\sin y\mathrm{d}y - e^x\cos y\mathrm{d}x)$

$= \mathrm{d}(xy) + \mathrm{d}(-e^x\cos y) = \mathrm{d}(xy - e^x\cos y)$

故原式 $= [u(x, y)]_{(1,0)}^{(2,\pi)} = [(xy - e^x\cos y)]_{(1,0)}^{(2,\pi)} = 2\pi - e^2(-1) - (0 - e) = 2\pi + e + e^2$

【例27】解：由 $\dfrac{\partial Q}{\partial x} = \dfrac{2x^2 - f(y)}{[2x^2 + f(y)]^2} = \dfrac{2x^2 + f(y) - yf'(y)}{[2x^2 + f(y)]^2} = \dfrac{\partial P}{\partial y}$，

可得 $yf'(y) = 2f(y)$，解得 $f(y) = Cy^2$. 由 $f(1) = 1$，得 $f(y) = y^2$，即 $f(x) = x^2$.

取 L_1 为 $2x^2 + y^2 = r^2$，取反向($r > 0$ 且 r 很小)，化为参数式，

$$L_1 : \begin{cases} x = \dfrac{r}{\sqrt{2}}\cos\theta, \\ y = r\sin\theta \end{cases}$$

则

$$\int_L = \oint_{L+L_1} - \int_{L_1} = \iint_D \left[\frac{\partial Q}{\partial x} - \frac{\partial P}{\partial y} \right] \mathrm{d}x\mathrm{d}y + \int_{L_1^-}.$$

$$= 0 + \int_0^{2\pi} - \frac{\dfrac{r^2}{\sqrt{2}}(\cos^2\theta + \sin^2\theta)}{r^2} \mathrm{d}\theta = -\sqrt{2}\pi.$$

题型九　正确应用格林公式

【例28】解： 答案填"–4".

$$I = \frac{1}{2}\int_L [f'_x(x,\ y) + y]\mathrm{d}x + [f'_y(x,\ y) + x^2]\mathrm{d}y$$

$$= \frac{1}{2}\iint_D (2x - 1)\mathrm{d}x\mathrm{d}y = -\frac{1}{2}\iint_D \mathrm{d}x\mathrm{d}y = -\frac{1}{2}(2\sqrt{2})^2 = -4$$

【例29】解： 因 L 为闭曲线，且围成区域为圆域，用格林公式计算较方便．

又 $\mathrm{d}x$, $\mathrm{d}y$ 前的函数分别为 $-x^2y$, y^2x 故

$$P = -x^2y, \quad Q = y^2x$$

因 L 的方向为顺时针方向，先改成逆时针方向后，再用格林公式：

$$\oint_{\text{顺时针}} y^2x\mathrm{d}y - x^2y\mathrm{d}x = -\oint_{\text{逆时针}} y^2x\mathrm{d}y - x^2y\mathrm{d}x$$

$$= -\iint_D (x^2 + y^2)\mathrm{d}x\mathrm{d}y = -\int_0^{2\pi}\mathrm{d}\varphi\int_0^a \rho^2\rho\mathrm{d}\rho = -\frac{\pi a^4}{2}$$

注意：$\displaystyle\iint_D (x^2 + y^2)\mathrm{d}x\mathrm{d}y \neq \iint_D a^2\mathrm{d}x\mathrm{d}y = a^2 \cdot \pi a^2 = \pi a^4$

【例30】解： 点 $(0,\ 0)$ 不包含在 L 所围的闭区域 D 内，又

$$P = \frac{1}{x}\arctan\frac{y}{x}, \quad Q(x,\ y) = \frac{2}{y}\arctan\frac{x}{y}$$

在 D 内具有一阶连续偏导数．D 为单连通域，且 $\displaystyle\oint_{L_2} = \int_0^1 0$

利用格林公式得到

$$原式 = \iint_D \left(\frac{2}{y} \cdot \frac{1}{1 + x^2/y^2} \cdot \frac{1}{y} - \frac{1}{x} \cdot \frac{1}{1 + x^2/y^2} \cdot \frac{1}{x} \right)\mathrm{d}x\mathrm{d}y$$

$$= \iint_D \frac{1}{x^2 + y^2}\mathrm{d}x\mathrm{d}y = \int_{\pi/4}^{\pi/3}\mathrm{d}\varphi\int_1^2 \frac{1}{\rho^2} \cdot \rho\mathrm{d}\rho = \frac{\pi}{12}\ln 2$$

注意：$\displaystyle\iint_D \frac{1}{x^2 + y^2}\mathrm{d}x\mathrm{d}y \neq \iint_D \frac{1}{1}\mathrm{d}x\mathrm{d}y$

$$\iint_D \frac{1}{x^2 + y^2}\mathrm{d}x\mathrm{d}y \neq \iint_D \frac{1}{4}\mathrm{d}x\mathrm{d}y$$

【例31】解： 积分路径 L 不封闭，增添路径 L_1 与 L_2（如右图），使之构成封闭曲线以应用格林公式求之．补上：

$L_2 : y = 0$（$x\in[0,\ 1]$），则 $\mathrm{d}y = 0$

$$\oint_{L_2} = \int_0^1 0\mathrm{d}x = 0;$$

$L_1 : x = 0$（$y\in[0,\ 1]$），则 $\mathrm{d}x = 0$

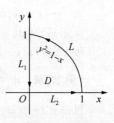

$$\int_{L_1} = \int_1^0 0\mathrm{d}y = 0, \ 故\int_{L_1} + \int_{L_2} = 0$$

而 $$\oint_{L+L_1+L_2} = \iint_D (-1)\mathrm{d}x\mathrm{d}y = -\int_0^1 \mathrm{d}y\int_0^{1-y^2}\mathrm{d}x = -\frac{2}{3}$$

故 $$\oint_{L+L_1+L_2} = \left(\int_{L_1} + \int_{L_2}\right) = \iint_D - \mathrm{d}x\mathrm{d}y - 0 = -\frac{2}{3}$$

而所求积分值的积分路径 L 是顺时针方向，故

$$\int_L y(1+\cos x)\mathrm{d}x + \sin x\mathrm{d}x = -\left[\oint_{L+L_1+L_2} - \left(\int_{L_1} + \int_{L_2}\right)\right] = \frac{2}{3}$$

注意：通常增补坐标轴上或与之平行的线段构成封闭曲线．因沿此路段有 $\mathrm{d}x = 0$ 或 $\mathrm{d}y = 0$，因而积分值至少有一为零．

【例32】解： L 不封闭，构造封闭曲线，应用格林公式计算．添加从点 $O(0,0)$ 沿 $y=0$ 到点 $A(2a,0)$ 的有向线段 L_1，则

$$I = \int_{L+L_1}\left[e^x\sin y - b(x+y)\right]\mathrm{d}x + (e^x\cos y - ax)\mathrm{d}y$$
$$- \int_{L_1}\left[e^x\sin y - b(x+y)\right]\mathrm{d}x + (e^x\cos y - ax)\mathrm{d}y$$

由格林公式，前一积分 $I_1 = \iint_D (b-a)\mathrm{d}\sigma = (b-a)\dfrac{\pi a^2}{2}$

其中，D 为 $L+L_1$ 所围成的半圆域．直接计算后一积分得到 $I_2 = \displaystyle\int_0^{2a}(-bx)\mathrm{d}x = -2a^2 b$

从而 $I = I_1 - I_2 = \pi a^2(b-a)/2 + 2a^2 b = \left[(\pi + 4)a^2 b - \pi a^3\right]/2$

【例33】解： L：$x^{2/3} + y^{2/3} = a^{2/3}$ 为分段光滑．

在 D 中有唯一奇点 $(0,0)$，不能直接使用格林公式，因被积表达式中的变量 x,y 应满足积分曲线的方程，因而可将曲线方程 $x^{2/3}+y^{2/3}=a^{2/3}$ 先代入曲线积分中，得到 $\displaystyle\oint_L \dfrac{x\mathrm{d}y - y\mathrm{d}x}{x^{2/3}+y^{2/3}} = \dfrac{1}{a^{2/3}}\oint_L x\mathrm{d}y - y\mathrm{d}x$

从而清去奇点，再对余下的部分即后一积分应用格林公式得，

$$\oint_L x\mathrm{d}y - y\mathrm{d}x = \iint_D 2\mathrm{d}x\mathrm{d}y = 8\iint_{D_1}\mathrm{d}x\mathrm{d}y$$

其中，D_1 为 D 位于第一象限的部分，其面积为 $3\pi a^2/32$．因而

$$\oint_L \frac{x\mathrm{d}y - y\mathrm{d}x}{x^{2/3}+y^{2/3}} = \frac{8}{a^{2/3}}\iint_{D_1}\mathrm{d}x\mathrm{d}y = \frac{8}{a^{2/3}}\cdot\frac{3\pi a^2}{32} = \frac{3\pi}{4}a^{4/3}$$

【例34】解法1： 因 $P = \dfrac{-y}{4x^2+y^2}$，$Q = \dfrac{x}{4x^2+y^2}$，虽然 $\dfrac{\partial P}{\partial y} = \dfrac{y^2-4x^2}{(4x^2+y^2)^3} = \dfrac{\partial Q}{\partial x}$

但是 $\dfrac{\partial P}{\partial y}$ 和 $\dfrac{\partial Q}{\partial x}$ 在点 $(0,0)$ 处不连续，曲线 $|x|+|y|=1$ 所围的区域又包含点 $(0,0)$ 在内，因此不能得出积分值等于零这一结论．可适当选取一条辅助闭曲线 C_1，使在 C 和 C_1 所围区域内 P 和 Q 具有一阶连续偏导数，然后利用格林公式转化为计算在 C_1 上的曲线积分．此题可选 C_1 为逆时针走向的椭圆 $4x^2+y^2 = 1$，则函数 P 和 Q 在 C 和 C_1 所围成的区域 D 内具有一阶连续偏导数．由格林公式得

$$\oint_{C+(C_1)}\frac{x\mathrm{d}y - y\mathrm{d}x}{4x^2+y^2} = \iint_D\left[-\frac{\partial}{\partial y}\left(\frac{-y}{4x^2+y^2}\right) + \frac{\partial}{\partial x}\left(\frac{x}{4x^2+y^2}\right)\right]\mathrm{d}x\mathrm{d}y$$
$$= \iint_D\left[-\frac{y^2-4x^2}{(4x^2+y^2)^2} + \frac{y^2-4x^2}{(4x^2+y^2)^2}\right]\mathrm{d}x\mathrm{d}y = 0$$

故 $\displaystyle\oint_c \frac{x\mathrm{d}y - y\mathrm{d}x}{4x^2+y^2} = -\oint_{c_1}\frac{x\mathrm{d}y - y\mathrm{d}x}{4x^2+y^2} = \oint_{c_1}\frac{x\mathrm{d}y - y\mathrm{d}x}{4x^2+y^2}$

将曲线 C_1 的方程：$4x^2 + y^2 = 1$ 代入右端，并注意该椭圆面积

为 $\pi a b = \pi(1/2) \cdot 1 = \pi/2$，于是得到

原式 $= \oint_{C_1} x\mathrm{d}y - y\mathrm{d}x = 2\left(\dfrac{1}{2}\oint_{C_1} x\mathrm{d}y - y\mathrm{d}x\right) = 2 \cdot \pi/2 = \pi$

解法2：设 I 是含 O 点（奇点）的逆时针走向的椭圆曲线：$4x^2 + y^2 = 1$ 由此得

$$\oint_L \frac{x\mathrm{d}y - y\mathrm{d}x}{4x^2 + y^2} = \oint_I \frac{x\mathrm{d}y - y\mathrm{d}x}{4x^2 + y^2} = 2\left(\frac{1}{2}\oint_I x\mathrm{d}y - y\mathrm{d}x\right) = 2 \cdot \pi/2 = \pi$$

【例35】解：$P = \dfrac{-y}{Ax^2 + 2Bxy + Cy^2}$，$Q = \dfrac{x}{Ax^2 + 2Bxy + Cy^2}$

$\dfrac{\partial Q}{\partial x} = \dfrac{Ax^2 + 2Bxy + Cy^2 - (2Ax + 2By)x}{(Ax^2 + 2Bxy + Cy^2)^2} = \dfrac{Cy^2 - Ax^2}{(Ax^2 + 2Bxy + Cy^2)^2}$

$\dfrac{\partial P}{\partial y} = \dfrac{(-1)(Ax^2 + 2Bxy + Cy^2) - (2Bx + 2Cy)(-y)}{(Ax^2 + 2Bxy + Cy^2)^2} = \dfrac{Cy^2 - Ax^2}{(Ax^2 + 2Bxy + Cy^2)^2}$

因 $\dfrac{\partial Q}{\partial x} = \dfrac{\partial P}{\partial y}$ 且 $(0,0)$ 为奇点，取椭圆 I：

$1 = Ax^2 + 2Bxy + Cy^2 = A(x + By/A)^2 + (C - B^2/A)y^2 = \dfrac{(x + By/A)^2}{(\sqrt{1/A})^2} + \dfrac{y^2}{[\sqrt{A/(AC - B^2)}]^2}$

则该椭圆所围区域 D 的面积为

$$\pi(1/\sqrt{A}) \cdot (\sqrt{A}/\sqrt{AC - B^2}) = \pi/\sqrt{AC - B^2}$$

因此得到

$$I = \oint_{L^+} \frac{x\mathrm{d}y - y\mathrm{d}x}{Ax^2 + 2Bxy + Cy^2} = \oint_{I^+} x\mathrm{d}y - y\mathrm{d}x = 2\iint_D \mathrm{d}x\mathrm{d}y$$

$$= 2 \cdot (\pi/\sqrt{AC - B^2}) = 2\pi/\sqrt{AC - B^2}$$

注意：上列结论与封闭曲线 L 的形状无关，具有一般性．

【例36】解：被积函数不符合与路径无关条件．对其进行拆补．使可化为与路径无关的条件．为此变形被积函数，将所求曲线积分改写成

$$I = \int_L (2xy + \sin x)\mathrm{d}x + (x^2 - ye^y)\mathrm{d}y + \int_L xy\mathrm{d}x$$

在上式第一个积分中．因 $\dfrac{\partial Q}{\partial x} = 2x = \dfrac{\partial P}{\partial y}$ 故积分与路径无关，可选折线 OBA 内积分路线（注意：后一积分座仍按原路径）．在 $\overline{OB}$ 线段上：$y = 0$ 故 $\mathrm{d}y = 0$，在 $\overline{BA}$ 线段上：$x = 4$，故 $\mathrm{d}x = 0$，则

$$I = \int_{\overline{OB}} (2xy + \sin x)\mathrm{d}x + \int_{\overline{BA}} (x^2 - ye^y)\mathrm{d}y + \oint_L xy\mathrm{d}x$$

$$= \int_0^4 \sin x\mathrm{d}x + \int_0^8 (16 - ye^y)\mathrm{d}y + \int_0^4 x(x^2 - 2x)\mathrm{d}x$$

$$= (448/3) - \cos 4 - 7e^8$$

【例37】解：设 $P(x, y) = (x + y)/(x^2 + y^2)$，$Q(x, y) = -(x - y)/(x^2 + y^2)$ 由

$$\frac{\partial P}{\partial y} = \frac{x^2 - 2xy - y^2}{(x^2 + y^2)^2}, \quad \frac{\partial Q}{\partial x} = \frac{x^2 - 2xy - y^2}{(x^2 + y^2)^2}$$

知除 $(0,0)$ 外，$\dfrac{\partial P}{\partial y} = \dfrac{\partial Q}{\partial x}$ 成立，所以在不包含原点的任何闭域内，积分与路径无关．因直接积分较困难，下选便于积分的路径．

（1）选择平行于坐标轴的折线段 $APQB$，如图所示，则

$$\int_{L+BQPA} = 0, \quad 即 \int_L = -\int_{BQPA} = \int_{APQB} = \int_{AP} + \int_{PQ} + \int_{QB}$$

AP 段：$x=\pi$，$\mathrm{d}x=0$，y 由 $-\pi$ 到 π

PQ 段：$y=\pi$，$\mathrm{d}y=0$，x 由 π 到 $-\pi$

QB 段：$x=-\pi$，$\mathrm{d}x=0$，y 由 π 到 $-\pi$

则

$$\int_{L}=\int_{-\pi}^{\pi}\frac{-(\pi-y)}{\pi^{2}+y^{2}}\mathrm{d}y+\int_{\pi}^{-\pi}\frac{x+\pi}{\pi^{2}+x^{2}}\mathrm{d}x+\int_{\pi}^{-\pi}\frac{-(-\pi-y)}{(-\pi)^{2}+y^{2}}\mathrm{d}y$$

应用定积分性质及积分与变量记法无关，有

$$\int_{L}=\int_{-\pi}^{\pi}\frac{-(\pi-x)-(\pi+x)+(-\pi-x)}{\pi^{2}+x^{2}}\mathrm{d}x$$

$$=\int_{-\pi}^{\pi}\frac{-3\pi}{\pi^{2}+x^{2}}\mathrm{d}x+\int_{-\pi}^{\pi}\frac{-x}{\pi^{2}+x^{2}}\mathrm{d}x$$

$$=\left[-3\arctan\frac{x}{\pi}\right]_{-\pi}^{\pi}=-\frac{3}{2}\pi$$

(2)也可选取用弧段 $\overset{\frown}{ANB}$(圆心$(0,0)$，半径为 $\sqrt{2}\pi$)，则

$$\int_{L+\overset{\frown}{BNA}}=0,\quad 即\int_{L}=-\int_{\overset{\frown}{BNA}}=\int_{\overset{\frown}{ANB}}$$

在 $\overset{\frown}{ANB}$ 上：$\begin{cases}x=\sqrt{2}\pi\cos t\\ y=\sqrt{2}\pi\sin t\end{cases}$ $-\dfrac{\pi}{4}\leqslant t\leqslant\dfrac{5\pi}{4}$，于是

$$\int_{L}=\int_{\overset{\frown}{ANB}}=\int_{-\pi/4}^{\frac{3\pi}{4}}\frac{(\sqrt{2}\pi)^{2}\left[(\cos t+\sin t)\mathrm{d}\cos t-(\cos t-\sin t)\mathrm{d}\sin t\right]}{(\sqrt{2}\pi)^{2}(\cos^{2}t+\sin^{2}t)}$$

$$=\int_{-\frac{\pi}{4}}^{\frac{5\pi}{4}}(-1)\mathrm{d}x=-\frac{3}{2}\pi$$

注意：因在$(O,0)$处 $P(x,y)$，$Q(x,y)$，不连续，不可导，包含原点的任何闭区域不能使积分与路径无关，而是有关的，因此不能选择连接 AB 的直线段以代替沿 $y=\pi\cos x$ 由 A 到 B 的积分. 事实上沿直线段 $L_{AM'B}$ 的线积分为

$L_{\overline{AM'B}}$：$y=-\pi$，$\mathrm{d}y=0$，x 由 π 变到 $-\pi$

$$\int_{L_{\overline{AM'B}}}\frac{(x+y)\mathrm{d}x-(x-y)\mathrm{d}y}{x^{2}+y^{2}}=\int_{\pi}^{-\pi}\frac{x-\pi}{x^{2}+(-\pi)^{2}}\mathrm{d}x$$

$$=\int_{\pi}^{-\pi}\frac{x\mathrm{d}x}{x^{2}+(-\pi^{2})}-\int_{\pi}^{-\pi}\frac{\mathrm{d}x}{x^{2}+(-\pi)^{2}}=0-\left[\arctan\frac{x}{\pi}\right]_{\pi}^{-\pi}=\frac{\pi}{2}$$

而 $\displaystyle\int_{L_{(AMB)}}=-\frac{3\pi}{2}$，故$\displaystyle\int_{L_{(AM'B)}}\neq\int_{L_{(AMB)}}$

题型十　全微分方程

【例38】解：因 $u(x,y)$ 是$(1+2xy-y^{2})\mathrm{d}x-(x+y)^{2}\mathrm{d}y$ 的全微分，故

$$\mathrm{d}u=(1-2xy-y^{2})\mathrm{d}x-(x+y)^{2}\mathrm{d}y$$

另一方面显然有 $\mathrm{d}u=\dfrac{\partial u}{\partial x}\mathrm{d}x+\dfrac{\partial u}{\partial y}\mathrm{d}y$，与上式比较得

$$\frac{\partial u}{\partial x}=1-2xy-y^{2},\quad \frac{\partial u}{\partial y}=-(x+y)^{2}$$

在第一式中把 y 暂时看作常数，对 x 求不定积分(偏积分)，得

$$u(x,y)=x-x^{2}y-xy^{2}+C(y)$$

然后，再把此式对 y 求偏导数，得 $\dfrac{\partial u}{\partial y}=-x^{2}-2xy\cdot+C'(y)$

所以，$-x^{2}-2xy+C'(y)=\dfrac{\partial u}{\partial y}=-(x+y)^{2}$

即 $C'(y)=-y^2$，积分得 $C(y)=-y^3/3+C$，最后得到

$$u(x,\ y)=x-x^2y-xy^2-y^3/3+C$$

其中，C 是任意常数.

【例 39】解：取 $(x_0,\ y_0)=(0,\ 0)$，即得

$$\begin{aligned}
u(x,\ y) &= \int_0^x p(x,\ 0)\,\mathrm{d}x + \int_0^y Q(x,\ y)\,\mathrm{d}y + u(0,\ 0)\\
&= \int_0^x xe^x\,\mathrm{d}x + \int_0^y (x^3-y\sin y)\,\mathrm{d}y + u(0,\ 0)\\
&= \left[xe^x-e\right]_0^x + \left[x^3y+y\cos y-\sin y\right]_0^y + u(0,\ 0)\\
&= (x-1)e^x-1+x^3y+y\cos y-\sin y+u(0,\ 0)
\end{aligned}$$

不计常数可取一个原函数为 $u(x,\ y)=(x-1)e^x+x^3y+y\cos y-\sin y$.

【例 40】证：因 $\dfrac{\partial P}{\partial y}=\dfrac{\partial}{\partial y}\left[\dfrac{x+2y}{(x+y)^2}\right]=\dfrac{-2y}{(x+y)^3}=\dfrac{\partial}{\partial x}\left[\dfrac{y}{(x+y)^2}\right]=\dfrac{\partial Q}{\partial x}$

故当 $x+y\neq 0$ 时，由等价条件三知，原函数存在.

当 $x+y>0$ 时，取 $(x_0,\ y_0)=(1,\ 0)$，即得

$$\begin{aligned}
u(x,\ y) &= \int_{(1,\ 0)}^{(x,\ y)}\frac{(x+2y)\,\mathrm{d}x+y\,\mathrm{d}y}{(x+y)^2} = \int_1^x\frac{1}{x}\,\mathrm{d}x + \int_0^y\frac{y}{(x+y)^2}\,\mathrm{d}y\\
&= \left[\ln|x|\right]_1^x + \left[\ln|x+y|+\frac{x}{x+y}\right]_0^y\\
&= \ln|x+y|+x/(x+y)-1
\end{aligned}$$

当 $x+y<0$ 时，取 $(x_0,\ y_0)=(-1,\ 0)$，即得

$$\begin{aligned}
u(x,\ y) &= \int_{(-1,\ 0)}^{(x,\ y)}\frac{(x+2y)\,\mathrm{d}x+y\,\mathrm{d}y}{(x+y)^2} = \int_{-1}^x\frac{1}{x}\,\mathrm{d}x + \int_0^y\frac{y}{(x+y)^2}\,\mathrm{d}y\\
&= \ln|x+y|+x/(x+y)-1
\end{aligned}$$

故原函数为

$$u(x,\ y)=\begin{cases}\ln|x+y|+x/(x+y)+C_1,\ x+y>0,\ C_1\ \text{为任意常数}\\ \ln|x+y|+x/(x+y)+C_2,\ x+y<0,\ C_2\ \text{为任意常数}\end{cases}$$

【例 41】解：因曲线积分与路径无关，故 $\dfrac{\partial Q}{\partial x}=\dfrac{\partial P}{\partial y}=\dfrac{\partial(2xy)}{\partial y}=2x$

两边积分得 $Q(x,\ y)=x^2+C(y)$

其中，$C(y)$ 为待定的 y 的函数. 下求 $C(y)$. 有

$$\int_{(0,\ 0)}^{(t,\ 1)}2xy\,\mathrm{d}x+Q(x,\ y)\,\mathrm{d}y = \int_0^1 Q(t,\ y)\,\mathrm{d}y = \int_0^1\left[t^2+C(y)\right]\mathrm{d}y = t^2+\int_0^1 C(y)\,\mathrm{d}y$$

$$\int_{(0,\ 0)}^{(1,\ t)}2xy\,\mathrm{d}x+Q(x,\ y)\,\mathrm{d}y = \int_0^t Q(1,\ y)\,\mathrm{d}y = \int_0^t\left[1^2+C(y)\right]\mathrm{d}y = t+\int_0^t C(y)\,\mathrm{d}y$$

又题设得到 $t^2+\int_0^1 C(y)\,\mathrm{d}y = t+\int_0^t C(y)\,\mathrm{d}y$

两边对 t 求导，得 $2t=1+C(t)$，从而 $C(y)=2y-1$，所以

$$Q(x,\ y)=x^2+C(y)=x^2+2y-1$$

【例 42】解：由题设有，$\dfrac{\partial}{\partial x}\left[\dfrac{y}{(x+y)^2}\right]=\dfrac{\partial}{\partial y}\left[\dfrac{x+ay}{(x+y)^2}\right]$，即 $(a-2)x-ay=-2y$，亦即

$(a-2)x=(a-2)y$，故应当 $a=2$ 时恒成立，（D）入选.

【例 43】解法 1：$P=ae^y+4xy$，$Q=xe^y+bx^2$. 由题设，有 $\dfrac{\partial Q}{\partial x}=\dfrac{\partial P}{\partial y}$，即

$$e^y+2bx=ae^y+4x$$

比较同类项系数，得 $a=1$，$b=2$，此时

$$\frac{\partial u}{\partial x} = P = e^y + 4xy, \qquad (1)$$

$$\frac{\partial u}{\partial y} = Q = xe^y + 2x^2. \qquad (2)$$

(1)两边关于变量 x 积分，得

$$u(x, y) = \int(e^y + 4xy)\mathrm{d}y = xe^y + 2x^2 y + \varphi(y).$$

上式对 y 求偏导，得

$$\frac{\partial u}{\partial y} = xe^y + 2x^2 + \varphi(y).$$

比较(2)式，知 $\varphi'(y) = 0$，所以 $\varphi(y) = C$，从而

$$u(x, y) = xe^y + 2x^2 y + C.$$

解法 2：$u(x, y) = \int_0^x P(x, 0)\mathrm{d}x + \int_0^y Q(x, y)\mathrm{d}y$

$$= \int_0^x \mathrm{d}x + \int_0^y (xe^y + 2x^2)\mathrm{d}y = xe^y + 2x^2 y.$$

题型十一　如何应用高斯公式计算曲面积分

【例44】解：$\sum$ 为封闭曲面表面的外侧，其 $P = 2xz$，$Q = yz$，$R = -z^2$，在 $\sum$ 所围的闭域 Ω 上有一阶连续偏导数，由高斯公式得到

$$原式 = \iiint\limits_{\Omega}\left[\frac{\partial(2xz)}{\partial x} + \frac{\partial(yz)}{\partial y} + \frac{\partial(-z^2)}{\partial z}\right]\mathrm{d}x\mathrm{d}y\mathrm{d}z$$

$$= \iiint\limits_{\Omega} z\mathrm{d}x\mathrm{d}y\mathrm{d}z(其中 \Omega 为所围空间立体区域)$$

$$= \int_0^2 \mathrm{d}\varphi\int_0^{\pi/4}\sin\theta\cos\theta\mathrm{d}\theta\int_0^{\sqrt{2}}\rho^3\mathrm{d}\rho = \frac{\pi}{2}$$

【例45】解：此题的 $\sum$ 由五个曲面组成(如题中图所示)．要计算五个曲面积分，化成二重积分后，需要计算15个二重积分，显然很麻烦，由于 $\sum$ 是闭曲面，可考虑用高斯公式化成三重积分计算．

$P = xz$，$Q = x^2 y$，$R = y^2 z$，则 $\dfrac{\partial P}{\partial x} = z$，$\dfrac{\partial Q}{\partial y} = x^2$，$\dfrac{\partial R}{\partial z} = y^2$

由高斯公式得 $I = \iiint\limits_{\Omega}(z + x^2 + y^2)\mathrm{d}x\mathrm{d}y\mathrm{d}z$

化成柱面坐标，Ω 为 $0 \leqslant \varphi \leqslant \pi/2$，$0 \leqslant \rho \leqslant 1$，$0 \leqslant z \leqslant \rho^2$，因此

$$I = \int_0^{\frac{\pi}{2}}\mathrm{d}\varphi\int_0^1 \rho\mathrm{d}\rho\int_0^{\rho^2}(z + \rho^2)\mathrm{d}z = \frac{\pi}{2}\int_0^1 \rho\left[\frac{\rho^4}{2} + \rho^4\right]\mathrm{d}\rho = \frac{3\pi}{4}\int_0^1 \rho^5\mathrm{d}\rho = \frac{\pi}{8}$$

注意：上例的 $\sum$ 由 $\sum_1$：抛物面 $z = x^2 + y^2$ 的上侧，$\sum_2$ 圆柱面 $x^2 + y^2 = 1$ 的前侧，$\sum_3$：yOz 平面的后侧，$\sum_4$：xOz 平面的左侧及 $\sum_5$：xOy 平面的下侧共5个曲面所组成，又为封闭曲面，且被积式中有三个加项，这种第二类曲面积分是利用高斯公式计算的典型题型．如直接化二重积分计算是很麻烦的．

【例46】解：显然有 $P = x^3$，$Q = \dfrac{1}{z}f\left(\dfrac{y}{z}\right) + y^3$，$R = \dfrac{1}{y}f\left(\dfrac{y}{z}\right) + z^3$，且 $\dfrac{\partial P}{\partial x} = 3x^2$，

$$\frac{\partial Q}{\partial y} = \frac{1}{z^2}f'\left(\frac{y}{z}\right) + 3y^2,$$

$$\frac{\partial R}{\partial z} = -\frac{1}{z^2}f'\left(\frac{y}{z}\right) + 3z^2$$

由高斯公式即得 $I = \iiint\limits_{\Omega} 3(x^2 + y^2 + z^2)\,dxdydz$ ，其中 Ω 如右图所示，下

用球面坐标计算.

令 $y = \rho\sin\theta\cos\varphi$ ，$z = \rho\sin\theta\sin\varphi$ ，$x = \rho\cos\theta$.

这里 θ 是向径与 x 轴正向所成的夹角，则

$$I = 3\iiint\limits_{\Omega}\rho^4\sin\theta\,d\rho d\theta d\varphi = 3\int_0^{2\pi}d\varphi\int_0^{\pi/4}\sin\theta\,d\theta\int_1^2\rho^4\,d\rho$$

$$= \frac{93}{5}\pi(2 - \sqrt{2})$$

注意：计算三重积分 $\iiint\limits_{\Omega}(x^2 + y^2 + z^2)\,dxdzdy$ 时，既不能用曲面方程

$x^2 + y^2 + z^2 = 1$ ，也不能用曲面方程 $x^2 + y^2 + z^2 = 4$ 直接代入被积函数计算.

【例47】解： 添补有向平面 $\sum_1$: $x = e^a$, $z^2 + y^2 \leqslant a^2$ 其法向量 n_1 与 x

轴正向相同，则旋转面 $\sum$ 和辅助面 $\sum_1$ 构成一个方向内外侧的闭曲面（如左图）于是有

$$\iint\limits_{\sum} = \iint\limits_{\sum} + \iint\limits_{\sum_1} - \iint\limits_{\sum_1} = \iint\limits_{\sum + \sum_1} - \iint\limits_{\sum_1}$$

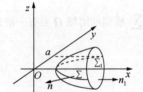

使用高斯公式得到

$$\iint\limits_{\sum + \sum_1} 2(1 - x^2)\,dydz + 8xy\,dzdx - 4zx\,dxdy$$

$$= \iiint\limits_{\Omega}(-4x + 8x - 4x)\,dv = 0$$

因而弧段 $x = e^y$ 绕 x 轴旋转所成的旋转面方程为 $x = e^{\pm\sqrt{y^2 + z^2}}$. 当 $x = e^a$ 时，

有 $e^a = e^{\pm\sqrt{y^2 + z^2}}$ ，故 $\pm\sqrt{y^2 + z^2} = a$ ，即 $y^2 + z^2 = a^2$ ，于是 $\sum_1$ 的方程 $y^2 + z^2 \leqslant a^2$

$(x = e^a)$ ，其在 yOz 平面上的投影域 D_{yz} : $y^2 + z^2 \leqslant a^2$.

由于 $\sum_1$ 的法向量与 x 轴正向相同、故 $dydz$ 前带正号，于是

$$\iint\limits_{\sum_1} 2(1 - x^2)\,dydz = \iint\limits_{D_{yz}} 2(1 - e^{2a})\,dydz = 2(1 - e^{2a})\iint\limits_{D_{yz}}dydz = 2(1 - e^{2a})\pi a^2$$

又因 $\sum_1 \perp xOz$ 平面. $\perp xOy$ 平面，故 $\iint\limits_{\sum_1} 8xy\,dzdx = \iint\limits_{\sum_1} 4zx\,dxdy = 0$

因而 $\iint\limits_{\sum} = \oint\limits_{\sum_1 + \sum_2} - \iint\limits_{\sum_1} = 0 - 2a^2(1 - e^{2a})\pi = 2a^2(e^{2a} - 1)\pi$

【例48】解： 因 $\sum$ 为上半球面 $z = \sqrt{a^2 - x^2 - y^2}$ 的上侧，故曲面 $\sum$ 之上任一点处的法线方向与 z 轴正向

成锐角，因而该法线方向是远离此曲面的，该曲面取外侧.

又因 $\sum$ 不封闭，添加一个有向曲面 $\sum_1$: $z = 0$, $x^2 + y^2 \leqslant a^2$. 由于整个曲面取外侧，$\sum_1$ 取下侧，

则由 $\sum_1$ 与 $\sum$ 围成空间区域 Ω , 且取外侧，由高斯公式得到

原式 $= \iiint\limits_{\Omega}(z^2 + x^2 + y^2)\,dxdydz - \iint\limits_{\sum_1}xz^2\,dydz + yx^2\,dzdx + zy^2\,dxdy$

而 $\iiint\limits_{\Omega}(x^2 + y^2 + z^2)\,dxdydz = \int_0^{2\pi}d\varphi\int_0^{\pi/2}d\theta\int_0^a\rho^2 \cdot \rho^2\sin\theta\,d\rho = 2\pi a^5/5$

由于 $\sum_1$ 垂直于 yOz , zOx 平面，有

$$\iint\limits_{\Sigma_1} xz^2 \mathrm{d}y\mathrm{d}z = \iint\limits_{\Sigma_1} yx^2 \mathrm{d}z\mathrm{d}x = 0$$

又在 $\sum_1$ 上有 $z=0$, 故 $\iint\limits_{\Sigma_1} zy^2 \mathrm{d}x\mathrm{d}y = \iint\limits_{\Sigma_1} 0y^2 \mathrm{d}x\mathrm{d}y = 0$, 因而

原式 $= 2\pi a^5/5$

注意: 计算三重积分时, 不能将曲面的方程直接带入被积函数, 因而.

$$\iiint\limits_{\Omega} (x^2 + y^2 + z^2)\mathrm{d}x\mathrm{d}y\mathrm{d}x \neq \iiint\limits_{\Omega} a^2\mathrm{d}x\mathrm{d}y\mathrm{d}z.$$

【例49】解: 给 $\sum$ 补两个有向曲面 $\sum_1: z=0$, $x^2+y^2 \leqslant a^2$, $\sum_2: z=h$, $x^2+y^2 \leqslant a^2$, 使 $\sum$ 成为

封闭曲面, 且取 $\sum$ 外侧, 因而 $\sum_2$ 的法线方向向上, $\sum_1$ 法线方向向下, 则 $\iint\limits_{\Sigma} = \iint\limits_{\Sigma} + \iint\limits_{\Sigma_1} + \iint\limits_{\Sigma_2} - \iint\limits_{\Sigma_1} - \iint\limits_{\Sigma_2}$.

因

$$\iint\limits_{\Sigma_1} (x^3\cos + y^2\cos\beta + z\cos\gamma)\mathrm{d}s = \iint\limits_{\Sigma_1} x^3\mathrm{d}y\mathrm{d}z + y^2\mathrm{d}z\mathrm{d}x + z\mathrm{d}x\mathrm{d}y = 0$$

$$\iint\limits_{\Sigma_2} (x^3\cos\alpha + y^2\cos\beta + z\cos\gamma)\mathrm{d}s = 0 + 0 + \iint\limits_{\Sigma_2} z\mathrm{d}x\mathrm{d}y = h\iint\limits_{\Sigma_2} \mathrm{d}x\mathrm{d}y = \pi h a^2$$

由高斯公式得到

$$\oiint\limits_{\Sigma+\Sigma_1+\Sigma_2} (x^3\cos\alpha + y^2\cos\beta + z\cos\gamma)\mathrm{d}s = \oiint\limits_{\Sigma+\Sigma_1+\Sigma_2} x^3\mathrm{d}y\mathrm{d}z + y^2\mathrm{d}y\mathrm{d}z + z\mathrm{d}x\mathrm{d}y$$

$$= \iiint\limits_{\Omega} (3x^2 + 2y + 1)\mathrm{d}x\mathrm{d}y\mathrm{d}z = 3\iint\limits_{x^2+y^2\leqslant a^2} x^2\mathrm{d}x\mathrm{d}y\int_0^h \mathrm{d}z + \pi a^2 h$$

$$= 3h\int_0^{2\pi} \cos^2\varphi\mathrm{d}\varphi\int_0^a \rho^3\mathrm{d}\rho + \pi a^4 = \frac{3h}{4}\pi a^4 + \pi a^2 h$$

因而 $I = \pi a^2 h + 3\pi a^4 h/4 - \pi a^2 h = 3\pi a^4 h/4$.

【例50】解: 先用曲面方程 $x^2+y^2+z^2 = a^2$ 化简被积函数, 得到

$$I = \iint\limits_{\Sigma} \frac{ax\mathrm{d}y\mathrm{d}z + (z+a)^2\mathrm{d}x\mathrm{d}y}{(x^2+y^2+z^2)^{1/2}} = \iint\limits_{\Sigma} \frac{ax\mathrm{d}y\mathrm{d}z + (z+a)^2\mathrm{d}x\mathrm{d}y}{(a^2)^{1/2}} = \frac{1}{a}\iint\limits_{\Sigma} ax\mathrm{d}y\mathrm{d}z + (z+a)^2\mathrm{d}x\mathrm{d}y$$

因 $\sum$ 为下半球面的上侧, 为使 $\sum + \sum_1$ 为内侧. 应增补一平 $\sum_1: \begin{cases} x^2+y^2 \leqslant a^2 \\ z=0 \end{cases}$ 的下侧, 其法向

量与 z 轴正向相反. 从而得到

$$I = \frac{1}{a}\oiint\limits_{\Sigma+\Sigma_1} ax\mathrm{d}y\mathrm{d}z + (z+a)^2\mathrm{d}x\mathrm{d}y - \iint\limits_{\Sigma_1} ax\mathrm{d}y\mathrm{d}z + (z+a)^2\mathrm{d}x\mathrm{d}y$$

注意到 $\sum + \sum_1$ 的方向为内侧. 使用高斯公式得到

$$I = \frac{1}{a}\left[-\iiint\limits_{\Omega}\left[\frac{\partial(ax)}{\partial x} + \frac{\partial(z+a)^2}{\partial z} \right]\mathrm{d}x\mathrm{d}z - \iint\limits_{\Sigma_1} ax\mathrm{d}y\mathrm{d}z + (z+a)^2\mathrm{d}x\mathrm{d}y \right.$$

因 $\sum_1$ 在 yOz 平面上投影为一线段, 故 $\iint\limits_{\Sigma_1} ax\mathrm{d}y\mathrm{d}z = 0$,

又 $\sum_1$ 的法线方向与 z 轴相反, 在 $\sum_1$ 上有 $z=0$, 故

$$\iint\limits_{\Sigma_1} (z+a)^2\mathrm{d}x\mathrm{d}y = \iint\limits_{\Sigma_1} a^2\mathrm{d}x\mathrm{d}y = -\iint\limits_{D_{xy}} a^2\mathrm{d}x\mathrm{d}y$$

因而 $I = \dfrac{1}{a}\left[-\iiint\limits_{\Omega} (3a+2z)\mathrm{d}v + \iint\limits_{D_{xy}} a^2\mathrm{d}x\mathrm{d}y \right]$

其中，Ω 为 $\sum + \sum_1$ 所围成的空间区域，其体积为 $(1/2) \cdot (4/3)\pi a^3 = (2/3)\pi a^3$，$D_{xy}$ 为 $z=0$ 上的 $\sum_1$ 的投影区域 $x^2+y^2 \le a^2$，于是有

$$I = \frac{1}{a}\left(-2\pi a^4 - 2\iiint\limits_{\Omega}z\mathrm{d}v + \pi a^4\right)$$

$$= \frac{1}{a}\left(-\pi a^4 - 2\int_0^{2\pi}\mathrm{d}\varphi\int_0^a\rho\mathrm{d}\rho\int_{-\sqrt{a^2-\rho^2}}^0 z\mathrm{d}z\right) = -\frac{\pi a^3}{2}$$

题型十二　梯度、散度、旋度的综合计算

【例51】解： 因 $u = xy^2 i + ye^z j + x\ln(1+z^2)k$ 故

$$\mathrm{div}u = \frac{\partial(xy^2)}{\partial x} + \frac{\partial(ye^z)}{\partial y} + \frac{\partial[x\ln(1+z^2)]}{\partial z}$$

$$= y^2 + e^z + 2xz/(1+z^2)$$

将 $P(1,1,0)$ 代入上式，即得 $\mathrm{div}u|(1,1,0)=2$

【例52】解： $\mathrm{grad}r = \dfrac{\partial r}{\partial x}i + \dfrac{\partial r}{\partial y}j + \dfrac{\partial r}{\partial z}k$，有 $\mathrm{div}(\mathrm{grad}r) = \dfrac{\partial^2 r}{\partial x^2} + \dfrac{\partial^2 r}{\partial y^2} + \dfrac{\partial^2 r}{\partial z^2}$

而 $\dfrac{\partial r}{\partial x} = \dfrac{x}{\sqrt{x^2+y^2+z^2}} = \dfrac{x}{r}$，由轮换对称性得到 $\dfrac{\partial r}{\partial y} = \dfrac{y}{r}$，$\dfrac{\partial r}{\partial z} = \dfrac{z}{r}$，又

$$\frac{\partial^2 r}{\partial x^2} = \frac{\partial}{\partial x}\left(\frac{\partial r}{\partial x}\right) = \frac{\partial}{\partial x}\left(\frac{x}{r}\right) = \left(r - x\frac{\partial r}{\partial x}\right)/r^2$$

$$= \left(r - \frac{x^2}{r}\right)/r^2 = \frac{r^2-x^2}{r^3}$$

由轮换对称性得到 $\dfrac{\partial^2 r}{\partial y^2} = \dfrac{r^2-y^2}{r^3}$，$\dfrac{\partial^2 r}{\partial z^2} = \dfrac{r^2-z^2}{r^3}$，

故 $\mathrm{div}(\mathrm{grad}u)\bigg|_{(1,-2,2)} = \dfrac{3r^2-(x^2+y^2+z^2)}{r^3}\bigg|_{(1,-2,2)} = \dfrac{2}{3}$.

题型十三　第二类(对坐标的)空间曲线积分的算法

【例53】解： 直接化为定积分计算. 先把曲线 Γ 用参数方程表示：由于圆柱面 $x^2+y^2=1$ 与平面 $x-y+z=2$ 的交线为一椭圆，其方程只含两个变量.

易写出其参数方程为 $x=\cos t$，$y=\sin t$，则 $z=2-x+y=2-\cos t+\sin t(0\le t\le 2\pi)$

因 Γ 取顺时针方向，故 t 从 2π 变到 0，于是

原式 $= \displaystyle\int_{2\pi}^0 \big[(2-\cos t+\sin t)-\sin t\big](-\sin t)\mathrm{d}t + \big[\cos t-(2-\cos t+\sin t)\big]\cos t\mathrm{d}t$

$+\big[\cos t-(2-\cos t+\sin t)\big](\sin t+\cos t)\mathrm{d}t$

$$= -\int_0^{2\pi}(-\sin^2 t + 4\cos^2 t + \cos t\sin t - 4\sin t - 4\cos t)\mathrm{d}t$$

$$= -\int_0^{2\pi}\left(-\frac{1-\cos 2t}{2} + 4\cdot\frac{1+\cos 2t}{2} + \frac{\sin 2t}{2} - 4\sin t - 4\cos t\right)\mathrm{d}t$$

$$= -\int_0^{2\pi}\left(-\frac{1}{2}+2\right)\mathrm{d}t = -3\pi$$

【例54】解法1： 用格林公式求之. 显然 Γ 在 xOy 面上的投影曲线 L 的方程为 L：$\begin{cases}|x|+|y|=1\\z=0\end{cases}$，其

所围的区域为 $D_{xy}\begin{cases}|x|+|y|\le 1\\z=0\end{cases}$，$D_{xy}$ 的面积为 $\sqrt{2}\cdot\sqrt{2}=2$.

又因 D_{xy} 关于 x，y 轴分别对称，而 x，y 又是奇函数，故

$$\iint\limits_{D_{xy}} y\mathrm{d}x\mathrm{d}y = \iint\limits_{D_{xy}} x\mathrm{d}x\mathrm{d}y = 0$$

将 $z=2-x-y$ 及 $\mathrm{d}z=-\mathrm{d}x-\mathrm{d}y$ 代入 I 中得到

$$I = \oint_{\Gamma} \left[2y^2 - 3x^2 - (2-x-y)^2 \right]\mathrm{d}x + \left[2(2-x-y)^2 - y^2 - 4x^2 \right]\mathrm{d}y$$

由格林公式得到

$$I = \iint\limits_{D_{xy}} (2y - 2x - 12)\mathrm{d}x\mathrm{d}y = (-12)\iint\limits_{D_{xy}}\mathrm{d}x\mathrm{d}y = (-12)\cdot 2 = -24$$

解法 2：利用斯托克斯公式求之. 为此，将空间中的第二类曲线积分化为绷在 Γ 上的曲面(平面) $\sum$ 的第二类曲面积分，最后化为相应的二重积分去计算.

$$I = \iint\limits_{\Sigma} \begin{vmatrix} \mathrm{d}y\mathrm{d}z & \mathrm{d}z\mathrm{d}x & \mathrm{d}x\mathrm{d}y \\ \dfrac{\partial}{\partial x} & \dfrac{\partial}{\partial y} & \dfrac{\partial}{\partial z} \\ y^2-z^2 & 2z^2-x^2 & 3x^2-y^2 \end{vmatrix}$$

$$= \iint\limits_{\Sigma} (-2y-4z)\mathrm{d}y\mathrm{d}z + (-2z-6x)\mathrm{d}z\mathrm{d}x + (-2x-2y)\mathrm{d}x\mathrm{d}y \qquad ①$$

今用下述三法，求出上述积分.

求法 1：先化成第一类曲面积分，再化成二重积分计算.

将 $\mathrm{d}x\mathrm{d}y = \mathrm{d}y\mathrm{d}z = \mathrm{d}x\mathrm{d}z = (1/\sqrt{3})\mathrm{d}s$ 及 $z=2-x-y$ 代入式①，

利用二重积分的对称性得到

$$I = \frac{1}{\sqrt{3}}\iint\limits_{\Sigma} (2y - 2x - 12)\mathrm{d}s \qquad ②$$

求法 2：利用第一类曲面积分的对称性求之. 注意到曲面关于 yOz 平面，xOZ 平面对称，而 x，y 分别为奇函数，故

$$\iint\limits_{\Sigma} x\mathrm{d}s = 0, \quad \iint\limits_{\Sigma} y\mathrm{d}s = 0$$

由式②即得 $I = \dfrac{1}{\sqrt{3}}\iint\limits_{\Sigma} (-12)\mathrm{d}s = -\dfrac{13}{\sqrt{3}}\sqrt{3}\iint\limits_{D_{xy}}\mathrm{d}x\mathrm{d}y = -24$

求法 3：用合一投影法求之. 注意到 $z=2-x-y$，$z'_x=z'_y=-1$，得到

$$I = \iint\limits_{D_{xy}} \left[-2y - 4(2-x-y) \right](-1) + \left[-2(2-x-y) - 6x \right](-1) + (-2x-2y)\mathrm{d}x\mathrm{d}y$$

$$= -\iint\limits_{D_{xy}} (12 + 4x + 2y)\mathrm{d}x\mathrm{d}y = -24$$

解法 3：借助曲线的参数方程化为定积分计算. 为此将曲线 Γ：$\begin{cases} x+y+z=2 \\ |x|+|y|=1 \end{cases}$ 分 Γ_1，Γ_2，Γ_3，Γ_4，四段，分别写出其参数方程.

参数可选 t 也可选 x. 下选 t 为参数求之.

在 $(0, \pi/2)$ 内的曲线 Γ_1 的参数方程可设为 $x=t$，$y=1-t$，$z=1$，$t\in(1, 0)$.

则 $I_1 = \displaystyle\int_{\Gamma_1} = \int_1^0 \left[(1-t)^2 - 1 \right]\mathrm{d}t + (2-t^2)\mathrm{d}(1-t) = \frac{7}{3}$

在 $(\pi/2, \pi)$ 内的曲线 Γ_2 的参数方程为 $x=t$，$y=1+t$，$x=1-2t$，$t\in(0, -1)$ 则

$$I_2 = \int_{\Gamma_2} = \int_0^{-1} \left[(1+t)^2 - (1-2t)^2 \right]\mathrm{d}t + \int_0^{-1} \left[2(1-2t)^2 - t^2 \right]\mathrm{d}t +$$

$$\int_0^{-1} [3t^2 - (1+t)^2] \mathrm{d}(-2t) = \int_0^1 (2t+4) \mathrm{d}t = -3$$

在 $(\pi, 3\pi/2)$ 内的曲线 Γ_3 的参数方程为 $x = t,\ y = -1-x = -t-1,\ z = 2-x-y = 3,\ t \in (-1, 0)$，

则 $I_3 = \displaystyle\int_{-1}^0 [(-1-t^2)-9] \mathrm{d}t + (18-t^2) \mathrm{d}(-1-t) = -\dfrac{79}{3}$

在 $(3\pi/2, 2\pi)$ 内的曲线 Γ_4 的参数方程为 $x=t,\ y=t-1,\ z=3-2t,\ t \in (0, 1)$，则

$$I_4 = \int_0^1 [(t-1)^2 - (3-2t)^2] \mathrm{d}t + [2(3-2t)^2 - t^2] \mathrm{d}t + [3t^2 - (t-1)^2] \mathrm{d}(3-2t) = 3$$

故 $I = I_1 + I_2 + I_3 + I_4 = 7/3 + (-3) - 79/3 + 3 = -24$

第十二讲　数学的经济应用(仅数学三)

题型一　差分方程

【例1】解：差分方程 $y_{t+1}-y_t$ 的通解为 $y_t=C$.

令差分方程 $y_{t+1}-y_t=4t-3$ 的特解为 $y^*=t(At+B)$，代入原方程得 $A=2$，$B=-5$，

故 $y_{t+1}-y_t=4t-3$ 的通解为 $y_t=C+2t^2-5t$.

【例2】解：$y_{t+1}+2y_t=0$ 的通解为 $y_t=C(-2)^t$.

因为 $a=2$，$b=1$ 且 $a\neq-b$，所以令 $y_{t+1}+2y_t=t$ 的特解为 $y^*=At+B$，

代入原方程得 $A=\dfrac{1}{3}$，$B=-\dfrac{1}{9}$，故原方程得通解为

$$y_t = C(-2)^t + \frac{t}{3} - \frac{1}{9}.$$

【例3】解：$y_{t+1}-y_t=0$ 的通解为 $y_t=C$.

因为 $a=-1$，$b=2$ 且 $a\neq-b$，所以令 $y_{t+1}-y_t=(2t+1)2^t$ 的特解为

$$y^* = (At + B)2^t,$$

代入原方程得 $A=2$，$B=-3$，

故原方程的通解为 $y_t=C+(2t-3)2^t$.

题型二　边际与弹性

【例4】解：总收益为 $R(Q)=PQ=Q\left(20-\dfrac{Q}{5}\right)=20Q-\dfrac{Q^2}{5}$，边际收益为 $R'(Q)=20-\dfrac{2Q}{5}$，

当 $Q=15$ 时，总收益为 $R(15)=255$，边际收益为 $R'(15)=14$.

【例5】解：$\eta=-P\cdot\dfrac{Q'(P)}{Q(P)}$，由 $\eta=3P^3$ 得 $P\cdot\dfrac{Q'(P)}{Q(P)}=-3P^3$，

整理得 $Q'(P)+3P^2Q(P)=0$，解得 $Q(P)=Ce^{-\int3p^2\mathrm{d}P}=Ce^{-p^3}$.

由 $Q(0)=1$ 得 $C=1$，故所求函数为 $Q(P)=e^{-p^3}$

【例6】解：(1) $\eta=-P\dfrac{Q'(P)}{Q(P)}=\dfrac{P}{20-P}$.

(2) $R=PQ$，$\dfrac{\mathrm{d}R}{\mathrm{d}P}=Q+P\cdot\dfrac{\mathrm{d}Q}{\mathrm{d}P}=Q\left(1+P\dfrac{Q'(P)}{Q(P)}\right)=Q(1-\eta)$.

由 $\eta=\dfrac{P}{20-P}=1$ 得 $P=10$，故当 $10<P<20$ 时，$\eta>1$，此时 $\dfrac{\mathrm{d}R}{\mathrm{d}P}<0$，

即当 $10<P<20$ 时，价格降低时，收益反而会提高.

【例7】解：收益对价格的弹性为 $\eta=P\cdot\dfrac{R'(P)}{R(P)}$，由已知条件得

$$P\cdot\frac{R'(P)}{R(P)}=1+P^3 \text{ 或 } R'(P)-\left(\frac{1}{P}+P^2\right)R(P)=0,$$

解得 $R(P)=Ce^{-\int-\left(\frac{1}{P}+P^2\right)\mathrm{d}P}=CP\cdot e^{\frac{1}{3}P^3}$，由 $R(1)=1$ 得 $C=e^{-\frac{1}{3}}$，故 $R(P)=P\cdot e^{\frac{1}{3}(P^3-1)}$.

【例8】解：(1) $Q'(P)=-\dfrac{1}{5}e^{\frac{P}{5}}$，需求对价格的弹性为 $\eta=-P\cdot\dfrac{Q'(P)}{Q(P)}=\dfrac{P}{5}$.

(2)当 $P=3$ 时，$\eta=0.6$，说明价格上升 1%，需求只减少 0.6%.

当 $P=5$ 时，$\eta=1$，说明价格上升 1%，需求减少 1%.

当 $P=6$ 时，$\eta=1.2$，说明价格上升 1%，需求减少 1.2%.

题型三　价值与利息

【例 9】解：按连续复利计算，t 年末出售的总收入的现值为

$$A(t) = R(t)\mathrm{e}^{-rt} = R_0\mathrm{e}^{\frac{2}{5}\sqrt{t}-rt}.$$

由 $\dfrac{\mathrm{d}A}{\mathrm{d}t}=R_0\mathrm{e}^{\frac{2}{5}\sqrt{t}-rt}\left(\dfrac{1}{5\sqrt{t}}-r\right)=0$，得 $t_0=\dfrac{1}{25r^2}$.

因为 $\dfrac{\mathrm{d}^2A}{\mathrm{d}t^2}\bigg|_{t=t_0}=-12.5r^3R_0\mathrm{e}^{\frac{1}{25r}}<0$，所以当 $t_0=\dfrac{1}{25r^2}$ 时，$A(t)$ 最大，即窖藏 $t_0=\dfrac{1}{25r^2}$ 出售，可使总收入的现值最大.

当 $r=0.06$ 时，$t_0=\dfrac{1}{25\times0.06^2}=\dfrac{100}{9}\approx11$（年）.

【例 10】解：设 A_n 为第 n 年末提取 $10+9n$ 万元的现值，则 $A_n=\dfrac{10+9n}{(1+r)^n}(n=1,\ 2,\ \cdots)$，则

$$A = \sum_{n=1}^{\infty}A_n\sum_{n=1}^{\infty}\frac{10+9n}{(1+r)^n} = 10\sum_{n=1}^{\infty}\frac{1}{(1+r)^n} + 9\sum_{n=1}^{\infty}n\left(\frac{1}{1+r}\right)^n,$$

$$10\sum_{n=1}^{\infty}\frac{1}{(1+r)^n} = 10\cdot\frac{\dfrac{1}{1+r}}{1-\dfrac{1}{1+r}} = \frac{10}{r} = \frac{10}{0.05} = 200（万元）;$$

令 $S(x)=\sum\limits_{n=1}^{\infty}nx^n(-1<x<1)$，则

$$S(x) = \sum_{n=1}^{\infty}nx^n = x\sum_{n=1}^{\infty}nx^{n-1} = x\left(\sum_{n=1}^{\infty}x^n\right)' = x\left(\frac{x}{1-x}\right)' = \frac{x}{(1-x)^2},$$

于是 $A=200+9S\left(\dfrac{1}{1+r}\right)=3980$（万元），即刚开始的投入为 3980 万元.

线性代数答案

第一讲 行 列 式

题型一 行列式的定义与性质

【例1】解：$a_{12}a_{21}a_{33}a_{44}$ 中行标的排列为1234，逆序为0；列标排列为2134，逆序为1。该项符号为"$-$"，所以答案为 $a_{12}a_{21}a_{33}a_{44}$。

【例2】解：$\begin{vmatrix} a & b & c \\ b & c & a \\ c & a & b \end{vmatrix} = acb + bac + cba - bbb - aaa - ccc = 3abc - a^3 - b^3 - c^3.$

【例3】解：

$$|A| = \begin{vmatrix} 0 & 1 & \cdots & n-1 \\ 1 & 0 & \cdots & n-2 \\ \vdots & & \ddots & \\ n-1 & n-2 & \cdots & 0 \end{vmatrix} \xrightarrow{\text{由最后一起行，每行减前一行}} \begin{vmatrix} 0 & 1 & \cdots & n-1 \\ 1 & -1 & \cdots & -1 \\ \vdots & & \ddots & \\ 1 & 1 & \cdots & -1 \end{vmatrix}$$

$$\xrightarrow{\text{每列加第 }n\text{ 列}} \begin{vmatrix} n-1 & n & \cdots & \cdots & n-1 \\ 0 & -2 & \cdots & & -1 \\ \vdots & & \ddots & \ddots & \cdots \\ \vdots & & \vdots & 0 & -2 \\ 0 & 0 & \cdots & 0 & -1 \end{vmatrix} = (-1)^{n-1} 2^{n-2}(n-1)$$

【例4】解：答案应填-12.

$$D_1 \xrightarrow{c_2 + \left(-\frac{1}{2}\right)c_1} \begin{vmatrix} 2a_{11} & -3a_{12} & a_{13} \\ 2a_{21} & -3a_{22} & a_{23} \\ 2a_{31} & -3a_{32} & a_{33} \end{vmatrix} = 2 \cdot (-3)D = -12.$$

题型二 抽象行列式的计算

【例5】解：$|A-3B| = |-2\alpha_1 \quad -2\alpha_2 \quad -2\alpha_3 \quad \alpha-3\beta| = -8 \times |\alpha_1 \quad \alpha_2 \quad \alpha_3 \quad \alpha-3\beta|$

$= -8 \times (|\alpha_1 \quad \alpha_2 \quad \alpha_3 \quad \alpha| - 3|\alpha_1 \quad \alpha_2 \quad \alpha_3 \quad \beta|) = -8(|A| - 3|B|) = 56$

【例6】解：$\begin{vmatrix} A_3-2A_1 \\ 3A_2 \\ A_1 \end{vmatrix} = 3\begin{vmatrix} A_3-2A_1 \\ A_2 \\ A_1 \end{vmatrix} = -3\begin{vmatrix} A_1 \\ A_2 \\ A_3 \end{vmatrix} = -3|A| = 6.$

【例7】解：答案填0. 由原行列式的特点知 $D = (-1)^n D^T = -D$，故 $D = 0$.

题型三 行列式与方程结合的问题

【例8】解：答案填1，-1，2，-2.

因行列式的值为关于 x 的四次多项式，则方程在实数域上有四个根，又当 $x=\pm1$ 时，行列式第1，2行

479

相同，值为 0；当 $x = \pm 2$ 时，行列式第 3，4 行相同，值为 0.

【例 9】解：答案填 0. 一方面注意到行列式有行和相等的特点，

则有 $D \xrightarrow[i=2,3]{C_1+C_i} (x_1+x_2+x_3) \begin{vmatrix} 1 & x_2 & x_3 \\ 1 & x_1 & x_2 \\ 1 & x_3 & x_1 \end{vmatrix}$，且 $x^3+px+q = (x-x_1)(x-x_2)(x-x_3)$，由此等式两边

比较同次幂系数，平方系数为 0，可知 $-(x_1+x_2+x_3) = 0$.

【例 10】解：答案填"0；-2".

由题意知 $\lambda_1+\lambda_2+\lambda_3 = 0$，$\lambda_1\lambda_2\lambda_3 = -2$，故答案填"0；$-2$".

题型四　行列式的展开计算

【例 11】解：答案填 0. 因 A_{4j} 与 α_{4j} 的取值无关，故有

$$A_{41}+2A_{42}+2A_{43}+A_{44} = \begin{vmatrix} 8 & 9 & 10 & 11 \\ 1 & 2 & 2 & 1 \\ 9 & 10 & 11 & 8 \\ 1 & 2 & 2 & 1 \end{vmatrix} = 0.$$

【例 12】解： $D = a_1 \begin{vmatrix} x & -1 & 0 \\ 0 & x & -1 \\ 0 & 0 & x \end{vmatrix} - a_2 \begin{vmatrix} -1 & 0 & 0 \\ 0 & x & -1 \\ 0 & 0 & x \end{vmatrix} + a_3 \begin{vmatrix} -1 & 0 & 0 \\ x & -1 & 0 \\ 0 & 0 & x \end{vmatrix} - a_4 \begin{vmatrix} -1 & 0 & 0 \\ x & -1 & 0 \\ 0 & x & -1 \end{vmatrix}$

$$= a_1 x^3 + a_2 x^2 + a_3 x + a_4.$$

题型五　几种特殊的行列式

【例 13】解：此种行列式俗称箭型行列式，易利用性质化为上（下）三角形：

$$D \xrightarrow[i=2,3,\cdots,n,n+1]{c_1 + \left(-\frac{z_{i-1}}{x_{i-1}}\right)c_i} \begin{vmatrix} x_0 - \sum\limits_{k=1}^{n}\dfrac{y_k z_k}{x_k} & y_1 & y_2 & \cdots & y_n \\ 0 & x_1 & 0 & \cdots & 0 \\ 0 & 0 & x_2 & \cdots & 0 \\ \vdots & \vdots & \vdots & \ddots & \vdots \\ 0 & 0 & 0 & \cdots & x_n \end{vmatrix}$$

$$= \left(x_0 - \sum_{k=1}^{n}\frac{y_k z_k}{x_k}\right)\prod_{i=1}^{n}x_i.$$

【例 14】解： $D = a_1 xxx + (-1)^{\tau}(-1)^3 a_2$，其中第二项为 $a_{12}a_{23}a_{34}a_{41}$，$\tau(2341) = 3$，

因此 $D = a_1 x^3 + a_2$.

【例 15】解：答案选（A）. 注意到行列式有"行和相等"的特点，则有

$$\text{方程左端}\xrightarrow[i=2,3,4]{c_1+c_i}\left(x+\sum_{k=1}^{4}\alpha_k\right)\cdot x^3$$

【例 16】证：运用数学归纳法.

当 $n=1$ 时，$D_1 = 2\cos\alpha$，而 $\dfrac{\sin 2\alpha}{\sin\alpha} = \dfrac{2\sin\alpha\cos\alpha}{\sin\alpha} = 2\cos\alpha$，故等式成立；同理，验证 $n=2$ 时也成立。

假设对于小于 n 的一切自然数原式成立，则

$$D_n \xrightarrow{\text{按第 1 列展开}} 2\cos\alpha \cdot D_{n-1} - D_{n-2} = 2\cos\alpha \cdot \frac{\sin[(n-1)+1]\alpha}{\sin\alpha} - \frac{\sin[(n-2)+1]\alpha}{\sin\alpha}$$

$$= \frac{\sin(n+1)\alpha + \sin(n-1)\alpha - \sin(n-1)\alpha}{\sin\alpha} = \frac{\sin(n+1)\alpha}{\sin\alpha}$$

于是，对所有自然数 n，原式成立.

【例17】解：运用递推法.

$$D_n \xrightarrow[\text{展开}]{\text{按第1列}} (\mu + \lambda)D_{n-1} - \mu\lambda D_{n-2},$$

则 $D_n - \lambda D_{n-1} = \mu(D_{n-1} - \lambda D_{n-2}) = \mu^2(D_{n-2} - \lambda D_{n-3}) = \cdots \mu^{n-2}(D_2 - \lambda D_1) = \mu^n$

于是 $D_n = \mu^n + \lambda D_{n-1}$ 显然也有 $D_n = \lambda^n + \mu D_{n-1}$，

当 $\mu \neq \lambda$ 时，联立两式可得 $D_n = \dfrac{\mu^{n+1} - \lambda^{n+1}}{\mu - \lambda}$

当 $\mu = \lambda$ 时，

$$D_n = \mu^n + \mu(\mu^{n-1} + \mu D_{n-2}) = 2\mu^n + \mu^2 D_{n-2} = \cdots = (n-1)\mu^n + \mu^{n-1}D_1 = (n+1)\mu^n.$$

题型六　范德蒙行列式

【例18】解：因行列式 D 经这样一系列处理以后值不变（行列式性质）：$r_2 + (-2)r_1$，$r_3 + \left(-\dfrac{4}{3}\right)r_2$，$r_4 + \left(-\dfrac{6}{5}\right)r_3$，于是有

$$D = \begin{vmatrix} 1 & 1 & 1 & 1 \\ 3\cos\alpha & 3\cos\beta & 3\cos\xi & 3\cos\eta \\ 5\cos^2\alpha & 5\cos^2\beta & 5\cos^2\xi & 5\cos^2\eta \\ 7\cos^3\alpha & 7\cos^3\beta & 7\cos^3\xi & 7\cos^3\eta \end{vmatrix} = 3\cdot5\cdot7 \begin{vmatrix} 1 & 1 & 1 & 1 \\ \cos\alpha & \cos\beta & \cos\xi & \cos\eta \\ \cos^2\alpha & \cos^2\beta & \cos^2\xi & \cos^2\eta \\ \cos^3\alpha & \cos^3\beta & \cos^3\xi & \cos^3\eta \end{vmatrix}$$

再由四阶范得蒙行列式的公式有

$$D = 105(\cos\beta - \cos\alpha)(\cos\xi - \cos\alpha)(\cos\eta - \cos\alpha)$$
$$\cdot (\cos\xi - \cos\beta)(\cos\eta - \cos\beta)(\cos\eta - \cos\xi)$$

【例19】证明：假设多项式的 $n+1$ 个不同的零点为 $x_0, x_1, \cdots, x_n$. 将它们代入多项式，得关于 C_i 方程组

$$C_0 + C_1 x_0 + \cdots + C_n x_0^n = 0$$
$$C_0 + C_1 x_1 + \cdots + C_n x_1^n = 0$$
$$\cdots\cdots$$
$$C_0 + C_1 x_n + \cdots + C_n x_n^n = 0$$

系数行列式为 $x_0, x_1, \cdots, x_n$ 的范德蒙行列式，不为 0. 所以

$$C_0 = C_1 = \cdots = C_n = 0$$

题型七　克莱姆法则

【例20】解：因为 $D = \begin{vmatrix} 5 & 6 & 0 & 0 & 0 \\ 1 & 5 & 6 & 0 & 0 \\ 0 & 1 & 5 & 6 & 0 \\ 0 & 0 & 1 & 5 & 6 \\ 0 & 0 & 0 & 1 & 5 \end{vmatrix} = 665,$

$$D_1 = \begin{vmatrix} 1 & 6 & 0 & 0 & 0 \\ 0 & 5 & 6 & 0 & 0 \\ 0 & 1 & 5 & 6 & 0 \\ 0 & 0 & 1 & 5 & 6 \\ 1 & 0 & 0 & 1 & 5 \end{vmatrix} = 1507, \quad D_2 = \begin{vmatrix} 5 & 1 & 0 & 0 & 0 \\ 1 & 0 & 6 & 0 & 0 \\ 0 & 0 & 5 & 6 & 0 \\ 0 & 0 & 1 & 5 & 6 \\ 0 & 1 & 0 & 1 & 5 \end{vmatrix} = 1145,$$

$$D_3 = \begin{vmatrix} 5 & 6 & 1 & 0 & 0 \\ 1 & 5 & 0 & 0 & 0 \\ 0 & 1 & 0 & 6 & 0 \\ 0 & 0 & 0 & 5 & 6 \\ 0 & 0 & 1 & 1 & 5 \end{vmatrix} = 703, D_4 = \begin{vmatrix} 5 & 6 & 0 & 1 & 0 \\ 1 & 5 & 6 & 0 & 0 \\ 0 & 1 & 5 & 0 & 0 \\ 0 & 0 & 1 & 0 & 6 \\ 0 & 0 & 0 & 1 & 5 \end{vmatrix} = -395,$$

$$D_5 = \begin{vmatrix} 5 & 6 & 0 & 0 & 1 \\ 1 & 5 & 6 & 0 & 0 \\ 0 & 1 & 5 & 6 & 0 \\ 0 & 0 & 1 & 5 & 0 \\ 0 & 0 & 0 & 1 & 1 \end{vmatrix} = 212,$$

所以，$x_1 = \dfrac{1507}{665}, x_2 = \dfrac{1145}{665}, x_3 = \dfrac{703}{665}, x_4 = \dfrac{-395}{665}, x_5 = \dfrac{212}{665}.$

【例 21】解：答案填 -2. 由 Cramer 法则即知 $x_2 = \dfrac{4}{-2} = -2.$

第二讲 矩 阵

题型一 矩阵的运算

【例1】解： $B \neq C$ 且 $AB = AC \Leftrightarrow A(B-C) = 0$ 且 $B-C$ 非零 $\Leftrightarrow |A| = 0$

【例2】解： 利用矩阵运算规则先化简处理，因

$$(A^T B)^2 = A^T B A^T B (\text{注意到} BA^T \text{得一数}) = A^T (BA^T) B = (BA^T) A^T B = 2A^T B,$$

故 $(A^T B)^{2011} = (BA^T)^{2010} A^T B = 2^{2010} A^T B.$

因此应填 $2^{2010} \cdot \begin{bmatrix} 1 & -1 & 1 \\ 2 & -2 & 2 \\ 3 & -3 & 3 \end{bmatrix}$.

题型二 矩阵的行列式

【例3】解： 答案是 (A)，$\left| -2 \begin{bmatrix} A^T & 0 \\ 0 & B^{-1} \end{bmatrix} \right| = (-2)^{2n} |A| |B|^{-1}$.

【例4】解： 由题设 $A_{3\times 3} X_{3\times 3} = B$，又因为 $|A| = \begin{vmatrix} 1 & 1 & 2 \\ -1 & 2 & 1 \\ 0 & 1 & 1 \end{vmatrix} = 0$,

所以 $|B| = |A| |X| = 0$，即 $\begin{vmatrix} 4 & -1 & 3 \\ 2 & k & 0 \\ 2 & -1 & 1 \end{vmatrix} = 4k - 6 - 6k + 2 = 0$, $k = -2$.

题型三 逆矩阵直接求解

【例5】解： $|A| = -3 - 12 + 8 + 8 + 6 - 6 = 1$

$$\begin{bmatrix} 1 & -1 & 2 & \vdots & 1 & 0 & 0 \\ -2 & -1 & -2 & \vdots & 0 & 1 & 0 \\ 4 & 3 & 3 & \vdots & 0 & 0 & 1 \end{bmatrix} \longrightarrow \begin{bmatrix} 1 & -1 & 2 & \vdots & 1 & 0 & 0 \\ 0 & -3 & 2 & \vdots & 2 & 1 & 0 \\ 0 & 7 & -5 & \vdots & -4 & 0 & 1 \end{bmatrix} \longrightarrow$$

$$\begin{bmatrix} 1 & -1 & 2 & \vdots & 1 & 0 & 0 \\ 0 & 1 & -\frac{2}{3} & \vdots & -\frac{2}{3} & -\frac{1}{3} & 0 \\ 0 & 7 & -5 & \vdots & -4 & 0 & 1 \end{bmatrix} \longrightarrow \begin{bmatrix} 1 & 0 & \frac{4}{3} & \vdots & \frac{1}{3} & -\frac{1}{3} & 0 \\ 0 & 1 & -\frac{2}{3} & \vdots & -\frac{2}{3} & -\frac{1}{3} & 0 \\ 0 & 0 & -\frac{1}{3} & \vdots & \frac{2}{3} & \frac{7}{3} & 1 \end{bmatrix} \longrightarrow$$

$$\begin{bmatrix} 1 & 0 & 0 & \vdots & 3 & 9 & 4 \\ 0 & 1 & 0 & \vdots & -2 & -5 & -2 \\ 0 & 0 & -\frac{1}{3} & \vdots & \frac{2}{3} & \frac{7}{3} & 1 \end{bmatrix} \longrightarrow \begin{bmatrix} 1 & 0 & 0 & \vdots & 3 & 9 & 4 \\ 0 & 1 & 0 & \vdots & -2 & -5 & -2 \\ 0 & 0 & 1 & \vdots & -2 & -7 & -3 \end{bmatrix} \longrightarrow$$

$$A^{-1} = \begin{bmatrix} 3 & 9 & 4 \\ -2 & -5 & -2 \\ -2 & -7 & -3 \end{bmatrix}$$

$$A^{-1} = \frac{A^*}{|A|}, \quad A^* = |A| A^{-1}, \quad (A^*)^{-1} = \frac{A}{|A|} = \begin{bmatrix} 1 & -1 & 2 \\ -2 & -1 & -2 \\ 4 & 3 & 3 \end{bmatrix}$$

$$(-2A)^* = |-2A| (-2A)^{-1} = (-2)^3 |A| \frac{A^{-1}}{(-2)} = 4A^{-1}$$

$$[(-2A)^*]^{-1} = (4A^{-1})^{-1} = \frac{A}{4} = \frac{1}{4} \begin{bmatrix} 1 & -1 & 2 \\ -2 & -1 & -2 \\ 4 & 3 & 3 \end{bmatrix}$$

【例6】解法1：

$$(A+3E)^{-1}(A^2-9E) = (A+3E)^{-1}(A+3E)(A-3E) = (A-3E) = \begin{bmatrix} -2 & 0 & 1 \\ 0 & -1 & 0 \\ 0 & 0 & -2 \end{bmatrix}$$

解法2： $A^2 = \begin{bmatrix} 1 & 0 & 1 \\ 0 & 2 & 0 \\ 0 & 0 & 1 \end{bmatrix} \begin{bmatrix} 1 & 0 & 1 \\ 0 & 2 & 0 \\ 0 & 0 & 1 \end{bmatrix} = \begin{bmatrix} 1 & 0 & 2 \\ 0 & 4 & 0 \\ 0 & 0 & 1 \end{bmatrix}$

$$A^2 - 9E = \begin{bmatrix} -8 & 0 & 2 \\ 0 & -5 & 0 \\ 0 & 0 & -8 \end{bmatrix}, \quad A+3E = \begin{bmatrix} 4 & 0 & 1 \\ 0 & 5 & 0 \\ 0 & 0 & 4 \end{bmatrix}$$

$$\begin{bmatrix} 4 & 0 & 1 & \vdots & 1 & 0 & 0 \\ 0 & 5 & 0 & \vdots & 0 & 1 & 0 \\ 0 & 0 & 4 & \vdots & 0 & 0 & 4 \end{bmatrix} \rightarrow \begin{bmatrix} 4 & 0 & 1 & \vdots & 1 & 0 & 0 \\ 0 & 5 & 0 & \vdots & 0 & 1 & 0 \\ 0 & 0 & 1 & \vdots & 0 & 0 & \frac{1}{4} \end{bmatrix} \rightarrow$$

$$\begin{bmatrix} 4 & 0 & 0 & \vdots & 1 & 0 & -\frac{1}{4} \\ 0 & 5 & 0 & \vdots & 0 & 1 & 0 \\ 0 & 0 & 1 & \vdots & 0 & 0 & \frac{1}{4} \end{bmatrix} \rightarrow \begin{bmatrix} 1 & 0 & 0 & \vdots & \frac{1}{4} & 0 & -\frac{1}{16} \\ 0 & 1 & 0 & \vdots & 0 & \frac{1}{5} & 0 \\ 0 & 0 & 1 & \vdots & 0 & 0 & \frac{1}{4} \end{bmatrix}, \quad (A+3E)^{-1} = \begin{bmatrix} \frac{1}{4} & 0 & -\frac{1}{16} \\ 0 & \frac{1}{5} & 0 \\ 0 & 0 & \frac{1}{4} \end{bmatrix}$$

$$(A+3E)^{-1}(A^2-9E) = \begin{bmatrix} \frac{1}{4} & 0 & -\frac{1}{16} \\ 0 & \frac{1}{5} & 0 \\ 0 & 0 & \frac{1}{4} \end{bmatrix} \begin{bmatrix} -8 & 0 & 2 \\ 0 & -5 & 0 \\ 0 & 0 & -8 \end{bmatrix} = \begin{bmatrix} -2 & 0 & 1 \\ 0 & -1 & 0 \\ 0 & 0 & -2 \end{bmatrix}$$

题型四　伴随矩阵问题

【例7】解： 答案选(D)．因 A 可逆，而 $A \cdot A^* = |A| E$，则 $|A| \cdot |A^*| = |A|^n$，又 $|A| \neq 0$，故 $|A^*| = |A|^{n-1}$；又 $(A^*)^* \cdot A^* = |A^*| E = |A|^{n-1}E$，所以 $[(A^*)^*]^{-1} = |A|^{1-n}A^*$．

【例8】解： 答案是(D)．$(-A)^* = |-A| (-A)^{-1} = (-1)^n |A| \frac{1}{(-1)} A^{-1} = (-1)^{n-1} A^*$．

题型五　恒等变形求逆矩阵

【例9】答案： 应选(C)．

解法1： 先从数的类比运算中找出 A，B 为一阶矩阵即分别为数 a，b 时 $(A^{-1}+B^{-1})^{-1}$ 的形式，再推广

到 n 阶矩阵，最后给出证明. 由

$$\left(\frac{1}{a}+\frac{1}{b}\right)^{-1}=\left(\frac{b+a}{ab}\right)^{-1}=\frac{ab}{b+a}=a(b+a)^{-1}b \text{ 或 } b(a+b)^{-1}a,$$

可猜想 $A^{-1}+B^{-1}$ 可逆，其逆矩阵为 $A(A+B)^{-1}B$ 或 $B(A+B)^{-1}A$，再用逆矩阵的定义证明即可.

解法2：利用矩阵逆的运算法则有

$$(A^{-1}+B^{-1})^{-1}=[A^{-1}(E+AB^{-1})]^{-1}=[A^{-1}(B+A)B^{-1}]^{-1}=B(A+B)^{-1}A;$$

也可以 $(A^{-1}+B^{-1})^{-1}=[B^{-1}(BA^{-1}+E)]^{-1}=[B^{-1}(B+A)A^{-1}]^{-1}=A(A+B)^{-1}B$

【例10】解法1：将矩阵方程变为字母方程，得 $a^2+a-4=0$. 那么 $\frac{1}{a-1}=?$

$$a^2+a-4=(a-1)a+2(a-1)-2=0$$

$$(a-1)(a+2)=2, \qquad (a-1)\frac{a+2}{2}=1$$

$$\frac{1}{a-1}=\frac{a+2}{2} \qquad \therefore (A-E)^{-1}=\frac{A+2E}{2}$$

解法2：先将方程 $A^2+A-4E=O$ 的左端化为以 $A-E$ 为因子的矩阵乘积形式：

$$A^2+A-4E=A^2-E+A-E-2E=O,$$

则 $(A-E)(A+E)+(A-E)=2E, (A-E)(A+E+E)=2E.$

或由 $A^2+A-2E=(A+2E)(A-E)=2E$ 得到 $A-E$ 可逆，且 $(A-E)^{-1}=(A+2E)/2.$

注意：用定义法利用 $A^2+aA+cE=O$ 证明 $A+kE$ 可逆，常用到矩阵多项式的分解因式，可类似于通常多项式的因式分解，只要注意对相乘矩阵的因子(不含单位矩阵加项)不随意作交换.

【例11】解：先从数的类比运算中找到 A, B 为一阶矩阵(即分别为数 a, b)时 $[(A-B^{-1})^{-1}-A^{-1}]^{-1}$ 应有的形式，再推广到 n 阶矩阵，即可得到 $[(A-B^{-1})^{-1}-A^{-1}]^{-1}$ 的矩阵形式，最后给出证明.

已知 $a\neq 0, b\neq 0, ab-1\neq 0$，则由

$$\left[\left(a-\frac{1}{b}\right)^{-1}-\frac{1}{a}\right]^{-1}=\left[\left(\frac{ab-1}{b}\right)^{-1}-\frac{1}{a}\right]^{-1}=\left(\frac{b}{ab-1}-\frac{1}{a}\right)^{-1}=\left[\frac{1}{(ab-1)a}\right]^{-1}=(ab-1)a$$

知，矩阵 $[(A-B^{-1})^{-1}-A^{-1}]^{-1}$ 应为 $(AB-E)A=ABA-A$. 事实上

$$[(A-B^{-1})^{-1}-A^{-1}](ABA-A)=[(ABB^{-1}-B^{-1})^{-1}-A^{-1}](ABA-A)$$
$$=\{[(AB-E)B^{-1}]^{-1}-A^{-1}\}(ABA-A)$$
$$=B(AB-E)^{-1}(ABA-A)-A^{-1}A(BA-E)$$
$$=BA-BA+E=E.$$

故 $[(A-B^{-1})^{-1}-A^{-1}]^{-1}=ABA-A.$ 仅 (C) 入选.

【例12】解：因为 $(E+A)^m=\sum_{i=0}^{m}c_m^i A^i=E+\sum_{i=1}^{m}c_m^i A^i=0,$

所以 $A(-\sum_{i=1}^{m}c_m^i A^{i-1})=E$，所以 A 可逆.

【例13】解法1：将矩阵关系变为字母关系，得 $b=(1+a)^{-1}(1-a)=\frac{1-a}{1+a},$

$b+1=\frac{2}{1+a}.$ 所以 $(b+1)^{-1}=\frac{1+a}{2}$，即 $(E+B)^{-1}=\frac{1}{2}(A+E)=\begin{vmatrix}1&0&0&0\\-1&2&0&0\\0&-2&3&0\\0&0&-3&4\end{vmatrix}$

解法2：用单位矩阵恒等变形法，先将 $E+B$ 化成乘积形式，再求其逆.

$$E+B=(E+A)^{-1}(E-A)+E=(E+A)^{-1}(E-A)+(E+A)^{-1}(E+A)$$
$$=(E+A)^{-1}(E-A+E+A)=2E(E+A)^{-1}=2(E+A)^{-1}.$$

故 $(E+B)^{-1}=[2(E+A)^{-1}]^{-1}=\frac{E+A}{2}.$ 求得结果如解法1.

解法 3：将题给方程用提取公因式的方法化为乘积形式．事实上，由 $(E + A)B = E - A$ 得到：

$B + AB + A = E$，$B + E + A(B + E) = 2E$，$(B + E)[(A + E)/2] = E$．

故 $(B + E)^{-1} = (A + E)/2$．求得结果如解法 1．

题型六　求解矩阵方程

【例 14】解：$(AXA - AXB) - (BXA - BXB) = E$，$AX(A - B) - BX(A - B) = E$，

$(A - B)X(A - B) = E$，

则 $A - B$ 可逆，且 $(A - B)^{-1} = \begin{bmatrix} 1 & -1 & -1 \\ 0 & 1 & -1 \\ 0 & 0 & 1 \end{bmatrix}^{-1}$．由分块矩阵求逆公式得到

$(A - B)^{-1} = \begin{bmatrix} \begin{bmatrix} 1 & -1 \\ 0 & 1 \end{bmatrix}^{-1} & -\begin{bmatrix} 1 & -1 \\ 0 & 1 \end{bmatrix}^{-1}\begin{bmatrix} -1 \\ -1 \end{bmatrix} \cdot 1 \\ 0 & 0 & 1 \end{bmatrix} = \begin{bmatrix} 1 & 1 & 2 \\ 0 & 1 & 1 \\ 0 & 0 & 1 \end{bmatrix}$，

故　　　　　$X = [(A - B)^{-1}]^2 = \begin{bmatrix} 1 & 1 & 2 \\ 0 & 1 & 1 \\ 0 & 0 & 1 \end{bmatrix}^2 = \begin{bmatrix} 1 & 2 & 5 \\ 0 & 1 & 2 \\ 0 & 0 & 1 \end{bmatrix}$．

【例 15】解：因 A^* 已知，利用 $A^{-1} = A^*/|A|$ 将矩阵方程化为 $f(A^*)B = kE$ 的形式．

事实上，原矩阵方程得

$$(A - E)BA^{-1} = 3E，即 (A - E)B = 3A．$$

因而 $A^{-1}(A - E)B = 3E$，即 $(E - A^{-1})B = 3E$．故 $(E - A^*/|A|)B = 3E$．

由 $|A^*| = |A|^{n-1}$ 得到 $|A^*| = 8 = |A|^3$，即 $|A| = 2$．

于是 $(2E - A^*)(B/6) = E$，$B/6 = (2E - A^*)^{-1}$，即 $B = 6(2E - A^*)^{-1}$．

而 $2E - A^* = \begin{bmatrix} 1 & 0 & 0 & 0 \\ 0 & 1 & 0 & 0 \\ -1 & 0 & 1 & 0 \\ 0 & 3 & 0 & -6 \end{bmatrix}$，

因此 $(2E - A^*)^{-1} = \begin{bmatrix} 1 & 0 & 0 & 0 \\ 0 & 1 & 0 & 0 \\ 1 & 0 & 1 & 0 \\ 0 & 1/2 & 0 & -1/6 \end{bmatrix}$，$B = 6(2E - A^*)^{-1} = \begin{bmatrix} 6 & 0 & 0 & 0 \\ 0 & 6 & 0 & 0 \\ 6 & 0 & 6 & 0 \\ 0 & 3 & 0 & -1 \end{bmatrix}$．

题型七　初等矩阵的运算

【例 16】解：答案选（C）．

注意到 $E(1, 3) = \begin{bmatrix} 0 & 0 & 1 \\ 0 & 1 & 0 \\ 1 & 0 & 0 \end{bmatrix}$ 是一个初等矩阵，它左乘一个矩阵相当于行变换：$r_1 \leftrightarrow r_3$，而它右乘一个

矩阵，相当于对该矩阵作初等列变换：$c_1 \leftrightarrow c_3$，所以 $[E(1, 3)]^{2010}A[E(1, 3)]^{2011} = AE(1, 3)$．

【例 17】解：P_1A 表示互换 A 的第一、二行．B 表示 A 先互换第一、二行，然后将互换后的矩阵的第一行

乘以 (-1) 加到第三行．所以 $P_2 = \begin{bmatrix} 1 & 0 & 0 \\ 0 & 1 & 0 \\ -1 & 0 & 1 \end{bmatrix}$．（B）是答案．

【例 18】解：因为 A 可逆，存在可逆 P_A，Q_A 使 $P_AAQ_A = E$．

因为 B 可逆，存在可逆 P_B，Q_B 使 $P_BBQ_B = E$．

所以 $P_A A Q_A = P_B B Q_B$. 于是 $P_B^{-1} P_A A Q_A Q_B^{-1} = B$.

令 $P = P_B^{-1} P_A$，$Q = Q_A Q_B^{-1}$.（D）是答案.

题型八　分块矩阵的计算

【例19】解：记 $A_1 = \begin{pmatrix} 1 & 2 \\ 3 & 4 \end{pmatrix}$，$E = \begin{pmatrix} 1 & 0 \\ 0 & 1 \end{pmatrix}$，$A_2 = \begin{pmatrix} 3 & 2 \\ 4 & 1 \end{pmatrix}$，则 A 为分块上三角形 $A = \begin{pmatrix} A_1 & E \\ O & A_2 \end{pmatrix}$.

于是 $|A| = |A_1| \ |A_2| = (-2)(-5) = 10 \neq 0$，$A$，$A_1$，$A_2$ 均可逆，设 $A^{-1} = \begin{pmatrix} X_1 & X_2 \\ X_3 & X_4 \end{pmatrix}$，则

$$\begin{pmatrix} E & O \\ O & E \end{pmatrix} = \begin{pmatrix} A_1 & E \\ O & A_2 \end{pmatrix} \begin{pmatrix} X_1 & X_2 \\ X_3 & X_3 \end{pmatrix} = \begin{pmatrix} A_1 X_1 + X_3 & A_1 X_2 + X_4 \\ A_2 X_3 & A_2 X_4 \end{pmatrix},$$

由 $A_2 X_3 = O$，且 A_2 可逆得 $X_3 = O$；由 $A_2 X_4 = E$，得 $X_4 = A_2^{-1}$；由 $A_1 X_1 + X_3 = E$，而 $X_3 = O$，得 $X_1 = A_1^{-1}$；再由 $A_1 X_2 + X_4 = O$，即 $A_1 X_2 = -X_4 = -A_2^{-1}$，得 $X_2 = -A_1^{-1} A_2^{-1}$，所以

$$A^{-1} = \begin{pmatrix} A_1^{-1} & -A_1^{-1} A_2^{-1} \\ O & A_2^{-1} \end{pmatrix} = \begin{pmatrix} \dfrac{1}{|A_1|} A_1^* & -\dfrac{1}{|A_1|} \dfrac{1}{|A_2|} A_1^* A_2^* \\ O & \dfrac{1}{|A_1|} A_2^* \end{pmatrix} = \frac{1}{10} \begin{pmatrix} -20 & 10 & -12 & 14 \\ 15 & -5 & 7 & -9 \\ 0 & 0 & -2 & 4 \\ 0 & 0 & 8 & -6 \end{pmatrix}$$

第三讲　向　　量

题型一　判断线性相关、线性无关

【例1】解：答案填 $xy \neq 1$. 设向量均为列向量，则

$$(x\boldsymbol{\alpha}_2 - \boldsymbol{\alpha}_1,\ y\boldsymbol{\alpha}_3 - \boldsymbol{\alpha}_2,\ \boldsymbol{\alpha}_1 - \boldsymbol{\alpha}_3) = (\boldsymbol{\alpha}_1,\ \boldsymbol{\alpha}_2,\ \boldsymbol{\alpha}_3)\begin{pmatrix} -1 & 0 & 1 \\ x & -1 & 0 \\ 0 & y & -1 \end{pmatrix} \xlongequal{\text{记作}} (\boldsymbol{\alpha}_1,\ \boldsymbol{\alpha}_2,\ \boldsymbol{\alpha}_3)C$$

易算得 $|C| = xy - 1$，所以当 $xy - 1 \neq 0$ 时，C 可逆，于是左边向量组的秩与向量组 $\boldsymbol{\alpha}_1$，$\boldsymbol{\alpha}_2$，$\boldsymbol{\alpha}_3$ 的秩相同.

【例2】解：(A)中条件仅是 $\boldsymbol{\beta}_1$，$\boldsymbol{\beta}_2$，$\cdots$，$\boldsymbol{\beta}_m$ 线性无关的充分条件. 这是因为设

$$[\boldsymbol{\alpha}_1,\ \boldsymbol{\alpha}_2,\ \cdots,\ \boldsymbol{\alpha}_m] = [\boldsymbol{\beta}_1,\ \boldsymbol{\beta}_2,\ \cdots,\ \boldsymbol{\beta}_m]\,G_{m \times m},$$

如果 $\boldsymbol{\beta}_1$，$\boldsymbol{\beta}_2$，$\cdots$，$\boldsymbol{\beta}_m$ 线性相关，则

$$秩\,(\boldsymbol{\alpha}_1,\ \boldsymbol{\alpha}_2,\ \cdots,\ \boldsymbol{\alpha}_m) \leqslant 秩\,(\boldsymbol{\beta}_1,\ \boldsymbol{\beta}_2,\ \cdots,\ \boldsymbol{\beta}_m) < m,$$

故 $\boldsymbol{\alpha}_1$，$\boldsymbol{\alpha}_2$，$\cdots$，$\boldsymbol{\alpha}_m$ 线性相关，与题设矛盾.

因而当 $\boldsymbol{\alpha}_1$，$\boldsymbol{\alpha}_2$，$\cdots$，$\boldsymbol{\alpha}_m\,(m < n)$ 线性无关，且可由 $\boldsymbol{\beta}_1$，$\boldsymbol{\beta}_2$，$\cdots$，$\boldsymbol{\beta}_m$ 线性表示时，则 $\boldsymbol{\beta}_1$，$\boldsymbol{\beta}_2$，$\cdots$，$\boldsymbol{\beta}_m$ 必线性无关，但又不是必要条件，因当 $m < n$ 时，两个线性无关的向量组不一定能互相线性表示. 例如，向量组

$$\boldsymbol{\alpha}_1 = [1, 0, 0]^{\mathrm{T}},\ \boldsymbol{\alpha}_2 = [0, 1, 0]^{\mathrm{T}},\ \boldsymbol{\beta}_1 = [0, 2, 0]^{\mathrm{T}},\ \boldsymbol{\beta}_2 = [0, 0, 1]^{\mathrm{T}},$$

它们都分别线性无关，但 $\boldsymbol{\alpha}_1$ 就不能用 $\boldsymbol{\beta}_1$，$\boldsymbol{\beta}_2$ 线性表示. 因而(A)不对.

关于(B)仅知道向量组 $\boldsymbol{\beta}_1$，$\boldsymbol{\beta}_2$，$\cdots$，$\boldsymbol{\beta}_m$ 可由 $\boldsymbol{\alpha}_1$，$\boldsymbol{\alpha}_2$，$\cdots$，$\boldsymbol{\alpha}_m$ 线性表示，没有说怎么表示.

因此，$[\boldsymbol{\beta}_1,\ \boldsymbol{\beta}_2,\ \cdots,\ \boldsymbol{\beta}_m] = [\boldsymbol{\alpha}_1,\ \boldsymbol{\alpha}_2,\ \cdots,\ \boldsymbol{\alpha}_m]\,G_{m \times m}.$

当秩 $(G) < m$ 时，$\boldsymbol{\beta}_1$，$\boldsymbol{\beta}_2$，$\cdots$，$\boldsymbol{\beta}_m$ 线性相关；当秩 $(G) = m$ 时，线性无关. 因而，$\boldsymbol{\beta}_1$，$\boldsymbol{\beta}_2$，$\cdots$，$\boldsymbol{\beta}_m$ 既可线性相关，又可线性无关，故(B)既非充分条件又非必要条件.

至于(C)，实际上是将(A)、(B)合并在一起的说法，由(A)知(C)只是充分条件而非必要条件，事实上，两向量等秩不一定等价.

仅(D)入选. 这是因为对矩阵而言，A 与 B 等价 $\Leftrightarrow$ 秩 $(A) = $ 秩 $(B) = m \Leftrightarrow \boldsymbol{\beta}_1$，$\boldsymbol{\beta}_2$，$\cdots$，$\boldsymbol{\beta}_m$ 线性无关.

【例3】解：答案选(C). (D)显然不对. 现取 Ⅰ：$\boldsymbol{\alpha}_1(1, 0, 0, 0)$，$\boldsymbol{\alpha}_2 = (0, 1, 0, 0)$，Ⅱ：$\boldsymbol{\beta}_1 = (0, 0, 1, 0)$，$\boldsymbol{\beta}_2 = (0, 0, 0, 1)$，则 Ⅰ、Ⅱ 满足题目所有条件，而 Ⅲ 是线性无关的；又取 Ⅰ：$\boldsymbol{\alpha}_1 = (1, 0, 0, 0)$，$\boldsymbol{\alpha}_2 = (0, 1, 0, 0)$，$\boldsymbol{\alpha}_3 = (1, 1, 1, 1)$，Ⅱ：$\boldsymbol{\beta}_1 = (0, 0, 1, 0)$，$\boldsymbol{\beta}_2 = (0, 0, 0, 1)$，则 Ⅰ、Ⅱ 也满足题目所有条件，但 Ⅲ 是五个四维向量必线性关系. 所以选(C).

【例4】解：设有数 k_1，k_2，$\cdots$，k_{m-1} 使得 $k_1\boldsymbol{\beta}_1 + k_2\boldsymbol{\beta}_2 + \cdots + k_{m-1}\boldsymbol{\beta}_{m-1} = O$

即 $k_1(\boldsymbol{\alpha}_1 + \boldsymbol{\alpha}_m) + k_2(\boldsymbol{\alpha}_2 + \boldsymbol{\alpha}_m) + \cdots + k_{m-1}(\boldsymbol{\alpha}_{m-1} + \boldsymbol{\alpha}_m) = O$，亦即

$$k_1\boldsymbol{\alpha}_1 + k_2\boldsymbol{\alpha}_2 + \cdots + k_{m-1}\boldsymbol{\alpha}_{m-1} + \boldsymbol{\alpha}_m(k_1 + k_2 + \cdots + k_{m-1}) = O,$$

由 $\boldsymbol{\alpha}_1$，$\boldsymbol{\alpha}_2$，$\cdots$，$\boldsymbol{\alpha}_m$ 的线性无关性知，$k_1 = 0$，$k_2 = 0$，$\cdots$，$k_{m-1} = 0$，故向量组 $\boldsymbol{\beta}_1$，$\boldsymbol{\beta}_2$，$\cdots$，$\boldsymbol{\beta}_{m-1}$ 线性无关.

题型二　判断能否线性表出

【例5】解：对 $(\boldsymbol{\alpha}_1,\ \boldsymbol{\alpha}_2,\ \boldsymbol{\alpha}_3,\ \boldsymbol{\beta})$ 进行初等行变换即可.

$$(\boldsymbol{\alpha}_1,\ \boldsymbol{\alpha}_2,\ \boldsymbol{\alpha}_3,\ \boldsymbol{\beta}) = \begin{pmatrix} 1 & 3 & -1 & -2 \\ 2 & -1 & 2 & 3 \\ 3 & 2 & 1 & 1 \\ 1 & -4 & 3 & 5 \end{pmatrix} \xrightarrow[\substack{r_3 + (-3)r_1 \\ r_4 + (-1)r_1}]{r_2 + (-2)r_1} \begin{pmatrix} 1 & 3 & -1 & -2 \\ 0 & -7 & 4 & 7 \\ 0 & -7 & 4 & 7 \\ 0 & -7 & 4 & 7 \end{pmatrix}$$

$$\xrightarrow[\substack{r_4 + (-1)r_2 \\ -\frac{1}{7} \times r_2}]{r_3 + (-1)r_2}
\begin{pmatrix} 1 & 3 & -1 & -2 \\ 0 & 1 & -4/7 & -1 \\ 0 & 0 & 0 & 0 \\ 0 & 0 & 0 & 0 \end{pmatrix}
\xrightarrow{r_1 + (-3)r_2}
\begin{pmatrix} 1 & 0 & 5/7 & 1 \\ 0 & 1 & -4/7 & -1 \\ 0 & 0 & 0 & 0 \\ 0 & 0 & 0 & 0 \end{pmatrix}$$

所以知 $\boldsymbol{\alpha}_1$，$\boldsymbol{\alpha}_2$，$\boldsymbol{\alpha}_3$ 线性相关，$\boldsymbol{\alpha}_1$，$\boldsymbol{\alpha}_2$ 线性无关，且 $\boldsymbol{\beta}$ 能由 $\boldsymbol{\alpha}_1$，$\boldsymbol{\alpha}_2$，$\boldsymbol{\alpha}_3$ 线性表示，表示式不唯一.

例如 $\boldsymbol{\beta} = 1 \cdot \boldsymbol{\alpha}_1 + (-1)\boldsymbol{\alpha}_2 + 0 \cdot \boldsymbol{\alpha}_3$，$\boldsymbol{\beta} = \dfrac{2}{7}\boldsymbol{\alpha}_1 + \left(-\dfrac{3}{7}\right)\boldsymbol{\alpha}_2 + \boldsymbol{\alpha}_3$.

【例6】解：（1）4 个三维向量必线性相关，故知存在不全为零的数 k_1，k_2，λ_1，λ_2，使得

$$k_1\boldsymbol{\alpha}_1 + k_2\boldsymbol{\alpha}_2 + \lambda_1\boldsymbol{\beta}_1 + \lambda_2\boldsymbol{\beta}_2 = 0 \qquad\qquad ①$$

即 $k_1\boldsymbol{\alpha}_1 + k_2\boldsymbol{\alpha}_2 = -\lambda_1\boldsymbol{\beta}_1 - \lambda_2\boldsymbol{\beta}_2$，取 $\boldsymbol{\xi} = k_1\boldsymbol{\alpha}_1 + k_2\boldsymbol{\alpha}_2$（其中 $\boldsymbol{\xi} \neq 0$）即为所求.

若 $\boldsymbol{\xi} = 0$，即 $k_1\boldsymbol{\alpha}_1 + k_2\boldsymbol{\alpha}_2 = -\lambda_1\boldsymbol{\beta}_1 - \lambda_2\boldsymbol{\beta}_2 = 0$，由 $\boldsymbol{\alpha}_1$，$\boldsymbol{\alpha}_2$ 及 $\boldsymbol{\beta}_1$，$\boldsymbol{\beta}_2$ 线性无关可知

$k_1 = k_2 = \lambda_1 = \lambda_2 = 0$，与已知的 k_1，k_2，λ_1，λ_2 不全为 0 矛盾.

（2）求解方程式①中的线性组合系数 k_1，k_2，λ_1，λ_2

$$\begin{pmatrix} 1 & 2 & 1 & 0 \\ 2 & 1 & 0 & 4 \\ 2 & 3 & 3 & -2 \end{pmatrix} \to \begin{pmatrix} 1 & 2 & 1 & 0 \\ 0 & -3 & -2 & 4 \\ 0 & -1 & 1 & -2 \end{pmatrix} \to \begin{pmatrix} 1 & 2 & 1 & 0 \\ 0 & -1 & 1 & -2 \\ 0 & 0 & 1 & -2 \end{pmatrix} \to \begin{pmatrix} 1 & 0 & 0 & 2 \\ 0 & 1 & 0 & 0 \\ 0 & 0 & 1 & -2 \end{pmatrix}.$$

解得 $(k_1, k_2, \lambda_1, \lambda_2) = \mu(-2, 0, 2, 1)$，故

$\boldsymbol{\xi} = -2\mu\boldsymbol{\alpha}_1 = \mu(-2, -4, -4)^T = k(1, 2, 2)^T$. 或 $\boldsymbol{\xi} = \mu(-2\boldsymbol{\beta}_1 - \boldsymbol{\beta}_2)$，其中 k 是任意常数.

【例7】解：因 $|\boldsymbol{\beta}_1, \boldsymbol{\beta}_2, \boldsymbol{\beta}_3| = \begin{vmatrix} 1 & 2 & 2 \\ 2 & 1 & 1 \\ a+3 & a+6 & a+4 \end{vmatrix} = \begin{vmatrix} 1 & 2 & 0 \\ 2 & 1 & 0 \\ a+3 & a+6 & -2 \end{vmatrix} \neq 0$，故方程组

$$x_1\boldsymbol{\beta}_1 + x_2\boldsymbol{\beta}_2 + x_3\boldsymbol{\beta}_3 = \boldsymbol{\alpha}_i \qquad\qquad (i = 1, 2, 3)$$

有唯一解. 因而对任意 a，向量组（Ⅰ）可用向量组（Ⅱ）线性表示. 但

$$|\boldsymbol{\alpha}_1, \boldsymbol{\alpha}_2, \boldsymbol{\alpha}_3| = \begin{vmatrix} 1 & 1 & 1 \\ 0 & 1 & -1 \\ 2 & 3 & a+2 \end{vmatrix} = \begin{vmatrix} 1 & 1 & 1 \\ 0 & 1 & -1 \\ 0 & 1 & a \end{vmatrix} = \begin{vmatrix} 1 & 1 & 1 \\ 0 & 1 & -1 \\ 0 & 0 & a+1 \end{vmatrix} = a+1.$$

当 $a + 1 \neq 0$，即 $a \neq -1$ 时，方程组 $x_1\boldsymbol{\alpha}_1 + x_2\boldsymbol{\alpha}_2 + x_3\boldsymbol{\alpha}_3 = \boldsymbol{\beta}_i (i = 1, 2, 3)$ 有唯一解，因而 $\boldsymbol{\beta}_1, \boldsymbol{\beta}_2, \boldsymbol{\beta}_3$ 可用 $\boldsymbol{\alpha}_1$，$\boldsymbol{\alpha}_2$，$\boldsymbol{\alpha}_3$ 线性表示，于是得到当 $a \neq -1$，向量组（Ⅰ）和向量组（Ⅱ）等价. 但当 $a = -1$ 时，有

$$[\boldsymbol{\alpha}_1, \boldsymbol{\alpha}_2, \boldsymbol{\alpha}_3, \boldsymbol{\beta}_1] = \begin{bmatrix} 1 & 1 & 1 & 1 \\ 0 & 1 & -1 & 2 \\ 2 & 3 & 1 & 2 \end{bmatrix} \to \begin{bmatrix} 1 & 1 & 1 & 1 \\ 0 & 1 & -1 & 2 \\ 0 & 0 & 0 & -2 \end{bmatrix}.$$

因　　秩 $[\boldsymbol{\alpha}_1, \boldsymbol{\alpha}_2, \boldsymbol{\alpha}_3] = 2 \neq$ 秩 $(\boldsymbol{\alpha}_1, \boldsymbol{\alpha}_2, \boldsymbol{\alpha}_3) + 1 =$ 秩 $(\boldsymbol{\alpha}_1, \boldsymbol{\alpha}_2, \boldsymbol{\alpha}_3, \boldsymbol{\beta}_1) = 3$，

故 $\boldsymbol{\beta}_1$ 不能用 $\boldsymbol{\alpha}_1$，$\boldsymbol{\alpha}_2$，$\boldsymbol{\alpha}_3$ 线性表示，因而向量组（Ⅰ）和向量组（Ⅱ）不等价.

【例8】解：（1）分别对 $(\boldsymbol{\alpha}_1^T, \boldsymbol{\alpha}_2^T, \boldsymbol{\alpha}_3^T, \boldsymbol{\beta}_1^T, \boldsymbol{\beta}_2^T, \boldsymbol{\beta}_3^T)$ 及 $(\boldsymbol{\beta}_1^T, \boldsymbol{\beta}_2^T, \boldsymbol{\beta}_3^T, \boldsymbol{\alpha}_1^T, \boldsymbol{\alpha}_2^T, \boldsymbol{\alpha}_3^T)$ 进行初等行变换即可.

$$(\boldsymbol{\alpha}_1^T, \boldsymbol{\alpha}_2^T, \boldsymbol{\alpha}_3^T, \boldsymbol{\beta}_1^T, \boldsymbol{\beta}_2^T, \boldsymbol{\beta}_3^T) = \begin{pmatrix} 1 & 0 & 1 & 0 & 1 & 1 \\ 0 & 1 & 1 & 1 & 1 & 2 \\ 0 & 0 & 1 & 1 & 2 & 3 \end{pmatrix} \xrightarrow[i = 1, 2]{r_i + (-1)r_3} \begin{pmatrix} 1 & 0 & 0 & -1 & -1 & -2 \\ 0 & 1 & 0 & 0 & -1 & -1 \\ 0 & 0 & 1 & 1 & 2 & 3 \end{pmatrix}$$

由此可知，$\boldsymbol{\beta}_1 = -\boldsymbol{\alpha}_1 + \boldsymbol{\alpha}_3$，$\boldsymbol{\beta}_2 = -\boldsymbol{\alpha}_1 - \boldsymbol{\alpha}_2 + 2\boldsymbol{\alpha}_3$，$\boldsymbol{\beta}_3 = -2\boldsymbol{\alpha}_1 - \boldsymbol{\alpha}_2 + 3\boldsymbol{\alpha}_3$.

$$(\boldsymbol{\beta}_1^T, \boldsymbol{\beta}_2^T, \boldsymbol{\beta}_3^T, \boldsymbol{\alpha}_1^T, \boldsymbol{\alpha}_2^T, \boldsymbol{\alpha}_3^T) = \begin{pmatrix} 0 & 1 & 1 & 1 & 0 & 1 \\ 1 & 1 & 2 & 0 & 1 & 1 \\ 1 & 2 & 3 & 0 & 0 & 1 \end{pmatrix} \xrightarrow[\substack{r_2 + (-1)r_1}]{r_1 \leftrightarrow r_3}$$

$$\begin{pmatrix} 1 & 2 & 3 & 0 & 0 & 1 \\ 0 & -1 & -1 & 0 & 1 & 0 \\ 0 & 1 & 1 & 1 & 0 & 1 \end{pmatrix} \xrightarrow{r_3 + r_2} \begin{pmatrix} 1 & 2 & 3 & 0 & 0 & 1 \\ 0 & -1 & -1 & 0 & 1 & 0 \\ 0 & 0 & 0 & 1 & 1 & 1 \end{pmatrix}$$

由此可知，$\pmb{\alpha}_1$，$\pmb{\alpha}_2$，$\pmb{\alpha}_3$ 不能由($\pmb{\beta}_1$，$\pmb{\beta}_2$，$\pmb{\beta}_3$)线性表示，他们不等价.

（2）分别对($\pmb{\alpha}_1$，$\pmb{\alpha}_2$，$\pmb{\beta}_1$，$\pmb{\beta}_2$，$\pmb{\beta}_3$)及($\pmb{\beta}_1$，$\pmb{\beta}_2$，$\pmb{\beta}_3$，$\pmb{\alpha}_1$，$\pmb{\alpha}_2$)进行初等行变换.

$$(\pmb{\alpha}_1，\pmb{\alpha}_2，\pmb{\beta}_1，\pmb{\beta}_2，\pmb{\beta}_3) = \begin{pmatrix} 1 & 2 & 0 & 3 & 4 \\ -1 & 2 & 4 & 1 & 0 \\ 1 & 1 & -1 & 2 & 3 \end{pmatrix} \xrightarrow[r_3+(-1)r_1]{r_2+r_1} \begin{pmatrix} 1 & 2 & 0 & 3 & 4 \\ 0 & 4 & 4 & 4 & 4 \\ 0 & -1 & -1 & -1 & -1 \end{pmatrix}$$

$$\xrightarrow[r_3+r_2]{\frac{1}{4}\times r_2} \begin{pmatrix} 1 & 2 & 0 & 3 & 4 \\ 0 & 1 & 1 & 1 & 1 \\ 0 & 0 & 0 & 0 & 0 \end{pmatrix} \xrightarrow{r_1+(-2)r_2} \begin{pmatrix} 1 & 0 & -2 & 1 & 2 \\ 0 & 1 & 1 & 1 & 1 \\ 0 & 0 & 0 & 0 & 0 \end{pmatrix}$$

由此可知，$\pmb{\beta}_1=-2\pmb{\alpha}_1+\pmb{\alpha}_2$，$\pmb{\beta}_2=\pmb{\alpha}_1+\pmb{\alpha}_2$，$\pmb{\beta}_3=2\pmb{\alpha}_1+\pmb{\alpha}_2$.

$$(\pmb{\beta}_1，\pmb{\beta}_2，\pmb{\beta}_3，\pmb{\alpha}_1，\pmb{\alpha}_2) = \begin{pmatrix} 0 & 3 & 4 & 1 & 2 \\ 4 & 1 & 0 & -1 & 2 \\ -1 & 2 & 3 & 1 & 1 \end{pmatrix} \xrightarrow[\substack{r_2+4r_1 \\ (-1)\times r_1}]{r_1 \leftrightarrow r_3}$$

$$\begin{pmatrix} 1 & -2 & -3 & -1 & -1 \\ 0 & 9 & 12 & 3 & 6 \\ 0 & 3 & 4 & 1 & 2 \end{pmatrix} \xrightarrow[\frac{1}{9}\times r_2]{r_3+\left(-\frac{1}{3}\right)r_2} \begin{pmatrix} 1 & -2 & -3 & -1 & -1 \\ 0 & 1 & 4/3 & 1/3 & 2/3 \\ 0 & 0 & 0 & 0 & 0 \end{pmatrix}$$

$$\xrightarrow[\frac{1}{9}\times r_2]{r_3+\left(-\frac{1}{3}\right)r_2} \begin{pmatrix} 1 & 0 & -1/3 & -1/3 & 1/3 \\ 0 & 1 & 4/3 & 1/3 & 2/3 \\ 0 & 0 & 0 & 0 & 0 \end{pmatrix}$$

由此可知，$\pmb{\alpha}_1=-\dfrac{1}{3}\pmb{\beta}_1+\dfrac{1}{3}\pmb{\beta}_2$，$\pmb{\alpha}_2=\dfrac{1}{3}\pmb{\beta}_1+\dfrac{2}{3}\pmb{\beta}_2$，两向量组等价，表示关系已有.

题型三　向量组的秩，矩阵的秩

【例9】解：答案选(B). 设向量均为列向量，依题设有

$$(\pmb{\alpha}_1，\pmb{\alpha}_2，\cdots，\pmb{\alpha}_m) = (\pmb{\beta}_1，\pmb{\beta}_2，\cdots，\pmb{\beta}_m)\begin{pmatrix} 0 & 1 & 1 & \cdots & 1 \\ 1 & 0 & 1 & \cdots & 1 \\ 1 & 1 & 0 & \cdots & 1 \\ \vdots & \vdots & \vdots & & \vdots \\ 1 & 1 & 1 & \cdots & 0 \end{pmatrix} \xRightarrow{记作} (\pmb{\beta}_1，\pmb{\beta}_2，\cdots，\pmb{\beta}_m)C,$$

易计算得 $|C|=(-1)^{m-1}(m-1)$，而显然 $m\geqslant 1$，故 $|C|\neq 0$，即 C 可逆，选(B).

【例10】解：（1）对($\pmb{\alpha}_1$，$\pmb{\alpha}_2$，$\pmb{\alpha}_3$，$\pmb{\alpha}_4$，$\pmb{\beta}$)进行初等行变换即可.

$$(\pmb{\alpha}_1，\pmb{\alpha}_2，\pmb{\alpha}_3，\pmb{\alpha}_4，\pmb{\beta}) = \begin{pmatrix} 1 & -1 & 3 & -2 & 4 \\ 1 & -3 & 2 & -6 & 1 \\ 1 & 5 & -1 & 10 & 6 \\ 3 & 1 & x+2 & x & 10 \end{pmatrix} \xrightarrow[\substack{r_3+(-1)r_1 \\ r_4+(-3)r_1}]{r_2+(-1)r_1} \begin{pmatrix} 1 & -1 & 3 & -2 & 4 \\ 0 & -2 & -1 & -4 & -3 \\ 0 & 6 & -4 & 12 & 2 \\ 0 & 4 & x-7 & x+6 & -2 \end{pmatrix}$$

$$\xrightarrow[\substack{-\frac{1}{7}\times r_3 \\ r_4+(9-x)r_3}]{\substack{r_3+3r_2 \\ r_4+2r_2}} \begin{pmatrix} 1 & -1 & 3 & -2 & 4 \\ 0 & -2 & -1 & -4 & -3 \\ 0 & 0 & 1 & 0 & 1 \\ 0 & 0 & 0 & x-2 & 1-x \end{pmatrix} \xRightarrow{记作 B.}$$

所以，当 $x\neq 2$ 时，$\pmb{\alpha}_1$，$\pmb{\alpha}_2$，$\pmb{\alpha}_3$，$\pmb{\alpha}_4$ 线性无关，

此时对 B 继续作初等行变换化为行最简形(先作 $-\dfrac{1}{2}\times r_2$ 得 B)：

$$B \xrightarrow[\substack{r_2 + (-2)r_4 \\ r_1 + 2r_4}]{\frac{1}{X-2} \times r_4} \begin{pmatrix} 1 & -1 & 3 & 0 & 4 + \frac{2(1-x)}{x-2} \\ 0 & 1 & \frac{1}{2} & 0 & \frac{3}{2} - \frac{2(1-x)}{x-2} \\ 0 & 0 & 1 & 0 & 1 \\ 0 & 0 & 0 & 1 & \frac{1-x}{x-2} \end{pmatrix} \xrightarrow[\substack{r_1 + (-3)r_3 \\ r_1 + r_2}]{r_2 + \left(-\frac{1}{2}\right)r_3} \begin{pmatrix} 1 & 0 & 0 & 0 & 2 \\ 0 & 1 & 0 & 0 & \frac{3x-4}{x-2} \\ 0 & 0 & 1 & 0 & 1 \\ 0 & 0 & 0 & 1 & \frac{1-x}{x-2} \end{pmatrix},$$

于是知 $\boldsymbol{\beta} = 2\boldsymbol{\alpha}_1 + \frac{3x-4}{x-2}\boldsymbol{\alpha}_2 + \boldsymbol{\alpha}_3 + \frac{1-x}{x-2}\boldsymbol{\alpha}_4 (x \neq 2)$.

(2) 由（I）知，当 $x=2$ 时，向量组 $\boldsymbol{\alpha}_1$，$\boldsymbol{\alpha}_2$，$\boldsymbol{\alpha}_3$，$\boldsymbol{\alpha}_4$ 线性相关，其秩为 3，一个极大线性无关组为 $\boldsymbol{\alpha}_1$，$\boldsymbol{\alpha}_2$，$\boldsymbol{\alpha}_3$.

【例11】解：此矩阵只作初等行变换化为行阶梯形较为繁琐，还要对 a，b 一开始就进行讨论，这种时候，建议配合适当的初等列变换先将矩阵化为阶梯形的样子再讨论会方便些（注意，初等列变换也不改变矩阵的秩）.

$$A \xrightarrow[\substack{i=2, 3, 4}]{r_i + (-1)r_1} \begin{pmatrix} a & b & b & b \\ b-a & a-b & 0 & 0 \\ b-a & 0 & a-b & 0 \\ b-a & 0 & 0 & a-b \end{pmatrix} \xrightarrow[\substack{i=2, 3, 4}]{c_1 + c_i} \begin{pmatrix} a+3b & b & b & b \\ 0 & a-b & 0 & 0 \\ 0 & 0 & a-b & 0 \\ 0 & 0 & 0 & a-b \end{pmatrix}$$

① 当 $a+3b=0$，$a-b=0$ 即 $a=b=0$ 时，$A=O$，则 $r(A)=0$；

② 当 $a+3b\neq0$，$a-b\neq0$ 时，则 $r(A)=4$；

(3) 当 $a+3b\neq0$，$a-b=0$ 时，则 $r(A)=1$；

④ 当 $a+3b=0$，$a-b\neq0$ 时，则 $r(A)=3$.

【例12】证：先证充分性，令

$$A = \begin{bmatrix} \boldsymbol{\alpha}_1 \\ \vdots \\ \boldsymbol{\alpha}_s \end{bmatrix}, B = \begin{bmatrix} \boldsymbol{\beta}_1 \\ \vdots \\ \boldsymbol{\beta}_r \end{bmatrix}, X = \begin{bmatrix} \boldsymbol{x}_1 \\ \vdots \\ \boldsymbol{x}_r \end{bmatrix},$$

为证向量组（Ⅱ）线性无关，只需证 $X^{\mathrm{T}}B = 0$ 只有零解.

事实上，由 $X^{\mathrm{T}}B = 0$ 得到 $(X^{\mathrm{T}}K)A = 0$，因 $\boldsymbol{\alpha}_1$，$\cdots$，$\boldsymbol{\alpha}_s$ 线性无关，A 为行满秩矩阵，即秩 $(A) = s$，而 $X^{\mathrm{T}}K$ 为 s 维行向量，因此知 $(X^{\mathrm{T}}K)A = 0$ 只有零解，从而 $X^{\mathrm{T}}K = 0$.

同理，因秩 $(K) = r$，即 K 为行满秩矩阵，故 K 的 r 个行向量线性无关，而 X^{T} 为 r 维行向量，$X^{\mathrm{T}}K = 0$ 只有零解. 因而 $X^{\mathrm{T}} = 0$，即 $X^{\mathrm{T}}B = 0$ 只有零解.

再证必要性. 因 $B = KA$，K 因为矩阵，故秩 $(K) \geq$ 秩 $(B) = r$. 另一方面，K 为 $r \times s$ 矩阵，当然有秩 $(K) \leq r$，故秩 $(K) = r$.

题型四　已知秩，求待定常数

【例13】解：仅（C）入选，A 为三阶矩阵，秩 $(A^*) = 1$.

由伴随矩阵的规律有秩 $(A) = n - 1 = 3 - 1 = 2$. 因而，先求满足 $|A| = 0$ 的 a 与 b 的关系：

$$|A| = \begin{vmatrix} a+2b & b & b \\ a+2b & a & b \\ a+2b & b & a \end{vmatrix} = (a+2b) \begin{vmatrix} 1 & 0 & 0 \\ 1 & a-b & 0 \\ 1 & 0 & a-b \end{vmatrix} = (a+2b)(a-b)^2 = 0,$$

故 $a+2b=0$ 或 $a=b$. 再验证 A 的秩是否为 2.

但当 $a=b$ 时，秩 $(A) = 1 \neq 2$，故 $a+2b=0$ 且 $a \neq b$.

【例14】解：为求 a 的值，需先求 B 的秩. 由秩 $(AB+B) = 2$，得秩 $((A+E)B) = 2$，而

$$A + E = \begin{bmatrix} 2 & 1 & 0 \\ 1 & 2 & 0 \\ 2 & 2 & 1 \end{bmatrix}, \quad |A + E| = 3 \neq 0,$$

故 $A + E$ 可逆，所以秩 $((A + E)B) = $ 秩 $(B) = 2$. 因

$$|B| = \begin{vmatrix} 1 & -2 & 1 \\ 2 & a & 2 \\ -1 & 2 & 3 \end{vmatrix} \xLongequal{r_3 + r_1} \begin{vmatrix} 1 & -2 & 1 \\ 2 & a & 2 \\ 0 & 0 & 4 \end{vmatrix} = 4(a + 4) = 0$$

故 $a = -4$. 又因 B 中已有二阶子式不等于 0，所以当 $a = -4$ 时，秩 $(B) = 2$. $a = -4$ 即为所求.

【例 15】解法 1： 因向量组 $\boldsymbol{\alpha}_1$, $\boldsymbol{\alpha}_2$, $\boldsymbol{\alpha}_3$ 不含参数，其秩能求出，从而可求出 $\boldsymbol{\beta}_1$, $\boldsymbol{\beta}_2$, $\boldsymbol{\beta}_3$ 的秩，判定其线性相关性. 由此可导出 a 与 b 的一个关系式. 再由 $\boldsymbol{\beta}_3$ 可由 $\boldsymbol{\alpha}_1$, $\boldsymbol{\alpha}_2$, $\boldsymbol{\alpha}_3$ 线性表示的条件，导出 a 与 b 的另一个关系式.

事实上，因 $\boldsymbol{\alpha}_1$, $\boldsymbol{\alpha}_2$ 线性无关，$\boldsymbol{\alpha}_3 = 3\boldsymbol{\alpha}_1 + 2\boldsymbol{\alpha}_2$，故 $\boldsymbol{\alpha}_1$, $\boldsymbol{\alpha}_2$, $\boldsymbol{\alpha}_3$ 线性相关，其秩为 2，且 $\boldsymbol{\alpha}_1$, $\boldsymbol{\alpha}_2$ 为其一个极大无关组. 由于 $\boldsymbol{\beta}_1$, $\boldsymbol{\beta}_2$, $\boldsymbol{\beta}_3$ 与 $\boldsymbol{\alpha}_1$, $\boldsymbol{\alpha}_2$, $\boldsymbol{\alpha}_3$ 具有相同的秩，故 $\boldsymbol{\beta}_1$, $\boldsymbol{\beta}_2$, $\boldsymbol{\beta}_3$ 线性相关，从而：

$$\begin{vmatrix} 0 & a & b \\ 1 & 2 & 1 \\ -1 & 1 & 0 \end{vmatrix} = 0.$$ 于是易解得 $a = 3b$.

又 $\boldsymbol{\beta}_3$ 可由 $\boldsymbol{\alpha}_1$, $\boldsymbol{\alpha}_2$, $\boldsymbol{\alpha}_3$ 线性表示，从而可由 $\boldsymbol{\alpha}_1$, $\boldsymbol{\alpha}_2$ 线性表示，所以 $\boldsymbol{\alpha}_1$, $\boldsymbol{\alpha}_2$, $\boldsymbol{\beta}_3$ 线性相关.

于是 $$\begin{vmatrix} 1 & 3 & b \\ 2 & 0 & 1 \\ -3 & 1 & 0 \end{vmatrix} = 0,$$

易解得 $2b - 10 = 0$，即 $b = 5$，从而 $a = 15$.

解法 2： 因 $\boldsymbol{\beta}_3$ 可由 $\boldsymbol{\alpha}_1$, $\boldsymbol{\alpha}_2$, $\boldsymbol{\alpha}_3$ 线性表示，因此方程组 $[\boldsymbol{\alpha}_1, \boldsymbol{\alpha}_2, \boldsymbol{\alpha}_3]X = \boldsymbol{\beta}_3$ 有解. 对增广矩阵施以初等行变换，使之化为行阶梯形：

$$[\boldsymbol{\alpha}_1, \boldsymbol{\alpha}_2, \boldsymbol{\alpha}_3 \vdots \boldsymbol{\beta}_3] = \begin{bmatrix} 1 & 3 & 9 & \vdots & b \\ 2 & 0 & 6 & \vdots & 1 \\ -3 & 1 & -7 & \vdots & 0 \end{bmatrix} \rightarrow \begin{bmatrix} 1 & 3 & 9 & \vdots & b \\ 0 & 1 & 2 & \vdots & (2b-1)/6 \\ 0 & 0 & 0 & \vdots & (5-b)/30 \end{bmatrix}.$$

因为非齐次线性方程组有解，所以必有 $(5 - b)/30 = 0$，即 $b = 5$.

由上面初等变换结果还可得知，$\boldsymbol{\alpha}_1$, $\boldsymbol{\alpha}_2$, $\boldsymbol{\alpha}_3$ 的秩为 2. 由题设知，向量组 $\boldsymbol{\beta}_1$, $\boldsymbol{\beta}_2$, $\boldsymbol{\beta}_3$ 的秩也是 2，因此 $$\begin{vmatrix} 0 & a & 5 \\ 1 & 2 & 1 \\ -1 & 1 & 0 \end{vmatrix} = 0.$$ 由此解得 $a = 15$.

题型五　正交矩阵

【例 16】解： 因为 A, B, $A + B$ 为正交矩阵，所以 $(A + B)^T = (A + B)^{-1}$, $A^T = A^{-1}$, $B^T = B^{-1}$；所以 $(A+B)^{-1} = (A+B)^T = A^T + B^T = A^{-1} + B^{-1}$.

【例 17】证： 因 $\boldsymbol{\alpha}$ 为实向量，而 $Q^T = (E - 2\boldsymbol{\alpha}\boldsymbol{\alpha}^T)^T = E^T - 2(\boldsymbol{\alpha}\boldsymbol{\alpha}^T)^T = E - 2\boldsymbol{\alpha}\boldsymbol{\alpha}^T = Q$，故 Q 为实对称矩阵，又

$$\begin{aligned} QQ^T = QQ &= (E - 2\boldsymbol{\alpha}\boldsymbol{\alpha}^T)(E - 2\boldsymbol{\alpha}\boldsymbol{\alpha}^T) \\ &= E - 2\boldsymbol{\alpha}\boldsymbol{\alpha}^T - 2\boldsymbol{\alpha}\boldsymbol{\alpha}^T + 4\boldsymbol{\alpha}\boldsymbol{\alpha}^T\boldsymbol{\alpha}\boldsymbol{\alpha}^T \\ &= E - 4\boldsymbol{\alpha}\boldsymbol{\alpha}^T + 4\boldsymbol{\alpha}\boldsymbol{\alpha}^T(\boldsymbol{\alpha}^T\boldsymbol{\alpha}) \end{aligned}$$

而 $\| \boldsymbol{\alpha} \| = 1$，即 $\boldsymbol{\alpha}^T\boldsymbol{\alpha} = 1$，因而 $QQ^T = E$，故 Q 为实对称的正交矩阵.

题型六　向量空间

【例 18】解： 利用施密特正交化：

$$\boldsymbol{\beta}_1 = \boldsymbol{\alpha}_1, \quad \boldsymbol{\beta}_2 = \boldsymbol{\alpha}_2 - \frac{\boldsymbol{\alpha}_2^T \boldsymbol{\beta}_1}{\boldsymbol{\beta}_1^T \boldsymbol{\beta}_1} \boldsymbol{\beta}_1 = \boldsymbol{\alpha}_2 - \frac{1}{2} \boldsymbol{\beta}_1 = \left(-\frac{1}{2}, \frac{1}{2}, 1 \right)^T,$$

令 $$\boldsymbol{\beta}_3 = \boldsymbol{\alpha}_3 - \frac{\boldsymbol{\alpha}_3^T \boldsymbol{\beta}_1}{\boldsymbol{\beta}_1^T \boldsymbol{\beta}_1} \boldsymbol{\beta}_1 - \frac{\boldsymbol{\alpha}_3^T \boldsymbol{\beta}_2}{\boldsymbol{\beta}_2^T \boldsymbol{\beta}_2} \boldsymbol{\beta}_2 = \boldsymbol{\alpha}_3 - \frac{1}{2} \boldsymbol{\beta}_1 - \frac{1/2}{3/2} \boldsymbol{\beta}_2 = \left(\frac{2}{3}, -\frac{2}{3}, \frac{2}{3} \right)^T,$$

再单位化：

$$\boldsymbol{\eta}_1 = \frac{\boldsymbol{\beta}_1}{\| \boldsymbol{\beta}_1 \|} = \frac{\sqrt{2}}{2} \boldsymbol{\beta}_1, \quad \boldsymbol{\eta}_2 = \frac{\boldsymbol{\beta}_2}{\| \boldsymbol{\beta}_2 \|} = \frac{\sqrt{6}}{3} \boldsymbol{\beta}_2, \quad \boldsymbol{\eta}_3 = \frac{\boldsymbol{\beta}_3}{\| \boldsymbol{\beta}_3 \|} = \frac{\sqrt{3}}{2} \boldsymbol{\beta}_3$$

则，$\boldsymbol{\eta}_1, \boldsymbol{\eta}_2, \boldsymbol{\eta}_3$ 为 R^3 的一个规范正交基(单位正交向量组).

设 $\boldsymbol{\beta}$ 在此规范正交基下的坐标为 x_1, x_2, x_3, 即 $\boldsymbol{\beta} = x_1 \boldsymbol{\eta}_1 + x_2 \boldsymbol{\eta}_2 + x_3 \boldsymbol{\eta}_3$, 则

$$x_1 = \boldsymbol{\eta}_1^T \boldsymbol{\beta} = \frac{3\sqrt{2}}{2}, \quad x_2 = \boldsymbol{\eta}_2^T \boldsymbol{\beta} = \frac{7\sqrt{6}}{6}, \quad x_3 = \boldsymbol{\eta}_3^T \boldsymbol{\beta} = \frac{2\sqrt{3}}{3}.$$

【例 19】解法 1： 设所求的过渡矩阵为 P, 则有 $[\boldsymbol{\beta}_1, \boldsymbol{\beta}_2] = [\boldsymbol{\alpha}_1, \boldsymbol{\alpha}_2] P$, 即

$$P = [\boldsymbol{\alpha}_1, \boldsymbol{\alpha}_2]^{-1} [\boldsymbol{\beta}_1, \boldsymbol{\beta}_2] = \begin{bmatrix} 1 & 1 \\ 0 & -1 \end{bmatrix} \begin{bmatrix} 1 & 1 \\ 1 & 2 \end{bmatrix} = \begin{bmatrix} 2 & 3 \\ -1 & -2 \end{bmatrix}.$$

解法 2： 利用初等行变换求之：

$$\begin{bmatrix} 1 & 1 & \vdots & 1 & 1 \\ 0 & -1 & \vdots & 1 & 2 \end{bmatrix} \rightarrow \begin{bmatrix} 1 & 0 & \vdots & 2 & 3 \\ 0 & -1 & \vdots & 1 & 2 \end{bmatrix} \rightarrow \begin{bmatrix} 1 & 0 & \vdots & 2 & 3 \\ 0 & 1 & \vdots & -1 & -2 \end{bmatrix},$$

故 $P = \begin{bmatrix} 2 & 3 \\ -1 & -2 \end{bmatrix}.$

【例 20】解： 因 $AX = 0$ 的基础解系为 s 个解向量, 如能证 $\boldsymbol{\beta}_1, \boldsymbol{\beta}_2, \cdots, \boldsymbol{\beta}_s$ 为线性无关的解向量, 则 $\boldsymbol{\beta}_1, \boldsymbol{\beta}_2, \cdots, \boldsymbol{\beta}_s$ 为基础解系. 因 $\boldsymbol{\beta}_1, \boldsymbol{\beta}_2, \cdots, \boldsymbol{\beta}_s$ 为 $\boldsymbol{\alpha}_1, \boldsymbol{\alpha}_2, \cdots, \boldsymbol{\alpha}_s$ 的线性组合, 故为 $AX = 0$ 的解向量. 又

$$\begin{bmatrix} \boldsymbol{\beta}_1 \\ \boldsymbol{\beta}_2 \\ \vdots \\ \boldsymbol{\beta}_s \end{bmatrix} = \begin{bmatrix} t_1 & t_2 & \cdots & 0 & 0 \\ 0 & t_1 & \cdots & 0 & 0 \\ \vdots & \vdots & & \vdots & \vdots \\ 0 & 0 & \cdots & t_1 & t_2 \\ t_2 & 0 & \cdots & 0 & t_1 \end{bmatrix} \begin{bmatrix} \boldsymbol{\alpha}_1 \\ \boldsymbol{\alpha}_2 \\ \vdots \\ \boldsymbol{\alpha}_s \end{bmatrix} = T \begin{bmatrix} \boldsymbol{\alpha}_1 \\ \boldsymbol{\alpha}_2 \\ \vdots \\ \boldsymbol{\alpha}_s \end{bmatrix},$$

其中, T 为上式右端两组向量之间的转换矩阵.

因此, $|T| = t_1^s + (-1)^{s-1} t_2^s$, 故当 s 为偶数时, $t_1^s + (-1)^{s-1} t_2^s \neq 0$, 即 $t_1^s \neq t_2^s$. 因 t_1, t_2 为实常数, 故当 $t_1 \neq \pm t_2$ 时, $|T| \neq 0$, 因此知, $\boldsymbol{\beta}_1, \boldsymbol{\beta}_2, \cdots, \boldsymbol{\beta}_s$ 线性无关.

当 s 为奇数时, $t_1^s + (-1)^{s-1} t_2^s \neq 0$, 即 $t_1^s + t_2^s \neq 0, t_1^s \neq -t_2^s$. 因 t_1, t_2 为实常数, 即当 $t_1 \neq -t_2$ 时, $|T| \neq 0$, 此时 $\boldsymbol{\beta}_1, \boldsymbol{\beta}_2, \cdots, \boldsymbol{\beta}_s$ 线性无关, 此时 $\boldsymbol{\beta}_1, \boldsymbol{\beta}_2, \cdots, \boldsymbol{\beta}_s$ 也为基础解系.

【例 21】解： 由题设有 $[y_1, y_2, y_3] = [x_1, x_2, x_3] \begin{bmatrix} 1 & 1 & 1 \\ 0 & 1 & 1 \\ 0 & 0 & 1 \end{bmatrix}$, 又设 $[\boldsymbol{\beta}_1, \boldsymbol{\beta}_2, \boldsymbol{\beta}_3] = [\boldsymbol{\alpha}_1, \boldsymbol{\alpha}_2, \boldsymbol{\alpha}_3] P$, 则由此得到

$$\begin{bmatrix} 1 & 1 & 1 \\ 0 & 1 & 1 \\ 0 & 0 & 1 \end{bmatrix} = (P^T)^{-1}, \text{ 即 } P = \left[\begin{bmatrix} 1 & 1 & 1 \\ 0 & 1 & 1 \\ 0 & 0 & 1 \end{bmatrix}^{-1} \right]^T = \begin{bmatrix} 1 & 0 & 0 \\ -1 & 1 & 0 \\ 0 & -1 & 1 \end{bmatrix}.$$

再得到 $[\boldsymbol{\beta}_1, \boldsymbol{\beta}_2, \boldsymbol{\beta}_3] = [\boldsymbol{\alpha}_1, \boldsymbol{\alpha}_2, \boldsymbol{\alpha}_3] P = \begin{bmatrix} 1 & 2 & 3 \\ 2 & 3 & 1 \\ 3 & 1 & 2 \end{bmatrix} \begin{bmatrix} 1 & 0 & 0 \\ -1 & 1 & 0 \\ 0 & -1 & 1 \end{bmatrix} = \begin{bmatrix} -1 & -1 & 3 \\ -2 & 2 & 1 \\ 2 & -1 & 2 \end{bmatrix},$

即 $\boldsymbol{\beta}_1 = [-1, -2, 2]^T, \boldsymbol{\beta}_2 = [-1, 2, -1]^T, \boldsymbol{\beta}_3 = [3, 1, 2]^T.$

【例22】解：(1)依题意$(\boldsymbol{\alpha}_1, \boldsymbol{\alpha}_2, \boldsymbol{\alpha}_3) = (\boldsymbol{\beta}_1, \boldsymbol{\beta}_2, \boldsymbol{\beta}_3)P$，则$P = (\boldsymbol{\beta}_1, \boldsymbol{\beta}_2, \boldsymbol{\beta}_3)^{-1}(\boldsymbol{\alpha}_1, \boldsymbol{\alpha}_2, \boldsymbol{\alpha}_3)$，于是$P$的求法如下：

$$(\boldsymbol{\beta}_1, \boldsymbol{\beta}_2, \boldsymbol{\beta}_3, \boldsymbol{\alpha}_1, \boldsymbol{\alpha}_2, \boldsymbol{\alpha}_3) = \begin{pmatrix} 1 & 0 & 1 & 1 & 0 & 1 \\ 0 & 1 & 1 & 1 & 1 & -1 \\ 1 & 1 & 4 & 0 & 1 & 2 \end{pmatrix} \xrightarrow{r_3 + (-1)r_1} \begin{pmatrix} 1 & 0 & 1 & 1 & 0 & 1 \\ 0 & 1 & 1 & 1 & 1 & -1 \\ 0 & 1 & 3 & -1 & 1 & 1 \end{pmatrix}$$

$$\xrightarrow{r_3 + (-1)r_2} \begin{pmatrix} 1 & 0 & 1 & 1 & 0 & 1 \\ 0 & 1 & 1 & 1 & 1 & -1 \\ 0 & 0 & 2 & -2 & 0 & 2 \end{pmatrix} \xrightarrow[\substack{r_i + (-r_3) \\ i = 1, 2}]{\frac{1}{2} \times r_3} \begin{pmatrix} 1 & 0 & 0 & 2 & 0 & 0 \\ 0 & 1 & 0 & 2 & 1 & -2 \\ 0 & 0 & 1 & -1 & 0 & 1 \end{pmatrix}$$

则，$P = \begin{pmatrix} 2 & 0 & 0 \\ 2 & 1 & -2 \\ -1 & 0 & 1 \end{pmatrix}$

(2) 设ξ在$\boldsymbol{\beta}_1, \boldsymbol{\beta}_2, \boldsymbol{\beta}_3$下的坐标为$x_1, x_2, x_3$，依题设有：

$$\xi = (\boldsymbol{\alpha}_1 \quad \boldsymbol{\alpha}_2 \quad \boldsymbol{\alpha}_3)\begin{pmatrix} 1 \\ 2 \\ 3 \end{pmatrix} = (\boldsymbol{\beta}_1 \quad \boldsymbol{\beta}_2 \quad \boldsymbol{\beta}_3)P\begin{pmatrix} 1 \\ 2 \\ 3 \end{pmatrix}, \quad 所以 \begin{pmatrix} x_1 \\ x_2 \\ x_3 \end{pmatrix} = P\begin{pmatrix} 1 \\ 2 \\ 3 \end{pmatrix} = \begin{pmatrix} 2 \\ -2 \\ 2 \end{pmatrix}$$

第四讲　线性方程组

题型一　判断齐次线性方程组解的情况

【例1】解： 因秩$(A)\leqslant\min(m,n)$，秩$(B)\leqslant\min\{m,n\}$，而秩$(AB)\leqslant\min\{$秩(A)，秩$(B)\}$，于是当$n>m$时，有秩$(A)\leqslant m$，秩$(B)\leqslant m$，秩$(AB)\leqslant m$.

而AB为m阶矩阵. 由于秩(AB)可能等于也可能小于m，只能说当$n>m$时，如果秩$(AB)=m$，则$(AB)X=0$只有零解；如果秩$(AB)<m$，$(AB)X=0$必有非零解，因而(A)、(B)都不对.

当$n<m$时，秩$(AB)\leqslant n<m$，而AB为m阶矩阵，因而矩阵AB的秩小于未知数的个数，因此齐次方程$(AB)X=0$必有非零解，于是仅(D)入选.

【例2】解： 答案选(C).

① (A)选项，设$A=\begin{pmatrix}1&0&0\\0&1&0\end{pmatrix}$，$B=\begin{pmatrix}1&0\\0&1\\0&0\end{pmatrix}$，$AB=\begin{pmatrix}1&0\\0&1\end{pmatrix}$，故(A)错误.

② (B)选项，取$A=E$，$B=0$，则(B)选项也错误.

③ (C)选项，$Bx=0$的解都是$ABx=0$的解，故(C)选项正确.

④ (D)选项，取$B=E$，$A=0$，则(D)选项也错误.

【例3】解： $\begin{vmatrix}1&k&1\\2&1&1\\0&k&3\end{vmatrix}\neq0$，$3+2k-k-6k\neq0$，$k\neq\dfrac{3}{5}$时，方程组只有零解.

【例4】证： (1)$n-r(A)=l$，$n-r(B)=m$，而$n-r(AB)\geqslant n-r(A)=l$，$n-r(AB)\geqslant n-r(B)=m$，故命题得证.

(2) $l+m>n$时，$n-r(A+B)\geqslant n-r(A)-r(B)$，$n-r(A+B)\geqslant n-r(A)+n-r(B)-n$，故$n-r(A+B)\geqslant l+m-n>0$，故$(A+B)x=0$，必有非零解.

题型二　基础解系相关讨论

【例5】解： 由$k_1\xi_1+k_2(\xi_1+\xi_2)+k_3(\xi_1+\xi_2+\xi_3)=0$，得$(k_1+k_2+k_3)\xi_1+(k_2+k_3)\xi_2+\xi_3k_3=0$.

因为ξ_1，ξ_2，ξ_3是$Ax=0$的基础解系，所以ξ_1，ξ_2，ξ_3线性无关. 于是$\begin{cases}k_1+k_2+k_3=0\\k_2+K_3=0\\k_3=0\end{cases}$，所以$k_1=k_2=k_3=0$，则$\xi_1$，$\xi_1+\xi_2$，$\xi_1+\xi_2+\xi_3$线性无关. 它也可以是方程组的基础解系. (C)是答案.

(A) 不是答案. 例如ξ_1，ξ_2，ξ_3和ξ_1，ξ_2，ξ_3，$\xi_1+\xi_2$等价，但ξ_1，ξ_2，ξ_3，$\xi_1+\xi_2$不是基础解系.

题型三　已知解，反求方程组

【例6】解： 方程组$Ax=0$的基础解系为$\eta_1=(1,0,2)^T$，$\eta_2=(0,1,-1)^T$，所以$n-r(A)=2$，即$3-r(A)=2$，$r(A)=1$.

所以，$A=\begin{bmatrix}k_1\alpha_1\\k_2\alpha_1\\k_3\alpha_1\end{bmatrix}$，假设$\alpha_1=(a_{11},a_{12},a_{13})$.

由 $A\eta_1=0$，得 $(a_{11}, a_{12}, a_{13})\begin{bmatrix}1\\0\\2\end{bmatrix}=a_{11}+2a_{13}=0$

由 $A\eta_2=0$，得 $(a_{11}, a_{12}, a_{13})\begin{bmatrix}0\\1\\-1\end{bmatrix}=a_{12}-a_{13}=0$

取 $a_{13}=1$，得 $a_{12}=1$，$a_{11}=-2$，所以 $\alpha_1=(-2, 1, 1)$，$A=\begin{bmatrix}k_1\alpha_1\\k_2\alpha_1\\k_3\alpha_1\end{bmatrix}$（其中 k_1，k_2，k_3 为任意常数，不同时为 0）.

【例7】解： 设原方程组的系数矩阵是 $A_{2\times4}=\begin{pmatrix}\alpha_1\\\alpha_2\end{pmatrix}$，由题设条件知，方程 $Ax=0$ 有基础解系：

$\xi_1=(1, 0, 2, 3)^T$，$\xi_2=(0, 1, -1, 1)^T$，故 $r(A)=2$，且由 $A\xi_1=0$，$A\xi_2=0$，得

$$A(\xi_1, \xi_2)=\begin{pmatrix}\alpha_1\\\alpha_2\end{pmatrix}(\xi_1, \xi_2)=0.$$

两边转置得 $\begin{pmatrix}\xi_1^T\\\xi_2^T\end{pmatrix}(\alpha_1^T\,\alpha_2^T)=0$，故 $\alpha_1^T\alpha_2^T$ 的方程 $\begin{pmatrix}\xi_1^T\\\xi_2^T\end{pmatrix}$ 的基础解系，即求解：

$\begin{cases}y_1+2y_3+3y_4=0\\y_2-y_3+y_4=0\end{cases}$，解得 $y=C_1\begin{pmatrix}-2\\1\\1\\0\end{pmatrix}+C_2\begin{pmatrix}-3\\-1\\0\\1\end{pmatrix}$，

所以，$A=\begin{pmatrix}\alpha_1\\\alpha_2\end{pmatrix}=\begin{pmatrix}C_1(-2\ \ 1\ \ 1\ \ 0)+C_2(-3\ \ -1\ \ 0\ \ 1)\\C_3(-2\ \ 1\ \ 1\ \ 0)+C_4(-3\ \ -1\ \ 0\ \ 1)\end{pmatrix}$（其中 C_1，C_2 是不全 0 的任意常数，C_3，C_4 是不全 0 的任意常数，且满足 α_1，α_2 线性无关）.

题型四　非齐次线性方程组的解的结构

【例8】解： 答案选（A）. $AX=\beta$ 对于任意 β 都有解的充分必要条件是 $r(A, \beta)=r(A)=m$. 实际上，只有当 A 行满秩时，才对任意 β 均有 $m=r(A)\leqslant r(A, \beta)\leqslant m$［因为 (A, β) 的行数与 A 的一样］，即 $r(A, \beta)=r(A)=m$.

【例9】解： 仅（C）入选. $AX=b$ 为四元非齐次方程，秩$(A)=3$，$AX=0$ 的一个基础解系只含 $n-$秩$(A)=4-3=1$ 个解向量. 将特解的线性组合 $2\alpha_1$，$\alpha_2+\alpha_3$ 写成特解之差的线性组合：

$2\alpha_1-(\alpha_2+\alpha_3)=(\alpha_1-\alpha_2)+(\alpha_1-\alpha_3)$. 此为齐次方程的解，求解得 $2\alpha_1-(\alpha_2+\alpha_3)=[2, 3, 4, 5]^T\neq0$ 为 $AX=0$ 的一个解向量，且为其一个基础解系，故 $AX=b$ 的通解为

$$X=\alpha_1+k[2\alpha_1-(\alpha_2+\alpha_3)]=[1, 2, 3, 4]^T+k[2, 3, 4, 5]^T(k\in R)$$

【例10】解： 由秩 $\left(\begin{bmatrix}A&\alpha\\\alpha^T&0\end{bmatrix}\right)=$ 秩(A) 知，α 必为 A 的列向量组的线性组合，因而秩$([A\ \vdots\ \ \alpha])=$ 秩(A). 于是 $AX=\alpha$ 有解，但有多少个解尚不能确定.

如秩$(A)<n$，则 $AX=\alpha$ 必有无穷多解；如秩$(A)=n$，必有唯一解，因而（A）、（B）都不对.

因秩 $\left(\begin{bmatrix}A&\alpha\\\alpha^T&0\end{bmatrix}\right)$ 秩$(A)\leqslant n<n+1$（$n+1$ 为未知数个数），因此 $\begin{bmatrix}A&\alpha\\\alpha^T&0\end{bmatrix}\begin{bmatrix}X\\y\end{bmatrix}=0$ 必有无穷多解，因而必有非零解，仅（D）入选.

【例11】解： 所给方程组无解，则其系数矩阵 A 和增广矩阵 $\bar{A}$ 的秩不相等，而秩$(\bar{A})\leqslant3$，故秩$(A)<3$.

由 $|A|=3-a(a-2)=0$，得 $a=3$ 或 $a=-1$. 但当 $|A|=0$，即 $a=3$ 或 $a=-1$ 时，以上方程组可能有解也可能无解需进一步排查. 事实上，$a=3$ 时，秩 $(\bar{A})=$ 秩 $(A)=2$，$a=3$ 不合题意.

当 $a=-1$ 时，$\bar{A}=\begin{bmatrix}1&2&1&1\\2&3&1&3\\1&-1&-2&0\end{bmatrix}\rightarrow\begin{bmatrix}1&2&1&1\\0&-1&-1&1\\0&-3&-3&-1\end{bmatrix}\rightarrow\begin{bmatrix}1&2&1&1\\0&1&1&-1\\0&0&0&-4\end{bmatrix}$,

有秩 $(\bar{A})=3>$ 秩 $(A)=2$. 故当 $a=-1$ 时，所给方程组无解.

【例 12】解： 因为 $A\alpha_i=B$，且 $A(C_1\alpha_1+C_2\alpha_2+\cdots+C_s\alpha_s)=(C_1+\cdots+C_s)b$,

所以 $(C_1+\cdots+C_s)b=b$，$C_1+\cdots+C_s=1$.

【例 13】解： 因为 $r(A)=3$ 未知量个数 $n=4$，因此齐次的通解基础解系应含有 1 个解向量。而 $(\eta_2+\eta_3)-(\eta_1+\eta_2)=(4,3,3,4)^T$，此为 $AX=0$ 的解，又 $A\eta_2=\beta$，$A\eta_3=\beta$，则 $A(\eta_2+\eta_3)=2\beta$. 于是 $A\frac{1}{2}(\eta_2+\eta_3)=\beta$，

即 $\frac{1}{2}(\eta_2+\eta_3)$ 为 $AX=\beta$ 的解，所以方程组 $AX=\beta$ 的通解为：$(3,3,3,3)^T+k(4,3,3,4)^T$（k 为任意常数）

【例 14】证： (1) $(\xi_1,\xi_2,\xi_3)=\begin{pmatrix}1&2&1\\2&1&1\\-2&-1&t\end{pmatrix}\overset{\text{行}}{\sim}\begin{pmatrix}1&2&1\\0&-3&-1\\0&3&t+2\end{pmatrix}\overset{\text{行}}{\sim}\begin{pmatrix}1&2&1\\0&3&1\\0&0&t+1\end{pmatrix}$，当 $t=-1$,

$(\xi_1,\xi_2,\xi_3)\overset{\text{行}}{\sim}\begin{pmatrix}1&0&\frac{1}{3}\\0&1&\frac{1}{3}\\0&0&0\end{pmatrix}$，$\xi_3=\frac{1}{3}\xi_1+\frac{1}{3}\xi_2=\frac{\xi_1+\xi_2}{3}$，若 ξ_1,ξ_2,ξ_3 为 $Ax=b$ 的解，则

$A\xi_1=A\xi_2=A\xi_3=b\neq0$，从而 $b=\frac{2}{3}b$，得 $b=0$ 矛盾.

(2) $t\neq-1$ 时，ξ_1,ξ_2,ξ_3 线性无关，从而 $P=(\xi_1,\xi_2,\xi_3)$ 可逆，

$A(\xi_1,\xi_2,\xi_3)=(b,b,b)$，$r(AP)=1$，$r(AP)=r(A)$，所以 $r(A)=1$.

题型五　非齐次线性方程组求解

【例 15】解： 因为 $r(A^*)=\begin{cases}n,&r(A)=n\\1,&r(A)=n-1,\ A^*\neq0\\0,&r(A)<n-1\end{cases}$，所以 $r(A)\geq n-1$；又因为 ξ_1,ξ_2,ξ_3,ξ_4 是非齐次

线性方程组 $Ax=b$ 的互不相等的解，所以 $Ax=b$ 的解不唯一，所以 $r(A)\leq n-1$，所以 $r(A)=n-1$.

于是：基础解系所含解向量个数 $=n-r(A)=n-(n-1)=1$，（B）为答案.

【例 16】解法 1： 由 $\alpha_2,\alpha_3,\alpha_4$ 线性无关和 $\alpha_1=2\alpha_2-\alpha_3+0\alpha_4$ 知，A 的秩为 3. 因此 $AX=0$ 的基础解系只包含一个解向量. 将 $AX=0$ 及 $AX=\beta$ 写成列向量形式：

$$x_1\alpha_1+x_2\alpha_2+x_3\alpha_3+x_4\alpha_4=0 \qquad ①$$
$$x_1\alpha_1+x_2\alpha_2+x_3\alpha_3+x_4\alpha_4=\beta \qquad ②$$

为求以上方程组的一个解向量，只需求出满足以上方程组的 x_1,x_2,x_3,x_4 即可. 将

$$\alpha_1-2\alpha_2+\alpha_3=\alpha_1-2\alpha_2+\alpha_3+0\alpha_4=0$$

与式①比较，即知式①的一个解向量为 $[x_1,x_2,x_3,x_4]^T=[1,-2,1,0]^T$.

又由式②及 $\beta=\alpha_1+\alpha_2+\alpha_3+\alpha_4$ 有

$$x_1\alpha_1+x_2\alpha_2+x_3\alpha_3+x_4\alpha_4=\alpha_1+\alpha_2+\alpha_3+\alpha_4,$$

因而 $x_1=x_2=x_3=x_4=1$，即 $[x_1,x_2,x_3,x_4]^T=[1,1,1,1]^T$ 为 $AX=\beta$ 的一个特解，故所求通解为 $k[1,-2,1,0]^T+[1,1,1,1]^T$（$k$ 为任意常数）.

解法2： 设 $X=[x_1,\ x_2,\ x_3,\ x_4]^T$，则由 $AX=\beta$ 得

$$[\alpha_1,\ \alpha_2,\ \alpha_3,\ \alpha_4][x_1,\ x_2,\ x_3,\ x_4]^T=\beta,$$

即 $x_1\alpha_1+x_2\alpha_2+x_3\alpha_3+x_4\alpha_4=\alpha_1+\alpha_2+\alpha_3+\alpha_4$.

将 $\alpha_1-2\alpha_2-\alpha_3$ 代入上式，整理得到

$$(2x_1+x_2-3)\alpha_2+(-x_1+x_3)\alpha_3+(x_4-1)\alpha_4=0.$$

因 α_2，α_3，α_4 线性无关，故 $\begin{cases}2x_1+x_2=3,\\ -x_1+x_3=0,\\ x_4=1.\end{cases}$

令 $\bar{A}=\begin{bmatrix}2 & 1 & 0 & 0 & \vdots & 3\\ -1 & 0 & 1 & 0 & \vdots & 0\\ 0 & 0 & 0 & 1 & \vdots & 1\end{bmatrix}$，由基础解系及特解的简便求法即得，对应齐次方程的基础解系为 $\alpha=$

$[1,\ -2,\ 1,\ 0]^T$，原方程组的一特解为 $\eta=[0,\ 3,\ 0,\ 1]^T$.

于是 $AX=\beta$ 的全部解为 $X=\eta+c\alpha=[0,\ 3,\ 0,\ 1]^T+c[1,\ -2,\ 1,\ 0]^T$（$c$ 为任意常数）.

注意：上例解法的关键是将线性方程组写成向量形式.

【例17】解：
$$\begin{bmatrix}1 & 1 & a & \vdots & 1 & 4\\ 1 & a & 1 & \vdots & 1 & -2\\ a & 1 & 1 & \vdots & -2 & -2\end{bmatrix}\rightarrow\begin{bmatrix}1 & 1 & a & \vdots & 1 & 4\\ 0 & a-1 & 1-a & \vdots & 0 & -6\\ 0 & 1-a & 1-a^2 & \vdots & -2-a & -2-4a\end{bmatrix}$$

$$\rightarrow\begin{bmatrix}1 & 1 & a & \vdots & 1 & 4\\ 0 & a-1 & 1-a & \vdots & 0 & -6\\ 0 & 0 & (1-a)(2+a) & \vdots & -2-a & -8-4a\end{bmatrix}$$

当 $a=-2$ 时，对于 B 的任一列向量，都有 $r(A)=r(\bar{A})=2<3$，所以矩阵方程 $AX=B$ 有解，但解不唯一.

题型六　方程组与向量结合的问题

【例18】解： 假设 $x_1\alpha_1+x_2\alpha_2+x_3\alpha_3=\beta$，求解方程组，求 x_1，x_2，x_3.

$$\begin{pmatrix}1 & 1 & -1 & \vdots & 1\\ 2 & a+2 & b+2 & \vdots & 3\\ 0 & -3a & a+2b & \vdots & -3\end{pmatrix}\rightarrow\begin{pmatrix}1 & 1 & -1 & \vdots & 1\\ 0 & a & b+4 & \vdots & 1\\ 0 & -3a & a+2b & \vdots & -3\end{pmatrix}\rightarrow\begin{pmatrix}1 & 1 & -1 & \vdots & 1\\ 0 & a & b+4 & \vdots & 1\\ 0 & 0 & a+5b+12 & \vdots & 0\end{pmatrix}$$

① $a=0$，$b\neq-\dfrac{12}{5}$ 时，$r(A)=2<r(\bar{A})=3$，方程组无解，即 β 不能表示成 α_1，α_2，α_3 的线性组合；

$a=0$，$b=-\dfrac{12}{5}$ 时，$r=(A)=2=r(\bar{A})$，方程组有无穷多解，即 β 有无穷多种方法可表示成 α_1，α_2，α_3 的线性组合.

② $a\neq0$，$a+5b+12\neq0$ 时，$r(A)=3=r(\bar{A})$，方程组有唯一解，即 β 能表示成 α_1，α_2，α_3 的线性组合，

且表示法唯一. 此时得方程组 $\begin{cases}x_1+x_2-x_3=1\\ ax_2+(b+4)x_3=1,\\ (a+5b+12)x_3=0\end{cases}$

解得，$x_3=0$，$x_2=\dfrac{1}{a}$，$x_1=1-\dfrac{1}{a}$，表示式为：$\beta=\left(1-\dfrac{1}{a}\right)\alpha_1+\dfrac{1}{a}\alpha_2+0\alpha_3$.

题型七　方程组公共解、同解问题

【例19】解： 由命题①有 $n-$ 秩$(A)\leqslant n-$ 秩(B)，因而秩$(A)\geqslant$ 秩(B)，命题①正确.

命题②中虽有秩$(A)\geqslant$ 秩(B)，但 $AX=0$ 与 $BX=0$ 的解没有关系，命题②不正确.

命题③正确. 因为 $AX=0$ 与 $BX=0$ 同解, 由此知其基础解系完全相同, 因而 $n-$秩$(A)=n-$秩(B). 于是有秩$(A)=$秩(B).

命题④不正确, 因为两方程组的解向量没有关系. 综上所述, 仅(B)入选.

【例20】解:

(1) $\begin{pmatrix} 1 & 2 & 1 & -1 \\ 2 & 3 & -1 & 0 \end{pmatrix} \xrightarrow{r_2+(-2)r_1} \begin{pmatrix} 1 & 2 & 1 & -1 \\ 0 & -1 & -3 & 2 \end{pmatrix} \xrightarrow[(-1)\times r_2]{r_1+2r_2} \begin{pmatrix} 1 & 0 & -5 & 3 \\ 0 & 1 & 3 & -2 \end{pmatrix}$,

所以可得方程组①的一个基础解系 $\eta_1=(5, -3, 1, 0)^T$, $\eta_2=(-3, 2, 0, 1)^T$.

(2) 要①与②有非零公共解, 即要求不全为零的 x_1, x_2 和不全为零的 x_3, x_4, 使得 $\alpha=x_1\eta_2+x_2\eta_1=-x_3\xi_1-x_4\xi_2$, 那么 α 同时能用两个基础解析线性表示, α 就是公共解, 即方程组③: $(\eta_2, \eta_1, \xi_1, \xi_2)X=O$ 有非零解, 而

$$(\eta_2, \eta_1, \xi_1, \xi_2)=\begin{pmatrix} -3 & 5 & 2 & -1 \\ 2 & -3 & -1 & 2 \\ 0 & 1 & a+2 & 4 \\ 1 & 0 & 1 & a+8 \end{pmatrix}$$

$$\xrightarrow[\substack{r_3+(-2)r_1 \\ r_4+3r_1}]{\substack{r_1\leftrightarrow r_4 \\ r_2\leftrightarrow r_3}} \begin{pmatrix} 1 & 0 & 1 & a+8 \\ 0 & 1 & a+2 & 4 \\ 0 & -3 & -3 & -2a-14 \\ 0 & 5 & 5 & 3a+23 \end{pmatrix}$$

$$\xrightarrow[r_4+(-5)r_2]{r_3+3r_2} \begin{pmatrix} 1 & 0 & 1 & a+8 \\ 0 & 1 & a+2 & 4 \\ 0 & 0 & 3a+3 & -2a-2 \\ 0 & 0 & -5a-5 & 3a+3 \end{pmatrix} \underline{\underline{\text{记作 } B}}$$

显然, 当 $a=-1$ 时, 有 $B=\begin{pmatrix} 1 & 0 & 1 & 7 \\ 0 & 1 & 1 & 4 \\ 0 & 0 & 0 & 0 \\ 0 & 0 & 0 & 0 \end{pmatrix}$ 方程组③有解 $\begin{pmatrix} x_1 \\ x_2 \\ x_3 \\ x_4 \end{pmatrix}=k_1\begin{pmatrix} -1 \\ -1 \\ 1 \\ 0 \end{pmatrix}+k_2\begin{pmatrix} -7 \\ -4 \\ 0 \\ 1 \end{pmatrix}$,

即 $x_3=k_1$, $x_4=k_2$, 所求全部非零公共解为 $-k_1\xi_1-k_2\xi_2$ (k_1, k_2 为不同时为零的任意常数).

【例21】解: 将条件方程与原方程组构成矩阵

$$\begin{bmatrix} 1 & -5 & 2 & -3 & \vdots & 11 \\ -3 & 1 & -4 & 2 & \vdots & -5 \\ -1 & -9 & 0 & -4 & \vdots & 17 \\ 5 & 3 & 6 & -1 & \vdots & -1 \end{bmatrix} \rightarrow \begin{bmatrix} 1 & -5 & 2 & -3 & \vdots & 11 \\ 0 & -14 & 2 & -7 & \vdots & 28 \\ 0 & -14 & 2 & -7 & \vdots & 28 \\ 0 & 28 & -4 & 14 & \vdots & 56 \end{bmatrix} \rightarrow$$

$$\begin{bmatrix} 1 & -5 & 2 & -3 & \vdots & 11 \\ 0 & -14 & 2 & -7 & \vdots & 28 \\ 0 & 0 & 0 & 0 & \vdots & 0 \\ 0 & 0 & 0 & 0 & \vdots & 0 \end{bmatrix} \rightarrow \begin{bmatrix} 1 & 9 & 0 & 4 & \vdots & -17 \\ 0 & -14 & 2 & -7 & \vdots & 28 \\ 0 & 0 & 0 & 0 & \vdots & 0 \\ 0 & 0 & 0 & 0 & \vdots & 0 \end{bmatrix}$$

① 条件方程与原方程组兼容, 即加上条件后的方程组与原方程组有相同的通解;

② $r(A)=r(\bar{A})=2$, 方程组有解. 齐次方程组的基础解系含解向量的个数为 $4-r(A)=2$;

③ 齐次方程的基础解系: $\begin{cases} x_1+9x_2+4x_4=0 \\ -14x_2+2x_3-7x_4=0 \end{cases}$

令 $x_2=0$, $x_4=1$, 得 $x_1=-4$, $x_3=\dfrac{7}{2}$

令 $x_2=1$, $x_4=0$, 得 $x_1=-9$, $x_3=7$

基础解系为：$\left(-4,\ 0,\ \dfrac{2}{7},\ 1\right)^T$，$(-9,\ 1,\ 7,\ 0)^T$

④ 非齐次方程的通解：$\begin{cases} x_1+9x_2+4x_4=-17 \\ -14x_2+2x_3-7x_4=28 \end{cases}$

令 $x_3=0$，$x_4=0$，得 $x_1=1$，$x_2=-2$

所以全部解为：$\begin{bmatrix}1\\-2\\0\\0\end{bmatrix}+k_1\begin{bmatrix}-9\\1\\7\\0\end{bmatrix}+k_2\begin{bmatrix}-4\\0\\ \dfrac{7}{2}\\1\end{bmatrix}$

【例 22】解：由第一个方程组：

$$\begin{pmatrix}1&1&0&-2&\vdots&-6\\4&-1&-1&-1&\vdots&1\\3&-1&-1&0&\vdots&3\end{pmatrix}\rightarrow\begin{pmatrix}1&1&0&-2&\vdots&-6\\0&-5&-1&7&\vdots&25\\0&-4&-1&6&\vdots&21\end{pmatrix}$$

$$\rightarrow\begin{pmatrix}1&1&0&-2&\vdots&-6\\0&1&\dfrac{1}{5}&-\dfrac{7}{5}&\vdots&-5\\0&-4&-1&6&\vdots&21\end{pmatrix}\rightarrow\begin{pmatrix}1&1&0&-2&\vdots&-6\\0&1&\dfrac{1}{5}&-\dfrac{7}{5}&\vdots&-5\\0&0&-\dfrac{1}{5}&\dfrac{2}{5}&\vdots&1\end{pmatrix}$$

$$\rightarrow\begin{pmatrix}1&1&0&-2&\vdots&-6\\0&5&1&-7&\vdots&-25\\0&0&-1&2&\vdots&5\end{pmatrix}\rightarrow\begin{pmatrix}1&1&0&-2&\vdots&-6\\0&5&0&-5&\vdots&-20\\0&0&-1&2&\vdots&5\end{pmatrix}$$

$$\rightarrow\begin{pmatrix}1&1&0&-2&\vdots&-6\\0&1&0&-1&\vdots&-4\\0&0&-1&2&\vdots&5\end{pmatrix}$$

$r(A)=r(\overline{A})=3$，齐次方程基础解系所含解向量个数为：$4-r(A)=1$.

齐次方程组：$\begin{cases} x_1+x_2-2x_4=0 \\ x_2-x_4=0 \\ -x_3+2x_4=0 \end{cases}$．令 $x_4=1$ 解得 $x_3=2$，$x_2=1$，$x_1=1$.

基础解系为：$(1,\ 1,\ 2,\ 1)^T$.

非齐次方程组：$\begin{cases} x_1+x_2-2x_4=-6 \\ x_2-x_4=-4 \\ -x_3+2x_4=5 \end{cases}$．令 $x_4=0$，解得 $x_3=-5$，$x_2=-4$，$x_1=-2$.

所以第一个方程组的通解为：$x=\begin{bmatrix}-2\\-4\\-5\\0\end{bmatrix}+k\begin{bmatrix}1\\1\\2\\1\end{bmatrix}$

将 $\begin{bmatrix}-2\\-4\\-5\\0\end{bmatrix}$ 代入第二个方程组：$\begin{cases}-2-4m+5=-5 & m=2\\-4n+5=-11 & n=4\\-5=-t+1 & t=6\end{cases}$.

【例 23】方法 1：方程组（Ⅱ）的解代入（Ⅰ）中，即可把 abc 求出来。可以代入特解，也可代入通解。比如求出方程组（Ⅱ）的通解为 $k(-1,\ 2,\ -1,\ 1)^T+(1,\ 2,\ -1,\ 0)$，代入（Ⅰ）中解得 $a=-1$，$b=0$，$c=4$

方法 2：方程组（Ⅰ）（Ⅱ）分别简写为：$Ax=\beta_1$，$Bx=\beta_2$

$r(A;\beta_1)=r\begin{pmatrix}A;&\beta_1\\B;&\beta_2\end{pmatrix}=r(B;\beta_2)$，也可解出 $a=-1$，$b=0$，$c=4.$

【例24】证：先证必要性．设 $ABX=0$ 和 $BX=0$ 是同解方程组，则它们有相同的基础解系，因而基础解系中所含解向量个数也相同．注意到两方程组未知量个数相同，且都等于 l，有 $l-$秩$(B)=l-$秩(AB)，故秩$(B)=$秩(AB)．

再证充分性．因秩$(AB)=$秩(B)，两方程组的未知量个数也相同，且都等于 l，故 $l-$秩$(AB)=l-$秩(B)，即方程组 $ABX=0$ 和 $BX=0$ 的基础解系所含解向量个数相同，又因 $BX=0$ 的解全是 $ABX=0$ 的解，故其基础解系也是 $ABX=0$ 的基础解系．于是 $ABX=0$ 的所有解都可写成 $BX=0$ 的基础解系的线性组合，因而也是 $BX=0$ 的解．这样两方程组为同解方程组．

第五讲 特征值、特征向量、相似对角化

题型一 特征值与特征向量的概念与性质

【例1】解： 答案选(C). 因为 ξ_1，ξ_2，$\cdots$，ξ_s 的线性关系不详，故(A)、(B)无法保证非零.

【例2】解： $\lambda_1 \neq \lambda_2$ 为 A 的二个相异的特征值，所以存在非零向量 ξ，η 满足

$A\xi = \lambda_1 \xi$，$A\eta = \lambda_2 \eta$. 而且 ξ，η 线性无关.

假设存在 λ 满足：$A(k_1\xi + k_2\eta) = \lambda(k_1\xi + k_2\eta)$

所以 $\lambda_1 k_1 \xi + \lambda_2 k_2 \eta = \lambda k_1 \xi + \lambda k_2 \eta$，即 $(\lambda_1 k_1 - \lambda k_1)\xi + (\lambda_2 k_2 - \lambda k_2)\eta = 0$

因为 ξ，η 线性无关，所以 $\lambda_1 k_1 - \lambda k_1 = 0$，$\lambda = \lambda_1$；$\lambda_1 k_2 - \lambda k_2 = 0$，$\lambda = \lambda_2$.

与 $\lambda_1 \neq \lambda_2$ 矛盾. 所以(C)为答案.

【例3】解： 因为齐次线性方程组 $(\lambda_0 E - A)x = 0$ 的基础解系为 η_1 和 η_2，所以方程组 $(\lambda_0 E - A)x = 0$ 的全部解为 $C_1\eta_1 + C_2\eta_2(C_1$，$C_2$ 为任意常数). 但特征向量不能为零，则 A 的属于 λ_0 的全部特征向量是：$C_1\eta_1 + C_2\eta_2(C_1$，$C_2$ 为不全为零的任意常数)，(D)为答案.

【例4】解： A，A^T 具有相同的特征值. $B = A^T$，所以 B 和 A 具有相同的特征值.

B 的特征值为：2 和 1(二重).

【例5】证： (1)由 $(B-C)A = 0$，得 $r(B-C) + r(A) \leqslant m$，当 $r(A) = m$ 时，$B-C = 0$，即 $B = C$.

(2) $A^T A$ 为对称阵，故可对角化，且 $r(A^T A) = r(A) = m$，则 $\lambda = 0$ 为 $A^T A$ 的 $n-m$ 重特征值，从而 $f = x^T A^T A x$ 标准型中非零特征值的个数为 m 个，所以标准型为 $k_1 y_1^2 + k_2 y_2^2 + \cdots + k_m y_m^2$，其中 k_1，k_2，$\cdots$，k_m 均不为 0.

题型二 特征值与特征向量的计算

【例6】解： $|\lambda E - A| = (\lambda - 3a)\lambda^2$，则 A 的特征值为 $\lambda_1 = 3a$，$\lambda_2 = \lambda_3 = 0$.

由 $(3aE - A)X = 0$ 得 A 属于 $3a$ 的所有特征向量为：$k(1, 1, 1)^T(k \neq 0)$，由 $(0 \cdot E - A)X = 0$ 得 A 属于 0 的所有特征向量为：$k_1(-1, 1, 0)^T + k_2(-1, 0, 1)^T(k_1$，$k_2$ 不同时为 0).

【例7】解：
$$|A - \lambda E| = \begin{vmatrix} -\lambda & 1 & & & & \\ & -\lambda & 1 & & & \\ & & \ddots & \ddots & & \\ & & & \ddots & \ddots & \\ & & & & -\lambda & 1 \\ & & & & & -\lambda \end{vmatrix} = (-\lambda)^n = 0, \ \lambda = 0$$

$$A - \lambda E = \begin{bmatrix} 0 & 1 & & & & \\ & 0 & 1 & & & \\ & & \ddots & \ddots & & \\ & & & \ddots & \ddots & \\ & & & & 0 & 1 \\ & & & & & 0 \end{bmatrix}, \ r(A - \lambda E) = n - 1$$

所以方程组 $(A - \lambda E)x = Ax = 0$ 的基础解系所含解向量个数为 $n - (n-1) = 1$.

相应的方程组为 $\begin{cases} x_2=0 \\ x_3=0 \\ \cdots\cdots \\ x_n=0 \end{cases}$，令 $x_1=1$，得解向量 $\begin{bmatrix} 1 \\ 0 \\ \vdots \\ 0 \end{bmatrix}$

于是，对应于 $\lambda=0$ 的全部特征向量为 $k\begin{bmatrix} 1 \\ 0 \\ \vdots \\ 0 \end{bmatrix}$ $(k\neq0)$.

【例8】解： $|A-\lambda E|=\begin{vmatrix} -3-\lambda & -1 & 2 \\ 0 & -1-\lambda & 4 \\ t & 0 & 1-\lambda \end{vmatrix}=(3+\lambda)(1-\lambda^2)-4t+2t(1+\lambda)=0$

当 $\lambda=1$ 时，$-4t+4t=0$. 所以 t 为任意实数.

① $t\neq0$，$\lambda=1$ 时

$$A-\lambda E=\begin{bmatrix} -4 & -1 & 2 \\ 0 & -2 & 4 \\ t & 0 & 0 \end{bmatrix}\rightarrow\begin{bmatrix} -4 & -1 & 2 \\ 0 & -2 & 4 \\ 1 & 0 & 0 \end{bmatrix}\rightarrow\begin{bmatrix} 0 & -1 & 2 \\ 0 & -2 & 4 \\ 1 & 0 & 0 \end{bmatrix}\rightarrow\begin{bmatrix} 0 & 1 & -2 \\ 0 & 0 & 0 \\ 1 & 0 & 0 \end{bmatrix}$$

所以 $r(A-\lambda E)=2$. 方程组 $(A-\lambda E)x=0$ 基础解系所含解向量个数为 $3-r(A-\lambda E)=3-2=1$.

相应的方程组为 $\begin{cases} x_2-2x_3=0 \\ x_1=0 \end{cases}$.

取 $x_3=1$，得 $x_2=2$. 所以解向量为 $\begin{bmatrix} 0 \\ 2 \\ 1 \end{bmatrix}$，对应于 $\lambda=1$ 的全部特征向量为 $k\begin{bmatrix} 0 \\ 2 \\ 1 \end{bmatrix}$.

② $t=0$，$\lambda=1$ 时

$$A-\lambda E=\begin{bmatrix} -4 & -1 & 2 \\ 0 & -2 & 4 \\ 0 & 0 & 0 \end{bmatrix}\rightarrow\begin{bmatrix} 4 & 1 & -2 \\ 0 & 1 & -2 \\ 0 & 0 & 0 \end{bmatrix}\rightarrow\begin{bmatrix} 4 & 0 & 0 \\ 0 & 1 & -2 \\ 0 & 0 & 0 \end{bmatrix}\rightarrow\begin{bmatrix} 1 & 0 & 0 \\ 0 & 1 & -2 \\ 0 & 0 & 0 \end{bmatrix}$$

所以 $r(A-\lambda E)=2$. 方程组 $(A-\lambda E)x=0$ 基础解系所含解向量个数为 $3-r(A-\lambda E)=3-2=1$.

相应的方程组为 $\begin{cases} x_1=0 \\ x_2-2x_3=0 \end{cases}$.

取 $x_3=1$，得 $x_2=2$. 所以解向量为 $\begin{bmatrix} 0 \\ 2 \\ 1 \end{bmatrix}$，对应于 $\lambda=1$ 的全部特征向量为 $k\begin{bmatrix} 0 \\ 2 \\ 1 \end{bmatrix}$.

题型三 相关矩阵的特征值、特征向量

【例9】解： 令 $\varphi(\lambda)=\lambda^3-5\lambda^2+7\lambda$，则 $\varphi(1)=3$，$\varphi(2)=2$，$\varphi(3)=3$ 是 $\varphi(A)$ 的特征值，

故 $|A^3-5A^2+7A|=|\varphi(A)|=\varphi(1)\cdot\varphi(2)\cdot\varphi(3)=3\times2\times3=18$.

【例10】解：（1）$|A|=1\times(-2)\times(-1)=2$.

（2）A^* 的特征值分别为 $\dfrac{|A|}{1}$，$\dfrac{|A|}{-2}$，$\dfrac{|A|}{-1}$，即 2，-1，-2. 故 A^*+3E 的特征值为 5，2，1.

（3）由 A^{-1} 的特征值分别为 1，$-\dfrac{1}{2}$，-1，得 $(A^{-1})^2+2E$ 的特征值分别为 1^2+2，$\left(-\dfrac{1}{2}\right)^2+2$，$(-1)^2+2$，

即 3, $\dfrac{9}{4}$, 3.

(4) 因为 A^2-A+E 的特征值分别为 1^2-1+1, $(-2)^2-(-2)+1$, $(-1)^2-(-1)+1$, 即 1, 7, 3,

所以 $|A^2-A+E|=1\times7\times3=21$.

【例 11】解：先求 A 的特征值、特征向量. 注意到 $|\lambda E-A|$ 为行和（且列和也）相等的行列式，易求得 $|\lambda E-A|=(\lambda-7)(\lambda-1)^2$. 由 $|\lambda E-A|=0$ 即得 A 的特征值为 $\lambda_1=\lambda_2=1$, $\lambda_3=7$.

其特征值还可用下法简便求出：$A=\begin{bmatrix}1&0&0\\0&1&0\\0&0&1\end{bmatrix}+\begin{bmatrix}2&2&2\\2&2&2\\2&2&2\end{bmatrix}=E+C$

而秩 $(C)=1$, 可知其特征值为 0, 0, 6, 而 E 的三个特征值都为 1, 故 A 的特征值为 1, 1, 7. 易求得 A 的属特征值 λ_1, λ_3 的特征向量分别为

$$\eta_1=[-1,1,0]^T, \quad \eta_2=[-1,0,1]^T, \quad \eta_3=[1,1,1]^T.$$

又 $|A|=7$, 则 A^* 的特征值分别为 $\lambda_1^*=|A|/\lambda_1=7$, $\lambda_2^*=|A|/\lambda_2=7$, $\lambda_3^*=|A|/\lambda_3=1$.

因 $B\sim A^*$, 故 B 的三个特征值为 7, 7, 1. 因而 $B+2E$ 的三个特征值分别为 9, 9, 3.

因 A 的分别属于 λ_1, λ_2, λ_3 的特征向量为 η_1, η_2, η_3. 故 A^* 的属于其特征值的特征向量也为 η_1, η_2, η_3. 因 $B=P^{-1}A^*P$, 故 B 的三个特征向量分别为 $P^{-1}\eta_1$, $P^{-1}\eta_2$, $P^{-1}\eta_3$.

易求得 $P^{-1}\eta_1=\begin{bmatrix}0&1&0\\1&0&1\\0&0&1\end{bmatrix}^{-1}\begin{bmatrix}-1\\1\\0\end{bmatrix}=\begin{bmatrix}1\\-1\\0\end{bmatrix}$, $P^{-1}\eta_2=\begin{bmatrix}-1\\-1\\1\end{bmatrix}$, $P^{-1}\eta_3=\begin{bmatrix}0\\1\\1\end{bmatrix}$.

因而 $B+2E$ 的属于特征值 9 的全部特征向量为

$$k_1P^{-1}\eta_1+k_2P^{-1}n_2=k_1[1,-1,0]^T+k_2[-1,-1,1]^T,$$

其中 k_1, k_2 是不全为零的任意常数.

$B+2E$ 的属于特征值 3 的全部特征向量为：$k_3P^{-1}\eta_3=k_3[0,1,1]^T$, 其中 k_3 是不为零的任意常数.

题型四　判断是否可对角化

【例 12】解：A 的特征多项式为 $|A-\lambda E|=\begin{vmatrix}-1-\lambda&1&0\\-4&3-\lambda&0\\1&0&2-\lambda\end{vmatrix}=(2-\lambda)(1-\lambda)^2$, $\lambda_1=2$, $\lambda_2=\lambda_3=1$.

当 $\lambda_1=2$ 时，$A-2E=\begin{pmatrix}-3&1&0\\-4&1&0\\1&0&0\end{pmatrix}\overset{r}{\sim}\begin{pmatrix}1&0&0\\0&1&0\\0&0&0\end{pmatrix}$. 得基础解系 $P_1=\begin{pmatrix}0\\0\\1\end{pmatrix}$,

当 $\lambda_2=\lambda_3=1$ 时，$A-E=\begin{pmatrix}-2&1&0\\-4&2&0\\1&0&1\end{pmatrix}\overset{r}{\sim}\begin{pmatrix}1&0&1\\0&1&2\\0&0&0\end{pmatrix}$, 得基础解系 $P_2=\begin{pmatrix}-1\\-2\\1\end{pmatrix}$.

因特线性无关的征向量只有 2 个，所以不可对角化。

【例 13】证：(1) 若 $|A|<0$, 则 A 的两个特征值异号，故 A 有 2 个不同的特征值，所以 A 相似于对角阵.

(2) $|A-\lambda E|=\begin{vmatrix}a-\lambda&b\\c&d-\lambda\end{vmatrix}=\lambda^2-(a+d)\lambda+ad-bc$, $\Delta=(a-d)^2+4bc>0$

从而，若 A 有 2 个不同的特征值，则 A 相似于对角阵.

(3) 因为 $|A|<0$, 由 (I) 可知，存在可逆矩阵 P, 使得 $P^{-1}AP=\Lambda=\begin{pmatrix}\lambda_1&\\&\lambda_2\end{pmatrix}\Leftrightarrow A=P\Lambda P^{-1}$.

$$AB = BA \Leftrightarrow P\Lambda P^{-1}B = BP\Lambda P^{-1} \Leftrightarrow \Lambda P^{-1}BP = P^{-1}BP\Lambda,\ \diamondsuit\ P^{-1}BP = C,$$

则 $\Lambda C = C\Lambda$，设 $C = \begin{pmatrix} x_1 & x_2 \\ x_3 & x_4 \end{pmatrix}$，

$$C\Lambda = \Lambda C \Leftrightarrow \begin{pmatrix} x_1 & x_2 \\ x_3 & x_4 \end{pmatrix}\begin{pmatrix} \lambda_1 & 0 \\ 0 & \lambda_2 \end{pmatrix} = \begin{pmatrix} \lambda_1 & 0 \\ 0 & \lambda_2 \end{pmatrix}\begin{pmatrix} x_1 & x_2 \\ x_3 & x_4 \end{pmatrix} \Leftrightarrow \begin{cases} \lambda_1 x_1 = \lambda_1 x_1 \\ \lambda_2 x_2 = \lambda_1 x_2 \\ \lambda_1 x_3 = \lambda_2 x_3 \\ \lambda_2 x_4 = \lambda_2 x_4 \end{cases}$$

因为 $\lambda_1 \neq 0$，$\lambda_2 \neq 0$，所以 $x_2 = x_3 = 0$，故 $C = \begin{pmatrix} k_1 & 0 \\ 0 & k_2 \end{pmatrix}$，故 $P^{-1}BP = \begin{pmatrix} k_1 & 0 \\ 0 & k_2 \end{pmatrix}$.

故 B 可相似于对角阵.

题型五　判断两个矩阵是否相似

【例 14】解：答案选 (A). 因为 A，B 均可对角化，则 A 与 B 相似的充要条件是它们有相同的特征值. 于是，$0 = |A| = -(y-x)^2$，$0 = |E - A| = 2xy$，故选 A.

【例 15】解：因为 A，B 相似，所以

$$|A| = \begin{vmatrix} 2 & 0 & 0 \\ 0 & 0 & 1 \\ 0 & 1 & x \end{vmatrix} = -2 = |B| = \begin{vmatrix} 2 & 0 & 0 \\ 0 & y & 0 \\ 0 & 0 & -1 \end{vmatrix} = -2y,\ y = 1.$$

相似矩阵的迹相等：$tr(A) = 2 + x = tr(B) = 2 + y - 1 = 2.$ 于是 $x = 0.$

【例 16】解：答案选 (B). 由 $0 = |\lambda E - A| = (\lambda - 1)^3$ 得 A 有特征值 $\lambda_1 = \lambda_2 = \lambda_3 = 1$，显然 B 的特征值为 0，1，1，故 A 与 B 不可能相似，同理可知 C 特征值也是 1，1，1，也不可能与 B 相似，而 A 与 C 都不可对角化，设存在矩阵 P，$AP = PC$，可求得一可逆矩阵 $P = \begin{pmatrix} 3 & 2 & 6 \\ -1 & 0 & 0 \\ 0 & 0 & 2 \end{pmatrix}$，$P$ 可逆，使 $P^{-1}AP = C$，故 A 与 C 相似.

题型六　对角化的计算

【例 17】解：(1) 由

$$0 = |\lambda E - A| = \begin{vmatrix} \lambda - 1 & -1 & -1 \\ -1 & \lambda - 3 & -1 \\ -1 & -1 & \lambda - 1 \end{vmatrix} \xrightarrow{c_1 + (-1)c_3} \begin{vmatrix} \lambda & -1 & -1 \\ 0 & \lambda - 3 & -1 \\ -\lambda & -1 & \lambda - 1 \end{vmatrix} \xrightarrow{r_3 + r_1} \begin{vmatrix} \lambda & -1 & -1 \\ 0 & \lambda - 3 & -1 \\ 0 & -2 & \lambda - 2 \end{vmatrix} = \lambda(\lambda - 1)(\lambda - 4)$$

得 A 的特征值 $\lambda_1 = 0$，$\lambda_2 = 1$，$\lambda_3 = 4$，特征向量分别为 $\xi_1 = (1,\ 0,\ -1)^T$，$\xi_2 = (1,\ -1,\ 1)^T$，$\xi_3 = (1,\ 2,\ 1)^T$，$P^{-1}AP = \mathrm{diag}(0,\ 1,\ 4).$

(2) 因为实对称矩阵不同特征值对应的特征向量正交，故这里无需施密特正交化，单位化即可. 令 $q_1 = \dfrac{1}{\|\xi_1\|}\xi_1 = \dfrac{1}{\sqrt{2}}\xi_1$，$q_2 = \dfrac{1}{\sqrt{3}}\xi_2$，$q_3 = \dfrac{1}{\sqrt{6}}\xi_3$，令 $Q = (q_1,\ q_2,\ q_3)$，则 Q 为正交矩阵，且 $Q^T AQ = \mathrm{diag}(0,\ 1,\ 4).$

【例 18】解：答案填 k. 实对称矩阵任意特征值的几何重数与代数重数相等.

【例 19】解：假设 $A = \begin{bmatrix} a_{11} & a_{12} & \cdots & a_{1n} \\ a_{21} & a_{22} & \cdots & a_{2n} \\ \cdots & \cdots & \cdots & \cdots \\ a_{n1} & a_{n2} & \cdots & a_{nn} \end{bmatrix}$，且 $\sum\limits_{k=1}^{n} a_{ik} = a\ (i = 1,\ 2,\ \cdots,\ n)$

$$A\begin{bmatrix}1\\1\\\vdots\\1\end{bmatrix}=\begin{bmatrix}a_{11}&a_{12}&\cdots&a_{1n}\\a_{21}&a_{22}&\cdots&a_{2n}\\\cdots&\cdots&\cdots&\cdots\\a_{n1}&a_{n2}&\cdots&a_{nn}\end{bmatrix}\begin{bmatrix}1\\1\\\vdots\\1\end{bmatrix}=\begin{bmatrix}\sum\limits_{k=1}^{n}a_{1k}\\\sum\limits_{k=1}^{n}a_{2k}\\\vdots\\\sum\limits_{k=1}^{n}a_{nk}\end{bmatrix}=\begin{bmatrix}a\\a\\\vdots\\a\end{bmatrix}=a\begin{bmatrix}1\\1\\\vdots\\1\end{bmatrix}$$

所以，$\lambda=a$ 为 A 的特征值，对应的特征向量为 $(1,1,\cdots,1)^T$.

因为 A 可逆，所以 $\frac{1}{a}$ 为 A^{-1} 的特征值，对应的特征向量也是 $(1,1,\cdots,1)^T$.

即 $A^{-1}\begin{bmatrix}1\\1\\\vdots\\1\end{bmatrix}=\frac{1}{a}\begin{bmatrix}1\\1\\\vdots\\1\end{bmatrix}$，所以 A^{-1} 的每行和为 $\frac{1}{a}$.

【例20】解：（1）因为 A 为实对称阵，故 A 可对角化，设其相似对角矩阵为 Λ，则 $r(\Lambda)=r(A)=r$，Λ 的主对角元为 A 的所有特征值；又由 $A^2-A=O$ 可知 A 的特征值为 1 或 0，于是由 $r(\Lambda)=r$ 知

$$\Lambda=\begin{pmatrix}1\\&\ddots\\&&1\\&&&0\\&&&&\ddots\\&&&&&0\end{pmatrix}，\text{其中 1 的个数为 } r \text{ 个}.$$

（2）由（Ⅰ）知 $2E-A$ 的特征值为 r 个 $2-1=1$，$n-r$ 个 $2-0=2$，所以 $|2E-A|=1^r 2^{n-r}=2^{n-r}$.

（3）若将 A 为实对称阵的条件去掉，A 结果不确定. 因为如果 $r=0$，即 $A=O$，则 A 当然可以对角化，其相似对角阵 $\Lambda=O$；如果 $r=n$，则 A 可逆，于是 $A=E$，$\Lambda=E$；如果 $0<r<n$，则结果不确定，大家可以自己举例.

【例21】解：（1）由题设知 $AX=\beta$ 有无穷多组解，因而秩$(A)=$秩$(\overline{A})=r<n=3$，$|A|=-(a-1)^2(a+2)=0$. 解得 $a=1$ 或 $a=-2$. 但当 $a=1$ 时，秩$([A\ \vdots\ \beta])\neq$秩(A)，此时 $AB=\beta$ 无解.

而当 $a=-2$ 时，有秩$([A\ \vdots\ \beta])=$秩$(A)<3$，于是 $a=-2$.

（2）注意到 $|A-\lambda E|$ 为行和与列和都相等的行列式，易求得

$$|A-\lambda E|=-\lambda(\lambda-3)(\lambda+3).$$

因而其特征值为 $\lambda_1=3$，$\lambda_2=-3$，$\lambda_3=0$.

易求得属于 λ_1，λ_2，λ_3 的特征向量分别为

$$\alpha_1=[-1,0,1]^T，\alpha_2=[1,-2,1]^T，\alpha_3=[1,1,1]^T.$$

因 A 的特征值互异，故 A 与对角矩阵相似. 又由于 A 为实对称矩阵，不同特征值的特征向量正交，为求得正交矩阵 Q，只需将 α_1，α_2，α_3 单位化. 因 $\|\alpha_1\|=\sqrt{2}$，$\|\alpha_2\|=\sqrt{6}$，$\|\alpha_3\|=\sqrt{3}$，

故 $\eta_1=\frac{\alpha_1}{\|\alpha_1\|}=\left[-\frac{1}{\sqrt{2}},0,\frac{1}{\sqrt{2}}\right]^T$，$\eta_2=\frac{\alpha_2}{\|\alpha_2\|}=\left[\frac{1}{\sqrt{6}},-\frac{2}{\sqrt{6}},\frac{1}{\sqrt{6}}\right]^T$，$\eta_3=\frac{\alpha_3}{\|\alpha_3\|}=\left[\frac{1}{\sqrt{3}},\frac{1}{\sqrt{3}},\frac{1}{\sqrt{3}}\right]^T$.

令 $Q=[\eta_1,\eta_2,\eta_3]$，易验证有 $Q^T AQ=Q^{-1}AQ=diag(3,-3,0)$.

【例22】解：（1）记 $Q=(\xi_1,\xi_2,\xi_3)$，$B=\begin{pmatrix}2&0&0\\0&3&2\\0&2&3\end{pmatrix}$，则

$$A(\xi_1,\xi_2,\xi_3)=(2\xi_1,3\xi_2+2\xi_3,2\xi_2+3\xi_3)=(\xi_1,\xi_2,\xi_3)\begin{pmatrix}2&0&0\\0&3&2\\0&2&3\end{pmatrix}\Leftrightarrow AQ=QB$$

因为 ξ_1，ξ_2，ξ_3 无关，所以矩阵 $Q=(\xi_1,\xi_2,\xi_3)$ 可逆，

故 $|AQ|=|QB|\Leftrightarrow|A|=|B|=\begin{vmatrix}2&0&0\\0&3&2\\0&2&3\end{vmatrix}=10$

(2) **解法1**：由（Ⅰ）$AQ=QB$，即 $Q^{-1}AQ=B$，从而 A，B 相似．

又 $|B-\lambda E|=\begin{vmatrix}2-\lambda&0&0\\0&3-\lambda&2\\0&2&3-\lambda\end{vmatrix}=(2-\lambda)(5-\lambda)(1-\lambda)$，得

$\lambda_1=2$，$\lambda_2=5$，$\lambda_3=1$

因为 A，B 有相似的特征量，所以 A 的特征值为 $\lambda_1=2$，$\lambda_2=5$，$\lambda_3=1$，故 A 可对角化．

当 $\lambda_1=2$ 时，$B-2E=\begin{pmatrix}0&0&0\\0&1&2\\0&2&1\end{pmatrix}\sim\begin{pmatrix}0&1&0\\0&0&1\\0&0&0\end{pmatrix}$，得 $\eta_1=\begin{pmatrix}1\\0\\0\end{pmatrix}$

当 $\lambda_2=5$ 时，$B-5E=\begin{pmatrix}-3&0&0\\0&-2&2\\0&2&-2\end{pmatrix}\sim\begin{pmatrix}1&1&0\\0&1&-1\\0&0&0\end{pmatrix}$，得 $\eta_2=\begin{pmatrix}0\\1\\1\end{pmatrix}$

当 $\lambda_3=1$ 时，$B-8E=\begin{pmatrix}1&0&0\\0&2&2\\0&2&2\end{pmatrix}\sim\begin{pmatrix}1&0&0\\0&1&1\\0&0&0\end{pmatrix}$，得 $\eta_3=\begin{pmatrix}0\\1\\-1\end{pmatrix}$

令 $U=(\eta_1,\eta_2,\eta_3)=\begin{pmatrix}1&0&0\\0&1&1\\0&1&-1\end{pmatrix}$，则 $U^{-1}BU=\Lambda=\begin{pmatrix}2&&\\&5&\\&&1\end{pmatrix}$

由于 $Q^{-1}AQ=B=U\Lambda U^{-1}\Rightarrow U^{-1}Q^{-1}AQU=\Lambda$

记 $P=QU=\begin{pmatrix}1&0&0\\0&1&1\\0&1&-1\end{pmatrix}\begin{pmatrix}1&0&0\\0&1&1\\0&1&-1\end{pmatrix}=\begin{pmatrix}1&0&0\\0&2&0\\0&0&2\end{pmatrix}$

解法2：$A\xi_1=2\xi_1$，$A\xi_2=3\xi_2+2\xi_3$，$A\xi_3=2\xi_2+3\xi_3$；

所以，$A\xi_1=2\xi_1$，$A(\xi_2+\xi_3)=5(\xi_2+\xi_3)$，$A(\xi_2-\xi_3)=(\xi_2-\xi_3)$

又因为 ξ_1，ξ_2，ξ_3 无关，$\xi_2+\xi_3$，$\xi_2-\xi_3$ 均不为 0 向量，从而得知 A 的特征值为：$\lambda_1=2$，$\lambda_2=5$，$\lambda_3=1$，由于 A 有 3 个不同的特征值，故 A 可对角化．

$$(\xi_1,\xi_2+\xi_3,\xi_2-\xi_3)=(\xi_1,\xi_2,\xi_3)\begin{pmatrix}1&0&0\\0&1&1\\0&1&-1\end{pmatrix}，\quad\begin{vmatrix}1&0&0\\0&1&1\\0&1&-1\end{vmatrix}\neq0$$

所以，ξ_1，$\xi_2+\xi_3$，$\xi_2-\xi_3$ 线性无关，令 $P=(\xi_1,\xi_2+\xi_3,\xi_2-\xi_3)$，则有

$$P^{-1}AP=\Lambda=\begin{pmatrix}2&&\\&5&\\&&1\end{pmatrix}，\text{则 }\xi_1=\begin{pmatrix}1\\0\\0\end{pmatrix}，\xi_2=\begin{pmatrix}0\\1\\1\end{pmatrix}，\xi_3=\begin{pmatrix}0\\1\\-1\end{pmatrix}，\text{则 }P=\begin{pmatrix}1&0&0\\0&2&0\\0&0&2\end{pmatrix}$$

题型七　用对角阵求高次幂

【例23】解：由 $|A-\lambda E|=\begin{vmatrix}1-\lambda&4&2\\0&-3-\lambda&4\\0&4&3-\lambda\end{vmatrix}=-(\lambda-1)(\lambda-5)(\lambda+5)$，

得 A 的特征值为: $\lambda_1 = 1$, $\lambda_2 = 5$, $\lambda_3 = -5$.

对于 $\lambda_1 = 1$, 解方程 $(A-E)x=0$, 得特征向量 $p_1 = (1, 0, 0)^T$.

对于 $\lambda_2 = 5$, 解方程 $(A-5E)x=0$, 得特征向量 $p_2 = (2, 1, 2)^T$.

对于 $\lambda_3 = -5$, 解方程 $(A+5E)x=0$, 得特征向量 $p_3 = (1, -2, 1)^T$.

令 $P = (p_1, p_2, p_3)$, 则

$$P^{-1}AP = \text{diag}(1, 5, -5) = \Lambda,$$
$$A = P\Lambda P^{-1},$$
$$A^{100} = P\Lambda^{100}P^{-1}.$$

因为 $\quad \Lambda = 100 = \text{diag}(1, 5^{100}, 5^{100})$,

$$P^{-1} = \begin{pmatrix} 1 & 2 & 1 \\ 0 & 1 & -2 \\ 0 & 2 & 1 \end{pmatrix} = \frac{1}{5}\begin{pmatrix} 5 & 0 & -5 \\ 0 & 1 & 2 \\ 0 & -2 & 1 \end{pmatrix},$$

所以 $\quad A^{100} = \frac{1}{5}\begin{pmatrix} 1 & 2 & 1 \\ 0 & 1 & -2 \\ 0 & 2 & 1 \end{pmatrix}\begin{pmatrix} 1 & & \\ & 5^{100} & \\ & & 5^{100} \end{pmatrix}\begin{pmatrix} 5 & 0 & -5 \\ 0 & 1 & 2 \\ 0 & -2 & 1 \end{pmatrix} = \begin{pmatrix} 1 & 0 & 5^{100}-1 \\ 0 & 5^{100} & 0 \\ 0 & 0 & 5^{100} \end{pmatrix}.$

题型八　已知特征值、特征向量，反求矩阵

【例24】解: 因 $\lambda_2 = \lambda_3 = 1$ 是二重特征值, 设其对应的特征向量为 $(x_1, x_2, x_3)^T$, 则它必与 ξ_1 正交, 即 $x_1 + x_2 + x_3 = 0$, 易得 $\xi_2 = (-1, 1, 0)^T$, $\xi_3 = (-1, 0, 1)^T$ 为 A 属于 1 的两个线性无关特征向量.

令 $P = (\xi_1, \xi_2, \xi_3)$, 则 $P^{-1}AP = \text{diag}(2, 1, 1,)$, 于是

$$A = P\text{diag}(2, 1, 1)P^{-1} = \begin{pmatrix} 1 & -1 & -1 \\ 1 & 1 & 0 \\ 1 & 0 & 1 \end{pmatrix}\begin{pmatrix} 2 & 0 & 0 \\ 0 & 1 & 0 \\ 0 & 0 & 1 \end{pmatrix}\begin{pmatrix} 1 & 1 & 1 \\ -1 & 2 & -1 \\ -1 & -1 & 2 \end{pmatrix} \cdot \frac{1}{3}$$

$$= \frac{1}{3}\begin{pmatrix} 2 & -1 & -1 \\ 2 & 1 & 0 \\ 2 & 0 & 1 \end{pmatrix}\begin{pmatrix} 1 & 1 & 1 \\ -1 & 2 & -1 \\ -1 & -1 & 2 \end{pmatrix}$$

$$= \frac{1}{3}\begin{pmatrix} 4 & 1 & 1 \\ 1 & 4 & 1 \\ 1 & 1 & 4 \end{pmatrix}.$$

【例25】解: 由 $|A| = 2$, 得 A 的三个特征值为 1, 1, 2, 显然 $\begin{pmatrix} 1 \\ 1 \\ 0 \end{pmatrix}$, $\begin{pmatrix} 0 \\ 1 \\ 1 \end{pmatrix}$ 为属于 $\lambda_1 = \lambda_2 = 1$ 的特征向量,

否则两个向量应正交, 矛盾.

从而设 $A = \begin{pmatrix} a & c & d \\ c & b & e \\ d & e & 4-a-b \end{pmatrix}$, $\begin{pmatrix} a & c & d \\ c & b & e \\ d & e & 4-a-b \end{pmatrix}\begin{pmatrix} 1 \\ 1 \\ 0 \end{pmatrix} = \begin{pmatrix} 1 \\ 1 \\ 0 \end{pmatrix}$, $\begin{pmatrix} a & c & d \\ c & b & e \\ d & e & 4-a-b \end{pmatrix}\begin{pmatrix} 0 \\ 1 \\ 1 \end{pmatrix} = \begin{pmatrix} 0 \\ 1 \\ 1 \end{pmatrix}$, 易解得

$a = b = \dfrac{3}{4}$, $c = -\dfrac{1}{3}$, $d = \dfrac{1}{3}$, $e = -\dfrac{1}{3}$, 故 $A = \dfrac{1}{3}\begin{pmatrix} 4 & -1 & 1 \\ -1 & 4 & -1 \\ 1 & -1 & 4 \end{pmatrix}$.

读者也可以用相似对角阵来求。

【例26】解: (1) 解法1: 设 $B = \begin{bmatrix} a_1 & a_2 & a_3 \\ b_1 & b_2 & b_3 \\ c_1 & c_2 & c_3 \end{bmatrix}$, 由 $AP = PB$ 得到

$$[AX, \ A^2X, \ A^3X] = [X, \ AX, \ A^2X]\begin{bmatrix} a_1 & a_2 & a_3 \\ b_1 & b_2 & b_3 \\ c_1 & c_2 & c_3 \end{bmatrix},$$

即

$$\begin{cases} AX = a_1X + b_1AX + c_1A^2X, & ① \\ A^2X = a_2X + b_2AX + c_2A^2X, & ② \\ A^3X = 3AX - 2A^2X = a_3X + b_3AX + c_3A^2X. & ③ \end{cases}$$

因 X, AX, A^2X 线性无关，由式①可得 $a_1 = 0$, $b_1 = 1$, $c_1 = 0$; 由式②可得 $a_2 = 0$, $b_2 = 0$, $c_2 = 1$; 由式③

可得 $a_3 = 0$, $b_3 = 3$, $c_3 = -2$, 于是 $B = \begin{bmatrix} 0 & 0 & 0 \\ 1 & 0 & 3 \\ 0 & 1 & -2 \end{bmatrix}$.

解法 2：$B = P^{-1}AP = [X, \ AX, \ A^2X]^{-1}A[X, \ AX, \ A^2X] = [X, \ AX, \ A^2X]^{-1}[AX, \ A^2X, \ A^3X]$

$\qquad = [X, \ AX, \ A^2X]^{-1}[AX, \ A^2X, \ 3AX - 2A^2X]$

$\qquad = [X, \ AX, \ A^2X]^{-1}[X, \ AX, \ A^2X]\begin{bmatrix} 0 & 0 & 0 \\ 1 & 0 & 3 \\ 0 & 1 & -2 \end{bmatrix} = \begin{bmatrix} 0 & 0 & 0 \\ 1 & 0 & 3 \\ 0 & 1 & -2 \end{bmatrix}.$

(2) 由(1)知，$P^{-1}AP = B$，即 $A \sim B$.

因此，$A + E \sim B + E$，$|A + E| = |B + E| = -4$.

第六讲　二　次　型

题型一　二次型的定义

【例1】解：答案填 $\begin{bmatrix} 1 & 3 & 5 \\ 3 & 5 & 7 \\ 5 & 7 & 9 \end{bmatrix}$．将 X^TBX 具体算出来，再写出 f 的矩阵，并求秩．

【例2】解：答案选（D）．可以证明 A 为实对称矩阵时，若对任何向量 x，$x^TAx=0$，则 $A=0$．

令 $x=(0,\cdots,0,1,\cdots,1,0,\cdots,0)^T$（只有第 i,j 位置的元素为1，其余都是0）．则 $x^TAx=2a_{ij}=0$，对任何 i,j 成立．所以 $A=0$．

所以当 $A^T=A$ 且 $B^T=B$ 时，$(A-B)^T=A^T-B^T=A-B$，$A-B$ 为实对称矩阵．

若对任何向量 x，$x^TAx=x^TBx$，则 $x^T(A-B)x=0$，所以 $A-B=0$，即 $A=B$．（D）是答案．

对于（A）：令 $A=\begin{bmatrix} 0 & 1 & 0 \\ 0 & 0 & 0 \\ 0 & 0 & 0 \end{bmatrix}$，$B=\begin{bmatrix} 0 & 0 & 0 \\ 1 & 0 & 0 \\ 0 & 0 & 0 \end{bmatrix}$，则 $A\ne B$，$r(A)=r(B)$．但是，对于任何三维向量 $\begin{bmatrix} x_1 \\ x_2 \\ x_3 \end{bmatrix}$，$x^TAx=x^TBx=x_1x_2$，（A）不是答案；

对于（B）：取反例 $A=\begin{bmatrix} 0 & \dfrac{1}{2} & 0 \\ \dfrac{1}{2} & 0 & 0 \\ 0 & 0 & 0 \end{bmatrix}$，$B=\begin{bmatrix} 0 & 1 & 0 \\ 0 & 0 & 0 \\ 0 & 0 & 0 \end{bmatrix}$；

对于（C）：取反例 $A=\begin{bmatrix} 0 & 1 & 0 \\ 0 & 0 & 0 \\ 0 & 0 & 0 \end{bmatrix}$，$B=\begin{bmatrix} 0 & \dfrac{1}{2} & 0 \\ \dfrac{1}{2} & 0 & 0 \\ 0 & 0 & 0 \end{bmatrix}$．

题型二　化二次型为标准型、规范型

【例3】解：① $A=\begin{bmatrix} 11 & 8 & 2 \\ 8 & 5 & -10 \\ 2 & -10 & 2 \end{bmatrix}$

$|A-\lambda E|=\begin{vmatrix} 11-\lambda & 8 & 2 \\ 8 & 5-\lambda & -10 \\ 2 & -10 & 2-\lambda \end{vmatrix}=-\lambda^3+18\lambda^2+81\lambda-1458=0$

解得，$\lambda_1=9$，$\lambda_2=18$，$\lambda_3=-9$

所以可用正交变换将原二次型化成以下标准型：
$$f(y_1,y_2,y_3)=9y_1^2+18y_2^2-9y_3^2$$

② $A=\begin{bmatrix} 1 & 2 & 2 \\ 2 & 1 & 2 \\ 2 & 2 & 1 \end{bmatrix}$

$$|A-\lambda E|=\begin{vmatrix} 1-\lambda & 2 & 2 \\ 2 & 1-\lambda & 2 \\ 2 & 2 & 1-\lambda \end{vmatrix}=(1-\lambda)^3-12(1-\lambda)+16=0$$

解得，$\lambda_{1,2}=-1$，$\lambda_3=5$，

或者将 A 看作 $A=\begin{bmatrix} 2 & 2 & 2 \\ 2 & 2 & 2 \\ 2 & 2 & 2 \end{bmatrix}-E=B-E$，B 的特征值为 0，0，6，

所以 A 的特征值为 $\lambda_{1,2}=-1$，$\lambda_3=5$.

所以可用正交变换将原二次型化成以下标准型：$f(y_1,\ y_2,\ y_3)=-y_1^2-y_2^2+5y_3^2$.

【例4】解： 因为 f 中不含 x_1，x_2 的平方项，所以先作如下可逆变换，令 $\begin{cases} x_1=y_1-y_2 \\ x_2=y_1+y_2 \\ x_3=y_3 \end{cases}$ 代入有 $f=y_1^2-y_2^2+$

$2y_1y_3=y_1^2+2y_1y_3+y_3^2-y_2^2-y_3^2$ 则 $f=(y_1+y_3)^2-y_2^2-y_3^2$,

于是令 $z_1=y_1+y_3$，$z_2=y_2$，$z_3=y_3$，则在下列可逆线性变换下，得二次型的标准形

$f=z_1^2-z_2^2-z_3^2$，$\begin{cases} x_1=z_1-z_2-z_3 \\ x_2=z_1+z_2-z_3. \\ x_3=z_3 \end{cases}$

【例5】解： (1) 因 A 为实对称矩阵，故 $(A^{-1})^T=(A^T)^{-1}=A^{-1}$，即 A^{-1} 也为实对称矩阵.

同样因 A 对称，故 $A_{ij}=A_{ji}(i,\ j=1,\ 2,\ ,\ \cdots,\ n)$. 于是

$$f(X)=[x_1,\ x_2,\ \cdots,\ x_n]\begin{bmatrix} A_{11}/|A| & A_{21}/|A| & \cdots & A_{n1}/|A| \\ A_{12}/|A| & A_{22}/|A| & \cdots & A_{n2}/|A| \\ \vdots & \vdots & & \vdots \\ A_{1n}/|A| & A_{2n}/|A| & \cdots & A_{nn}/|A| \end{bmatrix}\begin{bmatrix} x_1 \\ x_2 \\ \vdots \\ x_n \end{bmatrix}=X^T(A^*/|A|)X=X^TA^{-1}X$$

即 $f(X)$ 的矩阵为 A^{-1}.

(2) **证法1：** 只需证其矩阵合同. 事实上取 $P=A^{-1}$，有

$$P^TAP=(A^{-1})^TAA^{-1}=(A^T)^{-1}AA^{-1}=A^{-1}E=A^{-1}.$$

或取 $P=A$，有 $P^TA^{-1}P=A^TA^{-1}A=A^T=A$. 因而 A^{-1} 与 A 合同.

因此，二次型 $g(x)$ 与 $f(x)$ 有相同的规范形.

证法2： 对二次型 $g(X)=X^TAX$ 作可逆线性变换 $X=A^{-1}Y$，其中 $Y=[y_1,\ y_2,\ \cdots,\ y_n]^T$，

则 $g(X)=X^TAX=(A^{-1}Y)^TA(A^{-1}Y)=Y^T(A^{-1})^TY=Y^TA^{-1}Y$.

因此知 A 与 A^{-1} 合同；因此知 $g(X)$ 与 $f(X)$ 有相同的规范形.

题型三　已知标准型，确定二次型

【例6】解： 二次型的矩阵 $A=\begin{pmatrix} 1 & \mu & 1 \\ \mu & 1 & \lambda \\ 1 & \lambda & 1 \end{pmatrix}$，A 的特征值为 $\lambda_1=0$，$\lambda_2=1$，$\lambda_3=2$，

则 $|A|=0$，$|E-A|=0$，于是可得，$\lambda=\mu=0$，$A=\begin{pmatrix} 1 & 0 & 1 \\ 0 & 1 & 0 \\ 1 & 0 & 1 \end{pmatrix}$，

由 $(0E-A)X=O$，得 $\xi_1=(-1,\ 0,\ 1)^T$，单位化得 $q_1=\dfrac{1}{\sqrt{2}}(-1,\ 0,\ 1)^T$.

同理，得 $\xi_2=(0,\ 1,\ 0)^T$，$\xi_3=(1,\ 0,\ 1)^T$，$q_2=(0,\ 1,\ 0)^T$，$q_3=\dfrac{1}{\sqrt{2}}(1,\ 0,\ 1)^T$，则 $Q=(q_1,\ q_2,\ q_3)$.

【例7】解法1：因二次型 X^TAX 经正交变换化为标准形时，标准形中平方项的系数就是二次型矩阵 A 的特征值，故 6，0，0 是 A 的特征值．又由于 $A \sim \Lambda$，有 $tr(A) = tr(\Lambda)$，得到 $a+a+a=6+0+0$，即 $a=2$．

解法2：由标准形 $f=6y_1^2$ 知，二次型 f 的秩，即矩阵 A 的秩等 1，而

$$A = \begin{bmatrix} a & 2 & 2 \\ 2 & a & 2 \\ 2 & 2 & a \end{bmatrix},$$

显然，当 $a=2$ 时，秩$(A)=1$，而当 $a \neq 2$ 时，秩$(A) \geq 2$，故 $a=2$．

【例8】解：二次曲面方程左边的二次型矩阵为

$$A = \begin{bmatrix} 1 & b & 1 \\ b & a & 1 \\ 1 & 1 & 1 \end{bmatrix},$$

而将它化为标准形后的矩阵是 $B = \text{diag}(0, 1, 4)$．由于 $A \sim B$，有 $tr(A) = tr(B)$，$|A| = |B|$．由前式与后式分别得到 $1+a+1=0+1+4$，$(b-1)^2=0$，即 $a=3$，$b=1$．

矩阵 A 的三个特征值易求得为 $\lambda_1=0$，$\lambda_2=1$，$\lambda_3=4$，可依次求得如下相互正交的特征向量(计算过程略)：$P_1=[1, 0, -1]^T$，$P_2=[1, -1, 1]^T$，$P_3=[1, 2, 1]^T$．

将其单位化得到两两正交的单位向量：

$$\eta_1 = [1/\sqrt{2}, 0, -1/\sqrt{2}]^T, \quad \eta_2 = [1/\sqrt{3}, -1/\sqrt{3}, 1/\sqrt{3}]^T, \quad \eta_3 = [1/\sqrt{6}, 2/\sqrt{6}, 1/\sqrt{6}]^T$$

令 $P=[\eta_1, \eta_2, \eta_3]$，则 P 为所求的正交变换矩阵．

注意：利用相似的必要条件，例如 $tr(A)=tr(B)$，求待定常数是较简便的方法．

题型四　判断两个矩阵是否合同

【例9】解：$|A|=0$，且秩$(A)=2$．又由 A 的特征多项式 $|\lambda E-A|=\lambda(\lambda^2-4\lambda-3)$ 知，A 的特征值 $\lambda_1=0$，$\lambda_2\lambda_3=-3<0$，即 λ_2，λ_3 异号，因而 A 的正、负惯性指数都等于 1．因秩$(A_1)=3$，因此知 A_1 与 A 不合同；虽然秩$(A_2)=$秩$(A_3)=2$，但 A_2，A_3 的正惯性指数分别为 2，0．因此知 A 与 A_2，A_3 都不合同．

秩$(A_4)=2$，且 A_4 有一个正(负)惯性指数，由定理知，A 与 A_4 合同．

【例10】解：显然 A，B 都是实对称矩阵，由 $|\lambda E-A|=(\lambda+2)(\lambda-1)(\lambda-2)=0$，得 A 的特征值为 $\lambda_1=-2$，$\lambda_2=1$，$\lambda_3=2$，而 B 的特征值为 $\lambda_1=1$，$\lambda_2=1$，$\lambda_3=-1$．

因为 A，B 特征值不同而特征值中正、负个数相等，所以 A，B 合同但不相似，应选(B)．

题型五　判别或证明具体二次型的正定性

【例11】解：答案是(D)．一阶主行列式为 2，二阶主行列式为 $\begin{vmatrix} 2 & 0 \\ 0 & 1 \end{vmatrix} = 2$，三阶主行列式为 $\begin{vmatrix} 2 & 0 & 0 \\ 0 & 1 & 2 \\ 0 & 2 & 5 \end{vmatrix} = 10-8=2$．

【例12】解：答案选(C)．A 正定 $\Leftrightarrow A$ 的特征值均为正数 $\Leftrightarrow A^{-1}$ 的特征值为正数 $\Leftrightarrow A^{-1}$ 正定．而(A)、(B)、(D) 只是必要的而非充分的．

【例13】解：答案填 3，2，1．

题型六　判别或证明抽象二次型的正定性

【例14】证明：因为 A，B 均为正定的，取 A 对应的二次型为 f_1，B 对应的二次型为 f_2，那么对任意的 $x \neq 0$，有 $f_1>0$，$f_2>0$，这是正定的定义。

而 $A+B$ 对应的二次型为 f_1+f_2，所以对于任意的 $x \neq 0$ 一定有 $f_1+f_2>0$ 成立，故 $A+B$ 正定．

【例15】解：因为 A，B 均为 n 阶正定矩阵，则 A^*，B^* 均为 n 阶正定矩阵，所以 A^*+B^* 为 n 阶正定矩

阵．(A)是答案．

【例16】解：因为实对称矩阵 A 的特征值全大于 a，所以 $A-aE$ 为正定阵；因为实对称矩阵 B 的特征值全大于 b，所以 $B-bE$ 为正定阵．所以 $(A-aE)+(B-bE)$ 为正定阵．

假设 λ 为 $A+B$ 的特征值，相应的特征向量为 x，即 $(A+B)x=\lambda x$.

于是，$\left[(A-aE)+(B-bE)\right]x=(A+B)x-(a+b)Ex=(\lambda-(a+b))x$

所以，$\lambda-(a+b)$ 为 $(A-aE)+(B-bE)$ 的特征值．又因为 $(A-aE)+(B-bE)$ 为正定阵，所以 $\lambda-(a+b)>0$，即 $\lambda>a+b$.

【例17】解：假设 λ 为 A 的特征值，因为 $A^3+A^2+A=3E$，所以 $\lambda^3+\lambda^2+\lambda-3=0$.

解得，$\lambda=1$，$\lambda=\dfrac{-2\pm\sqrt{4-12}}{2}=-1\pm2\sqrt{2}i$．因为 A 为实对称矩阵，所以只能 $\lambda=1$．所以 A 为正定矩阵．

【例18】解：$tE-A$ 的特征值为 $t-1$，$t-2$，$\cdots$，$t-n$．若 $tE-A$ 是正定的，则 $t-1>0$，$t-2>0$，$\cdots$，$t-n>0$，所以 $t>n$ 时，$tE-A$ 是正定的．

题型七　确定参数的取值范围使其正定

【例19】解：答案选(C)．二次型 f 的矩阵 $A=\begin{pmatrix} a & 0 & c \\ 0 & b & 0 \\ c & 0 & a \end{pmatrix}$，$f$ 正定 $\Leftrightarrow A$ 的各阶顺序主子式均为正数：$a>0$，

$\begin{vmatrix} a & 0 \\ 0 & b \end{vmatrix}>0$，$|A|>0$.

【例20】解：$A=\begin{bmatrix} 1 & t & -1 \\ t & 1 & 2 \\ -1 & 2 & 5 \end{bmatrix}$，$\begin{vmatrix} 1 & t \\ t & 1 \end{vmatrix}=1-t^2>0$，所以 $|t|<1$.

且 $\begin{vmatrix} 1 & t & -1 \\ t & 1 & 2 \\ -1 & 2 & 5 \end{vmatrix}=-4t-5t^2>0$，$5t^2+4t<0$，$-\dfrac{4}{5}<t<0$，

所以，当 $-\dfrac{4}{5}<t<0$ 时，二次型 $f(x_1,\ x_2,\ x_3)=x_1^2+x_2^2+5x_3^2+2tx_1x_2-2x_1x_3+4x_2x_3$ 是正定的．

【例21】解：根据定义，二次型 f 正定是指对任何 $X\neq0$，恒有：$f(X)=X^TAX>0$.

由其逆否命题知，此条件等价于 $f(x)=X^TAX\leqslant0$ 时，$X=0$.

由题设知 $f<0$ 不可能，故等价于 $f(x)=X^TAX=0$ 时，有 $X=0$，亦即等价于方程组：

$$x_1+a_1x_2=0,\ x_2+a_2x_3=0,\ \cdots,\ x_n+a_nx_1=0$$

只有零解．而以上方程组只有零解的充分必要条件是其系数行列式

$$\begin{vmatrix} 1 & a_1 & 0 & \cdots & 0 & 0 \\ 0 & 1 & a_2 & \cdots & 0 & 0 \\ \vdots & \vdots & \vdots & & \vdots & \vdots \\ 0 & 0 & 0 & \cdots & 1 & a_{n-1} \\ a_n & 0 & 0 & \cdots & 0 & 1 \end{vmatrix}=1+(-1)^{n+1}a_1a_2\cdots a_n\neq0.$$

于是当 $1+(-1)^{n+1}a_1a_2\cdots a_n\neq0$ 时，上述方程组只有零解．因而当 $1+(-1)^{n+1}a_1a_2\cdots a_n\neq0$ 时，对任意列向量 $X\neq0$，必有 $f(X)=X^TAX>0$．由二次型正定的定义知，f 为正定二次型．

概率论与数理统计（数一、数三）答案

第一讲 随机事件和概率

题型一 古典概型

【例1】解：样本空间基本事件总数 $n = C_{15}^5 C_{10}^5 C_5^5 = \dfrac{15!}{5! \ 5! \ 5!}$.

（1）将3名优秀生分配到三个班级使每个班级都有一名优秀生的分法共 $C_3^1 C_2^1 C_1^1 = 3!$ 种，对于每一种分法，其余12名新生平均分配到三个班级中的分法有 $C_{12}^4 C_8^4 C_4^4 = \dfrac{12!}{4! \ 4! \ 4!}$，从而所求事件发生的基本事件数

为 $k_1 = \dfrac{3! \ 12!}{4! \ 4! \ 4!}$，故所求的概率为 $p_1 = \dfrac{k_1}{n} = \dfrac{\dfrac{3! \ 12!}{4! \ 4! \ 4!}}{\dfrac{15!}{5! \ 5! \ 5!}} = \dfrac{25}{91}$.

（2）将3名优秀生分配在同一班级的分法共有3种，对于每一种分法，其余12名新生的分法（一个班2

名，另外两个班各5名）有 $C_{12}^2 C_{10}^5 C_5^5 = \dfrac{12!}{2! \ 5! \ 5!}$，故所求的概率为 $p_2 = \dfrac{k_2}{n} = \dfrac{\dfrac{3 \times 12!}{2! \ 5! \ 5!}}{\dfrac{15!}{5! \ 5! \ 5!}} = \dfrac{6}{91}$.

【例2】解：设 A_i，$i = 1, 2, 3$ 表示杯子中球的最大个数为 i，样本空间基本事件总数 $n = 4^3 = 64$ 由于 A_i 只有当每个杯子最多放一只球时才能发生，有 3 个杯子可以任意选择，每个杯子给放一个球，故有利于 A_1 发生的基本事件数为 $k_1 = C_4^3 \cdot 3! = 24$ 所以 $P(A_1) = \dfrac{k_1}{n} = \dfrac{24}{64} = \dfrac{3}{8}$.

由于 A_3 只有当3只球同时放在一个杯子的时候才能发生，有 4 个杯子可以任意选择，故有利于 A_3 发生的基本事件数 $k_3 = C_4^1 = 4$，$P(A_3) = \dfrac{k_3}{n} = \dfrac{4}{64} = \dfrac{1}{16}$，又 $A_1 \cup A_2 \cup A_3 = \Omega$，且 $A_i A_j = \Phi$，$i \neq j$，$i, j = 1, 2, 3$，

故 $P(A_2) = 1 - P(A_1) - P(A_3) = 1 - \dfrac{3}{8} - \dfrac{1}{16} = \dfrac{9}{16}$.

【例3】方法1：设 A 表示这4只鞋子中至少有两只配成一双，样本空间基本事件总数 $n = C_{10}^4 = 210$，则 $\overline{A}$ 表示没有成双的情况，它发生的基本事件数可以这样计算，先从 5 双鞋子中任取 4 双，再从取出的每双鞋子中各取一只，从而有利于 $\overline{A}$ 的基本事件数为 $k = C_5^4 \cdot (C_2^1)^4 = 80$，所以所求的概率为

$$P(A) = 1 - P(\overline{A}) = 1 - \dfrac{k}{n} = 1 - \dfrac{80}{210} = \dfrac{13}{21}.$$

方法2：直接正面算，A 包含的情况有两种，一种是配成一双，另外两只是单只，这种情况的基本事件

数为 $C_5^1 C_4^2 C_2^1 C_2^1$，还有一种情况是配成两双，包含的基本事件数为 C_5^2，因此，$P(A) = \dfrac{C_5^1 C_4^2 C_2^1 C_2^1 + C_5^2}{C_{10}^4} = \dfrac{13}{21}$.

方法3：前面是通过组合数来计算的，也可以通过排列数来计算，样本空间基本事件总数为 A_{10}^4，则 $\overline{A}$

发生的基本事件数为：10 只里面随意挑一只 C_{10}^1，然后和这只成双的另一只排除掉；从剩下的 8 只里面再随意挑一只 C_8^1，和这只成双的另一只也排除掉，依次下去，$P(A)=1-P(\bar{A})=1-\dfrac{C_{10}^1 C_8^1 C_6^1 C_4^1}{A_{10}^4}=\dfrac{13}{21}$.

常见错误方法：$P(A)=\dfrac{C_5^1 C_8^2}{C_{10}^4}$，这种算法认为，$C_5^1$ 是从 5 双里面挑出一双成双，那么另外两只随意即可，C_8^2 表示从剩下的八只随意挑两只，成双与否不重要. 但这样算分子把配成两双的情况正好多算了一遍，因此应改正为：$P(A)=\dfrac{C_5^1 C_8^2 - C_5^2}{C_{10}^4}=\dfrac{13}{21}$.

【例 4】解： 为了确保公平，设想把游戏进行到能分出输赢为止. 在所得到的各种可能结果中看甲赢和乙赢这两个事件所包含的基本事件个数各是多少，按甲、乙所赢的概率之比分奖品是公平的.

为了能分出输赢还要掷硬币 $2+3-1=4$ 次（少于 4 次，有些情形分不出输赢），所有可能结果即基本事件总数为 $2^4=16$，这些基本事件的发生是等可能的.

甲赢即正面朝上至少 2 次，甲赢的这个事件包含的基本事件个数为 $C_4^2 + C_4^3 + C_4^4 = 11$，故 $P($甲赢$)=11/16$.

乙赢即反面朝上至少 3 次，乙赢的有利场合数为 $C_4^3 + C_4^4 = 5$，故 $P($乙赢$)=5/16$.

按 $11 : 5$ 分奖品，对甲乙二人是公平的.

常见错误方法：对甲赢包含的基本事件个数，有一种错误做法：$C_4^2 C_2^1 C_2^1$，思路是 4 次里挑 2 次正面朝上，其余的 2 次任意，但思考下，与上一个例题的常见错误一样，有很多重复的部分，但重复了多少就比上一个题目难统计多了.

题型二　几何概型

【例 5】解： 答案填 $\dfrac{17}{25}$. $P(A)=\dfrac{A \text{ 的面积}}{\Omega \text{ 的面积}}=\dfrac{1-\frac{1}{2}\left(\frac{4}{5}\right)^2}{1}=\dfrac{17}{25}$.

【例 6】解： 设想线段被分成的三段长分别为 x，y，$a-x-y$，则样本空间为平面区域
$$\Omega=\{(x,y)\mid 0<x<a,\ 0<y<a,\ 0<x+y<a\}$$
由于三角形两边之和大于第三边，因此作为三角形边的三条线段 x，y，$a-x-y$ 应该满足：
$$0<x<\frac{a}{2},\quad 0<y<\frac{a}{2},\quad 0<a-x-y<\frac{a}{2}$$
记它们可以构成一个三角形为事件 A，是平面区域
$$A=\left\{(x,y)\mid 0<x<\frac{a}{2},\ 0<y<\frac{a}{2},\ \frac{a}{2}<x+y<a\right\}$$
故所求的概率为
$$P(A)=\frac{A \text{ 的面积}}{\Omega \text{ 的面积}}=\frac{\frac{1}{2}\left(\frac{a}{2}\right)^2}{\frac{1}{2}a^2}=\frac{1}{4}.$$

【例 7】解： 答案填 "$\dfrac{1}{2}$".
$$P\{X+[X]<2\}=P\{X+[X]<2,\ [x]=0\}+P\{X+[X]<2,\ [x]=1\}$$
$$=P\{0<X<1\}+P\{\varnothing\}=\frac{1}{2}+0=\frac{1}{2}$$

题型三　事件的关系与运算律

【例 8】答案： 不可以推出. 如掷一颗骰子试验，观察出现的点数，记事件 $A=\{2\}$，$B=\{$点数小于 4$\}$，

$C=\{偶数\}$，有：$(A+B)-C=(A+B)\overline{C}=\{1, 2, 3\}\{奇数\}=(1, 3)$,
$$A+(B-C)=A+B\overline{C}=\{2\}+\{1, 3\}=\{1, 2, 3\}$$
故 $(A+B)-C\neq A+(B-C)$.

产生这种错误的原因往往是想当然，不假思索把数的运算律用到事件的运算中来.

【例9】答案： 不可以. 设事件 A、B 关系如右图，显然应有 $B+(A-B)=A+B$.

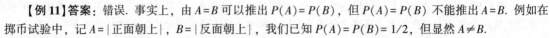

【例10】答案： 不可以. 但是增加一些条件便可以移项了. 有下述结果：

(1) 若 $AB=\varnothing$ 且 $A+B=C$，则 $A=C-B$；

(2) 若 $A\supset B$，且 $A-B=D$，则 $A=B+D$.

【例11】答案： 错误. 事实上，由 $A=B$ 可以推出 $P(A)=P(B)$，但 $P(A)=P(B)$ 不能推出 $A=B$. 例如在掷币试验中，记 $A=\{正面朝上\}$，$B=\{反面朝上\}$，我们已知 $P(A)=P(B)=1/2$，但显然 $A\neq B$.

【例12】答案： 不对. 因为 $A=\varnothing$ 可以推出 $P(A)=0$，故 $A=\varnothing$ 是 $P(A)=0$ 的充分条件，但非必要条件（即由 $P(A)=0$ 不能推出 $A=\varnothing$）. 如连续型随机变量，在某个点取值的概率为0，但这个随机变量取这个值这个事件却不是不可能事件.

【例13】解： 对满足 $AB\neq\varnothing$ 的两事件不一定满足 $P(AB)=P(A)P(B)$，因而 A，B 不一定独立. 只能说有可能独立. (A)不成立，(B)成立.

若 $AB=\phi$，即 A，B 互斥时，则 A，B 可能独立，也可能不独立. 例如当 $0<P(A)$，$P(B)<1$ 时，由 $AB=\phi$ 得到 $P(AB)=0\neq P(A)P(B)$，A，B 必不独立；但当 $A=\phi$ 或 $B=\phi$ 时，有 $P(AB)=0=P(A)P(B)$，A，B 一定独立. (C)，(D)都不对，仅(B)入选.

【例14】答案： 2/5. 提示 $A-B=A\overline{B}$，由此推出 $1-P(B\mid A)=1/4$，再利用 $P(A\overline{B})+P(AB)=1$.

【例15】解法1： 由题设得到 $P(A\overline{B})=P(B\overline{A})$，$P(\overline{A}\,\overline{B})=\dfrac{1}{9}$. 因 A，B 独立，故 A，$\overline{B}$ 及 B，$\overline{A}$；$\overline{A}$，$\overline{B}$ 均相互独立. 所以
$$P(A)P(\overline{B})=P(B)P(\overline{A})\qquad\qquad ①$$

为利用 $P(\overline{A}\,\overline{B})=\dfrac{1}{9}$，将式①化为：

$[1-P(\overline{A})]P(\overline{B})=[1-P(\overline{B})]P(\overline{A})$，即 $P(\overline{B})=P(\overline{A})$.

因而，$P(\overline{A}\,\overline{B})=P(\overline{A})P(\overline{B})=[P(\overline{A})]^2=\dfrac{1}{9}$.

所以，$P(\overline{A})=\dfrac{1}{3}$，$P(A)=1-P(\overline{A})=1-\dfrac{1}{3}=\dfrac{2}{3}$.

解法2： 如将式①化为 $P(A)[1-P(B)]=P(B)[1-P(A)]$，得到 $P(A)=P(B)$，则
$$P(\overline{A})P(\overline{B})=[1-P(A)][1-P(B)]=[1-P(A)]^2=\dfrac{1}{9}，\quad P(A)=\dfrac{2}{3}.$$

题型四 和、差、积事件的概率

【例16】答案：
$$\begin{aligned}
P(\overline{A}B)+P(A\overline{B}) &= P(B)-P(AB)+P(A)-P(AB)\\
&= P(B)+P(A)-2P(AB)=P(B)+P(A)-2[P(B)+P(A)-P(A\cup B)]\\
&= 2P(A\cup B)-[P(B)+P(A)]\\
&= 0.4
\end{aligned}$$

【例17】答案：
$$\begin{aligned}
P(\max(X, Y)\geq 0) &= P[(X>0)\cup(Y\geq 0)]\\
&= P(X\geq 0)+P(Y\geq 0)-P(X\geq 0, Y\geq 0)\\
&= \dfrac{5}{7}
\end{aligned}$$

【例18】解： 答案填 $\dfrac{3}{8}$.

$$P(\bar{A}\,\bar{B}\,\bar{C}) = P(\overline{A\cup B\cup C}) = 1 - P(A\cup B\cup C)$$
$$= 1 - P(A) - P(B) - P(C) + P(AB) + P(BC) + P(AC) - P(ABC)$$
$$= 1 - \frac{1}{4} - \frac{1}{4} - \frac{1}{4} + \frac{1}{16} + \frac{1}{16} = \frac{3}{8}.$$

【例 19】解：答案填 "$\dfrac{1}{3}$".

由 $P(A-B) = P(B-A)$ 知 $P(A) = P(B)$，又因为 A，B 相互独立，

所以 $P(AB) = P(A)P(B) = [P(A)]^2 = [P(B)]^2$

因此，$P(A-B) = P(A) - [P(A)]^2 = \dfrac{1}{4}$，得 $P(A) = \dfrac{1}{2}$，同理，$P(B) = \dfrac{1}{2}$.

$$P(AB \mid A\cup B) = \frac{P((AB)(A\cup B))}{P(A\cup B)} = \frac{P(AB)}{1 - P(\bar{A}\,\bar{B})} = \frac{P(A)P(B)}{1 - P(\bar{A})P(\bar{B})} = \frac{\frac{1}{2}\cdot\frac{1}{2}}{1 - \frac{1}{2}\cdot\frac{1}{2}} = \frac{1}{3}$$

【例 20】解：考虑到所取的 n 个数需要能被 10 整除，则 n 个数中至少有一个数为偶数，且同时有另一个数为 5，因此采取如下符号代表事件：

$A = \{$所取的 n 个数的乘积能被 10 整除$\}$

$B = \{$所取得 n 个数至少有一个为偶数$\}$

$C = \{$所取的 n 个数至少有一个为 5$\}$

$A = BC$，$\bar{A} = \bar{B}\cup\bar{C}$

故，$P(A) = 1 - P(\bar{A}) = 1 - P(\bar{B}\cup\bar{C}) = 1 - [P(\bar{B}) + P(\bar{C}) - P(\bar{B}\,\bar{C})]$

易知样本空间中基本事件总数为 9^n，而 $\bar{B}$ 中基本事件总数为 5^n，$\bar{C}$ 中的基本事件总数为 8^n，$\bar{B}$ 和 $\bar{C}$ 的积事件中基本事件总数为 4^n，所以根据古典模型的计算公式可知

$$P(A) = 1 - \left(\frac{5^n}{9^n} + \frac{8^n}{9^n} - \frac{4^n}{9^n}\right) = 1 - \frac{5^n}{9^n} - \frac{8^n}{9^n} + \frac{4^n}{9^n}$$

【例 21】解：本题咋看上去应采用对立事件求解原事件的概率，但仔细分析可知，如果用对立事件，即没有一封信放对信封进行分析，则分析过程大大复杂，计算过程更加繁琐，因此要另辟蹊径，设 $A_i = \{$第 i 封信装对了信封$\}$，$i = 1, 2, \cdots, n$，因此所求事件的概率为 $P(\bigcup_{i=1}^{n} A_i)$.

根据广义加法公式有

$$P(\bigcup_{i=1}^{n} A_i) = \sum_{i=1}^{n} P(A_i) - \sum_{1\le i<j\le n} P(A_iA_j) + \sum_{1\le i<j<k\le n} P(A_iA_jA_k)\cdots + (-1)^{n-1}P(A_1A_2\cdots A_n)$$

下面具体分析广义加法公式中每一项的含义，$P(A_i)$ 指第 i 封信装对了信封的概率，由于每一封信都等可能地放进 n 个信封中的任何一个，但只能是放进一个信封才是装对，所以 $P(A_1) = P(A_2) = \cdots P(A_n) = \dfrac{1}{n}$.

而 $P(A_iA_j)$ 指第 i 封信和第 j 封信同时放对的概率，考虑到两封信要同时放对，则概率：

$$P(A_iA_j) = \frac{1}{n(n-1)}, \quad i\ne j;\ i, j = 1, 2, \cdots, n$$

类似地，进一步分析可知

$$P(A_iA_jA_k) = \frac{1}{n(n-1)(n-2)}, \quad i, j, k \text{ 互不相等}, i, j, k = 1, 2, \cdots, n$$

$$P(A_1A_2\cdots A_n) = \frac{1}{n!}$$

所以，$P(\bigcup_{i=1}^{n} A_i) = n\times\dfrac{1}{n} - C_n^2\times\dfrac{1}{n(n-1)} + C_n^3\times\dfrac{1}{n(n-1)(n-2)} + \cdots + (-1)^{n-1}\times\dfrac{1}{n!}$

$$= 1 - \frac{1}{2!} + \frac{1}{3!} + \cdots + (-1)^{n-1} \times \frac{1}{n!}$$

题型五　条件概率

【例22】解：答案选（A）. 由 $0.4 = P(\bar{B} \mid A) = \frac{P(A\bar{B})}{P(A)} = \frac{P(A) - P(AB)}{P(A)}$，得

$$P(A) - P(AB) = 0.4 P(A) = 0.4 \times 0.6 = 0.24,$$

再由 $0.84 = P(A \cup B) = P(A) + P(B) - P(AB) = 0.24 + P(B)$，得 $P(B) = 0.6$.

题型六　全概率公式与贝叶斯公式

【例23】答案：0.02；0.189.

设 B_i, $i = 1$, 2, 3，表示取出的产品是第 i 车间生产的，A 表示取出的产品是次品，则

$P(B_1) = 0.25$, $P(B_2) = 0.35$, $P(B_3) = 0.40$, $P(A) = 0.037$, $P(A \mid B_1) = 0.004$, $P(A \mid B_3) = 0.05$,
由全概率公式得

$$0.037 = P(A) = \sum_{i=1}^{3} P(B_i) P(A \mid B_i) = 0.25 \times 0.04 + 0.35 \times P(A \mid B_2) + 0.40 \times 0.05,$$

解之得 $P(A \mid B_2) = 0.02$，即二车间的次品率为 0.02. 由贝叶斯公式得

$$P(B_2 \mid A) = \frac{P(B_2) P(A \mid B_2)}{P(A)} = 0.189.$$

题型七　事件的独立性

【例24】答案：不正确. 原命题中的结论（1）（2）都是正确的. 但是由（1）（2）（它们互为逆否命题，有其一就可以了）只能推出在 $P(A) \neq 0$，$P(B) \neq 0$ 的前提下，事件 A、B 既互不相容又独立是不存在的，并不能推出"A、B 既不独立又互不相容是不存在的". 事实上，恰恰相反，既互不相容又不独立的事件组是存在的，下面举一例.

5 个乒乓球（4 新 1 旧），每次取一个，无放回抽取三次，记 $A_i = \{$第 i 次取到新球$\}$，$i = 1$, 2, 3. 因为是无放回抽取，故 A_1、A_2、A_3 互不独立，又 $A_1 A_2 A_3 = \{$三次都取到新球$\}$，显然是可能发生的，即 A_1、A_2、A_3 可能同时发生，因此 A_1、A_2、A_3 不互不相容.

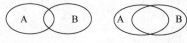

事实上，A、B 独立是一个很精确的要求，即 $A \cap B$ 正好不大不小才行，如左图，左面的太小，右面的太大，都不是独立.

【例25】答案：选（A）. 不难得到 $P(A_1) = P(A_2) = P(A_3) = P(A_4) = \frac{1}{2}$.

由于 $P(A_1 A_4) = \frac{1}{8} \neq P(A_1) P(A_4) = \frac{1}{4}$，故 A_1，A_4 不独立. 同理 A_2，A_4 不独立，排除 B、C、D.

又计算得，$P(A_1 A_2) = P(A_1 A_3) = P(A_2 A_3) = \frac{1}{4}$，可得 A_1，A_2，A_3 两两独立.

【例26】解：仅（C）入选. 一硬币独立地掷两次，将等可能地出现下面 4 种情形：

$A_1 = \{$正反，正正$\}$，$A_2 = \{$反正，正正$\}$，$A_3 = \{$反正，正反$\}$，$A_4 = \{$正正$\}$，

因而，$P(A_1) = \frac{2}{4}$，$P(A_2) = \frac{2}{4}$，$P(A_3) = \frac{2}{4}$，$P(A_4) = \frac{1}{4}$.

又 $A_1 A_2 A_3 = \{\phi\}$，$P(A_1 A_2 A_3) = 0 \neq P(A_1) P(A_2) P(A_3) = \frac{1}{8}$，故（A）不成立.

$A_2 A_3 A_4 = \{\phi\}$，显然 $P(A_2 A_3 A_4) = 0 \neq P(A_2) P(A_3) P(A_4) = \frac{1}{16}$，（B）也不成立.

又 $A_3 A_4 = \{\phi\}$，$P(A_3 A_4) = 0 \neq P(A_3) P(A_4) = \dfrac{1}{8}$，(D) 也不成立.

因 $A_1 A_2 = \{$ 正正 $\}$，$P(A_1 A_2) = \dfrac{1}{4} = P(A_1) P(A_2)$；$A_1 A_3 = \{$ 正反 $\}$，$P(A_1 A_3) = \dfrac{1}{4} = P(A_1) P(A_3)$；

$A_2 A_3 = \{$ 反正 $\}$，$P(A_2 A_3) = \dfrac{1}{4} = P(A_2) P(A_3)$，故 A_1，A_2，A_3 两两独立.

【例 27】解： 因 A，B，C 是三个相互独立的随机事件，由讲义结论知，其中任意两个事件的和(并)、差、积(交) 或其逆事件与另一个事件(或其逆事件) 是相互独立的. 仅(B) 入选. 事实上

(A) $P(\overline{A+B}C) = P(\overline{A}\ \overline{B}C) = P(\overline{A}) P(\overline{B}) P(C) = P(\overline{A}\ \overline{B}) P(C) = P(\overline{A+B}) P(C)$，

这表明 $\overline{A+B}$ 与 C 相互独立.

(C) $P[(A-B)C] = P(A\overline{B}C) = P(A) P(\overline{B}) P(C) = P(A\overline{B}) P(C) = P(A-B) P(C)$，

表明 $A-B$ 与 C 相互独立，因而 $\overline{A-B}$ 与 $\overline{C}$ 也相互独立.

(D) 由 A，B，C 相互独立的定义有

$P[(AB)C] = P(ABC) = P(A) P(B) P(C) = [P(A) P(B)] P(C) = P(AB) P(C)$，

故 AB，C 相互独立，从而 $\overline{AB}$ 与 $\overline{C}$ 也相互独立.

由此可知，(A)，(C)，(D) 三选项中的两事件相互独立，而任意事件 $\overline{C}$ 仅与 ϕ 和 Ω 相互独立，因而 $\overline{AC}$ 与 $\overline{C}$ 不相互独立. 事实上，由条件 $0 < P(C) < 1$ 知，可选出适当的 A 使 $0 < P(AC) < 1$，因而有 $0 < P(\overline{AC}) < 1$. 于是，$P(\overline{AC}\ \overline{C}) = P(\overline{C}) > P(\overline{C}) P(\overline{AC})$.

可见，$\overline{AC}$ 与 $\overline{C}$ 不相互独立. 仅(B) 入选.

第二讲　一维随机变量及其分布

题型一　一维随机变量分布函数的概念及性质

【例1】解： 应选(C). 可用排除法：对于(A)$F(+\infty)=2\neq1$, 从而(A)不可选，对于(B)$F(x)$在区间 $[0,\pi)$非单调不减，从而(B)不可选，对于(D)$F(x)$在点$x=\frac{1}{2}$处不是右连续，从而(D)不可选，故选 (C). 也可以直接验证(C)的$F(x)$满足分布函数的条件.

【例2】答案： 应填$A=0.5$；$B=\frac{1}{\pi}$；$P=(\,|X|<1)=0.5$；$f(x)=\frac{1}{\pi(1+x^2)}$, $-\infty<x<+\infty$.

由$F(-\infty)=0$, $F(+\infty)=1$, 得$A-\frac{\pi}{2}B=0$, $A+\frac{\pi}{2}B=1$,

从而$A=0.5$, $B=\frac{1}{\pi}$；$P(\,|X|<1)=F(1)-F(-1)=0.5$；$f(x)=F'(x)=\frac{1}{\pi(1+x^2)}$, $-\infty<x<+\infty$

【例3】解： (1)显然，$F(x)$在$(-\infty,+\infty)$上为单调不减的右连续函数，且有$F(-\infty)=0$, $F(+\infty)=1$, 故$F(x)$为某一随机变量的分布函数，又$F(x)$为阶梯形函数，从而$F(x)$是离散型随机变量的分布函数.

(2)$F(x)$在$(-\infty,+\infty)$上不是单调不减函数，故$F(x)$不是分布函数.

(3)$F(x)$在$(-\infty,+\infty)$上连续单调不减，且有$F(-\infty)=0$, $F(+\infty)=1$. 从而$F(x)$为某随机变量的分布函数，又设非负函数

$$f(x)=\begin{cases}0, & x<0\text{ 或 }x\geqslant\pi/2;\\ \cos x, & 0\leqslant x<\pi/2.\end{cases}$$

则有

$$\int_{-\infty}^{x}f(t)\,\mathrm{d}t=\begin{cases}0, & x<0;\\ \sin x, & 0\leqslant x<\pi/2;\\ 1, & x\geqslant\pi/2.\end{cases}$$

即$F(x)$为连续型随机变量的分布函数.

(4)$F(x)$在$(-\infty,+\infty)$上右连续，单调不减，且$F(-\infty)=0$, $F(+\infty)=1$, 故$F(x)$为分布函数.

又$F(x)$不是阶梯形函数，故$F(x)$不是离散型随机变量的分布函数.

注意到$P(X=0)=F(0)-F(0-0)=1/2\neq0$, 所以$F(x)$也不是连续型随机变量的分布函数.

【例4】解法1： 仅(B)入选. $F_1(x)F_2(x)=P(X_1\leqslant x)P(X_2\leqslant x)=P(X_1\leqslant x, X_2\leqslant x)$.

取$X=\max\{X_1, X_2\}$, 并由于$P(X_1\leqslant x, X_2\leqslant x)=P(\max\{X_1, X_2\}\leqslant x)$, 因此知，$F_1(x)F_2(x)$必为随机变量$X$的分布函数.

解法2： 因$\int_{-\infty}^{+\infty}f_1(x)\,\mathrm{d}x+\int_{-\infty}^{+\infty}f_2(x)\,\mathrm{d}x=1+1=2\neq1$, 故(A)不正确，且(C)也不正确，这是因为

$$\lim_{x\to+\infty}[F_1(x)+F_2(x)]=\lim_{x\to+\infty}F_1(x)+\lim_{x\to+\infty}F_2(x)=1+1=2\neq1.$$

下面举例说明(D)也不成立. 因而仅(B)入选. 取$X_i(i=1, 2)$在$[0, 2]$上服从均匀分布，则：

$$f_i(x)=\begin{cases}1/2, & 0\leqslant x\leqslant 2,\\ 0, & \text{其他},\end{cases}$$

且$\int_{-\infty}^{+\infty}f_1(x)f_2(x)\,\mathrm{d}x=\int_0^2\left(\frac{1}{2}\times\frac{1}{2}\right)\mathrm{d}x=\frac{1}{4}\times2=\frac{1}{2}\neq1$

题型二　离散型随机变量分布律

【例5】答案：应填 $\begin{array}{c|ccc} X & 3 & 4 & 5 \\ \hline P & \dfrac{1}{10} & \dfrac{3}{10} & \dfrac{3}{5} \end{array}$

X 的可能取值为 3，4，5. $\{X=3\}$ 表示取出的 3 个数以 3 为最大值，其余两个数是 1，2，仅有这一情况，故

$$P(X=3)=\frac{1}{C_5^3}=\frac{1}{10}.$$

$\{X=4\}$ 表示取出的 3 个数以 4 为最大值，其余两个数可在 1，2，3 中任取 2 个，共有 C_3^2 种取法，故 $P(X=4)=\dfrac{C_3^2}{C_5^3}=\dfrac{3}{10}$.

$\{X=5\}$ 表示取出的 3 个数以 5 为最大值，其余两个数可在 1，2，3，4 中任取 2 个，共有 C_4^2 种取法，故 $P(X=4)=\dfrac{C_4^2}{C_5^3}=\dfrac{3}{5}$，即的分布规律为

$$\begin{array}{c|ccc} X & 3 & 4 & 5 \\ \hline P & \dfrac{1}{10} & \dfrac{3}{10} & \dfrac{3}{5} \end{array}$$

【例6】解：设靶子被击中时，甲、乙二人射击的次数分别为 X、Y，则由题意知：

$P(X=k)=P($前 $k-1$ 次甲、乙均未击中，第 k 次甲击中或第 k 次甲不中而乙击中$)$

　　　　$=P($前 $k-1$ 次甲、乙均未击中，第 k 次甲击中$)+$

　　　　$P($前 $k-1$ 次甲、乙均未击中，第 k 次甲不中而乙击中$)$

　　　　$=(1-p_1)^{k-1}(1-p_2)^{k-1}p_1+(1-p_1)^k(1-p_2)^{k-1}p_2$

　　　　$=(1-p_1)^{k-1}(1-p_2)^{k-1}(p_1+p_2-p_1p_2).$　　　$(k\geq 1)$

$P(Y=k)=P($前 k 次甲、乙均未击中第 $k+1$ 次甲击中或前 $k-1$ 次甲、乙均未击中第 k 次甲不中而乙击中$)$

　　　　$=P($前 k 次甲、乙均未击中第 $k+1$ 次甲击中$)+$

　　　　$P($前 $k-1$ 次甲、乙均未击中第 k 次甲不中而乙击中$)$

　　　　$=(1-p_1)^k(1-p_2)^kp_1+(1-p_1)^k(1-p_2)^{k-1}p_2$

　　　　$=(1-p_1)^k(1-p_2)^{k-1}(p_1+p_2-p_1p_2).$　　　$(k\geq 1)$

$P(Y=0)=P($甲第一次就击中$)=p_1.$

【例7】解：已知分布函数求分布律的公式是：

$$P(\xi=x_i)=P(\xi\leq x_i)-P(\xi\leq x_i-0)=F(x_i)-F(x_i-0),$$

由此便有：

$$P(\xi=0)=P(\xi=0)-P(\xi=0-0)=1/2-0=1/2,$$

$$P(\xi=1)=F(1)-F(1-0)=3/5-1/2=1/10,$$

$$\cdots\cdots$$

于是，所求随机变量的分布律为 $\begin{pmatrix} 0 & 1 & 2 & 3 & 3.5 \\ 1/2 & 1/10 & 1/5 & 1/10 & 1/10 \end{pmatrix}$.

题型三　连续型随机变量的概念与计算

【例8】解：不一定．连续型随机变量是非离散型随机变量中最常见的一种．

下面举一个反例可得到证明．

我们定义：$F(x) = \begin{cases} 0 & x<0; \\ \dfrac{1+x}{2} & 0 \leq x<1; \\ 1 & x \geq 1, \end{cases}$

容易验证 $F(x)$ 满足分布函数的三条性质，因此 $F(x)$ 是某个随机变量 X 的分布函数。因为 $F(x)$ 所对应的分布不集中在有限集或可列集上，故 X 不是离散型（即分布函数 $F(x)$ 不是离散型）；又显然 $F(x)$ 不是连续函数，故 X 也不是连续型随机变量。

另外说明一下，因为在应用中我们经常遇到的随机变量是离散型和连续型两类，因此一般教材上仅对以上两种情况来研究随机变量的分布。

【例9】解：不一定。如均匀分布是连续型分布，但其密度函数不是连续函数。

【例10】解：(1) $1 = \int_{-\infty}^{+\infty} f(x)\mathrm{d}x = \int_{-\pi/2}^{+\pi/2} a\cos x\mathrm{d}x = 2a$，故 $a = 1/2$。

(2) 根据密度函数的性质，有

$$P(X \leq 0) = \int_{-\infty}^{0} f(x)\mathrm{d}x = \int_{-\infty}^{-\pi/2} 0\mathrm{d}x + \int_{-\pi/2}^{0} \frac{1}{2}\cos x\mathrm{d}x = \frac{1}{2},$$

$$P\left(\frac{\pi}{4} \leq X \leq 100\right) = \int_{\pi/4}^{100} f(x)\mathrm{d}x = \int_{\pi/4}^{\pi/2} \frac{1}{2}\cos x\mathrm{d}x + \int_{\pi/2}^{100} 0\mathrm{d}x = \frac{1}{2}\left(1 - \frac{\sqrt{2}}{2}\right).$$

(3) 由分布函数的定义，有 $F(x) = \int_{-\infty}^{x} f(t)\mathrm{d}t$。

∴ 当 $x < -\pi/2$ 时，$F(x) = \int_{-\infty}^{x} 0\mathrm{d}t = 0$.

当 $-\pi2 \leq x < \pi/2$ 时，$F(x) = \int_{-\infty}^{-\pi/2} 0\mathrm{d}t + \int_{-\pi/2}^{x} \frac{1}{2}\cos t\mathrm{d}t = \frac{1}{2}(\sin x + 1)$.

当 $x \geq \pi/2$ 时，$F(x) = \int_{-\infty}^{-\pi/2} 0\mathrm{d}t + \int_{-\pi/2}^{\pi/2} \frac{1}{2}\cos t\mathrm{d}t + \int_{\pi/2}^{x} 0\mathrm{d}t = 1$.

即 $F(x) = \begin{cases} 0, & x<-\pi/2; \\ \dfrac{1}{2}(\sin x+1), & -\pi/2 \leq x<\pi/2; \\ 1, & x \geq \pi/2. \end{cases}$

题型四　用常见分布计算有关事件的概率

【例11】解：设 X 表示某天该时段内经过该地段出事故的车辆数，则 $X \sim B(1000, 0.0001)$，$\lambda = np = 1000 \times 0.0001 = 0.1$，从而所求的概率为

$$P(X \geq 2) = 1 - P(X=0) - P(X-1) \approx 1 - e^{-0.1} - 0.1 \times e^{-0.1} = 0.0047$$

【例12】解：$P(2<X<4) = \Phi((4-2)/\sigma) - \Phi((2-2)/\sigma) = \Phi(2/\sigma) - \Phi(0) = 0.3.$

∴ $\Phi(2/\sigma) = 0.3 + \Phi(0) = 0.8.$

$P(X<0) = \Phi((0-2)/\sigma) = \Phi(-2/\sigma) = 1 - \Phi(2/\sigma) = 0.2.$

题型五　二次方程有根、无根的概率

【例13】解方程 $x^2 + \xi x + 1 = 0$ 有实根的充要条件是 $\Delta = \xi^2 - 4 \geq 0$，则方程有实根的概率为：$P(\xi^2 - 4 \geq 0) = P(\xi \leq -2) + P(\xi \geq 2) = 0 + P(2 \leq \xi \leq 6) = \frac{6-2}{6-1} = \frac{4}{5}$,

或 $P(2 \leq \xi \leq 6) = \int_{2}^{6} \frac{1}{5}\mathrm{d}x = \frac{4}{5}$.

题型六 一维随机变量函数的分布

【例 14】解：求随机变量函数的分布函数和密度函数一般而言，有两种方法，一种是利用随机变量函数存在反函数的性质，直接采用公式求解，第二种是按照分布函数的方法逐步求解，由于 $y=\sin x$ 在 $(0,\pi)$ 并不是单调函数，因此应采用分布函数的方法求解.

Y 的分布函数为 $F_Y(y)=P(Y\leqslant y)=P(\sin X\leqslant y)$

当 $y<0$ 时，$F_Y(y)=0$;

当 $y\geqslant 1$ 时，$F_Y(y)=1$;

当 $0<y<1$ 时，$F_Y(y)=P(\sin X\leqslant y)=P(0\leqslant X\leqslant\arcsin y)+P(\pi-\arcsin y\leqslant X\leqslant\pi)$

$$=\int_0^{\arcsin y}\frac{2x}{\pi^2}dx+\int_{\pi-\arcsin y}^{\pi}\frac{2x}{\pi^2}dx=\frac{2}{\pi}\arcsin y$$

即有

$$F_Y(y)=\begin{cases}0, & y<0 \\ \dfrac{2}{\pi}\arcsin y, & 0\leqslant y<1 \\ 1, & y\geqslant 1\end{cases}$$

故 $Y=\sin X$ 的密度函数为

$$f_Y(y)=F'_Y(y)=\begin{cases}\dfrac{2}{\pi\sqrt{1-y^2}}, & 0<y<1 \\ 0, & 其他\end{cases}$$

【例 15】解：因参数为 λ 的指数分布，其均值为 $\dfrac{1}{\lambda}$，本题中的分布参数为 $\lambda=\dfrac{1}{E(X)}=\dfrac{1}{5}$.

由题意知，$Y=\min\{X,2\}$. 显然，当 $y<0$ 时，$F(y)=0$. 当 $y\geqslant 2$ 时，$F(y)=1$.

当 $0\leqslant y<2$ 时，$F(y)=P(Y\leqslant y)=P(\min\{X,2\}\leqslant y)$.

因 $\{\min\{X,2\}\leqslant y\}=\{X\leqslant y\}+\{2\leqslant y\}$，而 $0\leqslant y<2$，故 $\{2\leqslant y\}=0$. 因而 $\{\min\{X,2\}\leqslant y\}=\{X\leqslant y\}$.

于是 $F(y)=P(X\leqslant y)=1-e^{-\frac{y}{5}}$，故

$$F(y)=\begin{cases}0, & y<0, \\ 1-e^{-\frac{y}{5}}, & 0\leqslant y<2, \\ 1, & y\geqslant 2.\end{cases}$$

【例 16】解法 1： $F_X(x)$ 为 X 的分布函数，而 X 的函数又为 $Y=F_X(X)$，由结论知(例题上面有阐述)，Y 服从 $[0,1]$ 上的均匀分布，而与随机变量 X 服从什么分布无关. 因而

$$F_Y(y)=\begin{cases}0 \\ \dfrac{y-0}{1-0}=\begin{cases}0, & y<0, \\ y, & 0\leqslant y<1, \\ 1, & y\geqslant 1.\end{cases}\end{cases}$$

解法 2：先求出 X 的分布函数，再计算 $Y=F_X(X)$ 的分布函数.

由 $f(x)\neq 0$ 的区域 $[1,8]$ 知，当 $x\leqslant 1$ 时，$F_X(x)=0$. 事实上，当 $x\leqslant 1$ 时，有

$$F_X(x)=P(X\leqslant x)=\int_{-\infty}^x f(t)dt=\int_{-\infty}^x 0dt=0.$$

当 $1<x\leqslant 8$ 时，$F_X(x)=P(X\leqslant x)=\int_{-\infty}^x f(t)dt=\int_{-\infty}^1 f(t)dt+\int_1^x f(t)dt=0+\int_1^x\frac{1}{3\sqrt[3]{t^2}}dt=\sqrt[3]{x}-1.$

当 $x>8$ 时，$F_X(x)=\int_{-\infty}^1 f(x)dx+\int_1^8 f(x)dx+\int_8^x f(t)dt=\int_1^8\frac{dx}{3\sqrt[3]{x^2}}=1.$

故 $F_X(x)=\begin{cases}0, & x<1, \\ \sqrt[3]{x}-1, & 1\leqslant x<8, \\ 1, & x\geqslant 8.\end{cases}$

由 $F_X(x)$ 的上述表示式易看出 $0 \leqslant Y = F_X(x) \leqslant 1$. 而

$$F_Y(y) = P(Y \leqslant y) = P(F_X(x) \leqslant y),$$

从而当 $y \leqslant 0$ 时, $F_Y(y) = P(F_X(x) \leqslant y) = P(\phi) = 0$;

当 $y > 1$ 时, $F_Y(y) = P(F_X(X) \leqslant y) = P(\Omega) = 1$;

当 $0 < y \leqslant 1$ 时, $F_Y(y) = P(Y \leqslant y) = P(F_X(x) \leqslant y) = P(X \leqslant F_X^{-1}(y)) = F_X(F_X^{-1}(y)) = y$.

或 $F_Y(y) = P(Y \leqslant y) = P(F_X(X) \leqslant y) = P(\sqrt[3]{X} - 1 \leqslant y) = P(X < (y+1)^3)$

$$= \int_{-\infty}^{(y+1)^3} f(x) \, dx = \int_{-\infty}^{1} f(x) \, dx + \int_{1}^{(y+1)^3} \frac{1}{3\sqrt[3]{x^2}} dx$$

$$= 0 + \sqrt[3]{x} \mid_{1}^{(y+1)^3} = (y+1) - 1 = y,$$

于是, $Y = F(X)$ 的分布函数为 $F_Y(y) = \begin{cases} 0, & y < 0, \\ y, & 0 \leqslant y < 1, \\ 1, & y \geqslant 1. \end{cases}$

【例 17】解：(1) $F_Y(y) = P\{Y \leqslant y\} = P\{F(X) \leqslant y\}$.

当 $y < 0$ 时, $F_Y(y) = 0$;

当 $0 \leqslant y < \dfrac{1}{2}$ 时, $F_Y(y) = P\{X \leqslant 2y\} = F(2y) = y$;

当 $\dfrac{1}{2} \leqslant y < 1$ 时, $F_Y(y) = P\{X < 1\} = F(1-0) = \dfrac{1}{2}$;

当 $y \geqslant 1$ 时, $F_Y(y) = 1$;

综上可得, $F_Y(y) = \begin{cases} 0, & y < 0 \\ y, & 0 \leqslant y < \dfrac{1}{2} \\ \dfrac{1}{2}, & \dfrac{1}{2} \leqslant y < 1 \\ 1, & y \geqslant 1 \end{cases}$

(2) $F_Z(z) = P\{Z \leqslant z\} = P\{F_Y(Y) \leqslant z\}$.

当 $z < 0$ 时, $F_z(z) = 0$;

当 $0 \leqslant z < \dfrac{1}{2}$ 时, $F_z(z) = P\{Z \leqslant z\} = P\{Y \leqslant z\} = F_Y(z) = z$;

当 $\dfrac{1}{2} \leqslant z < 1$ 时, $F_z(z) = P\{Y < 1\} = F_Y(1-0) = \dfrac{1}{2}$;

当 $z \geqslant 1$ 时, $F_z(z) = 1$;

综上可得, $F_z(z) = \begin{cases} 0, & z < 0 \\ z, & 0 \leqslant z < \dfrac{1}{2} \\ \dfrac{1}{2}, & \dfrac{1}{2} \leqslant z < 1 \\ 1, & z \geqslant 1 \end{cases}$

第三讲　二维随机变量及其分布

题型一　二维离散型随机变量的分布律

【例1】解：答案选(C). 依题意设

$$P(X = Y) = P(X = 0,\ Y = 0) + P(X = 1,\ Y = 1)$$
$$= P(X = 0)P(Y = 0) + P(X = 1)P(Y = 1)$$
$$= 0.5 \times 0.5 + 0.5 \times 0.5 = 0.5$$

【例2】解：由题设可知，Y 代表总共进行的射击次数，进一步可知，$Y=n$ 表示在第 1 次至第 $n-1$ 次射击恰有一次击中目标，而在第 n 次射击中又击中目标. $X=m$ 表示第 m 次射击中首次击中目标. 因此可知下列等式：

$$P\{X = m,\ Y = n\} = p^2 q^{n-2},\ q = 1 - p,\ n = 2,\ 3,\ \cdots,\ m = 1,\ 2,\ \cdots,\ n - 1$$

该式的含义是指射手进行射击时在第 m 次射击时首次击中目标，而在第 n 次射击时第二次击中目标，很明显，m 必须要小于 n.

接下来要求条件分布律，条件分布律的求法需要考虑条件概率的计算.

$$P\{X = m\} = \sum_{n = m+1}^{\infty} P\{X = m,\ Y = n\} = \sum_{n = m+1}^{\infty} p^2 q^{n-2} = p^2 \times \frac{q^{m-1}}{1 - q} = pq^{m-1},\ m = 1,\ 2,\ \cdots$$

$$P\{Y = n\} = \sum_{m = 1}^{n-1} P\{X = m,\ Y = n\} = \sum_{m = 1}^{n-1} p^2 q^{n-2} = (n - 1)p^2 q^{n-2},\ n = 2,\ 3,\ \cdots$$

于是，当 $n = 2,\ 3,\ \cdots$

$$P\{X = m \mid Y = n\} = \frac{p^2 q^{n-2}}{(n - 1)p^2 q^{n-2}} = \frac{1}{n - 1},\ q = 1 - p,\ m = 1,\ 2,\ \cdots,\ n - 1$$

当 $m = 1,\ 2,\ \cdots,\ n-1$

$$P\{Y = n \mid X = m\} = \frac{p^2 q^{n-2}}{p^2 q^{m-1}} = pq^{n-m-1},\ n = m + 1,\ m + 2,\ \cdots$$

【例3】解：由题设 $\{X=i,\ Y=j\}$ 的取值情况是 $i=1,\ 2,\ 3,\ 4$，j 取不大于 i 的正整数，且 $P(X=i,\ Y=j)$ $= P(X=i)P(Y=j \mid X=i) = \dfrac{1}{i} \cdot \dfrac{1}{4} = \dfrac{1}{4i}$，$i=1,\ 2,\ 3,\ 4$，$j \leqslant i$ 即 $(X,\ Y)$ 的联合分布律为

X \ Y	1	2	3	4
1	$\dfrac{1}{4}$	0	0	0
2	$\dfrac{1}{8}$	$\dfrac{1}{8}$	0	0
3	$\dfrac{1}{12}$	$\dfrac{1}{12}$	$\dfrac{1}{12}$	0
4	$\dfrac{1}{16}$	$\dfrac{1}{16}$	$\dfrac{1}{16}$	$\dfrac{1}{16}$

【例4】解：(1)由 $1 = \sum\limits_{i=1}^{\infty} \sum\limits_{j=1}^{\infty} p_{ij} = \dfrac{1}{8} + a + \dfrac{1}{24} + b + \dfrac{1}{4} + \dfrac{1}{8}$ ，得 $a+b = \dfrac{11}{24}$

(2)由和相互独立，故 $a = P(X=2, Y=1) = P(X=2)P(Y=1) = \left(\dfrac{1}{4}+a\right)\left(\dfrac{1}{6}+a\right)$，

解得 $a = \dfrac{1}{12}$ 或 $a = \dfrac{1}{2}$，$b = P(X=1, Y=2) = P(X=1)P(Y=2) = \left(\dfrac{1}{8}+b\right)\left(\dfrac{3}{8}+b\right)$，

解得 $b = \dfrac{1}{8}$ 或 $b = \dfrac{3}{8}$，再有 $a+b = \dfrac{11}{24}$ 得 $a = \dfrac{1}{12}$，$b = \dfrac{3}{8}$.

【例5】解：由题意，$X \sim P(\lambda)$，即 $P(X=n) = \dfrac{\lambda^n e^{-\lambda}}{n!}$. 在 $X=n$ 的条件下，求 Y 的分布就是求随机变量 Y 在 n 次独立试验(n 个乘客坐车)中事件 A(乘客下车)发生次数的分布. 因而 $Y \sim B(n, p)$，这是求解本题的关键.

(1)在 $X=n$ 的条件下求 $Y=m$ 的概率就是求条件概率，因而有

$$P(Y=m \mid X=n) = P(Y=m) = C_n^m p^m (1-p)^{n-m} (0 \le m \le n; n=0, 1, 2, \cdots).$$

(2) $P(X=n, Y=m) = P(Y=m \mid X=n)P(X=n)$

$$= C_n^m p^m (1-p)^{n-m} \cdot \dfrac{\lambda^n e^{-\lambda}}{n!} (0 \le m \le n; n=0, 1, 2, \cdots).$$

题型二　二维连续型随机变量概率密度

【例6】解：答案选(C). $P(0<X<0.5, 0<Y<0.5) = \displaystyle\int_0^{0.5} \int_0^{0.5} (x+y)dxdy = \dfrac{1}{8}$.

【例7】解：答案选(D).

由 $1 = \displaystyle\int_{-\infty}^{+\infty} \int_{-\infty}^{+\infty} f(x, y)dxdy = \int_{-\infty}^{+\infty} \int_{-\infty}^{+\infty} ae^{-\frac{x^2+y^2}{6}}dxdy = a\int_{-\infty}^{+\infty} e^{-\frac{x^2}{6}}dx \int_{-\infty}^{+\infty} e^{-\frac{y^2}{6}}dy = 6\pi a$

得 $a = \dfrac{1}{6\pi}$ 故选(D).

【例8】解：答案填 $C = \dfrac{8}{3}$；$f_X(x) = \begin{cases} 4x^3, & 0<x<1 \\ 0, & \text{其他} \end{cases}$，$f_Y(y) = \begin{cases} \dfrac{8}{9} + \dfrac{4y}{3} - \dfrac{20y^3}{9}, & 0<y<1 \\ 0, & \text{其他} \end{cases}$

由 $1 = \displaystyle\int_{-\infty}^{+\infty} \int_{-\infty}^{+\infty} f(x, y)dxdy = C\int_0^1 dx \int_0^x (x^2+xy)dy = \dfrac{3}{8}C$，得 $C = \dfrac{8}{3}$.

$$f_X(x) = \int_{-\infty}^{+\infty} f(x, y)dy = \begin{cases} = \dfrac{8}{3}\int_0^x (x^2+xy)dy = 4x^3, & 0<x<1 \\ 0, & \text{其他} \end{cases}$$

$$f_Y(y) = \int_{-\infty}^{+\infty} f(x, y)dx = \begin{cases} = \dfrac{8}{3}\int_y^1 (x^2+xy)dx = \dfrac{8}{9} + \dfrac{4y}{3} - \dfrac{20y^3}{9}, & 0<y<1 \\ 0, & \text{其他} \end{cases}$$

【例9】答案：$f(x, y) = \dfrac{6}{\pi^2(9+x^2)(4+y^2)}$.

$$f(x, y) = \dfrac{\partial^2}{\partial x \partial y}F(x, y) = \dfrac{6}{\pi^2(9+x^2)(4+y^2)}.$$

【例10】解：设 $f(x, y)$ 的非零定义域与积分区域的交集如图所示.

$$P(X+Y \le 1) = \iint\limits_{x+y \le 1} f(x, y)dxdy = 6\int_0^{\frac{1}{2}} dx \int_x^{1-x} xdy$$

$$= 6\int_0^{\frac{1}{2}} x(1-2x)dx = \dfrac{1}{4}.$$

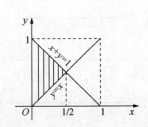

题型三　二维连续型随机变量分布函数

【例11】解： 答案填 $F_X(x)=\begin{cases}1-\mathrm{e}^{-x}, & x>0 \\ 0, & x\leqslant 0\end{cases}$；$F_Y(y)=\begin{cases}1-\mathrm{e}^{-y}, & y>0 \\ 0, & y\leqslant 0\end{cases}$.

$$F_X(x)=F(x,+\infty)=\begin{cases}1-\mathrm{e}^{-x}, & x>0 \\ 0, & x\leqslant 0\end{cases}, \quad F_Y(y)=F(+\infty,y)=\begin{cases}1-\mathrm{e}^{-y}, & y>0 \\ 0, & y\leqslant 0\end{cases}.$$

【例12】解： 答案填 $K=2$，$F(x,y)=\begin{cases}(1-\mathrm{e}^{-2x})(1-\mathrm{e}^{-y}), & x>0,\ y>0 \\ 0, & \text{其他}\end{cases}$；$P(Y\leqslant X)=\dfrac{1}{3}$.

由 $1=\displaystyle\int_{-\infty}^{+\infty}\int_{-\infty}^{+\infty}f(x,y)\mathrm{d}x\mathrm{d}y=\int_0^{+\infty}\int_0^{+\infty}K\mathrm{e}^{-(2x+y)}\mathrm{d}x\mathrm{d}y=\dfrac{K}{2}$，得 $K=2$.

当 $x\leqslant 0$ 或 $y\leqslant 0$ 时，$F(x,y)=0$；

当 $x>0$，$y>0$ 时，

$$F(x,y)=\int_{-\infty}^{x}\int_{-\infty}^{y}f(u,v)\mathrm{d}u\mathrm{d}v=\int_0^x\int_0^y 2\mathrm{e}^{-(2u+v)}\mathrm{d}u\mathrm{d}v=(1-\mathrm{e}^{-2x})(1-\mathrm{e}^{-y}),\quad 即$$

$$F(x,y)=\begin{cases}(1-\mathrm{e}^{-2x})(1-\mathrm{e}^{-y}), & x>0,\ y>0 \\ 0, & \text{其他}\end{cases}$$

$$P(Y\leqslant X)=\iint\limits_{y\leqslant x}f(x,y)\mathrm{d}x\mathrm{d}y=\int_0^{+\infty}\mathrm{d}y\int_y^{+\infty}2\mathrm{e}^{-(2x+y)}\mathrm{d}x\mathrm{d}y=\dfrac{1}{3}.$$

题型四　条件概率密度

【例13】解：（1）$\forall\,-1<x<1$，$f_X(x)>0$，X 的条件概率密度为

$$f_{X\mid Y}(x\mid y)=\dfrac{f(x,y)}{f_Y(y)}=\begin{cases}\dfrac{\dfrac{1}{\pi}}{\dfrac{2\sqrt{1-y^2}}{\pi}}=\dfrac{1}{2\sqrt{1-y^2}}, & -\sqrt{1-y^2}<x<\sqrt{1-y^2} \\ 0, & \text{其他}\end{cases}$$

$\forall\,-1<x<1$，$f_X(x)>0$，Y 的条件概率密度为

$$f_{Y\mid X}(y\mid x)=\dfrac{f(x,y)}{f_X(x)}=\begin{cases}\dfrac{\dfrac{1}{\pi}}{\dfrac{2\sqrt{1-x^2}}{\pi}}=\dfrac{1}{2\sqrt{1-x^2}}, & -\sqrt{1-x^2}<y<\sqrt{1-x^2} \\ 0, & \text{其他}\end{cases}$$

（2）
$$P(0\leqslant X\leqslant 1\mid 0\leqslant Y\leqslant 1)=\dfrac{P(0\leqslant X\leqslant 1,\ 0\leqslant Y\leqslant 1)}{P(0\leqslant Y\leqslant 1)}=\dfrac{\displaystyle\int_0^1\int_0^1 f(x,y)\mathrm{d}x\mathrm{d}y}{\displaystyle\int_0^1 f_Y(y)\mathrm{d}y}$$

$$=\dfrac{\displaystyle\int_0^1\mathrm{d}x\int_0^{\sqrt{1-x^2}}\dfrac{1}{\pi}\mathrm{d}y}{\displaystyle\int_0^1\dfrac{2\sqrt{1-y^2}}{\pi}\mathrm{d}y}=\dfrac{1}{2}$$

【例14】解：（1）根据条件可知，已经存在两类概率密度是已知条件，即：

$$f_X(x)=\begin{cases}1, & 0<x<1 \\ 0, & \text{其他}\end{cases}, \quad f_{Y\mid X}(y\mid x)=\begin{cases}\dfrac{1}{x}, & 0<y<x<1 \\ 0, & \text{其他}\end{cases}$$

因此在 $0<y<x<1$，随机变量 X 和 Y 的联合概率分布密度为

$$f(x, y) = f_{Y|X}(y|x)f_X(x) = \frac{1}{x}$$

而在其他点(x, y)处，$f(x, y) = 0$.

因此，X和Y的联合概率分布密度为

$$f(x, y) = \begin{cases} \dfrac{1}{x}, & 0 < y < x < 1 \\ 0, & 其他 \end{cases}$$

(2)根据(1)问可知，Y的概率密度必须要分区间讨论：

当$0<y<1$时，Y的概率密度为

$$f_Y(y) = \int_{-\infty}^{\infty} f(x, y)\,dx = \int_y^1 \frac{1}{x}dy = -\ln y$$

而当$y \leq 0$或者$y \geq 1$时，$f_Y(y) = 0$，因此

$$f_Y(y) = \begin{cases} -\ln y, & 0 < y < 1 \\ 0, & 其他 \end{cases}$$

(3) $P\{X + Y > 1\} = \iint\limits_{x+y>1} f(x, y)\,dxdy = \int_{\frac{1}{2}}^1 dx \int_{1-x}^x \frac{1}{x}dy$

$$= \int_{\frac{1}{2}}^1 \left(2 - \frac{1}{x}\right)dx = 1 - \ln 2$$

【例15】解：(X, Y)关于X的边缘密度为

$$f_X(x) = \int_{-\infty}^{+\infty} f(x, y)\,dy = \begin{cases} \int_0^x 8xy\,dy = 4x^3, & 0 < x < 1 \\ 0, & 其他 \end{cases}，因此$$

$$EX = \int_{-\infty}^{+\infty} xf_X(x)\,dx = \int_0^1 4x^4\,dx = \frac{4}{5}，进而得 f_{Y|X}\left(y \,\Big|\, \frac{4}{5}\right) = \frac{f\left(\frac{4}{5}, y\right)}{f_X\left(\frac{4}{5}\right)} = \begin{cases} \dfrac{25}{8}y, & 0 < y < \dfrac{4}{5} \\ 0, & 其他 \end{cases}$$

$$EY = \int_{-\infty}^{+\infty} \int_{-\infty}^{+\infty} yf(x, y)\,dxdy = \int_0^1 dx \int_0^x y \cdot 8xy\,dy = \frac{8}{15}，故$$

$$p\{Y < EY | X = EX\} = P\left\{Y < \frac{8}{15} \,\Big|\, X = \frac{4}{5}\right\} = \int_{-\infty}^{\frac{8}{15}} f_{Y|X}\left(y \,\Big|\, \frac{4}{5}\right)dy = \int_0^{\frac{8}{15}} \frac{25}{8}y\,dy = \frac{4}{9}.$$

题型五　两个连续型随机变量函数的分布

【例16】解：答案选(A). 依题设(X, Y)的联合概率密度为

$$f(x, y) = f_X(x)f_Y(y) = \begin{cases} e^{-(x+y)}, & x \geq 0, \ y \geq 0 \\ 0, & 其他 \end{cases}，则$$

$$P(1 < Z < 2) = P(1 < X + Y \leq 2) = \iint\limits_{1<x+y\leq 2} f(x, y)\,dxdy$$

$$= \int_0^1 dx \int_{1-x}^{2-x} e^{-(x+y)}\,dy + \int_1^2 dx \int_0^{2-x} e^{-(x+y)}\,dy$$

$$= 2e^{-1} - 3e^{-2}$$

【例17】解：(1)求C的过程很简单，只需要利用多元函数联合分布的性质即可得出，即

$$\int_{-\infty}^{+\infty} \int_{-\infty}^{+\infty} f(x, y)\,dxdy = \int_0^{+\infty} \int_x^{+\infty} Cxe^{-y}\,dydx = 1 \Rightarrow C = 1$$

(2)根据联合分布密度函数和边缘密度函数之间转换的性质可知：

$$f_X(x) = \begin{cases} \displaystyle\int_x^{+\infty} xe^{-y}\mathrm{d}y, & x > 0 \\ 0, & x \leqslant 0 \end{cases} = \begin{cases} xe^{-x}, & x > 0 \\ 0, & x \leqslant 0 \end{cases}$$

$$f_Y(y) = \begin{cases} \displaystyle\int_0^y xe^{-y}\mathrm{d}y, & y > 0 \\ 0, & y \leqslant 0 \end{cases} = \begin{cases} \dfrac{1}{2}y^2 e^{-y}, & y > 0 \\ 0, & y \leqslant 0 \end{cases}$$

（3）先求 $Z = X+Y$ 的分布函数：$F_Z(z) = P(X + Y \leqslant z) = \displaystyle\iint\limits_{x+y \leqslant z} f(x,\,y)\mathrm{d}x\mathrm{d}y$

很明显，需要对 Z 进行分类讨论：

①当 $z \leqslant 0$ 时，$F_Z(z) = 0$；

②当 $z > 0$ 时，$F_Z(z) = \displaystyle\iint\limits_{x+y \leqslant z} f(x,\,y)\mathrm{d}x\mathrm{d}y = \int_0^{\frac{z}{2}} \mathrm{d}x \int_x^{z-x} xe^{-y}\mathrm{d}y$

$$= \int_0^{\frac{z}{2}} x\left(e^{-x} - e^{-(z-x)} \right)\mathrm{d}x$$

因此，Z 的密度函数为 $f_Z(z) = \begin{cases} e^{-z} + \left(\dfrac{z}{2} - 1 \right) e^{-\frac{z}{2}}, & z > 0 \\ 0, & \text{其他} \end{cases}$

【例18】解：二维随机变量$(X,\,Y)$的概率密度为

$$f(x,\,y) = \begin{cases} \dfrac{1}{2}, & (x,\,y) \in G \\ 0, & (x,\,y) \notin G \end{cases}$$

根据题意，可知所求的随机变量 $S = XY$，接下来求将求随机变量 S 的分布函数.

已知随机变量 S 的分布函数需要分段讨论：

①当 $s \leqslant 0$，$F(s) = 0$；

②当 $s \geqslant 2$，$F(s) = 1$；

③当 $0 < s < 2$，$F(s) = P\{S \leqslant s\} = P(XY \leqslant s) = 1 - P\{XY > s\}$，

$$= 1 - \iint\limits_{xy > s} f(x,\,y)\mathrm{d}x\mathrm{d}y = 1 - \iint\limits_D \frac{1}{2}\mathrm{d}x\mathrm{d}y$$

$$= 1 - \frac{1}{2}\int_s^2 \mathrm{d}x \int_{\frac{s}{x}}^1 \mathrm{d}y = \frac{s}{2}(1 + \ln 2 - \ln s)$$

进一步，依据分布函数与密度函数之间的关系，可以求出密度函数 $f(s) = \dfrac{\mathrm{d}F(s)}{\mathrm{d}s}$

$$f(s) = \begin{cases} \dfrac{1}{2}(\ln 2 - \ln s), & 0 < s < 2 \\ 0, & \text{其他} \end{cases}$$

【例19】解：（1）先求 $Z = X+Y$ 的分布函数

$$F_Z(z) = P(Z \leqslant z) = P(X + Y \leqslant Z) = \iint\limits_{x+y \leqslant z} f(x,\,y)\mathrm{d}x\mathrm{d}y$$

当 $z < 0$ 时，$F_Z(z) = 0$；

当 $0 \leqslant z < 1$ 时，

$$F_Z(z) = \iint\limits_{x+y \leqslant z} f(x,\,y)\mathrm{d}x\mathrm{d}y = \int_0^z \mathrm{d}x \int_0^{z-x} (x + y)\mathrm{d}y = \frac{1}{3}z^3;$$

当 $1 \leqslant z < 2$ 时，

$$F_Z(z) = \iint\limits_{x+y \leqslant z} f(x,\,y)\mathrm{d}x\mathrm{d}y = 1 - \iint\limits_{x+y > z} f(x,\,y)\mathrm{d}x\mathrm{d}y = 1 - \int_{z-1}^1 \mathrm{d}x \int_{z-x}^1 (x + y)\mathrm{d}y = -\frac{1}{3} + z^2 - \frac{1}{3}z^3;$$

当 $z \geqslant 2$ 时，$F_Z(z) = 1$.

再求 $Z=X+Y$ 的概率密度 $f_z(z)$：$f_Z(z)=F'_Z(z)=\begin{cases} z^2, & 0<z<1 \\ 2z-z^2, & 1\leqslant z\leqslant 2 \\ 0, & 其他 \end{cases}$

（2）先求 $Z=XY$ 的分布函数

$$F_z(z) = P(Z\leqslant z) = P(XY\leqslant z) = \iint\limits_{xy\leqslant z} f(x, y)\,\mathrm{d}x\mathrm{d}y$$

当 $z<0$ 时，$F_Z(z)=0$；

当 $0\leqslant z<1$ 时，

$$F_Z(z) = \iint\limits_{xy\leqslant z} f(x, y)\,\mathrm{d}x\mathrm{d}y = 1 - \iint\limits_{xy>z} f(x, y)\,\mathrm{d}x\mathrm{d}y = 1 - \int_z^1 \mathrm{d}x \int_{\frac{z}{x}}^1 (x+y)\,\mathrm{d}y = 1-(1-z)^2;$$

当 $z\geqslant 0$ 时，$F_Z(z)=0$。

再求 $Z=XY$ 的概率密度 $f_z(z)$：

$$f_Z(z) = F'_Z(z) = \begin{cases} 2(1-z), & 0<z<1 \\ 0, & 其他 \end{cases}$$

【例20】解：（1）由题意知 $(X, Y)\sim U(D_{XY})$，其中 D_{XY}：$0\leqslant x\leqslant 1$，$0\leqslant y\leqslant 1$. 记 D_{UV}：$0\leqslant u\leqslant v\leqslant 1$，由于 $0\leqslant U\leqslant V\leqslant 1$，故当 $(u, v)\notin D_{UV}$ 时，$F_{UV}(u, v)=0$.

当 $(u, v)\in D_{UV}$ 时，(U, V) 的分布函数为

$$\begin{aligned} F_{UV}(u, v) &= P\{U\leqslant u, V\leqslant v\} = p\{\min\{X, Y\}\leqslant u, \max\{X, Y\}\leqslant v\} \\ &= p\{\max\{X, Y\}\leqslant v\} - p\{\min\{X, Y\}>u, \max\{X, Y\}\leqslant v\} \\ &= p\{X\leqslant v, Y\leqslant v\} - p\{u<X\leqslant v, u<Y\leqslant v\} = v^2-(v-u)^2 = 2uv-u^2 \end{aligned}$$

所以 $f_{UV}(u, v) = \dfrac{\partial^2 F_{UV}(u, v)}{\partial u\partial u} = \begin{cases} 2, & (u, v)\in D_{UV} \\ 0, & (u, v)\notin D_{UV} \end{cases}$，表明 (U, V) 服从 D_{UV} 上的均匀分布.

（2）①关于 U 的边缘密度函数为

$$f_U(u) = \int_{-\infty}^{+\infty} f_{UV}(u, v)\,\mathrm{d}v = \begin{cases} \int_u^1 2\mathrm{d}v, & 0\leqslant u\leqslant 1 \\ 0, & 其他 \end{cases} = \begin{cases} 2(1-u), & 0\leqslant u\leqslant 1 \\ 0, & 其他 \end{cases}$$

②W 的分布函数为 $F_W(w)=P\{W\leqslant w\}=P\{V-U\leqslant w\}$.

当 $w<0$ 时，$F_W(w)=0$；当 $w\geqslant 1$ 时，$F_W(w)=1$；

当 $0\leqslant w<1$ 时，利用面积比计算得 $F_W(w)=1-(1-w)^2$，

所以，W 的密度函数为 $f_W(w)=\begin{cases} 2(1-w), & 0\leqslant w\leqslant 1, \\ 0, & 其他 \end{cases}$.

可见，U 与 W 同分布.

题型六　卷积公式的运用

【例21】解：依题设 X 与 Y 的概率密度分别为

$$f_X(x) = \begin{cases} 1, & 0<x<1, \\ 0, & 其他 \end{cases}$$

$$f_Y(y) = \begin{cases} 1, & 0<y<1, \\ 0, & 其他 \end{cases}$$

故 $f_Z(z) = \displaystyle\int_{-\infty}^{+\infty} f_X(x)f_Y(z-x)\,\mathrm{d}x$ 由于 $\begin{cases} 0<x<1 \\ 0<z-x<1 \end{cases} \Rightarrow 0<z<2$，

从而当 $0<z<2$ 时，$f_Z(z)>0$，在其他点，$f_Z(z)=0$ 又

$$\begin{cases} 0<x<1 \\ 0<z-x<1 \end{cases} \Rightarrow \begin{cases} 0<x<1 \\ z-1<x<z \end{cases},$$

$$f_Z(z) = \begin{cases} \int_0^z 1\mathrm{d}x = z, \ 0 < z < 1 \\ \int_{z-1}^1 1\mathrm{d}x = 2-z, \ 1 \leq z \leq 2 \\ 0, \ 其他 \end{cases}$$

题型七　离散型与连续型函数的分布

【例22】解： 答案选(B). 设 X 的分布函数为 $F_X(x)$，由全概率公式及 X 与 Y 相互独立得

$F_Z(z) = P(Z \leq z) = P(Y/X \leq z)$

$\qquad = P(Y=0)P(Y/X \leq z \mid Y=0) + P(Y=1)P(Y/X \leq z \mid Y=1) + P(Y=2)P(Y/X \leq z \mid Y=2)$

$\qquad = \dfrac{1}{3} \left[P(Y/X \leq z \mid Y=0) + P(Y/X \leq z \mid Y=1) + P(Y/X \leq z \mid Y=2) \right]$

$\qquad = \dfrac{1}{3} \left[P(0/X \leq z) + P(1/X \leq z) + P(2/X \leq z) \right]$

当 $z<0$ 时，$F_Z(z) = 0$；

当 $z>0$ 时，$F_Z(z) = \dfrac{1}{3} \left[1 + P\left(X \geq \dfrac{1}{z}\right) + P\left(X \geq \dfrac{2}{z}\right) \right] = \dfrac{1}{3} \left[3 - F_X\left(\dfrac{1}{z}\right) - F_X\left(\dfrac{2}{z}\right) \right]$；

当 $z=0$ 时，$F_Z(z) = \dfrac{1}{3}$，由于 $F_Z(0-0) = 0 \neq \dfrac{1}{3} = F_Z(0)$，所以 $z=0$ 是 $F_Z(z)$ 的唯一间断点，故选(B).

【例23】解：(1)由于 X，Y 相互独立，于是

$$P\left\{Z \leq \dfrac{1}{2} \mid X=0\right\} = P\left\{X+Y \leq \dfrac{1}{2} \mid X=0\right\} = P\left\{Y \leq \dfrac{1}{2} \mid X=0\right\} = P\left(Y \leq \dfrac{1}{2}\right) = \dfrac{1}{2}$$

(2)如果要求 Z 的概率密度，很明显不能直接利用公式，而必须采用求解分布函数的方式，然而 Z 的构成使得不能套用以往的方法，而必须采用全概率公式，因为 Z 的构成中 X 是离散变量，而且仅有三个取值的可能，因此，可以通过划分 $(X=-1)$，$(X=0)$，$(X=1)$ 作为一个完备事件组来求解 Z 的分布函数.

$F_Z(z) = P\{X+Y \leq z\} = P\{X+Y \leq z \mid X=-1\}P\{X=-1\} + P\{X+Y \leq z \mid X=0\}P\{X=0\} + P\{X+Y \leq z \mid X=1\}P\{X=1\}$

$\qquad = \dfrac{1}{3} \left[P\{X+Y \leq z \mid X=-1\} + P\{X+Y \leq z \mid X=0\} + P\{X+Y \leq z \mid X=1\} \right]$

$\qquad = \dfrac{1}{3} \left[P\{Y \leq z+1 \mid X=-1\} + P\{Y \leq z \mid X=0\} + P\{Y \leq z-1 \mid X=1\} \right]$

$\qquad = \dfrac{1}{3} \left[P\{Y \leq z+1\} + P\{Y \leq z\} + P\{Y \leq z-1\} \right]$

$\qquad = \dfrac{1}{3} \left[F_Y(z+1) + F_Y(z) + F_Y(z-1) \right]$

于是可知，Z 的密度函数为

$$f_Z(z) = F'_Z(z) = \dfrac{1}{3}\left[f_Y(z+1) + f_Y(z) + f_Y(z-1)\right] = \begin{cases} \dfrac{1}{3}, \ -1 \leq z < 2 \\ 0, \ 其他 \end{cases}$$

第四讲 随机变量的数字特征

题型一 期望与方差的计算

【例1】解：$E(X) = \int_{-\infty}^{+\infty} xf(x)\,\mathrm{d}x = \int_0^1 x^2\,\mathrm{d}x + \int_1^2 x(2-x)\,\mathrm{d}x = \left.\frac{x^3}{3}\right|_0^1 + \left.\left(x^2 - \frac{x^3}{3}\right)\right|_1^2 = 1$

$E(X^2) = \int_{-\infty}^{+\infty} x^2 f(x)\,\mathrm{d}x = \int_0^1 x^3\,\mathrm{d}x + \int_1^2 x^2(2-x)\,\mathrm{d}x = \left.\frac{x^4}{4}\right|_0^1 + \left.\left(\frac{2x^3}{3} - \frac{x^4}{4}\right)\right|_1^2 = \frac{7}{6}$

$D(X) = E(X^2) - E^2(X) = \frac{7}{6} - 1 = \frac{1}{6}$

【例2】解：$XY = \begin{cases} X\sqrt{2X-X^2}, & X>0 \\ X, & X\leqslant 0 \end{cases}$，故

$E(XY) = \int_{-1}^0 x \cdot \frac{1}{3}\,\mathrm{d}x + \int_0^2 x\sqrt{2x-x^2} \cdot \frac{1}{3}\,\mathrm{d}x = -\frac{1}{6} + \frac{\pi}{6} = \frac{1}{6}(\pi - 1).$

【例3】解：一般意义上求随机变量的数学期望和方差都是建立在先求随机变量的概率密度或概率分布基础之上，然后依据数学期望和方差的公式进行运算．但是此题不能用公式的方法解决，因为如果要分析 X 的概率分布，情形将会非常复杂，因此用另外的方法即示性变量的方法解决．

引入示性变量 $X_i = \begin{cases} 0, & \text{在第 } i \text{ 站没有人下车} \\ 1, & \text{在第 } i \text{ 站有人下车} \end{cases}$，$i = 1, 2, \cdots, 10$

则，$X = X_1 + X_2 + \cdots + X_{10}$

$P\{X_i = 0\} = \left(\frac{9}{10}\right)^{20}$，$P\{X_i = 1\} = 1 - \left(\frac{9}{10}\right)^{20}$，$i = 1, 2, \cdots, 10$

则可知，$E(X_i) = 1 \times P\{X_i = 1\} = 1 - \left(\frac{9}{10}\right)^{20}$，$i = 1, 2, \cdots, 10$

进而，$E(X) = \sum_{i=1}^{10} E(X_i) = 10\left[1 - \left(\frac{9}{10}\right)^{20}\right] = 8.784$

【例4】解：答案选（C）．

由于 $EX = \int_0^1 x \cdot 2x\,\mathrm{d}x = \frac{2}{3}$，$EX^2 = \int_0^1 x^2 \cdot 2x\,\mathrm{d}x = \frac{1}{2}$，$DX = EX^2 - (EX)^2 = \frac{1}{18}$，因此

$$P(|X - EX| \geqslant 2\sqrt{DX}) = P\left(\left|X - \frac{2}{3}\right| \geqslant 2\sqrt{\frac{1}{18}}\right)$$

$$= \int_0^{\frac{2-\sqrt{2}}{3}} 2x\,\mathrm{d}x$$

$$= \frac{6 - 4\sqrt{2}}{9}.$$

【例5】解：答案选（A）．由 $F(-1+0) = F(-1)$，$F(1+0) = F(1)$，得 $a = \frac{1}{2}$，$b = \frac{1}{\pi}$，从而

$$f(x) = F'(x) = \begin{cases} \dfrac{1}{\pi\sqrt{1-x^2}}, & -1 < x < 1 \\ 0, & \text{其他} \end{cases}$$

$$EX = \int_{-\infty}^{+\infty} xf(x)\,dx = \int_{-1}^{1} x\,\frac{1}{\pi}\,\frac{1}{\sqrt{1-x^2}}\,dx = 0,$$

$$EX^2 = \int_{-\infty}^{+\infty} x^2 f(x)\,dx = \int_{-1}^{1} x^2\,\frac{1}{\pi}\,\frac{1}{\sqrt{1-x^2}}\,dx = \frac{1}{2},$$

$$DX = EX^2 - (EX)^2 = \frac{1}{2}.$$

题型二　随机变量函数的期望与方差

【例6】解：答案填 $E[\sin X]=0$；$DX=\dfrac{4}{\pi}-1$.

$$E[\sin X] = \int_{-\infty}^{+\infty} \sin x f(x)\,dx = \int_{-1}^{1} \sin x\,\frac{2}{\pi(1+x^2)}\,dx = 0;$$

$$DX = EX^2 - (EX)^2 = \int_{-\infty}^{+\infty} x^2 f(x)\,dx - \left(\int_{-\infty}^{+\infty} xf(x)\,dx\right)^2 = \frac{4}{\pi}-1.$$

【例7】解：设 X 的密度为 $f_X(x)$，则

$$f_X(x) = \begin{cases} \dfrac{1}{3}, & -1<x<2, \\ 0, & \text{其他}. \end{cases}$$

于是，$P(Y=1)=P(X>0)=P(0<X<2)=\dfrac{2-0}{2-(-1)}=\dfrac{2}{3}$，

$$P(Y=-1)=P(X<0)=P(-1<X<0)=\dfrac{0+1}{2-(-1)}=\dfrac{1}{3}.$$

因 X 为连续型随机变量，故 $P(X=0)=0$，因而 $P(Y=0)=P(X=0)=0$. 于是得到 Y 和 Y^2 的分布律分别为

Y	-1	0	1
P	1/3	0	2/3

Y^2	0	1
P	0	1/3+2/3=1

故，$E(Y)=(-1)\times\dfrac{1}{3}+1\times\dfrac{2}{3}=\dfrac{1}{3}$，$E(Y^2)=0+1\times1=1$，

$$D(Y)=E(Y^2)-[E(Y)]^2=1-\left(\dfrac{1}{3}\right)^2=\dfrac{8}{9}.$$

【例8】解：因 $P\left(X>\dfrac{\pi}{3}\right)=\int_{\pi/3}^{\pi}\dfrac{1}{2}\cos\dfrac{x}{2}\,dx=\dfrac{1}{2}$，故 $Y\sim B\left(4,\dfrac{1}{2}\right)$. 于是

$$E(Y)=4\times\dfrac{1}{2}=2,\quad D(Y)=4\times\dfrac{1}{2}\times\left(1-\dfrac{1}{2}\right)=1,$$

故，$E(Y^2)=D(Y)+[E(Y)]^2=1+2^2=5.$

【例9】解：$E(W)=EX+EY+EZ=1+1-1=1$；注意到

$$EX^2-(EX)^2=DX=1,\quad EY^2-(EY)^2=DY=1,\quad EZ^2-(EZ)^2=DZ=1,$$

于是有

$$DW=EW^2-(EW)^2=E(X+Y+Z)^2-(E(X+Y+Z))^2$$

$$= E(X^2 + Y^2 + Z^2 + 2XY + 2YZ + 2XZ) - 1$$
$$= EX^2 + EY^2 + EZ^2 + 2EXY + 2EYZ + 2EXZ - 1$$
$$= 2 + 2 + 2 + 2 - 1 - 3 - 1 = 3$$

【例 10】解：答案填"$2e^3 - e^2$".

$$E(Y2^X) = EYE(2^X) = 1 \times \sum_{k=0}^{\infty} \frac{2^k}{k!} e^{-1} = e^2 \cdot e^{-1} = e.$$

$$E[(Y2^X)^2] = E(Y^2 4^X) = E(Y^2)E(4^X) = (1 + 1^2) \times \sum_{k=0}^{\infty} \frac{4^k}{k!} e^{-1} = 2e^4 \cdot e^{-1} = 2e^3$$

所以，$D(Y2^X) = 2e^3 - e^2$

【例 11】解：答案填"11". 由题意知 X，Y 相互独立，故

$$E[(X-Y)^2] = E(X^2) - 2E(XY) + E(Y^2) = [1 + (-1)^2] - 2 \cdot (-1) \cdot 2 + [1 + 2^2] = 11.$$

$$或 \quad E[(X-Y)^2] = D(X-Y) + [E(X-Y)]^2 = 1 + 1 + (-1-2)^2 = 11$$

【例 12】解：由题意可知，若要求线段上两点之间的距离的数学期望和方差，必须要先设设定两点的坐标，然后根据换算两点坐标绝对值之差为距离，因此不妨设 X，Y 为两点的坐标，则两点之间的距离 $Z = |X-Y|$. 由题意可知，X，Y 之间相互独立，且均服从 $[0, L]$ 的均匀分布，即 X，Y 的概率密度函数为

$$f_X(x) = \begin{cases} \dfrac{1}{L}, & 0 \leq x \leq L \\ 0, & 其他 \end{cases}, \quad f_Y(y) = \begin{cases} \dfrac{1}{L}, & 0 \leq y \leq L \\ 0, & 其他 \end{cases}$$

因此 (X, Y) 之间的联合密度函数为

$$f(x, y) = f_X(x) f_Y(y) = \begin{cases} \dfrac{1}{L^2}, & 0 \leq x, y \leq L \\ 0, & 其他 \end{cases}$$

于是 $E(Z) = E(|X-Y|) = \displaystyle\int_{-\infty}^{+\infty} \int_{-\infty}^{+\infty} |x-y| f(x, y) \mathrm{d}x \mathrm{d}y$

$$= \frac{1}{L^2} \left[\int_0^L \mathrm{d}x \int_x^L (y-x) \mathrm{d}y + \int_0^L \mathrm{d}x \int_0^x (x-y) \mathrm{d}y \right]$$

$$= \frac{1}{L^2} \left[\int_0^L \frac{(L-x)^2}{2} \mathrm{d}x + \int_0^L \frac{x^2}{2} \mathrm{d}x \right] = \frac{1}{L^2} \left[-\frac{(L-x)^3}{6} \Big|_0^L + \frac{x^3}{6} \Big|_0^L \right] = \frac{L}{3}$$

$$E(Z^2) = E(|X-Y|^2) = \int_{-\infty}^{+\infty} \int_{-\infty}^{+\infty} |x-y|^2 f(x, y) \mathrm{d}x \mathrm{d}y$$

$$= \frac{1}{L^2} \int_0^L \mathrm{d}y \int_0^L (x-y)^2 \mathrm{d}x = \frac{1}{L^2} \int_0^L \frac{(L-y)^3 + y^3}{3} \mathrm{d}y$$

$$= \frac{1}{L^2} \times \frac{-(L-y)^4 + y^4}{12} \Big|_0^L = \frac{L^2}{6}$$

$$D(Z) = E(Z^2) - E^2(Z) = \frac{L^2}{6} - \left(\frac{L}{3} \right)^2 = \frac{L^2}{18}$$

题型三　随机变量最大、最小值的期望与方差

【例 13】解：因 $X_i \sim U(0, 1)$，$i = 1, 2, \cdots, n$，X_i 的分布函数为 $F(x) = \begin{cases} 0, & x < 0 \\ x, & 0 \leq x < 1. \\ 1, & x \geq 1 \end{cases}$

(1) 因 X_1，X_2，$\cdots$，X_n 相互独立，故 $U = \max\{X_1, X_2, \cdots, X_n\}$ 的分布函数为 $F_U(u) = \begin{cases} 0, & u < 0 \\ u^n, & 0 \leq u < 1, \\ 1, & u \geq 1 \end{cases}$

其概率密度 $f_U(u) = \begin{cases} nu^{n-1}, & 0<u<1 \\ 0, & \text{其他} \end{cases}$，故

$$EU = \int_{-\infty}^{+\infty} u f_U(u)\,\mathrm{d}u = \int_0^1 u \cdot nu^{n-1}\mathrm{d}u = \frac{n}{n+1}.$$

(2) 因 X_1，X_2，$\cdots$，X_n 相互独立，故 $V = \min\{X_1, X_2, \cdots, X_n\}$ 的分布函数为 $F_V(v) = \begin{cases} 0, & v<0 \\ 1-(1-v)^n, & 0 \le v<1，\text{其概率密度} f_V(v) = \begin{cases} n(1-v)^{n-1}, & 0<v<1 \\ 0, & \text{其他} \end{cases}，\text{故} \\ 1, & v \ge 1 \end{cases}$

$$EV = \int_{-\infty}^{+\infty} v f_V(v)\,\mathrm{d}v = \int_0^1 v \cdot n(1-v)^{n-1}\,\mathrm{d}v = \frac{1}{n+1}.$$

【例 14】解：一般求数学期望和方差都需要求出随机变量的概率密度，对于 $Z = \max(X_1, X_2)$ 这个随机变量，如果要通过 X_1 与 X_2 的概率密度求解，首先需要通过 X_1 与 X_2 的概率密度转化为两随机变量的联合概率密度，然后再进行运算，但是正态分布的均值和方差运算较为复杂，所以应采用较为简单的方法.

令 $Y_1 = \dfrac{X_1 - \mu}{\sigma}$，$Y_2 = \dfrac{X_2 - \mu}{\sigma}$，则 Y_1 和 Y_2 相互独立且均服从 $N(0, 1)$ 即标准正态分布，

则 $Z = \max(X_1, X_2) = \max(\mu + \sigma Y_1, \mu + \sigma Y_2) = \mu + \sigma \max(Y_1, Y_2)$

$$\max(Y_1, Y_2) = \frac{1}{2}(Y_1 + Y_2 + |Y_1 - Y_2|)$$

$$E(Z) = E[\max(Y_1, Y_2)] = \frac{1}{2}[E(Y_1) + E(Y_2) + E(|Y_1 - Y_2|)] = \frac{1}{2}E(|Y_1 - Y_2|)$$

$Y_1 - Y_2 \sim N(0, 2)$，记 $Y_1 - Y_2 = U$，则

$$E(|Y_1 - Y_2|) = \int_{-\infty}^{+\infty} |u| \cdot \frac{1}{\sqrt{2\pi} \cdot \sqrt{2}} \cdot e^{-\frac{u^2}{4}}\,\mathrm{d}u = \frac{1}{\sqrt{\pi}}\int_0^{+\infty} u e^{-\frac{u^2}{4}}\,\mathrm{d}u = \frac{2}{\sqrt{\pi}}$$

因此，$E[\max(X_1, X_2)] = E[\max(\mu + \sigma Y_1, \mu + \sigma Y_2)] = \mu + \sigma E[\max(Y_1, Y_2)] = \mu + \dfrac{\sigma}{\sqrt{\pi}}$

【例 15】解：根据定义，X_1，X_2，$\cdots$，X_n 的概率密度为 $f(x) = \begin{cases} 2e^{-2(x-\theta)}, & x>\theta \\ 0, & x \le \theta \end{cases}$

则它们共同的分布函数为 $F(x) = \begin{cases} \displaystyle\int_\theta^x 2e^{-2(t-\theta)}\,\mathrm{d}t, & x>\theta \\ 0, & x \le \theta \end{cases} = \begin{cases} 1 - e^{-2(x-\theta)}, & x>\theta \\ 0, & x \le \theta \end{cases}$

根据题意 Z 的分布函数：

$$F_Z(z) = P\{Z \le z\} = P\left\{\min_{1 \le i \le n}\{X_i\} \le z\right\} = 1 - P\left\{\min_{1 \le i \le n}\{X_i\} > z\right\}$$

$$= \begin{cases} 1 - e^{-2n(z-\theta)}, & z>\theta \\ 0, & z \le \theta \end{cases}$$

因此，Z 的概率密度为 $f_Z(z) = F'(z) = \begin{cases} 2ne^{-2n(z-\theta)}, & z>\theta \\ 0, & z \le \theta \end{cases}$

故 $E(Z) = \displaystyle\int_{-\infty}^{\infty} z f_Z(z)\,\mathrm{d}z = \int_\theta^\infty 2nz e^{-2n(z-\theta)}\,\mathrm{d}z = \int_0^\infty 2n(t+\theta)e^{-2nt}\,\mathrm{d}t = \theta + \dfrac{1}{2n}$

又 $E(Z^2) = \displaystyle\int_{-\infty}^{\infty} z^2 f_Z(z)\,\mathrm{d}z = \int_\theta^\infty 2nz^2 e^{-2n(z-\theta)}\,\mathrm{d}z = \int_0^\infty 2n(t+\theta)^2 e^{-2nt}\,\mathrm{d}t$

$$= \theta^2 \Gamma(1) + \frac{\theta}{n}\Gamma(2) + \frac{\Gamma(3)}{4n^2} = \theta^2 + \frac{\theta}{n} + \frac{1}{2n^2}$$

因此，$D(Z) = E(Z^2) - [E(Z)]^2 = \theta^2 + \dfrac{\theta}{n} + \dfrac{1}{2n^2} - \theta^2 - \dfrac{\theta}{n} - \dfrac{1}{4n^2} = \dfrac{1}{4n^2}$

题型四　已知期望，求概率

【例16】解：设 X 的分布律为 $P(X=k)=p_k \geq 0$，$k=0$，1，2，$\cdots$，N，依题意知，$E(X) = \sum_{k=0}^{N} kp_k = n$.

令 A 表示从袋中任取一球是白球这个事件，$B_k = \{X=k\}$，$k=0$，1，2，$\cdots$，N
则 B_0，B_1，$\cdots$，B_N 为一完备事件组，又

$$P(B_k) = P(X=k) = p_k, \qquad P(A \mid B_k) = \frac{k}{N}.$$

由全概率公式得：$P(A) = \sum_{k=0}^{N} P(B_k)P(A \mid B_k) = \frac{1}{N} \sum_{k=0}^{N} kp_k = \frac{n}{N}$.

题型五　协方差与相关系数

【例17】解：答案选（A）．由于 $D(2X+Y)=0$，因此 $P(2X+Y=C)=1$，即 $P(Y=-2X+C)=1$，其中 C 为常数，从而 $\rho_{XY}=-1$，故选（A）．

【例18】解：根据"ξ 和 η 不相关 $\Leftrightarrow \text{cov}(\xi, \eta)=0$"，而

$$0 = \text{cov}(\xi, \eta) = \text{cov}(X+Y, X-Y) = \text{cov}(X, X) - \text{cov}(Y, Y) = D(X) - D(Y)$$
$$= E(X^2) - [E(X)]^2 - \{E(Y^2) - [E(Y)]^2\},$$

故 ξ 与 η 不相关 $\Leftrightarrow E(X^2) - [E(X)]^2 = E(Y^2) - [E(Y)]^2$．仅（B）入选．
注意条件"二维随机变量 (X, Y) 服从二维正态分布"是多余的．

【例19】解：答案填 $\dfrac{2}{3}$．计算不难得出：

$$EX = \frac{1}{3}, \ EY = 0, \ E(2X + Y) = 2EX + EY = \frac{2}{3}, \ \text{cov}(X, Y) = EXY - EXEY = 0$$

【例20】解：答案填 $\dfrac{a^2-b^2}{a^2+b^2}$．由题设知，$DX=DY=\sigma^2$，$\text{cov}(X, Y)=0$，故

$$\text{cov}(U, V) = \cos(aX + bY, aX - bY) = a^2\text{cov}(X, X) - ab\text{cov}(X, Y)$$
$$+ ab\text{cov}(Y, X) - b^2\text{cov}(Y, Y)$$
$$= (a^2 - b^2)\sigma^2,$$

从而，$\rho_{UV} = \dfrac{\text{cov}(U, V)}{\sqrt{DU}\sqrt{DV}} = \dfrac{a^2-b^2}{a^2+b^2}$.

【例21】解：依题设 (X, Y) 的联合概率密度函数为 $f(x, y) = \begin{cases} 1, & (x, y) \in G \\ 0, & (x, y) \notin G \end{cases}$，则

$$E(X) = \int_{-\infty}^{+\infty} \int_{-\infty}^{+\infty} xf(x, y)\,dxdy = \int_0^1 dx \int_{-x}^{+x} x\,dy = \frac{2}{3},$$

$$E(Y) = \int_{-\infty}^{+\infty} \int_{-\infty}^{+\infty} yf(x, y)\,dxdy = \iint_G y\,dxdy = 0,$$

$$EXY = \int_{-\infty}^{+\infty} \int_{-\infty}^{+\infty} xyf(x, y)\,dxdy = \iint_G xy\,dxdy = 0,$$

故，$\text{cov}(X, Y) = EXY - EXEY = 0$ 从而 $\rho_{XY} = 0$.

【例22】解：答案填 0．由于 $\Theta \sim U(-\pi, \pi)$，故 Θ 的概率密度为 $f_\Theta(\theta) = \begin{cases} \dfrac{1}{2\pi}, & -\pi < \theta < \pi \\ 0, & \text{其他} \end{cases}$，因此，

$$EX = E[\sin\Theta] = \int_{-\infty}^{+\infty} \sin\theta f_\Theta(\theta)\,d\theta = \int_{-\pi}^{\pi} \sin\theta \frac{1}{2\pi}\,d\theta = 0,$$

$$EY = E[\cos\varTheta] = \int_{-\infty}^{+\infty}\cos\theta f_{\varTheta}(\theta)\mathrm{d}\theta = \int_{-\pi}^{\pi}\cos\theta\frac{1}{2\pi}\mathrm{d}\theta = 0,$$

$$EXY = E[\sin\varTheta\cos\varTheta] = \int_{-\pi}^{\pi}\sin\theta\cos\theta\frac{1}{2\pi}\mathrm{d}\theta = 0.$$

所以 $\mathrm{cov}(X,\ Y)=EXY-EXEY=0$ 从而 $\rho_{XY}=0$

【例23】解： 由于 $X\sim U\left[\dfrac{1}{2},\ \dfrac{5}{2}\right]$，所以 $EX=\dfrac{3}{2}$，$DX=\dfrac{2^2}{12}=\dfrac{1}{3}$.

又 $[X]\sim\begin{pmatrix}0 & 1 & 2\\[2pt]\dfrac{1}{4} & \dfrac{1}{2} & \dfrac{1}{4}\end{pmatrix}$，进而得 $E[X]=1$，$E([X]^2)=\dfrac{3}{2}$，故 $D[X]=\dfrac{3}{2}-1^2=\dfrac{1}{2}$.

$$E(X[X]) = \int_{\frac{1}{2}}^{\frac{5}{2}}x[x]\cdot\frac{1}{2}dx = \int_{\frac{1}{2}}^{1}0dx + \int_{1}^{2}\frac{1}{2}xdx + \int_{2}^{\frac{5}{2}}xdx = \frac{15}{8},$$

故 $\mathrm{cov}(X,\ [X])=\dfrac{15}{8}-\dfrac{3}{2}\times1=\dfrac{3}{8}$，所以 $\rho=\dfrac{\dfrac{3}{8}}{\sqrt{\dfrac{1}{3}\times\dfrac{1}{2}}}=\dfrac{3\sqrt{6}}{8}$.

题型六　不相关与独立

【例24】解： 依题设 (X,Y) 的联合概率密度函数为 $f(x,\ y)=\begin{cases}\dfrac{1}{\pi}, & x^2+y^2\leqslant1\\[6pt]0, & x^2+y^2>1\end{cases}$，则

$$E(X) = \int_{-\infty}^{+\infty}\int_{-\infty}^{+\infty}xf(x,\ y)\mathrm{d}x\mathrm{d}y = \iint\limits_{x^2+y^2\leqslant1}x\cdot\frac{1}{\pi}\mathrm{d}x\mathrm{d}y = 0,$$

$$E(Y) = \int_{-\infty}^{+\infty}\int_{-\infty}^{+\infty}yf(x,\ y)\mathrm{d}x\mathrm{d}y = \iint\limits_{x^2+y^2\leqslant1}y\cdot\frac{1}{\pi}\mathrm{d}x\mathrm{d}y = 0,$$

$$EXY = \int_{-\infty}^{+\infty}\int_{-\infty}^{+\infty}xyf(x,\ y)\mathrm{d}x\mathrm{d}y = \iint\limits_{x^2+y^2\leqslant1}xy\cdot\frac{1}{\pi}\mathrm{d}x\mathrm{d}y = 0,$$

从而 $EXY=EXEY$，故 X 与 Y 不相关．又 $f(x,\ y)\neq f_X(x)f_Y(y)$ 显然，故 X 与 Y 不独立．

【例25】解： 答案选(C)．由 $X^2+Y^2=1$ 知(A)(B)(D)不正确．

由于 $EX=EY=E(XY)=0$，故 $E(XY)=EXEY$，所以(C)正确．

第五讲 大数定律和中心极限定理

题型一 用切比雪夫不等式估计事件的概率

【例1】解：答案填 $\dfrac{1}{81}$. 由 $1 = \int_{-\infty}^{+\infty} f(x)\,\mathrm{d}x = \int_0^{+\infty} 3e^{-\alpha x}\mathrm{d}x = \dfrac{3}{\alpha}$，得 $\alpha = 3$，从而 X 的概率密度为

$$f(x) = \begin{cases} 3e^{-3x}, & x > 0 \\ 0, & x \leqslant 0 \end{cases}$$

即 X 服从参数为 3 的指数分布，故 $EX = \dfrac{1}{3}$，$DX = \dfrac{1}{9}$，由切比雪夫不等式有

$$P\left(\left| X - \frac{1}{3} \right| \geqslant 3 \right) = P\left(|X - EX| \geqslant 3 \right) \leqslant \frac{DX}{3^2} = \frac{1}{81}$$

【例2】解：答案选 (B).
$$\begin{aligned} P(1 < X < 9) &= P(-4 < X - 5 < 4) \\ &= P(-4 < X - EX < 4) \\ &= P(|X - EX| < 4) \geqslant 1 - \frac{DX}{4^2} = \frac{7}{8}, \end{aligned}$$

【例3】解：如用切比雪夫不等式去估算概率 $P(|X+Y| \geqslant 6)$，由于它不是标准形式，不能直接用切比雪夫不等式去估算，而是首先估算出 $E(X+Y)$ 等于多少. 由
$$P(|X+Y| \geqslant 6) = 1 - P(|X+Y| \leqslant 6) = 1 - P(-6 \leqslant X+Y \leqslant 6)$$

可猜测 $E(X+Y) = \dfrac{6 + (-6)}{2} = 0$.

事实上，由 $E(X) = 2$，$E(Y) = -2$，有 $E(X+Y) = 0$. 因而得
$$P(|X+Y| \geqslant 6) = P(|X+Y-0| \geqslant 6) \leqslant \frac{D(X+Y)}{6^2},$$

而 $D(X+Y) = D(X) + D(Y) + 2\rho_{XY}\sqrt{D(X)}\sqrt{D(Y)} = 1 + 4 - 2 \times 0.5 \times 2 = 3$，

故，$P(|X+Y| \geqslant 6) \leqslant \dfrac{3}{36} = \dfrac{1}{12}$.

注意：应用切比雪夫不等式时，要注意有关随机变量期望与方差的计算.

【例4】解：答案填 "1；0". 由中心极限定理知 $\sum\limits_{i=1}^{n} X_i \overset{\text{近似}}{\sim} N(n\mu,\ n\sigma^2)$，故

$$\begin{aligned} \lim_{n \to \infty} p\left\{ \left| \sum_{i=1}^{n} X_i - n\mu \right| \geqslant \varepsilon \right\} &= \lim_{n \to \infty} \left\{ \frac{\left| \sum\limits_{i=1}^{n} X_i - n\mu \right|}{\sqrt{n}\,\sigma} \geqslant \frac{\varepsilon}{\sqrt{n}\,\sigma} \right\} \\ &= 2\lim_{n \to \infty}\left[1 - \Phi\left(\frac{\varepsilon}{\sqrt{n}\,\sigma} \right) \right] = 2[1 - \Phi(0)] = 2\left(1 - \frac{1}{2} \right) = 1. \end{aligned}$$

由于 $E\left(\dfrac{1}{n}\sum\limits_{i=1}^{n} X_i \right) = \mu$，$D\left(\dfrac{1}{n}\sum\limits_{i=1}^{n} X_i \right) = \dfrac{\sigma^2}{n}$，根据切比雪夫不等式知：

$$0 \leqslant p\left\{ \left| \frac{1}{n}\sum_{i=1}^{n} X_i - \mu \right| \geqslant \varepsilon \right\} \leqslant \frac{\dfrac{\sigma^2}{n}}{\varepsilon^2} = \frac{\sigma^2}{n\varepsilon^2},$$

所以由夹逼定理知：$\lim\limits_{n \to \infty} p\left\{\left|\dfrac{1}{n}\sum\limits_{i=1}^{n}X_i - \mu\right| \geqslant \varepsilon\right\} = 0$

题型二　大数定律

【例5】解法1：利用辛钦大数定律求之．由于 X_1，X_2，$\cdots$，X_n 是来自总体 X 的简单随机样本，X_1，X_2，$\cdots$，X_n 相互独立，且都服从参数为2的指数分布．因而，因此知 X_1^2，X_2^2，$\cdots$，X_n^2 也相互独立，且同分布，又 X 服从参数为2的指数分布．故

$$E(X_i) = E(X) = \frac{1}{2}, \quad D(X_i) = D(X) = \left(\frac{1}{2}\right)^2 = \frac{1}{4}(i=1, 2, \cdots, n).$$

则，$E(X_i^2) = D(X_i) + [E(X_i)]^2 = \dfrac{1}{2^2} + \left(\dfrac{1}{2}\right)^2 = \dfrac{2}{4} = \dfrac{1}{2}(i=1, 2, \cdots, n)$，

根据辛钦大数据定理有

$$\lim_{n \to \infty}P\left(\left|\frac{1}{n}\sum_{i=1}^{n}X_i^2 - \mu\right| < \varepsilon\right) = \lim_{n \to \infty}P\left(\left|\frac{1}{n}\sum_{i=1}^{n}X_i^2 - \frac{1}{2}\right| < \varepsilon\right) = 1,$$

即 $\dfrac{1}{n}\sum\limits_{i=1}^{n}X_i^2 \xrightarrow{P} \dfrac{1}{2}(n \to \infty)$，亦即 $Y_n = \dfrac{1}{n}\sum\limits_{i=1}^{n}X_i^2$ 依概率收敛于 $\dfrac{1}{2}$．

解法2：利用切比雪夫大数据定律求之．根据题设有 $E(X) = \dfrac{1}{2}$，$D(X) = \dfrac{1}{4}$．于是

$$E(X^2) = D(X) + [E(X)^2] = \frac{1}{4} + \frac{1}{4} = \frac{1}{2}.$$

因而，X_i^2 的期望存在且相同，均为 $\dfrac{1}{2}(i=1, 2, \cdots)$，即 $E(X_i^2) = \dfrac{1}{2}$．又

$$E(X_i^4) = \int_0^{+\infty}x^4 \cdot 2e^{-2x}dx = \frac{1}{2^4}\int_0^{+\infty}(2x)^4 \cdot e^{-2x}d(2x) = \frac{\Gamma(5)}{2^4} = \frac{4!}{16} = \frac{3}{2},$$

故，$D(X_i^2) = E(X_i^4) - [E(X_i^2)]^2 = \dfrac{3}{2} - \dfrac{1}{4} = \dfrac{5}{4}(i=1, 2, \cdots)$．

因而，X_1^2，X_2^2，$\cdots$的方差一致有界，由切比雪夫大数定律知

$$\lim_{n \to \infty}P\left(\left|\frac{1}{n}\sum_{i=1}^{n}X_i^2 - E\left(\frac{1}{n}\sum_{i=1}^{n}X_i^2\right)\right| < \varepsilon\right) = \lim_{n \to \infty}P\left(\left|Y_n - \frac{1}{2}\right| < \varepsilon\right) = 1,$$

故，$Y_n = \dfrac{1}{n}\sum\limits_{i=1}^{n}X_i^2 \xrightarrow{P} \dfrac{1}{2}$．

题型三　中心极限定理

【例6】解：因为随机变量 X_1，X_2，$\cdots$相互独立都服从参数为 λ 的指数分布，所以

$$E(X_i) = \frac{1}{\lambda}, \quad D(X_i) = \frac{1}{\lambda^2}$$

$$E\left(\frac{1}{n}\sum_{i=1}^{n}X_i\right) = \frac{1}{n\lambda}, \quad D\left(\frac{1}{n}\sum_{i=1}^{n}X_i\right) = \frac{1}{n\lambda^2},$$

于是根据中心极限定理可知，

$$\lim_{n \to +\infty}P\left\{\frac{\frac{1}{n}\sum_{i=1}^{n}X_i - \frac{1}{\lambda}}{\sqrt{\frac{1}{n\lambda^2}}} \leqslant x\right\} = \lim_{n \to +\infty}P\left\{\frac{\lambda\sum_{i=1}^{n}X_i - n}{\sqrt{n}} \leqslant x\right\} = \Phi(x)$$

所以选 A

【例7】解：答案填"$\Phi(2)$"．由 $\chi^2 \sim \chi^2(200)$ 知 χ^2 可表示为 $\chi^2 = X_1^2 + X_2^2 + \cdots + X_{200}^2$，其中 X_1^2，X_2^2，$\cdots$，X_{200}^2

相互独立，且均服从 $N(0, 1)$，进而知 $\chi_i^2 \sim \chi^2(1)$，$E(\chi_i^2) = 1$，$D(\chi_i^2) = 2$，$i = 1, 2, \cdots, 200$，由中心极限定理知 $\chi^2 \overset{近似}{\sim} N(200, 400)$，所以

$$P\{\chi^2 \leqslant 240\} = P\left\{\frac{\chi^2 - 200}{20} \leqslant 2\right\} \approx \Phi(2).$$

【例8】解： 设 $X_i(i = 1, 2, \cdots, n)$ 表示第 i 节电池的使用寿命，则 $EX_i = 30$，$DX_i = 900$，由中心极限定理知，所求的概率为

$$P\left(\sum_{i=1}^{90} X_i > 2500\right) = 1 - P\left(\sum_{i=1}^{90} X_i \leqslant 2500\right)$$

$$= \Phi\left(\frac{20}{9\sqrt{10}}\right) = 0.7580$$

第六讲　数理统计的基本概念

题型一　求统计量分布有关的基本概念问题

【例1】解： $E(S^4)=D(S^2)+E^2(S^2)$，且 $E(S^2)=\sigma^2$，又 $\dfrac{(n-1)S^2}{\sigma^2}\sim\chi^2(n-1)$.

于是，$D\left[\dfrac{(n-1)S^2}{\sigma^2}\right]=2(n-1)\Rightarrow\left(\dfrac{(n-1)}{\sigma^2}\right)^2D(S^2)=2(n-1)$

$$\Rightarrow D(S^2)=\dfrac{2}{n-1}\sigma^4$$

$$\Rightarrow E(S^4)=E^2(S^2)+D(S^2)=\dfrac{n+1}{n-1}\sigma^4$$

【例2】解： （1）因 $X_i\sim P(\lambda)$，$P(X_i=x_i)=\dfrac{\lambda^{x_i}e^{-\lambda}}{x_i!}(x_i=0,\ 1,\ 2,\ \cdots;\ \lambda>0)$，故 $(X_1,\ X_2,\ \cdots,\ X_n)$ 的概率分布为

$$p^*(X=x_1,\ X=x_2,\ \cdots,\ X=x_n)=\prod_{i=1}^n P(X_i=x_i)=\prod_{i=1}^n\dfrac{\lambda^{x_i}e^{-\lambda}}{x_i!}$$

$$=\dfrac{e^{-\sum\limits_{i=1}^n\lambda}\cdot\lambda^{\sum\limits_{i=1}^n x_i}}{\prod\limits_{i=1}^n(x_i!)}=\dfrac{e^{-n\lambda}\cdot\lambda^{\sum\limits_{i=1}^n x_i}}{\prod x_i!}.$$

（2）由 $E(X)=D(X)=\lambda$，得到 $E(\bar X)=E(X)=\lambda$，$D(\bar X)=\dfrac{1}{n}D(X)=\dfrac{\lambda}{n}$，$E(S^2)=D(X)$

（3）$\bar X=\dfrac{1}{10}\sum\limits_{i=1}^{10}X_i\big|_{X_i=x_i}=4$，

$S_{10}^2=\dfrac{1}{10-1}(\sum\limits_{i=1}^{10}X_i^2-10\bar X^2)_{X_i=x_i}=\dfrac{1}{9}(\sum\limits_{i=1}^{10}X_i^2-10\cdot4^2)=\dfrac{196-160}{9}=4.$

【例3】解： （1）因 $X_i\sim e(\lambda)(i=1,\ 2,\ \cdots,\ n)$，则

$$f_{X_i}(x_i)=\begin{cases}\lambda e^{-\lambda x_i},&x_i\geqslant0\\0,&\text{其他}\end{cases}(i=1,\ 2,\ \cdots,\ n).$$

因 $X_1,\ X_2,\ \cdots,\ X_n$ 相互独立，故 $(X_1,\ X_2,\ \cdots,\ X_n)$ 的概率密度函数为
$f(x_1,\ x_2,\ \cdots,\ x_n)=f_{X_1}(x_1)f_{X_2}(x_2)\cdots f_{X_n}(x_n)$

$$=\begin{cases}(\lambda e^{-\lambda x_1})(\lambda e^{-\lambda x_2})\cdots(\lambda e^{-\lambda x_n})=\lambda^n e^{-\lambda(\sum\limits_{i=1}^n x_i)},&x_1\geqslant0,\ x_2\geqslant0,\ \cdots,\ x_n\geqslant0\\0,\ \text{其他}\end{cases}$$

（2）因 λ 未知，$\bar X+2\lambda$ 不是统计量，$\max\{X_1,\ X_2,\ \cdots,\ X_n\}$ 是统计量.

题型二　求统计量的分布及其分布参数

【例4】解： 答案填 $N(0,\ 1)$.

由于 $\bar X\sim N\left(20,\ \dfrac{6}{10}\right)$，$\bar Y\sim N\left(20,\ \dfrac{6}{15}\right)$ 并且 $\bar X$ 与 $\bar Y$ 相互独立，因此 $\bar X-\bar Y$ 服从正态分布，

又 $E(\overline{X}-\overline{Y})=E\overline{X}-E\overline{Y}=0$，$D(\overline{X}-\overline{Y})=D\overline{X}+D\overline{Y}=1$，故 $\overline{X}-\overline{Y}\sim N(0,\ 1)$．

【例5】解法1：$X\sim t(n)$ 得 $X^2\sim F(1,\ n)$．$Y=1/X^2\sim F(n,\ 1)$．所以(C)入选．

解法2：$X^2=\dfrac{U^2}{V/n}=\dfrac{U^2/1}{V/n}\sim F(1,\ n)$．因 U^2 与 V 独立，且 $U^2\sim\chi^2(1)$，$V\sim\chi^2(n)$，

因此 $Y=\dfrac{1}{X^2}=\dfrac{V/n}{U^2/1}\sim F(n,\ 1)$．仅(C)入选．

【例6】解：由于 $(X,\ Y)$ 的联合分布是否为二维正态分布未知，又不知道 X 与 Y 是否相互独立．因而不能确定 $X+Y$ 服从正态分布．

如果这两个随机变量的联合分布是正态，那么他们的线性组合就服从正态，否则无法确定．

若 X，Y 分别为服从正态分布的话，$(X,\ Y)$ 是不一定服从二维正态分布的．

如果 $(X,\ Y)$ 是服从二维正态分布的话，则有其各个非零线性组合是正态随机变量．

①两个相互独立的正态分布组合为正态分布；②如果两个正态分布的联合服从二维正态分布，那么其线性组合也服从正态分布，且不相关与独立等价．

因 X 与 Y 是否独立未知，故 X^2 与 Y^2 是相互独立也未知．所以也不能确定 X^2+Y^2 服从 χ^2 分布，也不能确定 X^2/Y^2 服从 F 分布．因 $X\sim N(0,\ 1)$，故 $X^2\sim\chi^2(1)$．同理 $Y^2\sim\chi^2(1)$．仅(C)入选．

【例7】解：因 $X_i\sim N(0,\ 2^2)(i=1,\ 2,\ \cdots,\ 15)$，故 $X_i/2\sim N(0,\ 1)$．因而
$$Y_1=(X_1/2)^2+(X_2/2)^2+\cdots+(X_{10}/2)^2\sim\chi^2(10),$$
$$Y_2=(X_{11}/2)^2+(X_{12}/2)^2+\cdots+(X_{15}/2)^2\sim\chi^2(5).$$

因 Y_1 与 Y_2 相互独立，而
$$\frac{Y_1/10}{Y_2/5}=\frac{[(X_1/2)+(X_2/2)^2+\cdots+(X_{10}/2)^2]/10}{[(X_{12}/2)^2+(X_{12}/2)^2+\cdots+(X_{15}/2)^2]/5}=\frac{(X_1^2+X_2^2+\cdots+X_{10}^2)/40}{(X_{11}^2+X_{12}^2+\cdots+X_{15}^2)/20}$$
$$=\frac{X_1^2+X_2^2+\cdots+X_{10}^2}{2(X_{11}^2+X_{12}^2+\cdots+X_{15}^2)}=Y,$$

故 $Y\sim F(10,\ 5)$，即 Y 服从 F 分布，参数为 $(10,\ 5)$．

【例8】解：直接利用 t 分布的定义就可以给出结果

因为，$T=\dfrac{\overline{X}-\mu}{S/\sqrt{n}}=\dfrac{\overline{X}-\mu}{\sqrt{\dfrac{\sum\limits_{i=1}^{n}(X_i-\overline{X})^2}{n(n-1)}}}=\dfrac{\overline{X}-\mu}{S_2/\sqrt{n-1}}\sim t(n-1)$

因此，选 B．

一般这些题目都要求对 χ^2 分布，t 分布，F 分布的定义有较为清楚的理解．

【例9】解：答案填 $a=6\sqrt{2}$；$n=8$；$b=\dfrac{15}{8}$；$(n_1,\ n_2)=(8,\ 15)$．

由于 $\dfrac{\overline{X}-5}{1}\sim N(0,\ 1)$，$\dfrac{\sum\limits_{i=1}^{9}(X_i-\overline{X}_i)^2}{3^2}\sim\chi^2(9-1)$，即 $\dfrac{A_1}{3^2}\sim\chi^2(8)$ 且 $\overline{X}_1-5$ 与 $\dfrac{A_1}{3^2}$ 相互独立，因此

$\dfrac{\overline{X}_1-5}{\sqrt{\dfrac{A_1}{3^2}\times\dfrac{1}{8}}}\sim t(8)$，即 $\dfrac{6\sqrt{2}(\overline{X}_1-5)}{\sqrt{A_1}}\sim t(8)$，故 $a=6\sqrt{2}$，$n=8$；

同理可得，$\dfrac{A_2}{3^2}\sim\chi^2(15)$，且 $\dfrac{A_1}{3^2}$ 与 $\dfrac{A_2}{3^2}$ 相互独立，因此 $\dfrac{\dfrac{A_1}{8}}{\dfrac{A_2}{15}}\sim F(8,\ 15)$，故 $b=\dfrac{15}{8}$，$n_1=8$，$n_2=15$．

【例10】解：（1）由于 $X_1+X_2 \sim N(0, 2\sigma^2)$，故 $\dfrac{X_1+X_2}{\sqrt{2}\sigma} \sim N(0, 1)$. 又 $\dfrac{2S^2}{\sigma^2} \sim \chi^2(2)$，且 $\dfrac{X_1+X_2}{\sqrt{2}\sigma}$ 与 $\dfrac{2S^2}{\sigma^2}$ 独立，所

以 $Y = \dfrac{X_1+X_2}{\sqrt{2}S} = \dfrac{\dfrac{X_1+X_2}{\sqrt{2}\sigma}}{\sqrt{\dfrac{2S^2}{\sigma^2/2}}} \sim t(2)$.

（2）由于 $\dfrac{X_1^2+X_2^2}{\sigma^2} \sim \chi^2(2)$，$\dfrac{X_3^2+X_4^2+X_5^2}{\sigma^2} \sim \chi^2(3)$，且 $\dfrac{X_1^2+X_2^2}{\sigma^2}$ 与 $\dfrac{X_3^2+X_4^2+X_5^2}{\sigma^2}$ 独立，故：

$$\dfrac{\dfrac{\dfrac{X_1^2+X_2^2}{\sigma^2}}{2}}{\dfrac{\dfrac{X_3^2+X_4^2+X_5^2}{\sigma^2}}{3}} = \dfrac{3}{2}\dfrac{X_1^2+X_2^2}{X_3^2+X_4^2+X_5^2} \sim F(2, 3)$$

此时，$a = \dfrac{3}{2}$，且 $Z \sim F(2, 3)$

题型三　求统计量取值的概率

【例11】解：答案填"3.8416". 由 $U_{0.025} = 1.96$，得 $P\{X > 1.96\} = 0.025$，进而 $P\{|X| > 1.96\} = 0.05$，所以 $P\{X^2 > 1.96^2 = 3.8416\} = 0.05$.

由于 $X^2 \sim \chi^2(1)$，所以 $\chi^2_{0.05}(1) = 3.8416$.

【例12】解：（1）$\dfrac{\sum\limits_{i=1}^{n}(X_i - \overline{X})^2}{\sigma^2} \sim \chi^2(n-1)$，由于 $n = 14$，$\sigma^2 = 100$，故 $\dfrac{\sum\limits_{i=1}^{n}(X_i - \overline{X})^2}{100} \sim \chi^2(13)$，所以，所求的概率为

$$P\left(\sum_{i=1}^{14}(X_i - \overline{X})^2 \leqslant 500\right) = P\left(\dfrac{\sum\limits_{i=1}^{14}(X_i - \overline{X})^2}{100} \leqslant \dfrac{500}{100}\right) = 1 - P\left(\dfrac{\sum\limits_{i=1}^{14}(X_i - \overline{X})^2}{100} > 5\right)$$

$$= 1 - 0.975 = 0.025.$$

（2）$\dfrac{\overline{X}-\mu}{\dfrac{S}{\sqrt{n}}} \sim t(n-1)$，由于 $n = 14$，$\mu = 90$，$s^2 = 121$，故 $\dfrac{\overline{X}-90}{\dfrac{11}{\sqrt{14}}} \sim t(13)$ 所以 k 取决于条件：

$$P(|\overline{X} - 90| \leqslant k) = P\left(\left|\dfrac{\overline{X}-90}{\dfrac{11}{\sqrt{14}}}\right| \leqslant \dfrac{k}{\dfrac{11}{\sqrt{14}}}\right) = 0.9,$$

即 $P\left(\left|\dfrac{\overline{X}-90}{\dfrac{11}{\sqrt{14}}}\right| > \dfrac{k}{\dfrac{11}{\sqrt{14}}}\right) = 0.1$，由此可见 $\dfrac{k}{\dfrac{11}{\sqrt{14}}} = 1.7709$，从而 $k = 5.2062$.

第七讲　参数估计与假设检验

题型一　矩估计与最大似然估计

【例1】解：在一般情况下，矩估计不是唯一的. 由于在求矩估计的过程中，选取哪些样本的矩去估计总体相应的矩，有一定的随机性. 从而使得矩估计不具有唯一性. 例如：

设总体 X 服从参数为 $\lambda(\lambda>0)$ 的泊松分布，λ 是未知参数. $(X_1,X_2,\cdots,X_n)$ 是来自该总体的样本.

一方面，由于 $E(X)=\lambda$，又 $\hat{E}(X)=\bar{X}$，所以 λ 的矩估计是 $\hat{\lambda}=\bar{X}$.

另外，由于 $D(X)=\lambda$，按照矩估计法，可有 $\hat{D}(X)=\dfrac{1}{n}\sum\limits_{i=1}^{n}(X_i-\bar{X})^2$，这样得到 λ 的又一矩估计为，

$$\hat{\lambda}=\frac{1}{n}\sum_{i=1}^{n}(X_i-\bar{X})^2.$$

【例2】解：(1) $EX=\displaystyle\int_{-\infty}^{+\infty}xf(x)\,dx=\int_0^1 x\cdot\frac{1}{\theta}\frac{1-\theta}{x^\theta}dx=\frac{1}{\theta+1}$，

由矩估计法，得 $\dfrac{1}{\theta+1}=\bar{X}$ 解之得 θ 的矩估计量为 $\hat{\theta}=\dfrac{1}{\bar{X}}-1.$

(2)对于样本的样本值 $x_1,x_2,\cdots,x_n$

①似然函数 $L(\theta)=\displaystyle\prod_{i=1}^{n}f(x_i)=\frac{1}{\theta^n}\prod_{i=1}^{n}x_i^{\frac{1-\theta}{\theta}}$，$0<x_i<1$

②取自然对数 $\ln L(\theta)=-n\ln\theta+\dfrac{1-\theta}{\theta}\displaystyle\sum_{i=1}^{n}\ln x_i$

③由于 $\dfrac{d\ln L(\theta)}{d\theta}=\dfrac{n}{\theta}-\dfrac{1}{\theta^2}\displaystyle\sum_{i=1}^{n}\ln x_i=0$，解之得 θ 的最大似然估计值 $\theta=-\dfrac{1}{n}\displaystyle\sum_{i=1}^{n}\ln x_i$

因此，θ 的最大似然估计量为 $\hat{\theta}=-\dfrac{1}{n}\displaystyle\sum\ln X_i.$

【例3】解：对于样本观测值 $x_1,x_2,\cdots,x_n$，似然函数为

$$L=\begin{cases}\displaystyle\prod_{i=1}^{n}\frac{\beta^k}{(k-1)!}x_i^{k-1}e^{-\beta x_i},&x_i>0,\ i=1,2,\cdots,n\\[2mm]0,\ \text{其他}\end{cases}$$

当 $x_i>0$，$\ln L=\displaystyle\sum_{i=1}^{n}\big[k\ln\beta-\ln(k-1)!+(k-1)\ln x_i-\beta x_i\big]$

$$=nk\ln\beta-n\ln(k-1)!+(k-1)\sum_{i=1}^{n}\ln x_i-\beta\sum_{i=1}^{n}x_i$$

由方程 $\dfrac{d\ln L}{d\beta}=\dfrac{nk}{\beta}-\displaystyle\sum_{i=1}^{n}x_i=0\Rightarrow\hat{\beta}=\dfrac{nk}{\displaystyle\sum_{i=1}^{n}x_i}=\dfrac{k}{\bar{x}}$

【例4】解：(1)由 $\displaystyle\int_{-\infty}^{+\infty}f(x)\,dx=\frac{1}{2}b+\frac{3}{2}a=1$，所以 $b=2-3a$. 似然函数为

$$L=f(0.5)f(0.8)f^2(1.5)=0.5b\times0.8b\,(1.5a)^2=0.9\,(2-3a)^2a^2$$

$$\ln L=\ln0.9+2\ln(2-3a)+2\ln a$$

$$\frac{\mathrm{d}\ln L}{\mathrm{d}a} = \frac{-6}{2-3a} + \frac{2}{a} = 0, \quad \theta_a = \frac{1}{3}, \quad \theta_b = 2 - 3 \times \frac{1}{3} = 1$$

（2）$P\{Y < 2\} = P\{e^x < 2\} = P\{X < \ln 2\} = \int_0^{\ln 2} bx\,\mathrm{d}x = \frac{1}{2}(\ln 2)^2 b$，故

$$\hat{P}\{Y<2\}_{极大} = \frac{1}{2}(\ln 2)^2 \theta_b = \frac{1}{2}(\ln 2)^2.$$

【例5】解：（1）由 X 的概率分布易求得 $E(X) = \mu = 3 - 4\theta$，得到 $\theta = \frac{3-\mu}{4}$，

用样本均值 $\overline{X}$ 代替 μ，得 θ 的矩估计量的表达式为 $\hat{\theta} = \frac{3-\overline{X}}{4}$.

而 $\overline{X} = (3+1+3+0+3+1+2+3)/8 = 2$，故 θ 的矩估计值为 $\hat{\theta} = 1/4$.

（2）求最大似然估计的关键是正确写出似然函数，对离散型随机变量，其似然函数就是在对应样本观测值处的联合分布律，今给定样本观测值为 3，1，3，0，3，1，2，3，似然函数为

$L(\theta) = P(X_1 = 3, X_2 = 1, X_3 = 3, X_4 = 0, X_5 = 3, X_6 = 1, X_7 = 2, X_8 = 3)$

$\quad = P(X_1 = 3)P(X_2 = 1)P(X_3 = 3)P(X_4 = 0)P(X_5 = 3)P(X_6 = 1)P(X_7 = 2)P(X_8 = 3)$

$\quad = (1-2\theta)[2\theta(1-\theta)](1-2\theta)\theta^2(1-2\theta)[2\theta(1-\theta)]\theta^2(1-2\theta) = 4\theta^6(1-\theta)^2(1-2\theta)^4.$

由 $0 < \theta < 1/2$，$L(\theta) > 0$ 知，对 $L(\theta)$ 取对数得到：

$\ln L(\theta) = \ln 4 + 6\ln\theta + 2\ln(1-\theta) + 4\ln(1-2\theta)$.

再对 θ 求导数，并令其等于零. 得到：

$$\frac{\mathrm{d}\ln L(\theta)}{\mathrm{d}\theta} = \frac{6}{\theta} - \frac{2}{1-\theta} - \frac{8}{1-2\theta} = \frac{24\theta^2 - 28\theta + 6}{\theta(1-\theta)(1-2\theta)} = 0.$$

解方程 $12\theta^2 - 14\theta + 3 = 0$，得到：$\theta = \frac{7-\sqrt{13}}{12}\left(\theta = \frac{7+\sqrt{13}}{12} > \frac{1}{2}，舍去\right)$，

故，θ 的最大似然估计值为 $\hat{\theta} = \frac{7-\sqrt{13}}{12} \approx 0.28$.

注意：对于离散型分布总体，根据具体分布正确写出样本的似然函数是求未知参数的最大似然估计的关键. 上例中，总体 X 的概率分布不能用一个式子表示，而需要用似然函数定义（X 的取多个可能值的概率相乘）正确写出样本值的似然函数.

【例6】解：X 的密度函数 $f(x) = F'(x) = \begin{cases} \dfrac{2\alpha^2}{x^3}, & x \geqslant \alpha \\ 0, & x < \alpha \end{cases}$，设 $x_1, x_2, \cdots, x_n$ 为样本值，

由于 $x_i \geqslant \alpha$，即 $\alpha \leqslant \min\limits_{1 \leqslant i \leqslant n} x_i$，所以 α 的取值范围为 $(0, \min\limits_{1 \leqslant i \leqslant n} x_i]$.

又似然函数 $L(\alpha) = \prod\limits_{i=1}^n \frac{2\alpha^2}{x_i^3} = 2^n \alpha^{2n} \left(\prod\limits_{i=1}^n x_i\right)^{-3}$，可知 $L(\alpha)$ 关于 α 为单调增加函数，

所以，当 $\alpha = \min\limits_{1 \leqslant i \leqslant n} x_i$ 时，$L(\alpha)$ 取得最大值，因此 α 的极大似然估计量为 $\hat{\alpha} = \min\limits_{1 \leqslant i \leqslant n} X_i$.

【例7】解：设 X 为任取一张卡片的号码，由题意知 $X \sim \begin{pmatrix} 1 & 2 & \cdots & N \\ \dfrac{1}{N} & \dfrac{1}{N} & \cdots & \dfrac{1}{N} \end{pmatrix}$，设 $x_1, x_2, \cdots, x_n$ 为样本

值，似然函数 $L = \prod\limits_{i=1}^n \frac{1}{N} = \frac{1}{N^n}$，$1 \leqslant x_i \leqslant N$，$L$ 为 N 的单调减函数，而 N 的取值范围为 $N = \max\limits_{1 \leqslant i \leqslant n} x_i, \max\limits_{1 \leqslant i \leqslant n} x_i + 1$，

$\max\limits_{1 \leqslant i \leqslant n} x_i + 2, \cdots$，故当 $N = \max\limits_{1 \leqslant i \leqslant n} x_i$ 时，L 取最大值，故 $\hat{N} = \max\limits_{1 \leqslant i \leqslant n} X_i$

题型二　估计量的评选标准

【例8】解：答案选（B）. 由无偏估计的定义知，$\hat{\mu}_1, \hat{\mu}_2, \hat{\mu}_3$ 都是 μ 的无偏估计量，$D\hat{\mu}_1 = \frac{1}{3}\sigma^2$，$D\hat{\mu}_2 = $

$\dfrac{13}{25}\sigma^2$，$D\hat{\mu}_3 = \dfrac{7}{18}\sigma^2$，所以 $D\hat{\mu}_1$ 最小，故选（B）.

【例9】解： 要使 $k_1\hat{\theta}_1 + k_2\hat{\theta}_2$ 是 θ 的无偏估计量，则必须满足下列条件：

$$E(k_1\hat{\theta}_1 + k_2\hat{\theta}_2) = k_1E(\hat{\theta}_1) + k_2E(\hat{\theta}_2) = (k_1 + k_2)\theta = \theta \Rightarrow k_1 + k_2 = 1$$

又 $D(k_1\hat{\theta}_1 + k_2\hat{\theta}_2) = k_1^2 D(\hat{\theta}_1) + k_2^2 D(\hat{\theta}_2) = (4k_1^2 + k_2^2)D(\hat{\theta}_2)$

问题转化为求函数 $f(k_1, k_2) = 4k_1^2 + k_2^2$ 在约束条件 $k_1 + k_2 = 1$ 下的最值，很容易就可以通过拉格朗日乘数方法求出 $k_1 = \dfrac{1}{5}$，$k_2 = \dfrac{4}{5}$.

【例10】解： 答案选（C）.

由于 $E(X_1^2) = DX_1 + (EX_1)^2 = \sigma^2$，$E\left(\dfrac{1}{n}\sum_{i=1}^{n} X_i^2\right) = \dfrac{1}{n}\sum_{i=1}^{n} E(X_i^2) = \dfrac{1}{n}\sum_{i=1}^{n}\sigma^2 = \sigma^2$，

$E(S^2) = \sigma^2$，所以（A）（C）（D）均为 σ^2 的无偏估计.

而 $E(\bar{X}^2) = D\bar{X} + (E\bar{X})^2 = \dfrac{\sigma^2}{n} \neq \sigma^2$，所以（B）为 σ^2 的有偏估计.

由于 $\dfrac{X_1^2}{\sigma^2} \sim \chi^2(1)$，所以 $D\dfrac{X_1^2}{\sigma^2} = 2$，得 $D(X_1^2) = 2\sigma^4$.

进而 $D\left(\dfrac{1}{n}\sum_{i=1}^{n} X_i^2\right) = \dfrac{1}{n^2}\sum_{i=1}^{n} D(X_i^2) = \dfrac{1}{n^2}\sum_{i=1}^{n} 2\sigma^4 = \dfrac{2}{n}\sigma^4$.

由于 $\dfrac{(n-1)S^2}{\sigma^2} \sim \chi^2(n-1)$，所以 $D\dfrac{(n-1)S^2}{\sigma^2} = 2(n-1)$，得 $D(S^2) = \dfrac{2}{n-1}\sigma^4$.

因为 $n > 1$，所以 $\dfrac{1}{n}\sum_{i=1}^{n} X_i^2$ 为 σ^2 的无偏估计，且方差最小.

【例11】解：（1）$EX = \int_{-\infty}^{+\infty} xf(x)\,dx = \int_0^{\theta} x \cdot \dfrac{3x^2}{\theta^3}\,dx = \dfrac{3}{4}\theta$，

$\qquad EX^2 = \int_{-\infty}^{+\infty} x^2 f(x)\,dx = \int_0^{\theta} x^2 \cdot \dfrac{3x^2}{\theta^3}\,dx = \dfrac{3}{5}\theta^2$，

$\qquad DX = EX^2 - (EX)^2 = \dfrac{3}{80}\theta^2$，

$\qquad ET_1 = \dfrac{2}{3}(EX_1 + EX_2) = \dfrac{2}{3}\left(\dfrac{3}{4}\theta + \dfrac{3}{4}\theta\right) = \theta$.

所以 T_1 是 θ 的无偏估计量.

X 的分布函数为 $F(x) = \int_{-\infty}^{x} f(t)\,dt = \begin{cases} 0, & x < 0 \\ \dfrac{x^3}{\theta^3}, & 0 \leqslant x < \theta \\ 1, & x \geqslant \theta \end{cases}$

所以 $\max\{X_1, X_2\}$ 的分布函数为

$$F_{\max}(x) = [F(x)]^2 = \begin{cases} 0, & x < 0 \\ \dfrac{x^6}{\theta^6}, & 0 \leqslant x < \theta \\ 1, & x \geqslant \theta \end{cases}$$

从而 $\max\{X_1, X_2\}$ 的概率密度为

$$f_{\max}(x) = F'_{\max}(x) = \begin{cases} \dfrac{6x^5}{\theta^6}, & 0 < x < \theta \\ 0, & \text{其他} \end{cases}$$

$$E[\max\{X_1, X_2\}] = \int_{-\infty}^{+\infty} x f_{\max}(x)\,dx = \int_0^\theta x \cdot \frac{6x^5}{\theta^6}\,dx = \frac{6}{7}\theta$$

从而 $ET_2 = \frac{7}{6}E[\max\{X_1, X_2\}] = \theta$，所以，$T_2$ 是 θ 的无偏估计量.

$(2)\, DT_1 = \frac{4}{6}[DX_1 + DX_2] = \frac{4}{9} \times \left(\frac{3}{80}\theta^2 + \frac{3}{80}\theta^2\right) = \frac{1}{30}\theta^2$

$$E[\max\{X_1, X_2\}]^2 = \int_{-\infty}^{+\infty} x^2 f_{\max}(x)\,dx = \int_0^\theta x^2 \cdot \frac{6x^5}{\theta^6}\,dx = \frac{3}{4}\theta^2$$

$$D[\max\{X_1, X_2\}] = E[\max\{X_1, X_2\}]^2 - \{E[\max\{X_1, X_2\}]\}^2 = \frac{3}{196}\theta^2$$

$$DT_2 = \frac{49}{36}D[\max\{X_1, X_2\}] = \frac{49}{36} \times \frac{3}{196}\theta^2 = \frac{1}{48}\theta^2.$$

又由于 $DT_2 = \frac{1}{48}\theta^2 < \frac{1}{30}\theta^2 = DT_1$，故 T_2 较 T_1 有效.

【例 12】解： 对总体 X 有：$E(X) = a + \frac{1}{2}$，$D(X) = \frac{1}{12}$

$(1)\, E(\hat{a}_1) = E\left(\frac{1}{n}\sum_{i=1}^n x_i - \frac{1}{2}\right) = \frac{1}{n} \cdot n \cdot \left(a + \frac{1}{2}\right) - \frac{1}{2} = a$

设 $Y = \max(X_1, X_2, \cdots, X_n)$，则

$$F_Y(y) = \begin{cases} 0, & y < a \\ (y-a)^n, & a \leqslant y \leqslant a+1 \\ 1, & y \geqslant a+1 \end{cases}$$

上式是依据 n 个独立同分布的随机变量的最值的分布函数得出.

进一步可知，$f_Y(y) = \begin{cases} n(y-a)^{n-1}, & a < y < a+1 \\ 0, & 其他 \end{cases}$

$E(Y) = \int_a^{a+1} y \cdot n(y-a)^{n-1}\,dy = y \cdot (y-a)^n \Big|_a^{a+1} - \int_a^{a+1}(y-a)^n\,dy = a + \frac{n}{n+1}$

$E(\hat{a}_2) = E\left[\max(X_1, X_2, \cdots, X_n) - \frac{n}{n+1}\right] = E(Y) - \frac{n}{n+1} = a$

由上知，$\hat{a}_1$ 和 $\hat{a}_2$ 都是 a 的无偏估计

(2) 如果要比较 $\hat{a}_1$ 和 $\hat{a}_2$ 的有效性，就是要比较 $\hat{a}_1$ 和 $\hat{a}_2$ 的方差大小

$$D(\hat{a}_1) = D\left(\frac{1}{n}\sum_{i=1}^n X_i - \frac{1}{2}\right) = \frac{1}{n^2} \cdot n \cdot D(X_i) = \frac{1}{12n}$$

又因为 $D(Y) = \int_a^{a+1}[y - E(Y)]^2 \cdot n(y-a)^{n-1}\,dy$

$$= \int_a^{a+1}\left[(y-a) - \frac{n}{n+1}\right]^2 \cdot n(y-a)^{n-1}\,dy$$

$$= \int_a^{a+1} n(y-a)^{n+1}\,dy - \int_a^{a+1}\frac{2n^2}{n+1}(y-a)^n\,dy + \int_a^{a+1} n\left(\frac{n}{n+1}\right)^2(y-a)^{n-1}\,dy$$

$$= \frac{n}{n+2} - 2\left(\frac{n}{n+1}\right)^2 + \left(\frac{n}{n+1}\right)^2 = \frac{n}{(n+2)(n+1)^2}$$

所以，$D(\hat{a}_2) = D\left[\max(X_1, X_2, \cdots, X_n) - \frac{n}{n+1}\right] = D(Y) = \frac{n}{(n+2)(n+1)^2}$

当 $1 < n < 7$ 时，$D(\hat{a}_1) < D(\hat{a}_2)$，所以 $\hat{a}_1$ 比 $\hat{a}_2$ 有效.

当 $n > 8$ 时，$D(\hat{a}_1) > D(\hat{a}_2)$，所以 $\hat{a}_2$ 比 $\hat{a}_1$ 有效.

【例13】解： (1)①由于 $EX = \int_{-\infty}^{+\infty} x \cdot \frac{1}{2\theta} e^{-\frac{|x|}{\theta}} dx = 0$，故采用二阶原点矩进行矩估计，

由 $\frac{1}{n}\sum_{i=1}^{n} X_i^2 = E(X^2) = \int_0^{+\infty} x^2 \frac{1}{\theta} e^{-\frac{x}{\theta}} dx = 2\theta^2$，

解得，$\hat{\theta}_1 = \sqrt{\frac{1}{2n}\sum_{i=1}^{n} X_i^2}$.

②由于 $E(\hat{\theta}_1)^2 = \frac{1}{2n}\sum_{i=1}^{n} E(X_i^2) = \frac{1}{2n}\sum_{i=1}^{n} E(X^2) = \frac{1}{2} E(X^2) = \frac{1}{2} \times 2\theta^2 = \theta^2$，

所以 $(\hat{\theta}_1)^2$ 是 θ^2 的无偏估计.

③下面利用反证法证明 $\hat{\theta}_1$ 不是 θ 的无偏估计.

假设 $\hat{\theta}_1$ 是 θ 的无偏估计，即 $E\hat{\theta}_1 = \theta$，故 $D\hat{\theta}_1 = E(\hat{\theta}_1)^2 - (E\hat{\theta}_1)^2 = \theta^2 - \theta^2 = 0$，与 $\hat{\theta}_1$ 为连续型随机变量，$D\hat{\theta}_1 > 0$ 矛盾，所以 $\hat{\theta}_1$ 不是 θ 的无偏估计.

(2)① $L = \prod_{i=1}^{n} \left(\frac{1}{2\theta} e^{-\frac{|x_i|}{\theta}}\right) = \frac{1}{2^n \theta^n} e^{-\frac{1}{\theta}\sum_{i=1}^{n} |x_i|}$，$\ln L = -n\ln 2 - n\ln\theta - \frac{1}{\theta}\sum_{i=1}^{n} |x_i|$，

$\frac{d\ln L}{d\theta} = -\frac{n}{\theta} + \frac{1}{\theta^2}\sum_{i=1}^{n} |x_i|$，令 $\frac{d\ln L}{d\theta} = 0$，解得 $\hat{\theta}_2 = \frac{1}{n}\sum_{i=1}^{n} |x_i|$.

$E\hat{\theta}_2 = \frac{1}{n}\sum_{i=1}^{n} E|x_i| = \frac{1}{n}\sum_{i=1}^{n} E|x| = E|X| = \int_{-\infty}^{+\infty} |x|\frac{1}{2\theta} e^{-\frac{|x|}{\theta}} dx = \int_0^{+\infty} x \cdot \frac{1}{\theta} e^{-\frac{x}{\theta}} dx = \theta$

故，$\hat{\theta}_2$ 为 θ 的无偏估计.

题型三　区间估计

【例14】解： 令 $U = \frac{\overline{X} - \mu}{\sigma/\sqrt{n}} = \frac{\overline{X} - \mu}{1/\sqrt{n}}$，则 $U \sim N(0, 1)$. 由题设有 $P(|U| \leqslant u_{\alpha/2}) = 1 - \alpha = 0.95$，即 $\alpha = 0.05$.

下面求 $u_{\alpha/2}$. 因 $P(|U| \leqslant u_{\alpha/2}) = 2\Phi(u_{\alpha/2}) - 1 = 0.95$，$\Phi(u_{\alpha/2}) = 0.975$，由题设可知，$u_{\alpha/2} = 1.96$.

易求得 $\overline{X} = 40$，又 $n = 16$，即得 μ 的置信度为 0.95 的置信区间为

$$\left(\overline{X} - \frac{\sigma}{\sqrt{n}} u_{\alpha/2}, \ \overline{X} + \frac{\sigma}{\sqrt{n}} u_{\alpha/2}\right) = \left(40 - 1.96 \times \frac{1}{\sqrt{16}}, \ 40 + 1.96 \times \frac{1}{\sqrt{16}}\right) = (39.51, \ 40.49).$$

【例15】解： 答案填 $(2.44, 2.56)$；$(0.089, 0.186)$. 正态总体当方差 σ^2 未知时，均值 μ 的置信度为 $1 - \alpha$ 的置信区间公式为

$$\left(\overline{X} - t_{\frac{\alpha}{2}}(n-1)\frac{S}{\sqrt{n}}, \ \overline{X} + t_{\frac{\alpha}{2}}(n-1)\frac{S}{\sqrt{n}}\right)$$

由于 $n = 16$，$1 - \alpha = 0.95$，$\alpha = 0.05$，$t_{\frac{\alpha}{2}}(n-1) = t_{0.025}(15) = 2.1315$，$\overline{X} = 2.5$，$s = 0.12$

因此，$\overline{X} - t_{\frac{\alpha}{2}}(n-1)\frac{s}{\sqrt{n}} = 2.5 - 2.1315 \times \frac{0.12}{\sqrt{16}} = 2.44$，

$\overline{X} + t_{\frac{\alpha}{2}}(n-1)\frac{s}{\sqrt{n}} = 2.5 + 2.1315 \times \frac{0.12}{\sqrt{16}} = 2.56$，

从而总体均值 μ 的置信度为 95% 的置信区间为 $(2.44, 2.56)$. 正态总体方差 σ^2 的置信度为 $1 - \alpha$ 的置信区间公式为 $\left(\frac{(n-1)S^2}{\chi_{\frac{\alpha}{2}}^2}, \ \frac{(n-1)S^2}{\chi_{1-\frac{\alpha}{2}}^2}\right)$，从而总体标准差 σ 的置信度为 $1 - \alpha$ 的置信区间为 $(0.089, 0.186)$.

【例16】解： 由于 $\sigma^2 = 0.2^2$ 已知，所以选用 μ 的 $1 - \alpha$ 置信区间 $\left[\overline{X} - u_{1-\frac{\sigma}{2}}\frac{\sigma}{\sqrt{n}}, \ \overline{X} + u_{1-\frac{\sigma}{2}}\frac{\sigma}{\sqrt{n}}\right]$.

当 $1 - \alpha = 0.9$，查表得，$u_{1-\frac{\sigma}{2}} = u_{0.95} = 1.64$，

当 $1-\alpha=0.99$，查表得，$u_{1-\frac{\sigma}{2}}=u_{0.995}=2.576$，$\bar{x}=14.95$，$n=6$，

代入数据得 μ 的双侧 0.9 置信区间观测值为：

$$\left[14.95-1.64 \cdot \frac{0.2}{\sqrt{6}},\ 14.95+1.64 \cdot \frac{0.2}{\sqrt{6}}\right]，即为 [14.82,\ 15.08].$$

μ 的双侧 0.99 置信区间观测值为 $\left[14.95-2.576 \cdot \frac{0.2}{\sqrt{6}},\ 14.95+2.576 \cdot \frac{0.2}{\sqrt{6}}\right]$，即为 $[14.74,\ 15.16]$.

【例 17】解：(1) 由于 $Y=\ln X$，$X=\mathrm{e}^Y$，由 $Y \sim N(\mu,\ 1)$ 可知 Y 的概率密度为 $p_Y(y)=\dfrac{1}{\sqrt{2\pi}}\mathrm{e}^{-\frac{(y-\mu)^2}{2}}$. X 作为 Y

的函数，由随机变量函数的期望公式，得

$$b = E(X) = E(\mathrm{e}^Y) = \int_{-\infty}^{+\infty}\mathrm{e}^y \cdot \frac{1}{\sqrt{2\pi}}\mathrm{e}^{-\frac{(y-\mu)^2}{2}}\mathrm{d}y.$$

将被积函数的指数部分重新配方，得到 $y-\dfrac{(y-\mu)^2}{2}=-\dfrac{(y-\mu-1)^2}{2}+\mu+\dfrac{1}{2}$，则

$$b = \mathrm{e}^{\mu+\frac{1}{2}}\frac{1}{\sqrt{2\pi}}\int_{-\infty}^{+\infty}\mathrm{e}^{-\frac{(y-\mu-1)^2}{2}}\mathrm{d}y.$$

利用 $\displaystyle\int_{-\infty}^{+\infty}\mathrm{e}^{-x^2}\mathrm{d}x=\sqrt{\pi}$ 得

$$b = \frac{\sqrt{2}\,\mathrm{e}^{\mu+1/2}}{\sqrt{2\pi}}\int_{-\infty}^{+\infty}\mathrm{e}^{-\left(\frac{y-\mu-1}{\sqrt{2}}\right)^2}\mathrm{d}\left(\frac{y-\mu-1}{\sqrt{2}}\right) = \mathrm{e}^{\mu+\frac{1}{2}}\times\frac{1}{\sqrt{\pi}}\times\sqrt{\pi} = \mathrm{e}^{\mu+\frac{1}{2}}.$$

或先作变量代换 $t=\dfrac{y-\mu-1}{\sqrt{2}}$，再利用 Γ 函数计算得到

$$b = \frac{\sqrt{2}\,\mathrm{e}^{\mu+1/2}}{\sqrt{2\pi}}\int_{-\infty}^{+\infty}\mathrm{e}^{-t^2}\mathrm{d}t = \mathrm{e}^{\mu+\frac{1}{2}}\times\frac{1}{\sqrt{\pi}}\left(2\int_0^{+\infty}t^{2\times\frac{1}{2}-1}\mathrm{e}^{-t^2}\mathrm{d}t\right) = \mathrm{e}^{\mu+\frac{1}{2}}\times\frac{1}{\sqrt{\pi}}\times\Gamma\left(\frac{1}{2}\right)$$

$$= \mathrm{e}^{\mu+\frac{1}{2}}\times\frac{1}{\sqrt{\pi}}\times\sqrt{\pi} = \mathrm{e}^{\mu+\frac{1}{2}}.$$

(2) 设 X_1，X_2，$\cdots$，X_n 为来自总体 X 的简单随机样本，则来自 $Y=\ln X$ 的简单随机样本为 $\ln X_1$，$\ln X_2$，$\cdots$，$\ln X_n$. 由于 0.50，1.25，0.80，2.00 是 X 的简单随机样本值，$\ln 0.50$，$\ln 1.25$，$\ln 0.80$，$\ln 2.00$ 是来自 Y 的简单随机样本值. 因而，Y 的样本均值为

$$\bar{Y} = \frac{1}{4}\sum_{i=1}^{4}y_i = \frac{1}{4}(\ln 0.50 + \ln 1.25 + \ln 0.80 + \ln 2.00) = \frac{1}{4}\ln(0.50\times 1.25\times 0.80\times 2.00) = 0.$$

由于 $Y \sim N(\mu,\ 1)$，因此知，μ 的置信度为 0.95 的置信区间为

$$\left(\bar{Y}-1.96\times\frac{\sigma}{\sqrt{n}},\ \bar{Y}+1.96\times\frac{\sigma}{\sqrt{n}}\right) = \left(0-1.96\times\frac{1}{\sqrt{4}},\ 0+1.96\times\frac{1}{\sqrt{4}}\right) = (-0.98,\ 0.98).$$

(3) 因 $0.95 = P(-0.98<\mu<0.98) = P\left(-0.98+\frac{1}{2}<\mu+\frac{1}{2}<0.98+\frac{1}{2}\right)$

$$= P\left(\mathrm{e}^{-0.98+\frac{1}{2}}<\mathrm{e}^{\mu+\frac{1}{2}}<\mathrm{e}^{0.98+\frac{1}{2}}\right) = P\left(\mathrm{e}^{-0.48}<b<\mathrm{e}^{1.48}\right),$$

所以 b 的置信度为 0.95 的置信区间为 $(\mathrm{e}^{-0.48},\ \mathrm{e}^{1.48})$.

注意如果参数 μ 的置信度为 $1-\alpha$ 的置信区间为 $(a,\ b)$，即 $P(a<\mu<b)=1-\alpha$. 又 $g(x)$ 为严格单调增加（或减少）函数，则参数 $g(\mu)$ 的置信度为 $1-\alpha$ 的置信区间为 $(g(a),\ g(b))$（或 $(g(b),\ g(a))$），即

$$P(g(a)<g(\mu)<g(b))=1-\alpha（或 P(g(b)<g(\mu)<g(a))=1-\alpha）.$$

题型四　两类错误

【例 18】解：仅 (B) 入选，显著性水平 α 的定义.

【例19】解：仅(B)入选．犯第一类错误的概率是 α．

题型五 假设检验

【例20】解：答案选(A)．

由于当 σ^2 未知时，假设检验 $H_0:\mu=\mu_0$，$H_1:\mu\neq\mu_0$ 的拒绝域为 $\left|\dfrac{\overline{X}-\mu_0}{\dfrac{S}{\sqrt{n}}}\right|>t_{\frac{\alpha}{2}}(n-1)$，

即 $|\overline{X}-\mu_0|>t_{0.05}(n-1)\dfrac{S}{\sqrt{n}}$ 是 $H_0:\mu=\mu_0$ 的拒绝域，故选(A)．

【例21】解：(1)提出假设 $H_0:\mu=\mu_0=0.618$，$H_1:\mu\neq0.618$．

(2)选取检验统计量 $T=\dfrac{\overline{X}-\mu_0}{S/\sqrt{n}}\sim t(n-1)$．

(3)对给定的 α，H_0 的拒绝域为：$\dfrac{\overline{X}-\mu_0}{S/\sqrt{n}}>t_{\alpha/2}(n-1)$

$$s^2=\dfrac{9.267-20\left(\dfrac{13.466}{20}\right)^2}{19}=0.0105;\quad \dfrac{\dfrac{13.466}{20}-0.618}{\dfrac{s}{\sqrt{20}}}=2.47>t_{0.025}(19)=2.093$$

所以不能认为均值为 0.618．

【例22】解：设原假设 $H_0:\mu\leqslant6$，备选假设 $H_1:\mu>6$，统计量 $Z=\dfrac{10(\overline{X}-6)}{1.19}$，临界值 $c=u_{0.95}=1.645$，拒绝域为：$R=\{Z>1.645\}$．

计算 Z 值为：$z=\dfrac{10(6.35-6)}{1.19}=2.941$．

因而拒绝 H_0，即认为改进工艺后强力有显著提高．

【例23】解：需检验 $H_0:\sigma^2\leqslant100^2$，$H_1:\mu>100^2$

选择适当的检验统计量 $\chi^2=\dfrac{(n-1)S^2}{100^2}\sim\chi^2(n-1)$

由于 $\alpha=0.05$，$n=40$，所以临界点为 $\chi_\alpha^2(n-1)=\chi_{0.05}^2(39)=54.572$，从而接受域为 $(0,54.572)$．

由于 $n=40$，$s^2=15000$，所以检验统计量 χ^2 的样本值为 $\chi^2=\dfrac{(40-1)\times15000}{100^2}=58.5$．

由于 $\chi^2=58.5\notin(0,54.572)$，所以拒绝 H_0，即认为该灯泡寿命的波动性显著增大．

【例24】解：设 $X\sim N(\mu_1,\sigma^2)$，$Y\sim N(\mu_2,\sigma^2)$，检验假设 $H_0:\mu_1\leqslant\mu_2$，$H_1:\mu_1>\mu_2$，拒绝域为：$R=\{T>c\}$．

其中，$T=\dfrac{\overline{X}-\overline{Y}}{S_W\sqrt{\dfrac{1}{m}+\dfrac{1}{n}}}=\dfrac{\overline{X}-\overline{Y}}{S_W\sqrt{2/10}}$，$c=t_{095}(10+10-2)=1.7341$．

$S_W^2=\dfrac{1}{18}(9\times0.001+9\times0.004)=0.0025$，

故：$t=\dfrac{4.04-4}{0.05\times0.448}=\dfrac{0.04}{0.0224}=1.7857$

因此，应拒绝 H_0，即认为甲药的疗效显著高于乙药．